"十二五"职业教育国家规划教材
经全国职业教育教材审定委员会审定

工业和信息化人才培养规划教材 | 高职高专计算机系列

Protel 99 SE 实用教程（第4版）

Protel 99 SE Practical Tutorial

顾滨 ◎ 主编
诸杭 ◎ 副主编

人民邮电出版社
北京

图书在版编目（CIP）数据

Protel 99 SE实用教程 / 顾滨主编. -- 4版. -- 北京 : 人民邮电出版社, 2015.1（2020.8重印）
工业和信息化人才培养规划教材. 高职高专计算机系列
ISBN 978-7-115-36820-1

Ⅰ. ①P… Ⅱ. ①顾… Ⅲ. ①印刷电路－计算机辅助设计－应用软件－高等职业教育－教材 Ⅳ. ①TN410.2

中国版本图书馆CIP数据核字(2014)第187953号

内 容 提 要

本书在详述 Protel 99 SE 电子电路设计知识的同时，融入计算机最小系统思想，以电子钟的设计为实例，全书贯穿电子钟从原理设计到生成印制电路板图的整个电路设计制作过程。本书共分 10 章，全面介绍了 Protel 99 SE 的工作界面、基本组成、各种常用编辑器和常用工具等基础知识，详细介绍了电路原理图的设计、网络表的生成、印制电路板的设计方法及操作步骤，简单介绍了从 Protel 99 SE 平稳过渡到 Protel DXP 2004 SP2 及 Protues 的知识，以适应设计系统软件升级的需要。

本书可作为职业院校电子信息类专业的教材，也可供从事电子产品设计（EDA）及计算机辅助设计（电路 CAD）的工程师阅读参考。

◆ 主　　编　顾　滨
副 主 编　诸　杭　孔祥洪
责任编辑　桑　珊
责任印刷　杨林杰

◆ 人民邮电出版社出版发行　　北京市丰台区成寿寺路 11 号
邮编　100164　　电子邮件　315@ptpress.com.cn
网址　http://www.ptpress.com.cn
北京九州迅驰传媒文化有限公司印刷

◆ 开本：787×1092　1/16
印张：17　　2015 年 1 月第 4 版
字数：447 千字　　2020 年 8 月北京第 7 次印刷

定价：39.80 元

读者服务热线：(010)81055256　印装质量热线：(010)81055316
反盗版热线：(010)81055315

第4版 前 言

随着电子工业的飞速发展，大规模集成电路的应用越来越普遍，电子设计自动化（Electronic Design Automation，EDA）技术迅速普及。Protel 就是一套 EDA 电路集成设计系统。电子产品开发有多重环节，利用计算机设计电路原理图和电路板图是把电子技术从理论应用到实际的第一步，也是电子产品开发环节从理论到产品的第一步。本书的目的就是帮助读者从理论走向实际，掌握电子线路设计的基本技术。

Protel 是澳大利亚 Protel 公司推出的印制电路板设计软件，从早期的 DOS 版本到基于 Windows 平台的全 32 位版本，Protel 软件的广泛使用推动了 EDA 技术的迅速发展，这也奠定了 Protel 软件在桌面 EDA 系统的领先地位。Protel 99 SE 是 Protel 公司于 2000 年推出的基于 Windows 平台的第六代产品。它具有强大的自动设计能力、高速有效的编辑功能、简洁方便的设计过程管理（Product Data Management，PDM），可完整地实现电子产品从电学概念设计到物理生产数据生成的全过程，以及这期间的所有分析、仿真和验证。Protel 99 SE 主要的功能模块包括电路原理图设计系统、印制电路板设计系统、自动布线器、可编程逻辑器件设计系统和模/数混合信号仿真器等。它是许多业内人士首选的电路板设计工具。

本书是 Protel 专业教师经过精心设计和教学试用编写而成的。作者从实用角度出发，本着浅显易懂，讲解详细的原则，全面地介绍了 Protel 99 SE 的界面、基本组成和使用环境等，并着重介绍了电路原理图和印制电路板的设计方法以及操作过程。

《Protel 99 SE 实用教程》自 2004 年 4 月出版以来，受到许多高职高专院校师生的欢迎，先后被评为普通高等教育“十一五”国家级规划教材和“十二五”职业教育国家规划教材。此次，我们结合近几年的课程教学改革实践和广大读者的反馈意见，在保留原书特色的基础上，对教材进行了全面的修订。本次修订的主要内容如下。

- 增加导论，介绍 EDA 技术和电子产品制作的入门知识。帮助学生找到本课程在整个电子产品设计中的位置，衔接并贯通中等职业教育中电子类专业的技能课程。
- 增加了 Protues 仿真平台软件介绍，使读者领会仿真技术的应用，满足不同的设计需求。
- 增加了职业技能鉴定涉及的相关知识样题。
- 增加了全国大学生电子设计竞赛中涉及的相关知识模块，辅助学生的创新实践活动，也为学生从高职到应用型本科的能力提升打下基础。
- 对本书前版的部分章节进行了完善，对存在的一些问题加以校正。

本书共分 10 章。第 1 章为简介，起到统领全书的作用，并将电子钟的设计按任务驱动方式提出，使电子钟从原理图设计到生成印制电路板图的整个电路设计制作过程贯穿全书。第 2 章~第 4 章讲述原理图设计，包括系统操作环境设置、原理图绘制与编辑、元件库的编辑、网络表和各种报表的生成以及原理图的打印输出等内容。每章的习题是对本章重点的练习，上机实践是对本章内容的应用、总结和提高，有一定难度，需要花时间上机练习。第 5 章 ~ 第 8 章讲述制作印制电路板的流程，包括电路板的规划、网络表与原件的装入、PCB 的连线、元件的自定和手动布局、自动布线和调整、校验 PCB 设计、元件库编辑器的使用和最后输出打印印制电路板图等。第 9 章详尽地叙述电路板的设计规则，在 PCB 图设计过程中涉及的设计规则的详细说明可以在本章中查找。贯穿整个教学过程的计算机最小系统设计也在本章中完整呈现，为学生创新实践及参加全国大学生电子设计竞赛打下基础。第 10 章介绍了两款升级软件 Protel DXP

及 Protues。Protel DXP 在 Protel 99 SE 的基础上增强了超大规模集成电路及可编程逻辑门阵列（FPGA）的设计系统，设计文件管理采用“项目工程”概念；Protues 重点突出其仿真功能和从“设计”到“产品”的快速仿真能力。前 9 章的学习是第 10 章的基础。

本书结构如下图所示。

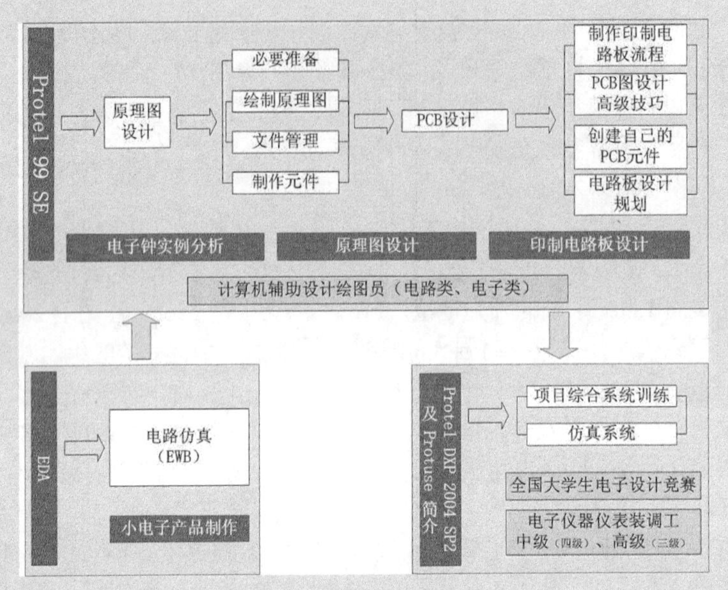

本课程建议采用课堂教学的形式，设上机练习和多于 1 周时间的课程设计。教师可以按照书中实践习题给出设计题目，学生设计原理图、仿真并画出电路板图。

没有学过 Protel 的读者通过本书可以很快学会电子线路设计的基本方法，胜任日常的电子线路设计工作；使用过 Protel 的读者也可以从本书的示例中学到很多设计技巧。

本书也可以作为电工基础、模拟电子技术和数字电子技术课程的教学辅助教材，方法是随教学进度逐步讲解原理图设计的内容。本书完整的电子钟、单片机最小系统等电路对单片机、微机原理课程的学习有很大的帮助，尤其是单片机最小系统电路自 2000 年开始一直在全国大学生电子设计竞赛中发挥作用。

全书由顾滨担任主编，诸杭、孔祥洪担任副主编。顾滨负责全书的统稿工作。其中，前导知识、第 1 章、第 2 章和第 6 章由顾滨编写，第 3 章、第 4 章、第 10 章由诸杭编写，第 5 章由孔祥洪编写，第 7 章由邢妍编写，第 8 章由贺大康编写，第 9 章由顾益林编写，附录由诸杭、顾益林共同编写。

此外，中国计算机学会职业教育专业委员会、工业和信息化部职业技能鉴定中心、上海电子信息职教集团、上海远程教育集团部分专家和教授在本书编写过程中提出了许多建设性意见，在此一并表示感谢。

由于作者水平有限，书中难免会有不妥之处，恳请读者批评指正。

编　者

2014 年 6 月

目 录 CONTENTS

第4章　完成原理图设计　46

第5章　印制电路板的设计　75

第6章　PCB图设计常用操作功能　116

第10章 Protel DXP及Protues的诞生 191

附　录

导　论

信息化社会的发展，离不开电子产品的进步。现代电子产品的发展趋势是：性能更强大、结构更复杂、价格更低廉，而且产品更新换代的步伐也越来越快。实现这种进步的主要因素是生产制造技术和电子设计技术的发展。前者以细微加工技术为代表，目前已发展到深亚微米级，可以在几平方厘米的芯片上集成数万个晶体管；而后者的核心就是 EDA 技术。

EDA 是指以计算机为工作平台，融合计算机技术、应用电子技术、智能化技术的最新成果研制而成的电子 CAD 通用软件包。

EDA 广泛应用于 IC 设计、电子电路 Protel 设计、PCB 设计、EWB 电路仿真和 Proutes 仿真平台。如果没有 EDA 技术的支持，想要完成上述超大规模集成电路的设计制造是不可想象的，同时，生产制造技术地不断进步又将对 EDA 提出更高的要求。

0.1. EDA 技术的发展

回顾近 30 年电子设计技术的发展历程，可将 EDA 技术分为 4 个阶段。

20 世纪 70 年代为 CAD 阶段。人们开始用计算机辅助进行 IC 版图编辑和 PCB 布局布线，取代了手工操作，产生了计算机辅助设计的概念。

20 世纪 80 年代为 CAE 阶段。与 CAD 相比，它除了纯粹的图形绘制功能外，又增加了电路功能设计和结构设计。并且通过电气连接网络表将两者结合在一起，实现了工程设计，这就是计算机辅助工程的概念。CAE 的主要功能是：原理图输入、逻辑仿真、电路分析、自动布局布线和 PCB 后分析。

20 世纪 90 年代为 ESDA 阶段。尽管 CAD/CAE 技术取得了巨大的成功，但并没有把人从繁重的设计工作中彻底解放出来。在整个设计过程中，自动化和智能化程度还不高，各种 EDA 软件界面千差万别，并且互不兼容，直接影响到设计环节间的衔接。基于以上不足，人们开始追求贯彻整个设计过程的自动化，其中最具代表性的软件就是 Protel 99 SE 经典版。

21 世纪进入新的阶段。越来越多的软件朝着信息化、自动化、智能化、便携化发展。由此推出的 Protel 系列软件、FPGA、Protues 仿真平台等大量受到用户推崇的“法宝”问世，随之而来的是 EDA 技术又一个崭新的春天。

0.2. EDA 技术的基本特征

EDA 代表了当今电子设计技术的最新发展方向，它的基本特征是：设计人员按照“自顶向下”的设计方法，对整个系统进行方案设计和功能划分，系统的关键电路用一片或几片专用集成电路（ASIC）实现，然后采用硬件描述语言（HDL）完成系统行为级设计，最后通过综合器和适配器生成最终的目标器件。这样的设计方法被称为高层次的电子设计方法。

20 年前，电子设计的基本思路还是选择标准集成电路“自底向上”（Bottom－Up）的构造出一个新的系统，这样的设计方法就如同一砖一瓦建造金字塔，不仅效率低、成本高，而且容易出错。高层次设计给我们提供了一种“自顶向下”（Top－Down）的全新设计方法：首先，从系统设计入手，在顶层进行功能方框图的划分和结构设计；在方框图一级进行仿真、纠错，并用硬件描述语言对高层次的系统行为进行描述，在系统一级进行验证；然后用综合优化工具生成具体门电路的网表，其对应的物理实现级可以是印刷电路板或专用集成电路。由于设计的主要仿真和调试过程是在高层次上完成的，这一方面有利于在早期发现结构设计上的错误，避免设计工作的浪费，同时也减少了逻辑功能仿真的工作量，提高了设计的一次成功率。

0.3. EWB 工具在 EDA 技术中的先期应用

众所周知，EWB 是学习 EDA 技术，感受其电子设计技术魅力的一款最为浅显易懂的工具软件，也是各所院校学习电子技术课程中所强调的内容。对于初学者来说，EWB 工具软件是引导他们走进电子设计技术广阔领域的第一扇门。

本书为了更好地理解电子设计自动化知识，在学习 Protel 99 SE 实用教程之前，特别增加了 EWB 的内容。以此希望更好地兼顾 EWB 和 Protel 之间的知识衔接，为学习好 Protel 99 SE 实用教程打下扎实的基础。

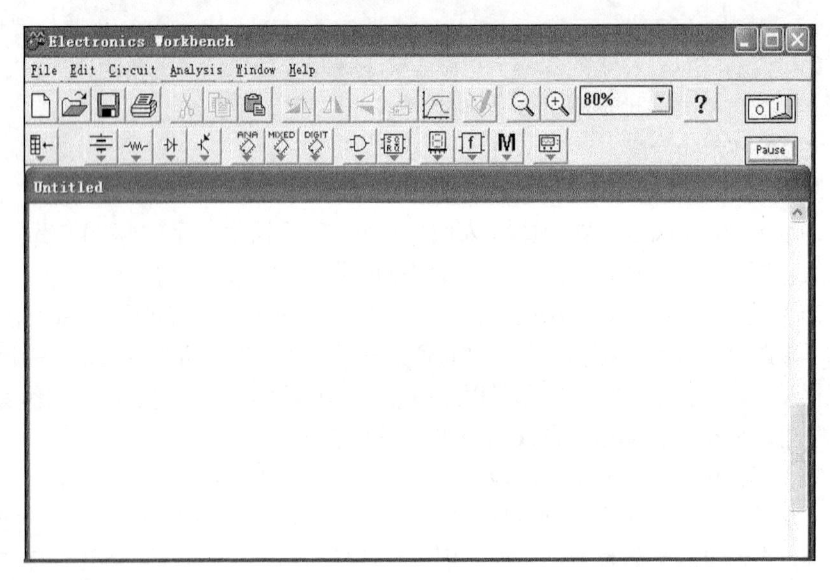

图 0-1　EWB 工具软件主界面

EWB 软件，全称为 ELECTRONICS WORKBENCH EDA，是交互图像技术有限公司在 20 世纪 90 年代初推出的 EDA 软件，用于模拟电路和数字电路的混合仿真，利用它可以直接从屏幕上看到各种电路的输出波形。EWB 是一款小巧，仿真功能简洁明了、直关易学的软件。

相对其他 EDA 软件而言，它是个较小巧的软件，只有 16M，功能也比较单一，只是进行模拟电路和数字电路的混合仿真。但你绝对不可小瞧它，它的仿真功能十分强大，可以近乎 100%地仿真出真实电路的结果。它的工作界面非常直观，原理图和各种工具都在同一个窗口内，未接触过它的人稍加学习就可以很熟练地使用该软件，而且它在桌面上提供了万用表、示波器、信号发生器、扫频仪、逻辑分析仪、数字信号发生器、逻辑转换器等工具。它的器件库中还包含了许多大公司的晶体管元器件、集成电路和数字门电路芯片，而器件库中没有的元器件，还可以由外部模块导入。在众多的电路仿真软件中，EWB 是最容易上手的，许多电路你无需动用烙铁就可得知它的结果，而且若想更换元器件或改变元器件参数，只需点点鼠标即可。它也可以作为电学知识的辅助教学软件使用，对于电子设计工作者来说，它是个极好的 EDA 工具。

0.4. EWB 设计案例

相对于其他 EDA 软件，EWB 具有更加形象直观的人机交互界面，特别是其仪器仪表库中的仿真操作与实际仪器仪表完全相似。下面通过几个常见的电子产品案例，来进一步学习从零件采购到装调完成的整个训练过程，用较短的时间学会 EWB 设计软件的使用，体会电子设计 CAD 技术在电子产品生产制作中的地位和作用，从而提高学生学习兴趣，启发学生继续探索的能力。

（1）振荡电路案例

振荡电路是一个没有交流输入而有输出信号的放大电路。它的作用就是将直流电能转变成交流电能。振荡电路的基本组成包括放大器和正反馈网络。由以上电路组成的振荡电路一般输出的都是方波。要想产生正弦波，还要增加一个组成部分选频网络。选频网络可以用电感 L、电容 C 组成，这就是 LC 振荡电路。也可以用电阻 R、电容 C 组成选频网络，这就是 RC 振荡电路。

振荡电路用处广泛，我们日常生活中的收音机、电视机、充电器、空调等一系列家用设备都应用了振荡电路的原理，如图 0-2 所示。在这里我们对其原理不一一展开介绍，而主要阐述振荡电路在 EWB 中的仿真应用。

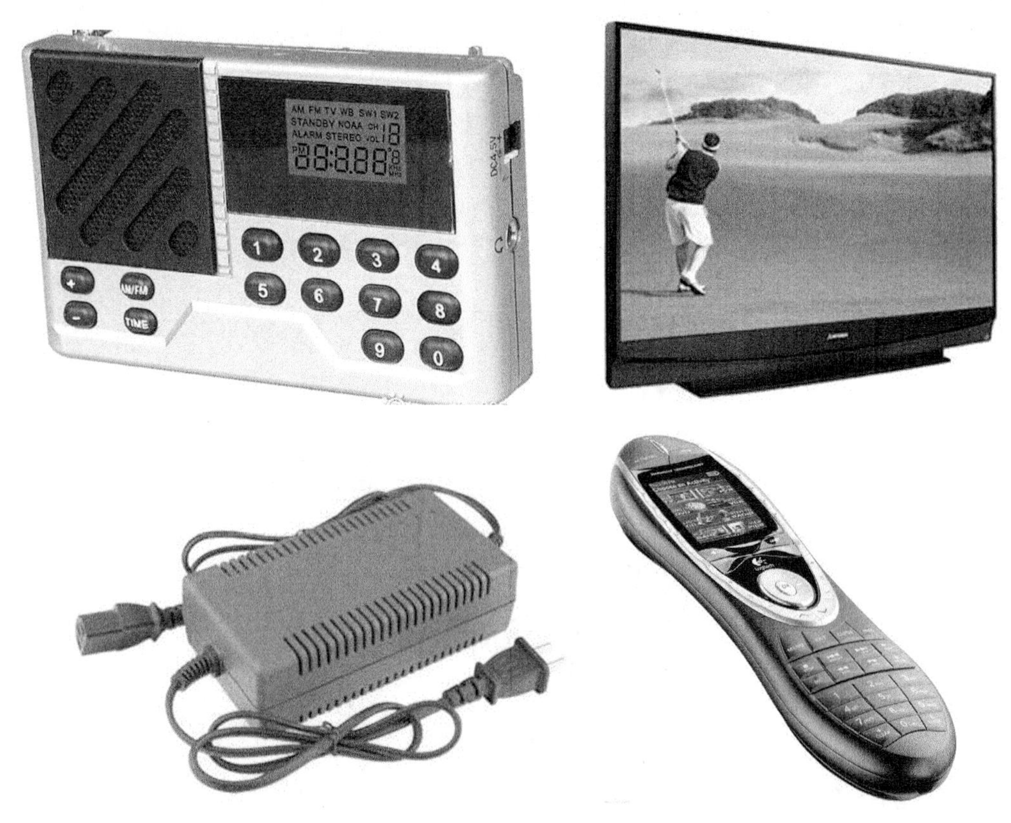

图 0-2　振荡电路应用实例

首先，在 EWB 软件中设计和仿真出振荡电路的效果，通过仿真示波器的演示，得出所设计的振荡电路是否正确。图 0-3 所示为已经设计好的振荡电路和仿真效果。

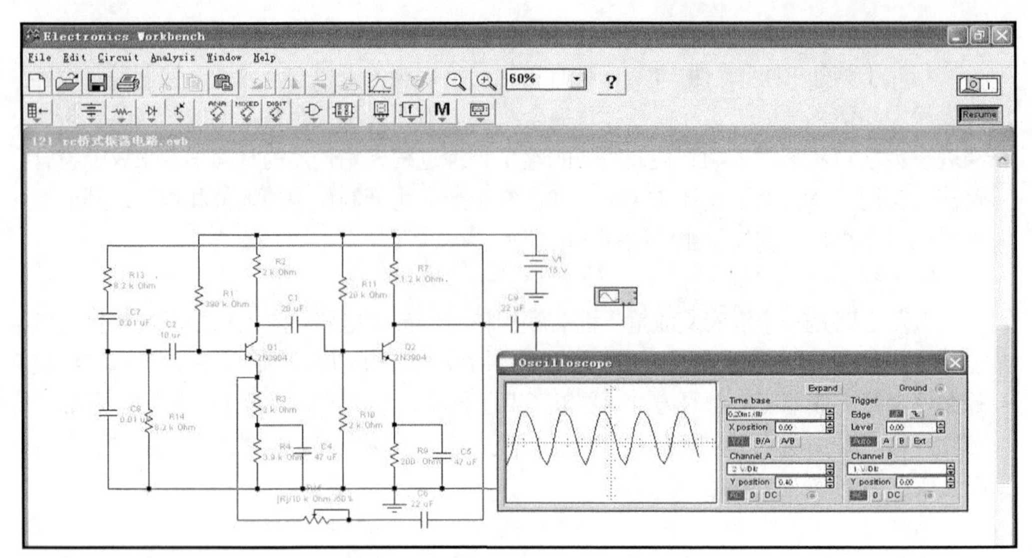

图 0-3　振荡电路 EWB 仿真效果

在 EWB 软件仿真得到证实后，说明你所设计的振荡电路是符合要求的。那么下一步就是按照设计原理图中所应用的元器件、规格和数量进行采购了。

电子元件采购目前有两种常见形式：一种是到当地的电子元器件市场或数码广场进行选购，另一种是上网购买。特别提醒大家，在选购元件时，一定要注意元件的规格和相应技术参数，以免影响最后制作出来的效果。

在图 0-3 中，振荡电路应用的是一些非常常见的电子元器件，如电阻、电容、滑动变阻器、三极管等。在购买时要注意规格、技术参数和具体数量，图 0-4 所示是常用的电子元器件。

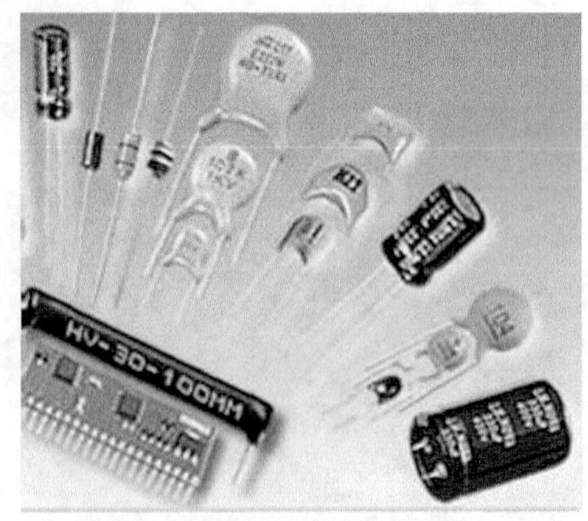

图 0-4　振荡电路常用电子元器件

（2）跑步机案例

当今越来越多的人开始注重自身健康，人们纷纷走出家门参与各种体育运动，以此来减轻在工作和生活中的各种压力。跑步成为了人们运动生活的首选，于是市场上出现了各种固定或便携式的跑步机。而在跑步机中有一项我们特别关注的功能就是所显示的运动量，此案例就通过运动量的显示（即电子计数器在 EWB 中的应用）来进一步了解它的功能。

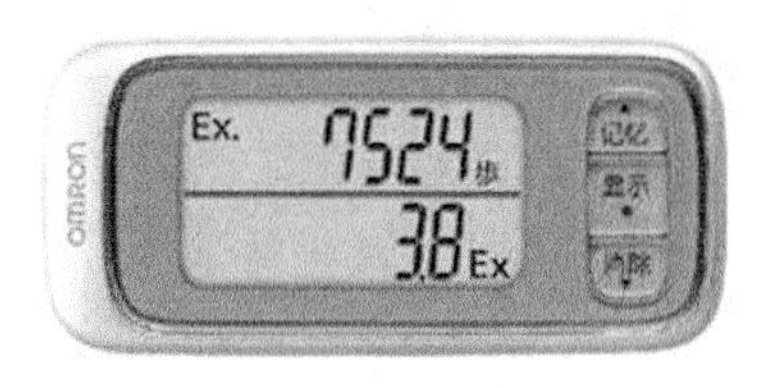

图 0-5　跑步机电子计数器功能

电子计数器（electronic counter），利用数字电路技术数出给定时间内所通过的脉冲数并显示计数结果的数字化仪器。电子计数器是其他数字化仪器的基础。在它的输入通道接入各种模／数转换器，利用转换便可制成各种数字化仪器。电子计数器的优点是测量精度高、量程宽、功能多、操作简单、测量速度快、直接显示数字，而且易于实现测量过程自动化，在工业生产和科学实验中得到了广泛应用。

首先，在 EWB 软件中设计和仿真出电子计数器的效果，通过仿真数码管演示，得出所设计的电子计数器电路是否正确。图 0-6 所示为已经设计好的电子计数器电路和仿真效果。

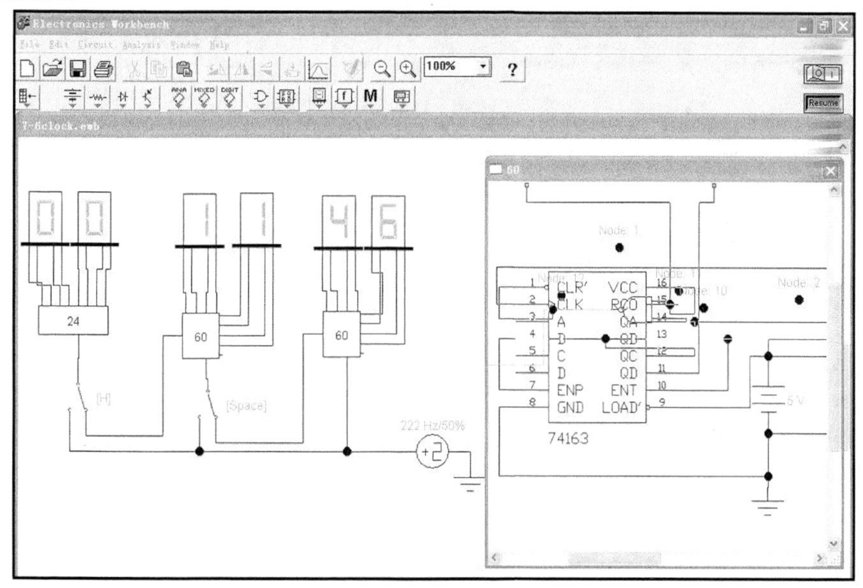

图 0-6　电子计数器电路和仿真效果

如果 EWB 中的仿真效果与电路要求一致，则按设计原理图中所应用的元器件、规格和数量进行采购。

在图 0-6 中，电子计数器电路应用中最为关键的是 74LS163 集成电路。74LS163 是可预置 4 位二进制同步计数器（同步清除）。快速计数时内有超前进位，n 位级联时有进位输出，同步计数，同步可编程序，有置数控制线。图 0-7 所示为 74LS163 集成电路。

图 0-7　74LS163 集成电路实物图

目前的多功能电子计数器，主要由单片机或专用集成电路构成。结构小巧，功能更加灵活多样，应用于各种便携智能式设备中，如图 0-8 所示。由于电子技术的不断发展，多功能电子计数器的总体结构越趋小巧，显示方式和操控方式也趋于多样化，可嵌入可联网、可繁可简、可灵活架构，已经成为了一种新的趋势。

图 0-8　电子计数器的其他应用

以上对 EDA 技术做了概要介绍，并引入其最简单的应用工具 EWB 仿真软件及两个电子产品案例设计，在 EWB 软件的具体应用中，原理图转换成 PCB 板的功能无法实现。Protel 99 SE 软件正以独特的优势发挥其功能，使原理图转换 PCB 能够更加的直接和方便。

PART 1

第 1 章 Protel 99 SE 简介

随着计算机软硬件技术的飞速发展，集成电路被广泛应用，电路越来越复杂，集成度越来越高，加之新型元器件层出不穷，使得越来越多的工作已经无法依靠手工来完成。计算机的广泛应用恰恰解决了这个问题，并且大大提高了工作效率。因此，计算机辅助电路板设计已经成为电路板设计制作的必然趋势。

Protel 系列软件是澳大利亚 Altium 公司（原名为 Protel 公司）的产品，早期版本用于设计 PCB，后来增加了绘制电路原理图的功能，再后来又增加了电路仿真功能和可编程器件开发功能。Protel 是最早进入我国的 EDA 工具软件，其卓越的性能得到了国内业界人士的认同。不管是设计人员还是制作 PCB 产品的 PCB 厂家，基本上都采用该软件。

Protel 99 SE 具有丰富的设计功能，只有很好地掌握它，才能充分发挥其效能。

从本章开始，将介绍 Protel 99 SE 设计电路的功能。

1.1　Protel 99 SE 的组成

Protel 99 SE 是 Protel 公司推出的运行于 Windows 95/98/NT 操作系统环境的电路板设计系统。它建立在 Protel 独特的设计管理器 Design Explorer 基础之上。与它的前身 Protel 99 相比，Protel 99 SE 的设计管理器已经进行过优化处理，使程序的运行速度进一步加快，稳定性也大大提高，系统的总体性能得到增强，在内存的利用效率上也有很大改善。Protel 99 SE 主要由原理图设计系统、印制电路板设计系统两大部分组成。

1．原理图设计系统

这是一个易于使用的具有大量元件库的原理图编辑器，主要用于原理图的设计。它可以为印制电路板设计提供网络表。该编辑器除了具有强大的原理图编辑功能以外，其分层组织设计功能、设计同步器、丰富的电气设计检验功能及强大而完善的打印输出功能，使用户可以轻松完成所需的设计任务。

2．印制电路板设计系统

这是一个功能强大的印制电路板设计编辑器，具有非常专业的交互式布线及元件布局的特点，用于印制电路板（PCB）的设计并最终产生 PCB 文件，直接关系到印制电路板的生产。Protel 99 SE 的印制电路板设计系统，可以进行多达 32 层信号层、16 层内部电源/接地层的布线设计，交互式的元件布置工具极大地减少了印制板设计的时间。同时它还包含一个具有专业水准的 PCB 信号完整性分析工具、功能强大的打印管理系统、一个先进的 PCB 三维视图预览工具。

此外，Protel 99 SE 还包含一个功能强大的基于 SPICE 3f5 的模/数混合信号仿真器，使设计者可以方便地在设计中对一组混合信号进行仿真分析。

同时，Protel 99 SE 还提供一个高效、通用的可编程逻辑器件设计工具，该设计工具支持两种可编程逻辑器件的设计方法：一种是 CUPL 语言来直接描述 PLD 设计的逻辑功能的源文件；另一种是使用 PLC 元件库来绘制 PLD 器件内部的逻辑功能原理图，然后再编译生成熔丝文件。

1.2 Protel 99 SE 的运行环境

1．运行 Protel 99 SE 的推荐配置

- CPU：Pentium II 400 及以上 PC。
- 内存：64MB 以上。
- 显卡：支持 800 × 600 × 16 位色以上显示。
- 光驱：24 倍速以上。

2．运行环境

Windows 95/98/NT 及以上版本操作系统。

由于系统在运行过程中要进行大量的运算和存储，所以对机器的性能要求也比较高，配置越高越能充分发挥它的优点。

1.3 Protel 99 SE 的操作环境及特点

1.3.1 专题数据库管理环境

Protel 99 SE 具有专题数据库管理环境，不同于以前的 Protel for DOS 及 Protel for Windows 版本，这些版本的 Protel 对设计文档没有统一的管理机制。例如，原理图文件的编辑管理与印制板图的编辑管理相互独立，各自有相应的应用软件来进行处理，这使得用户常常不得不在几个应用程序之间频繁地切换，给用户带来极大的不便。Protel 99 SE 采用专题数据库管理方式，使某一设计项目中的所有设计文档都放在单一数据库中，给设计与管理带来了许多方便，并具有强大的打印管理系统、先进的三维 PCB 视图功能及高级的 CAM 管理功能。

1.3.2 原理图设计环境与特点

Protel 99 SE 的原理图编辑器为用户提供高效、便捷的原理图编辑环境，它能产生高质量的原理图输出结果，并为印制电路板设计提供网络表。该编辑器除了提供功能强大的原理图编辑手段以外，内含的数量巨大的原理图元件、自动化程度极高的画线工具、丰富的电气设计检验功能、分层组织设计功能、设计同步器及强大而完善的打印输出功能，使用户的设计工作变得非常方便快捷。归纳起来，有以下几个特点。

1．分层次组织设计功能

Protel 99 SE 提供层次原理图的设计方法，即将整个电路系统分成几个模块，并依照层次关系将模块组织起来，完成系统电路的设计。这是一种非常有效的设计方法，对于比较复杂的系统来讲，常采用此类方法。具体实现又有两种方式，即自顶向下和自底向上。所谓自顶向下，就是用户可以将设计的系统划分为若干子系统，子系统再划分若干功能块，功能模块再划分成基本模块，然后分层逐级实现。这使得系统的设计条理清晰、简单可靠。所谓自底向上，就是用户从最基本的模块开始逐级向上完成设计。这两种方法的选择使用要根据实际情况和用户的喜好来定。按照层次原理图的设计方法，在一个设计项目中可以包含多张原埋图，其原理图数目没有限制，对设计层次的深度也没有限制，设计者可同时编辑多张原理图，各原理图（总图与子图、子图与总图）之间的切换也非常方便。

2．强大的元件及元件库的组织、编辑功能

Protel 99 SE 提供了丰富的原理图元件库，元件库所包含的元件覆盖了众多电子元件生产厂家的庞杂的元件类型；同时它又为设计者提供了功能强大的元件编辑器，使设计者即使不能从元件库中找到自己所需要的元件，也可以通过元件编辑器创建自己的元件库。Protel 99 SE 允许设计者自由地在各库之间移动并且复制元件，以便按照自己的要求合理地组织库的结构，方便设计者对元件库的利用。

另外，Protel 99 SE 提供的强大的元件库查询功能，使设计者可以通过元件的名称或属性查找元件。在查询过程中，可以把查询的范围设定在某一目录的所有元件库中，或是某一特定的路径，或是整个硬盘，甚至是用户所在的整个网络。利用这一功能可使设计者迅速找到所需元件。

3．方便的连线工具

Protel 99 SE 的电气栅格具有自动连接特性，使原理图的连线工作变得非常容易。当设计者为原理图连线时，被激活的电气“热点”将引导鼠标光标至以电气栅格为单位的最近的有效连接点上，实现元件间的自动连接。这样设计者就可以在一个较大的范围内完成连线，使得手工绘图变得更加方便。

4．高效、便捷的编辑功能

Protel 99 SE 的原理图编辑器具有强大的编辑功能。它采用标准的 Windows 图形化操作方式进行编辑操作，使得整个编辑过程直观、方便、快捷。设计者既可以实现拖动、剪切、复制和粘贴等普通的编辑功能，也可以在设计对象上双击鼠标左键，在弹出的属性对话框中进行相关属性的编辑修改工作。

5．电气规则检测功能

Protel 99 SE 的电气规则检测（ERC）功能可以对原理图设计进行快速的检验。原理图可以为印制电路板的制作提供网络表，因此在开始印制电路板布线之前确保原理图设计的准确无误是一件非常重要的事情。电气规则检测可以按用户指定的物理/逻辑特性对原理图进行检验，对未连接的电源、空的输入引脚、引脚电气特性与实际连接的电气信号特性不符等情形都将被一一标出，以引起设计者的注意，指引设计者进行适当的修改。电气规则检测可以在单张原理图上进行，也可以针对整个设计项目。对于大型复杂的设计进行电气规则检测，可以显著提高系统原理图设计的正确性。

6．与印制电路板的紧密连接

在 Protel 的设计过程中，往往要生成网络表文件，网络表是原理图设计系统和印制电路板设计系统之间的桥梁，它描述整个电路中的各个元件及它们之间的连接关系。在 Protel 99 SE 中，既可采用传统的生成网络表文件方式联系原理图与印制板图，也可利用同步器联系原理图与印制板图，设计者只要按下“设计同步器”按钮就可以将原理图的信息传送到印制电路板中去，使设计者不必再处理网络表文件的输入/输出操作。

7．自定义原理图模块

Protel 99 SE 提供了自定义原理图模块功能。利用这个功能，用户可以方便地创建自定义的原理图模块，把它作为自定义的元素应用于原理图中。在层次原理图设计中要用到自定义原理图模块功能。

8．强大而完善的输出功能

Protel 99 SE原理图编辑器具有强大而完善的输出功能。它全面支持Windows的标准字体，支持所有的打印机和绘图仪的Windows驱动程序。原理图可以进行任意缩放的打印输出，从而获得精细的具有专业水准的打印输出效果。

1.3.3 印制电路板设计环境与特点

Protel 99 SE的印制电路板（PCB）编辑器为设计者提供了一个功能强大的印制电路板设计环境，其非常专业的交互式自动布线器基于人工智能技术，可对PCB进行优化设计，所采用的布线算法可同时进行全部信号层的自动布线，并进行优化，使设计者可以快速地完成电路板的设计。PCB编辑器通过对功能强大的设计法则的设置，使设计者可以有效地控制印制电路板的设计过程，并且由于具备在线式的设计规则检查功能，所以可以在最大程度上避免设计者的失误。对于一些特别复杂或有特殊要求的自动布线器难以自动完成的布线工作，设计者可以选择手工布线。总之，Protel 99 SE的印制电路板编辑器不但功能强大，而且便于控制。

下面简要介绍PCB设计系统的特点。

1．丰富的设计规则

设计规则是驱动电路板设计的灵魂，运用好设计规则可以让设计者既可以通过单击鼠标完成设计，也可以让设计者自行定义设计规则，使设计更加符合个人的需求。Protel 99 SE提供了丰富的设计规则，其强大的规则驱动设计特性将协助设计者很好地解决网络阻抗、布线间距、走线宽度及信号反射等因素引起的问题。

Protel 99 SE的PCB编辑器所提供的设计规则分为布线设计规则、电路板制作设计规则、高频电路设计规则、元件布置设计规则及信号分析设计规则等几大类，覆盖了最小安全间距、导线宽度、导线转角方式、过孔直径、网络阻抗等设计过程的方方面面。用户可分别设置这些法则的作用范围，如作用于特定的网络、网络类、元件、元件类或整个电路板，多种设计规则可以相互结合形成多方控制的复合规则，使设计者方便地完成印制电路板的设计。

2．易用的编辑环境

Protel 99 SE的PCB编辑器与原理图编辑器一样也采用了图形化编辑技术，使印制电路板的编辑工作方便、直观。其内容丰富的菜单、方便快捷的工具栏及快捷键操作，为设计者提供了多种操作手段，既有利于初学者的学习使用，同时又使熟练使用者有了加快操作速度的选择。图形化的编辑技术使设计者能直接用鼠标拖动元件对象来改变它的位置，双击任一对象就可以编辑它的属性。

与原理图编辑器一样，PCB的设计也支持整体编辑。

3．智能化的交互式手工布线

Protel 99 SE的手工布线具有交互式连线选择功能，并支持布线过程中动态改变走线宽度及过孔参数，同时Protel 99 SE的电气栅格可以将线路引导至电气“热点”的中心，方便了设计者在电路板上的对象间进行连线。

此外，Protel 99 SE的自动回路删除功能可以自动地、智能化地删除冗余的电路线段；推线功能使得在布新线时将阻碍走线的旧线自动移开，这些功能简化了布线过程中的重画和删除操作，极大地减轻了设计者的劳动强度，提高了手工布线的工作效率。

4．丰富的封装元件库及简便的元件库编辑、组织操作

Protel 99 SE 的封装元件库提供了数量庞大的 PCB 元件，并且还可以从互联网站点（www.protel.com）升级新的封装元件库。丰富的封装元件库使设计者可以从中找到绝大多数所需的封装元件。

对于设计者来说，即使不能从封装元件库中找到所需的元件，还可以通过 Protel 99 SE 所提供的 PCB 元件编辑器创建新的封装元件库。PCB 元件编辑器包含了用于编辑元件或组织元件库的工具，通过它们设计者可以创建、组织自定义的封装元件库。

5．智能化的基于形状的自动布线功能

Protel 99 SE 的自动布线器用以实现电路板布线的自动化。它基于人工智能技术，可对 PCB 进行优化设计。设计者只需进行简单的设置，自动布线器就能分析用户的设计并且选择最佳的布线策略，在最短的时间内完成布线工作。

6．可靠的设计校验

Protel 99 SE 的设计规则检查器（DRC）能够按照设计者指定的设计规则对电路板随时进行设计规则的检查。在自动布置元件或自动布线时，系统自动按设计规则放置元件或布线，因而不会违反规则。在手工布线或移动元件时，设计规则进行即时检查，如有违反设计规则的情况，立即进行警告，甚至禁止设计者强行走线。这些状况都属于即时设计规则检查（On Line DRC）。此外，设计者也可以对已完成或部分完成布线的电路板进行设计规则检查，然后系统产生全面的检查报告，指出设计中与设计规则相矛盾的地方。这些地方将在电路板上以高亮度显示，以引起用户的充分注意。

Protel 99 SE 的设计校验功能使电路板的可靠性得到了保证。

1.4 电路板设计的基本步骤

一般而言，设计电路板最基本的过程可以分为以下 3 个步骤。

1．电路原理图的设计

电路原理图的设计主要是用 Protel 99 SE 的原理图设计系统来绘制电路原理图。在绘制原理图的过程中，要充分利用 Protel 99 SE 所提供的各种原理图绘制工具、测试工具和各种编辑功能，最终获得一张正确、美观的电路原理图，为接下来的工作做好准备。

2．产生网络表

网络表含有电路原理图或印制电路板中的元件之间连线关系的信息，是电路原理图设计与印制电路板设计之间的一座桥梁，也是电路板自动布线的基础和灵魂。网络表可以从电路原理图中获得，同时 Protel 99 SE 也提供了从电路板中提取网络表的功能。

3．印制电路板的设计

印制电路板的设计主要是利用 Protel 99 SE 的 PCB 设计系统来完成印制电路板图的绘制。在这个过程中，借助 Protel 99 SE 提供的强大功能进行电路板的版面设计，完成印制电路板的设计工作。

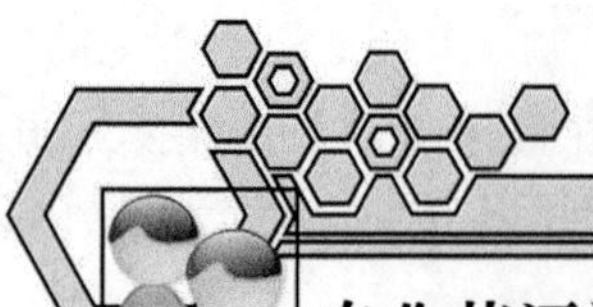

专业英语词汇

专业英语词汇	行 业 术 语
CAD（Computer Aided Design）	计算机辅助设计
SCH（Schematic）	原理图
EDA（Electronic Design Automation）	电子设计自动化
CAM（Computer Aided Manufacturing）	计算机辅助制造
PCB（Printed Circuit Board）	印制电路板
ERC（Electric Rule Check）	电气规则检测
DRC（Design Rule Check）	设计规则检查

习题

一、填空题

1. Protel 99 SE 主要分为________设计系统和________设计系统两大部分。

2. 设计电路板最基本的过程有 3 个步骤：____________、产生____________和__________的设计。

3. 写出英语全称：

PCB ______________________________ 印制电路板；

SCH ______________________________ 原理图；

EDA ______________________________ 电子设计自动化。

二、选择题

1. Protel 99 SE 是一个（　　）。

A. 操作系统　　B. 高级语言

C. CAD 软件　　D. 办公应用软件

2. CAD 是（　　）。

A. 高级语言　　B. 计算机辅助制造

C. 计算机辅助分析　　D. 计算机辅助设计

三、简答题

试简述用 Protel 99 SE 软件进行设计（包括原理图和 PCB 图）到调试出样机的整个过程。在各个环节应注意哪些问题？

PART 2

第 2 章 原理图设计

上一章介绍了 Protel 99 SE 是一个集成了多种工具的计算机辅助电路设计软件，其中最主要的部分有两个：原理图设计系统（Advanced Schematic）和印制电路板设计系统（Advanced PCB）。从本章开始，将逐步学习如何使用原理图设计系统进行电路原理图的设计。

2.1 原理图设计的步骤

利用 Protel 99 SE 来设计原理图的步骤如图 2-1 所示。

可以按照下面的具体步骤完成原理图的设计工作。

① 在设计之前，一般要在纸上做出大致构思，这样可以加快在计算机上设计的速度。

② 在完成构思后，启动 Protel 99 SE，进入原理图设计系统。根据电路图的规模和复杂程度决定图纸的大小、规格等必要的参数。

③ 根据个人的喜好和工作习惯，设置好原理图设计系统的环境参数，如格点的大小和类型、光标的大小和类型。一般来说可以采用系统的默认值。这些参数修改好后，不用每次都去修改。

④ 根据电路原理图的需要，将元件从元件库中选择出来，放置到图纸上，并且同时进行设置元件的序号、元件封装的定义和设置等工作。

⑤ 为了电路图的美观，需要对元件进行修改、对齐的操作。

⑥ 根据电路原理图的需要，将各个元件通过具有电气意义的导线、符号连接起来，构成一个完整的电路原理图。

⑦ 将初步绘制成型的电路原理图调整、美化。

⑧ 输出各种报表，如网络表、元件列表及层次列表等，其中最重要的是网络表。

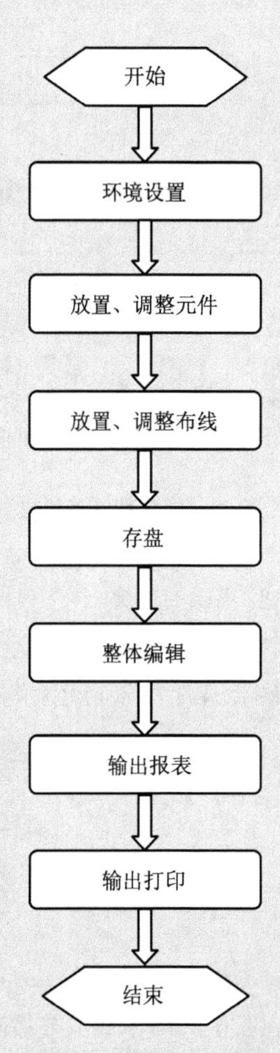

图 2-1 原理图设计步骤

2.2 绘制原理图前的必要准备

在真正进入原理图的绘制过程前，还要做一些必要的准备工作。下面就来介绍如何做好这些准备工作。

2.2.1 启动 Protel 99 SE

启动 Protel 99 SE 的方法非常简单，只要直接运行 Protel 99 SE 的执行程序就可以了。一般运行 Protel 99 SE 执行程序的方法有下述 3 种。

- 在 Windows 桌面选择【开始】/【程序】/【Protel 99 SE】选项，即可启动 Protel 99 SE。
- 用户可以直接双击 Windows 桌面上 Protel 99 SE 的图标来启动应用程序。
- 用户可以直接单击 Windows【开始】菜单中的 Protel 99 SE 图标来启动应用程序。启动 Protel 99 SE 应用程序后会出现如图 2-2 所示的界面。

接下来便进入如图 2-3 所示的 Protel 99 SE 主窗口。

图 2-2 Protel 99 SE 启动界面

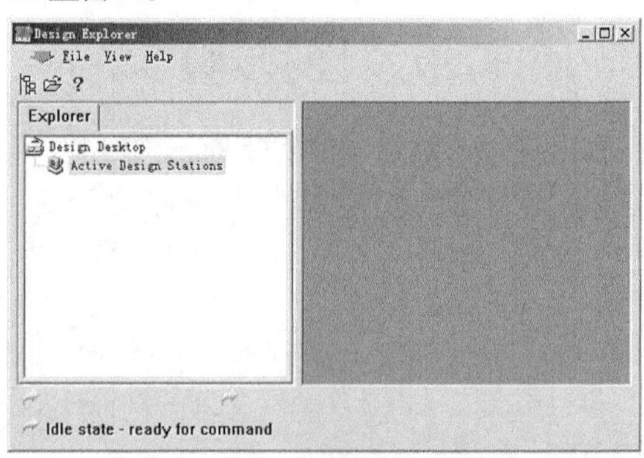

图 2-3 Protel 99 SE 主窗口

2.2.2 创建原理图设计文件

在启动各种编辑器前，必须先创建一个新的设计文件（Design File）。在这里假设要建立一个电子钟设计文件。

如果在此之前用户没有打开任何设计数据库，可以选择主菜单区的【File】/【New】选项，如图 2-4 所示，将光标移到菜单【File】/【New】处，单击或按回车键即可。

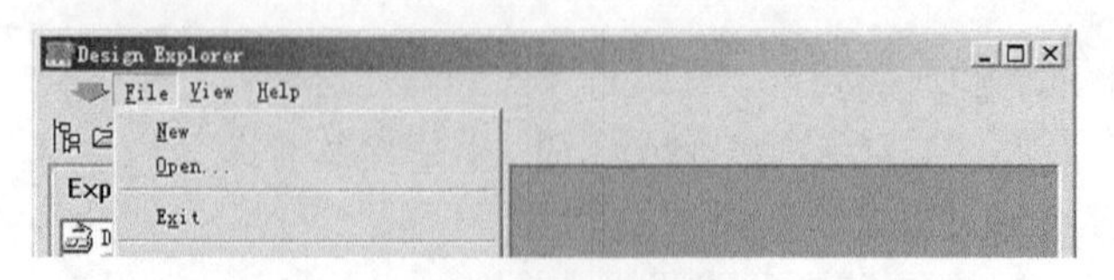

图 2-4 新建设计文档菜单

如果在此之前已经打开了一个或多个设计数据库，可以选择主菜单区的【File】/【New Design】选项，单击或按回车键即可，系统将弹出如图 2-5 所示的对话框。

图 2-5 所示对话框的左上角有两个标签，分别是路径（Location）和密码（Password）。

【Location】路径标签对应的是新建数据库的基本信息，如文件名和路径。Protel 99 SE 默认的文件名为"MyDesign.ddb"，可以在相应的位置修改文件名，如"DZZ.DDB"。单击【Browse...】按钮选择文件的存储位置，如"D：\pt99se\dzz"。

如果想给设计的数据库加上密码，先在如图 2–5 所示对话框中选择【Password】标签，打开如图 2–6 所示的密码设置对话框。在此对话框中将左边的选项选为“Yes”，然后在右边的密码和确认密码编辑框中输入相同的密码。值得注意的是，没有密码任何人都没有办法打开这个数据库，所以必须牢记密码。

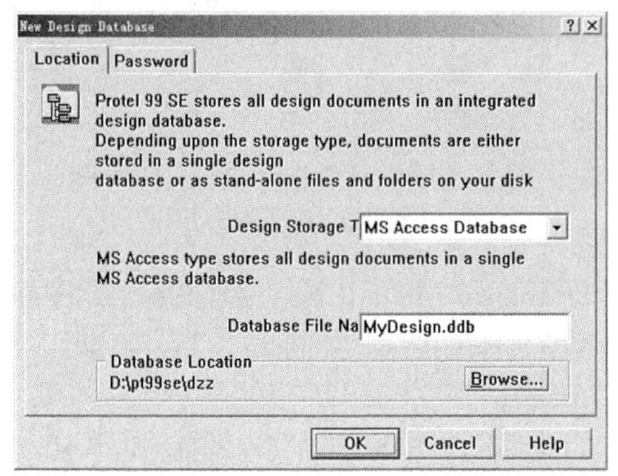

图 2–5　新建设计文档数据库相关信息设置

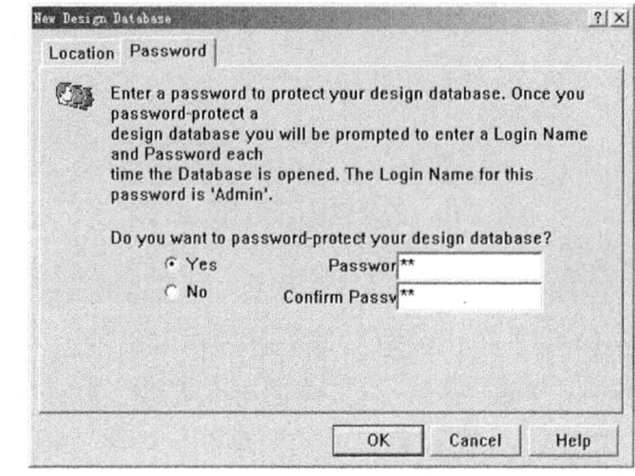

图 2–6　密码设置对话框

上述准备工作结束后，单击【OK】按钮创建此文档，Protel 99 SE 的主窗口变成如图 2–7 所示的新窗口。

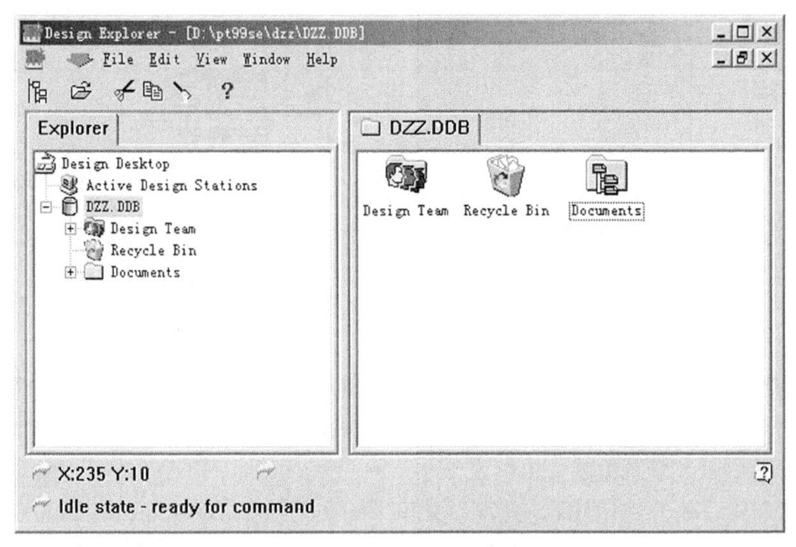

图 2–7　新建设计文档界面

2.2.3　启动原理图编辑器

在创建或打开一个数据库文件后，就可以在该数据库的文件夹中创建原理图文件并启动原理图编辑器。原理图编辑器就是一个原理图设计系统，用户可以在该系统中进行电路原理图的设计并生成相应的网络表，为后面印制电路板的设计做好准备。

启动原理图编辑器可以用下面的方法来实现。

双击【Document】图标，执行菜单命令【File】/【New】，如图 2–8 所示。或者在空白处单击鼠标右键，选择【New】会出现如图 2–9 所示的选择类型对话框。

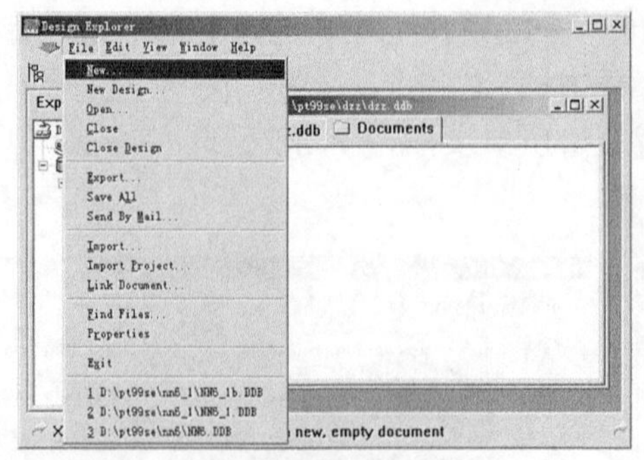

图 2-8　新建原理图设计文档菜单

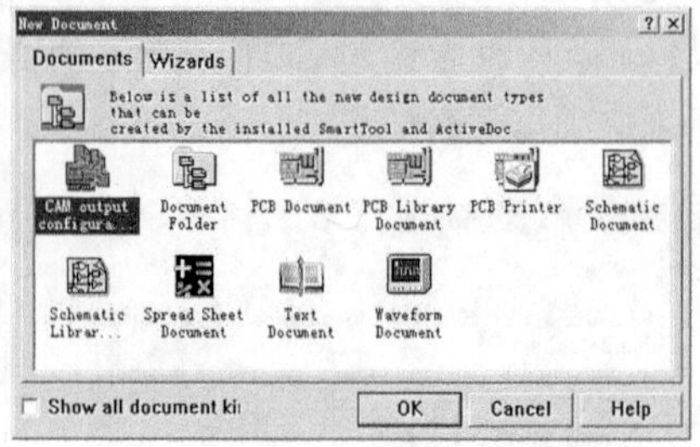

图 2-9　选择类型对话框

在如图 2-9 所示的对话框中单击【Schematic Document】图标，选中原理图编辑器图标，单击【OK】按钮或双击该图标就可以完成新的原理图文件的创建，如图 2-10 所示。默认的文件名为“Sheet1.Sch”，文件名可以修改，如改为“dzz.Sch”。

单击设计管理窗口中的原理图文件名，或双击工作窗口中的原理图文件图标，即可启动原理图编辑器，如图 2-11 所示。

启动其他编辑器的方法和启动原理图编辑器是一样的。

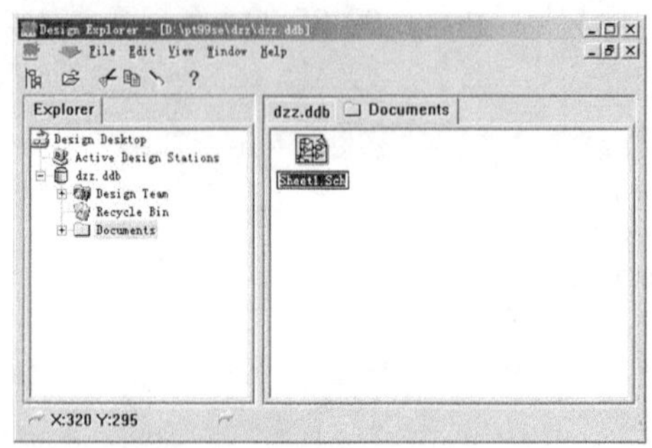

图 2-10　新建原理图设计文件

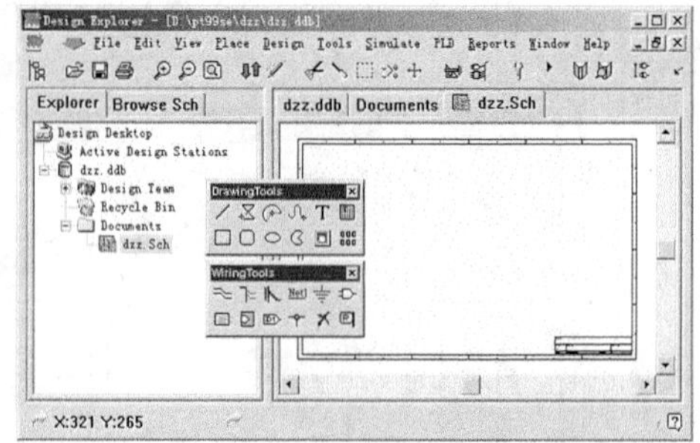

图 2-11　原理图编辑器

2.2.4　设置原理图图纸

一般系统默认图纸的大小为 B 号图纸。当构思好原理图后，最好能先根据构思的整体布局设置好图纸的大小。当然，在画图中或以后再修改也是可以的。

有两种方法可以改变图纸的大小。

在设计窗口中，单击鼠标右键选择浮动菜单下的文档选项【Document Option...】或执行菜单命令【Design】/【Options】，显示器将出现如图 2-12 所示的文档属性设置对话框。

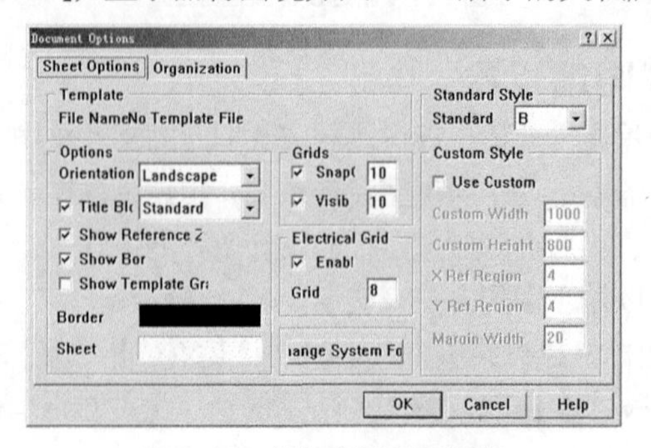

图 2-12　文档属性设置对话框

根据选择的图纸尺寸，在【Standard】栏右边的下拉菜单中，选择所需的图纸大小，然后单击对话框下面的【OK】按钮，图纸的大小就设置好了。

2.2.5 装入元件库

绘制原理图需要元件和线路。绘制一张原理图首先是要把有关的元器件放置到工作平面上。在放置元器件之前，必须知道各个元器件所在的元件库，并把相应的元件库装入到原理图管理浏览器中。

添加元件库一般按照下面的步骤来进行。

打开原理图管理浏览器。在工作窗口为原理图编辑器窗口的状态下，单击设计管理器顶部的【Browse Sch】标签即可打开原理图管理浏览器窗口，如图 2-13 所示。

单击【Add/Remove】按钮，出现如图 2-14 所示的添加/删除元件库对话框。其实，要想进入如图 2-14 所示的对话框，可以直接单击主工具栏上的按钮。

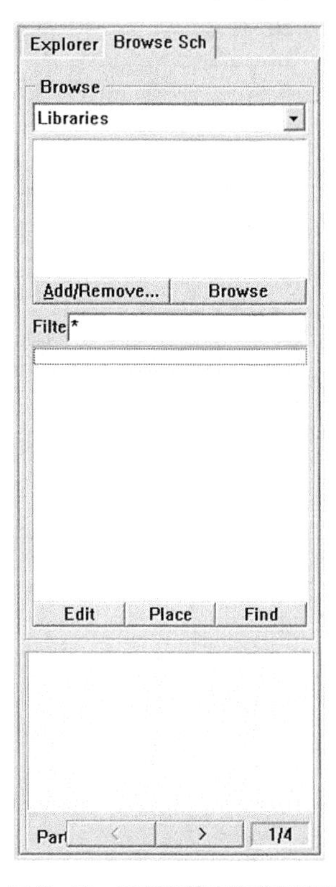

图 2-13　原理图管理浏览器窗口

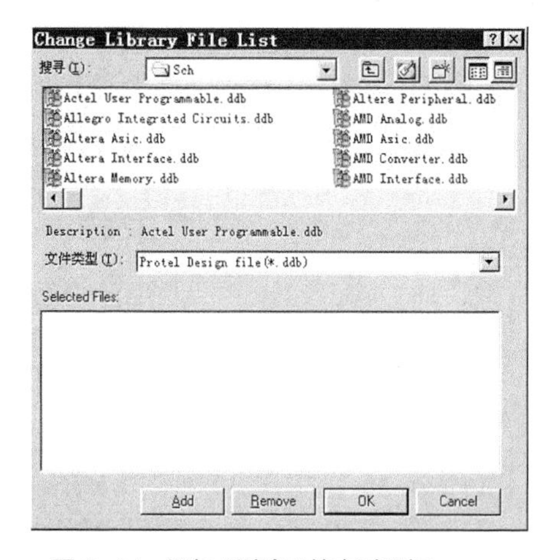

图 2-14　添加 / 删除元件库对话框

在 Protel 99 SE 安装目录下的 Library\Sch 下可以找到所需的元件库。一般“Protel DOS Schematic Libraries.ddb”、“Sim.ddb”两个文件库是常用的，所以都要添加。对所需的文件，单击选中，然后再单击【Add】按钮，被选中的库文件即出现在“Selected Files”列表框中，成为当前的活动库文件，如图 2-15 所示，单击【OK】按钮就可将上述元件库装入原理图管理浏览器中。

回到设计管理器，可以发现左边的元件管理器中出现了很多的元件库，如图 2-16 所示。

移出不需要的元件库的步骤与上述步骤正好相反。

图 2-15　添加元件库文件

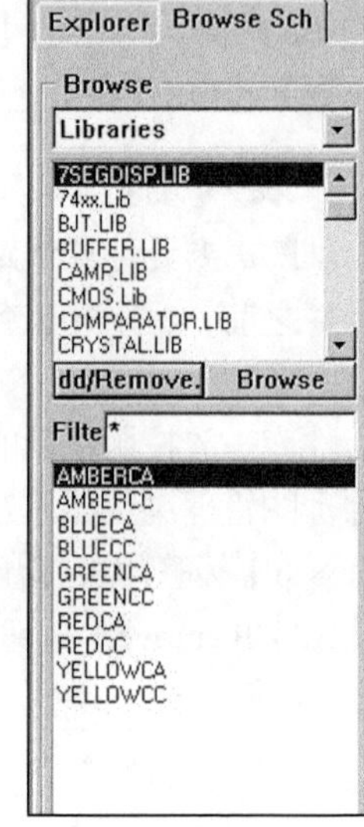

图 2-16　添加了元件库后的元件管理器窗口

2.3　放置元件

前面讲了元件库的装入问题，下面将介绍元件的放置问题。

2.3.1　利用浏览器放置元件

放置元件的方法很多，利用浏览器放置元件是一种比较直观的方法。具体的操作方法如下。首先，在如图 2-17 所示对话框中的【Browse】选项的下拉式选框中，选中【Libraries】项。

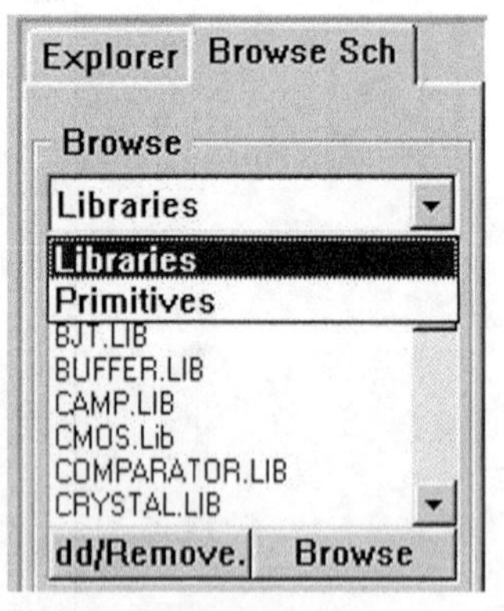

图 2-17　选择元件库对话框

然后单击列表框中的滚动条，找出元件所在的元件库文件名，单击鼠标左键选中所需的元件库；再在该文件库中选中所需的元件，单击鼠标左键即可选中元件，如图 2-18 所示。

最后单击【Place】按钮或直接双击元件名称，将光标移至工作平面，就可以发现元件随着光标的移动而移动；再将元件随光标移到工作平面合适的位置，单击鼠标左键即可将元件放置到当前位置，如图 2-19 所示。

此时，系统仍然处于放置元件的状态。单击鼠标左键，就会在工作平面的当前位置放置另一个相同的元件。按【Esc】键或单击鼠标右键，即可退出该命令状态，这时系统才允许用户执行其他命令。

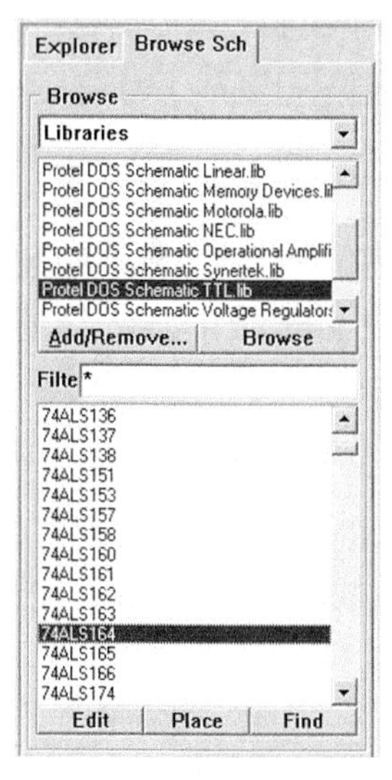

图 2-18　选择元件对话框

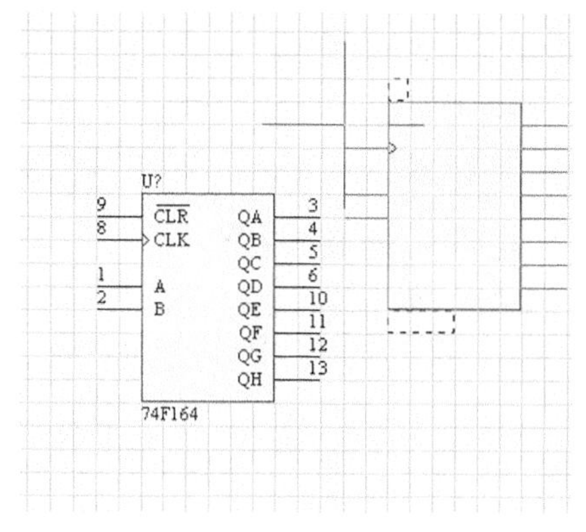

图 2-19　放置元件

2.3.2　利用菜单命令放置元件

这里介绍的是另外一种放置元件的方法，这种方法对于那些对元件库比较熟悉的用户，或者已经有现成的元件名称的元件的放置来讲，是一种比较快捷的方法。这种方法可以使用户的设计速度加快，具体的实现方法有下面 4 种。

- 执行菜单命令【Place】/【Part】。
- 直接单击鼠标右键，在浮动菜单上选择【Place Part】。
- 直接单击电路绘制工具栏上的 按钮。
- 使用快捷键【P】/【P】。

执行以上任何一种操作，都会打开如图 2-20 所示的对话框。

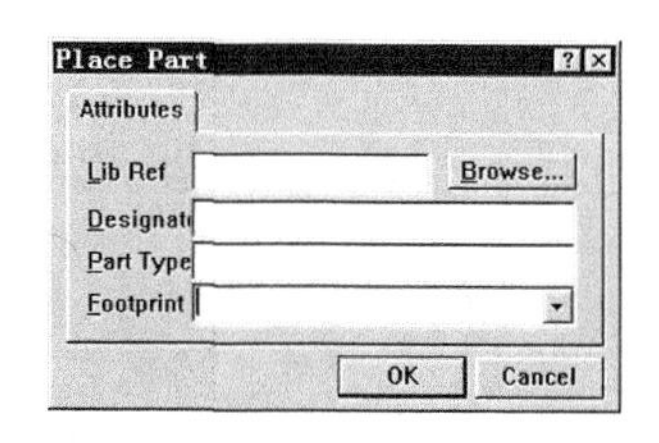

图 2-20　放置元件对话框

输入所需元件的名称，然后单击【OK】按钮或按【Enter】键确认，即可出现相应的元件跟随光标的移动而移动的情形。将光标移到合适的位置，单击鼠标左键，完成放置。此时，系统仍然处于放置该元件的命令状态中，按【Esc】键或单击鼠标右键，将出现如图 2-20 所示的对话框。如果用户想继续放置新的元件，可以输入新的元件的名称；如果暂时不需要再放置元件，可以单击【Cancel】按钮退出。

2.3.3　元件的删除

在设计过程中元件的增减是必然的，不可能一次成功。明白了如何将元件放置到图纸上，还必须掌握如何从图纸上将已放置的元件或其他图件删除。

删除元件的方法通常有如下两种。

- 可以执行菜单命令【Edit】/【Delete】，当光标变为十字形状后，将光标移到想要删除的元件上，单击鼠标左键，即可将该元件从工作平面上删除。此时，程序仍然处于该命令状态，如果还想删除某个元件，可以按照上面的方法依次删除；如果想退出该命令状态，可以单击鼠标右键或按【Esc】键即可。
- 如果想要一次性删除多个元件，显然上述方法比较麻烦，可以按下面的方法来完成。首先，选中所要删除的多个元件，然后执行菜单命令【Edit】/【Clear】，或按快捷键【Ctrl】+【Del】，即可从工作区中删除选中的多个元件。

2.3.4 元件位置的调整

绘制电路图时，为了使布线简洁明了，并考虑到整体排版的美观性，需要对图纸上的元件位置进行适当的调整。通过各种操作将元件移动到适当的位置或将元件旋转成所需要的方向，具体操作方法如下。

如果被移动的是单个元件，如在这里要移动 74F164。首先，将鼠标箭头移到 74F164 上，然后按住鼠标左键不放，此时在元件的右方出现以圆点为中心的十字光标，同时元件的名称、序号消失，取而代之的是虚框，这样便选中了该元件，如图 2-21 所示。此时，按住鼠标左键不放，移动十字光标，元件会随着光标的移动而移动。将元件移动到适当的位置，松开鼠标左键，即完成了移动工作。

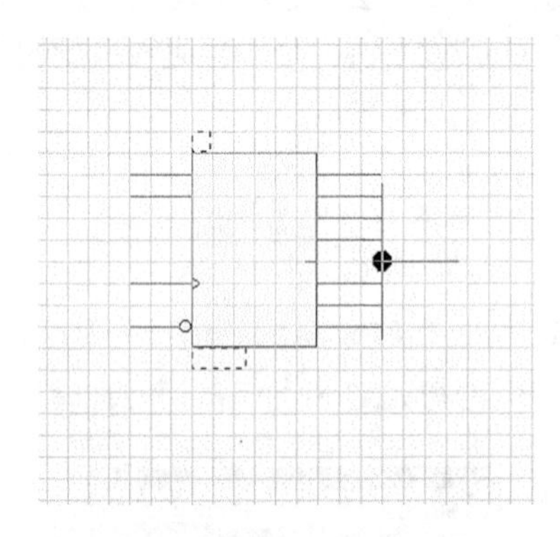

图 2-21　用鼠标移动元件的方法之一

移动单个元件也可以执行菜单命令【Edit】/【Move】/【Move】，之后会出现十字光标，将光标移到元件上，单击鼠标左键，即可选中该元件，然后就可以进行移动了（此过程不需要按住鼠标左键不放）。完成工作后，系统还是处于移动元件的命令状态下，如果还需要移动其他元件，可以采用相同的方法进行；如果不需要再移动元件了，可以单击鼠标右键或按【Esc】键退出该命令状态。

下面介绍移动单个元件的第 3 种方法。首先单击元件，使元件周围出现虚框，如图 2-22 所示，然后单击该元件即可选中，同时出现十字光标，这时就可以移动该元件了。将元件移到适当的位置后，单击鼠标左键确认即可。此时，十字光标消失，但元件周围的虚框仍然存在，如果此时还不满意，可以按照上面的方法继续移动，如果觉得不必再移动，可以在图纸的空白处单击鼠标左键，取消对该元件的选择，退出操作。

最后介绍对单个元件和多个元件都适用的方法。按住鼠标左键不放，移动鼠标在工作区内拖出一个适当的虚线框，将所要选择的元件包含在内，如图 2-23 所示，然后松开鼠标左键即可选中虚线框内的所有元件或图件。选中元件后，单击被选中的元件组中任意一个元件并按住鼠标左键不放，出现十字光标后即可移动被选中的元件组到适当的位置，然后松开鼠标左键，元件组便被放置在当前的位置。

移动被选中的元件，还可以执行菜单命令【Edit】/【Move】/【Move Selection】，出现十字光标后，单击被选中的元件，移动鼠标即可将它们移动到适当的位置，然后再单击鼠标左键确认，即可将元件放置在当前的位置。

上面讲述的内容是将元件移动到适当位置的方法。在原理图的设计过程中还会碰到这样的情况：元件的方向需要调整。如果用户需要旋转元件，首先要将元件选中，然后主要利用以下快捷键。

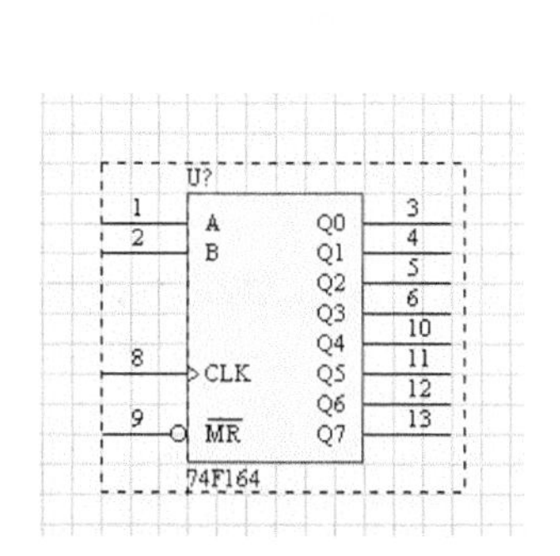

图 2-22 用鼠标移动元件的方法之三

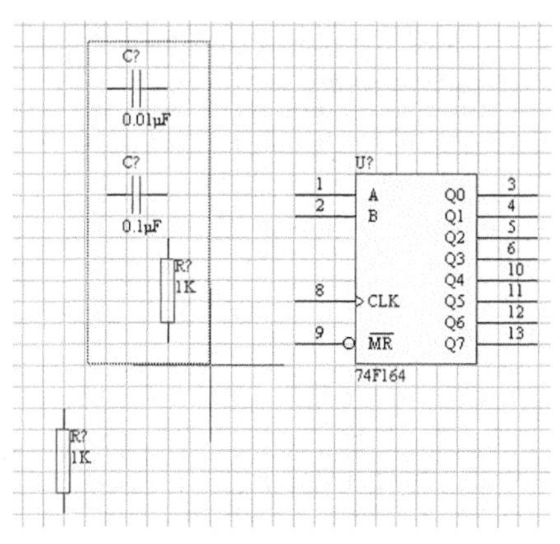

图 2-23 用鼠标移动元件的方法之四

- 【Space】键（空格键）：每按一次，被选中的元件逆时针旋转 90° 。
- 【X】键：使元件左右对调。
- 【Y】键：使元件上下对调。

2.3.5 改变元件属性

元件的位置调整仅仅是原理图设计的一个开端。原理图中的各个元件，如果没有合理的序号、正确的封装形式、引脚号定义等，对于后面的 PCB 的生成将是很大的阻碍。下面将对如图 2-23 所示的元件的属性进行编辑。所有的元件的对象都各自拥有一套相关的属性，某些属性只能在元件库编辑中进行定义，而另外一些属性则只能在绘图编辑时定义。

以 74LS164 为例，在将元件放置到绘图页之前，元件符号可随鼠标移动，如果按【Tab】键就可以打开属性对话框，但是，对于已经放置好的元件，可以直接双击元件，就可以弹出元件属性设置对话框，如图 2-24 所示。

【Attributes】选项卡中的内容较为常用，它包括以下选项。

- Lib Ref：在元件库中定义的元件名称，不会显示在绘图页中。
- Footprint：封装形式，应该输入该元件在 PCB 库里的名称。
- Designator：流水序号。
- Part Type：显示在绘图页中的元件名称，默认值与元件库中名称“Lib Ref”一致。
- Sheet Path：成为绘图页元件时，定义下层绘图页的路径。
- Part：定义子元件序号，如与门电路的第一个逻辑门为 1，第二个为 2 等。
- Selection：切换选取状态。
- Hidden Pins：是否显示元件的隐藏引脚。
- Hidden Fields：是否显示“Part Fields 1～8”、“Part Fields 9～16”选项卡中的元件数据栏。
- Field Name：是否显示元件的数据栏名称。

改变元件的属性也可以通过执行菜单命令【Edit】/【Change】。该命令可将编辑状态切换到对象属性编辑模式。此时，只需将鼠标指针指向该元件，单击鼠标左键，就可弹出属性窗口。将该元件的属性修改以后，系统仍然处于该命令状态中，单击鼠标右键或按【Esc】键，就可以退出该命令状态。

在元件的某一属性上双击鼠标左键，则会打开一个针对该属性的对话框。如在文字“U? ”上双击，由于这是 Designator 流水序号属性，随后出现对应的 Part Designator 对话框，如图 2-25 所示。

设置结束后，单击【OK】按钮确认即可。对元件的型号的设置方法与此相同。

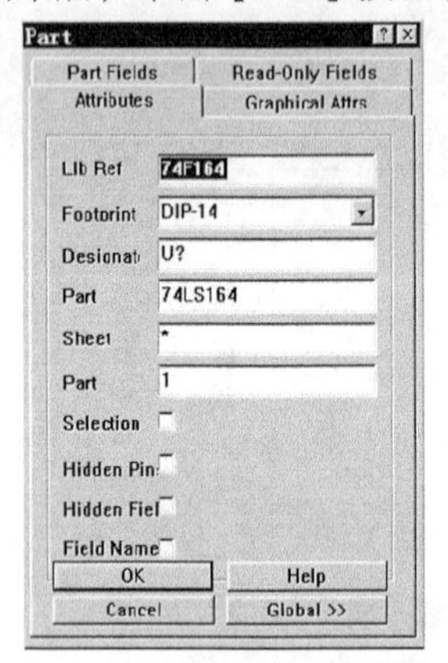

图 2-24　元件属性设置对话框

图 2-25　Part Designator 对话框

2.4　绘制原理图

所有的元件放置完毕，并且设置好元件的属性后，就可以进行电路图中各对象间的布线。布线的主要目的是按照电路设计的要求建立网络的实际连通性。只是将元件放置在图纸上，各元件之间没有任何电气意义。

2.4.1　画导线

执行画导线命令的方法可以有以下几种。

- 单击画原理图工具栏中的画导线按钮 。
- 执行菜单命令【Place】/【Wire】，如图 2-26 所示。
- 按快捷键【P】/【W】。

执行画导线命令后，会出现十字光标，将光标移到 C2 右边的引脚上，单击鼠标左键，确定导线的起始点，如图 2-27 所示。值得注意的是，导线的起始点一定要设置在元件引脚的顶端上，否则导线与元件没有电气连接关系。

确定了导线的起点后，移动鼠标开始画导线，由于该导线要连接到 89C2051 的 XTAL2 脚，所以要转折。要在转折处单击鼠标左键来确定导线的位置，最终在该导线的终点 XTAL2 处单击，此时，单击鼠标右键或按【Esc】键结束一条线的绘制。

完成一条线的绘制后，程序仍然处于画导线的状态。重复上述步骤可继续绘制其他导线。

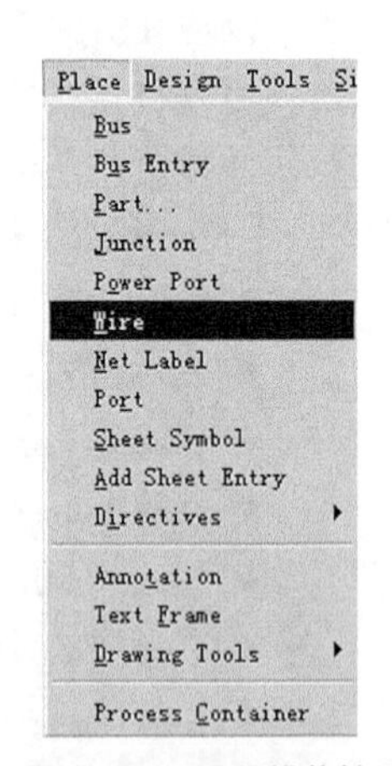

图 2-26　画导线菜单

在绘制过程中，可以发现“T”形线路的节点是程序自动放置的。绘制结果如图 2-28 所示。

导线绘制完成后，单击鼠标右键或按【Esc】键即可退出画导线的状态。这时，十字光标消失。

如果对绘制的某导线不满意，可以双击该导线，在弹出的如图 2-29 所示的对话框中设定该段导线的有关参数，如线宽、颜色等。

考虑到整体绘图的美观，一般对于导线的要求是直角转折，而且要考虑导线彼此间的距离问题。例如，在绘制过程中，发现由于疏忽，绘制了如图 2-30 所示的导线，这就需要进行调整。

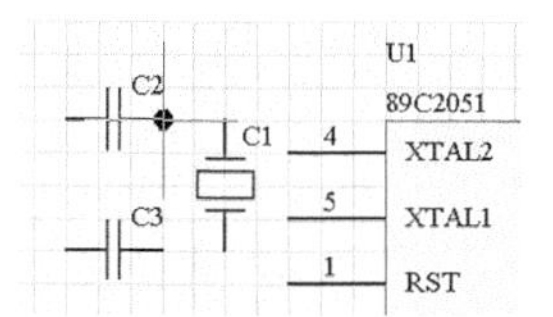

图 2-27　将光标移至元件引脚的顶端

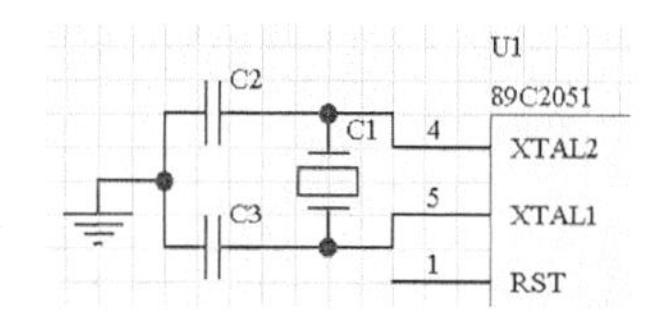

图 2-28　完成局部布线后的电路图

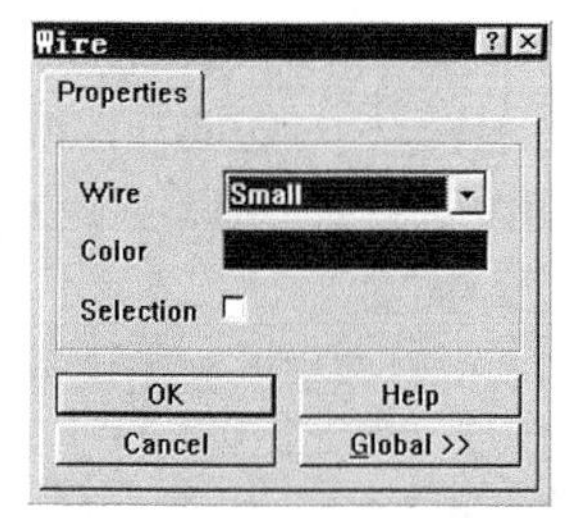

图 2-29　导线属性设置对话框

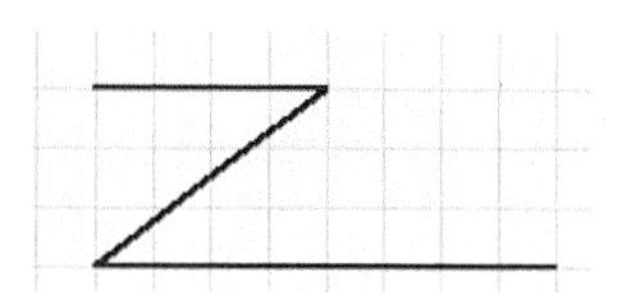

图 2-30　不合适的导线转折

调整时可以采取两种方法：一种是删除此线重画；另一种是单击此线，出现如图 2-31 所示的在每个转折点处有灰色小方框的标记，将鼠标移到需要调整的点，按住鼠标左键拖动到合适的位置，就可以将该导线调整结束。调整结束后，将鼠标移到空白位置，单击鼠标左键，退出调整导线的状态。调整后的结果如图 2-32 所示。

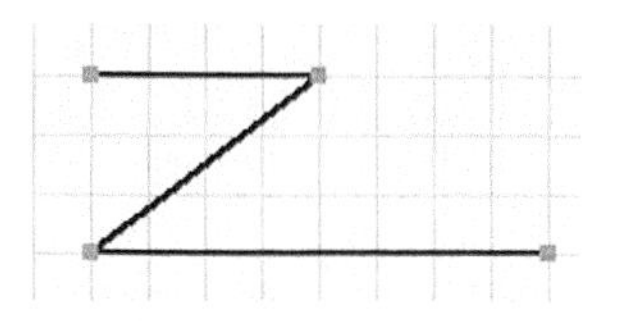

图 2-31　选中需调整的导线

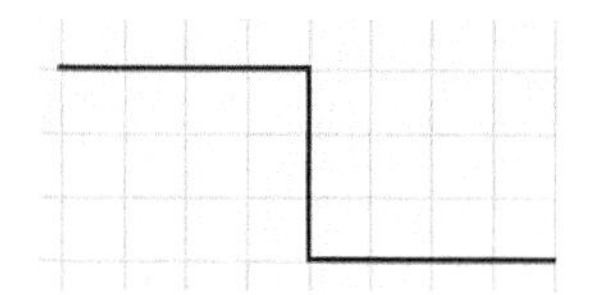

图 2-32　调整后的导线

2.4.2　利用网络标号实现电气连接

在电路图中，有些本该连接的元件之间是悬空的，取而带之的是有标号的引出线段，这实际上是一种利用网络标号实现电气连接的方法。网络标号的实际意义就是一个电气节点，具有相同网络标号的元件引脚、导线、电源及接地符号等具有电气意义的图件，在电气关系上是连接在一起的。网络标号的用途是将两个以上没有相互连接的网络命名为同一网络标号，采用此方法，既表明它们在电气意义上是属于同一网络的，又表明它们具有电气连接关系。下面就介绍一下设置网络标号的方法。

假设用网络标号的方法，要将 ISA 总线的 D 口与双向缓冲器 74LS245 的 B0～B7 连接起来。为了便于放置网络标号，首先在相应的元件引脚处画上导线，画完导线后的结果如图 2-33 所示。

下面的工作就是放置网络标号了。具体方法是单击画原理图工具栏中的 Net1 按钮或执行菜单命令【Place】/【Net Label】，这时光标会变成十字形状，并且出现一个随着光标移动而移动的虚线方框，如图 2-34 所示。

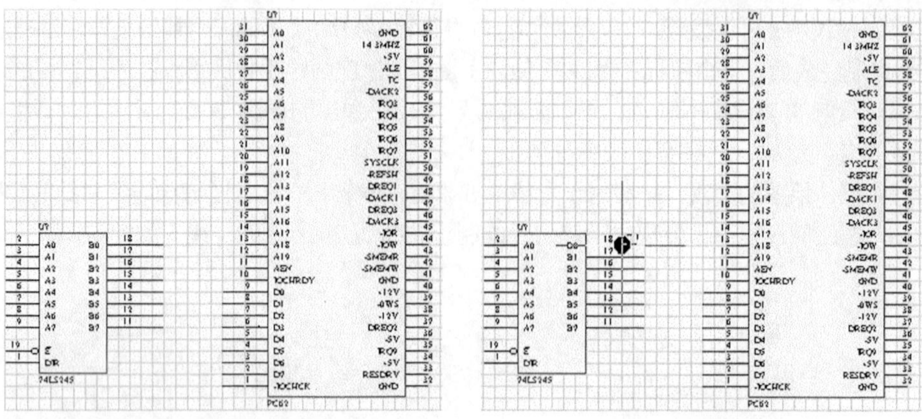

图 2-33　在将要放置网络标号的引脚上画上导线　　图 2-34　放置网络标号

按【Tab】键，会出现如图 2-35 所示的属性对话框，可以根据要求修改属性对话框中的内容。

待属性改变结束后单击【OK】按钮，将光标移到想要放置标号的地方，再单击鼠标左键即可。此时，系统仍然处于放置网络标号的状态，如果想继续放置，可以按照上面的方法；如果不想放置了，可以按【Esc】键或单击鼠标右键退出该命令状态。

也可以先确定网络标号的位置，对于想修改的名称等，可以双击，弹出属性对话框来进行修改即可。放置网络标号后的电路图如图 2-36 所示。

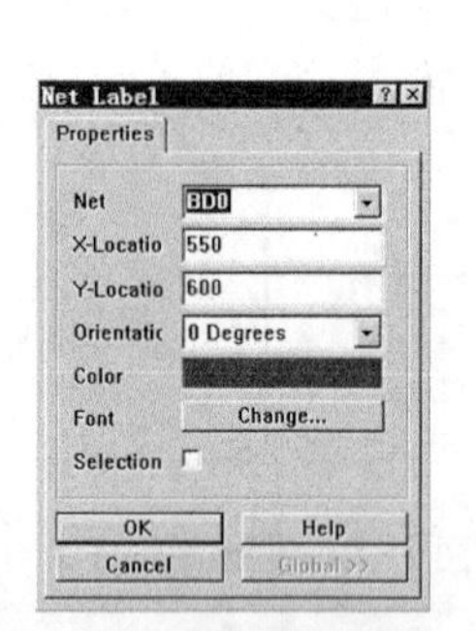

图 2-35　网络标号属性设置对话框

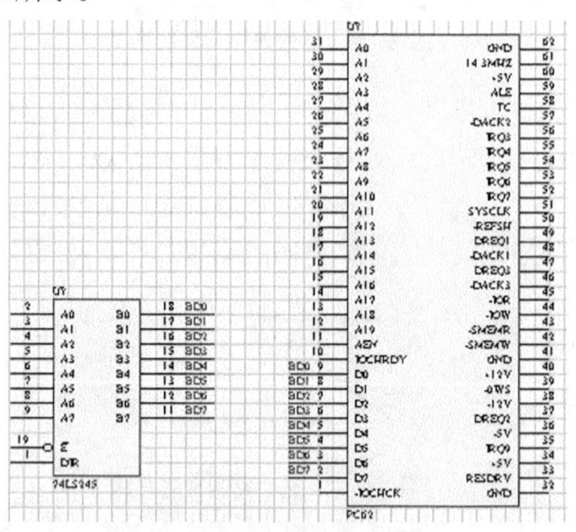

图 2-36　放置网络标号后的电路图

2.4.3　放置电路节点

电路节点是用来判断当两条导线交叉时是否在电气上是相连的，如果在交叉点有电路节点，则认为两条导线在电气上是相连的，否则认为它们在电气上是不相连的。放置电路节点就是使相互交叉的导线具有电气意义上的连接关系。

在前面介绍连线的过程中，或许已发现有些节点是自动放置的。在“T”形的交点处会自动放置，但是“十”字形的就不会，需要用户在设计的过程中，根据实际需要来放置，放置的方法有以下几种。

- 单击画原理图工具栏上的 按钮。
- 执行菜单命令【Place】/【Junction】。
- 按快捷键【P】/【J】。

随后，在工作区会出现带着电路节点的十字光标，用鼠标将节点移至两条导线的交叉点处，单击鼠标左键，即可完成节点的放置。此时，系统仍然处于放置节点的命令状态中。如果想继续放置，再按上述步骤进行；如果想退出该命令状态，可以按【Esc】键或单击鼠标右键。

如果对放置的节点不满意，可以双击节点，待弹出节点属性设置对话框后（见图 2-37），对需要修改的内容加以修改，然后按【OK】按钮即可完成。

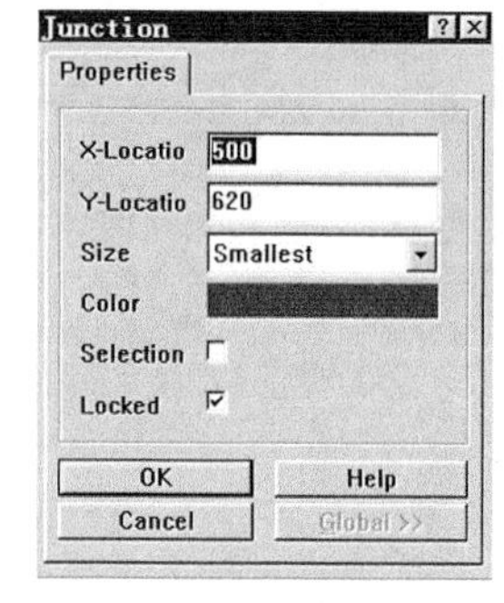

图 2-37 节点属性设置对话框

2.4.4 放置电源及接地符号

电源元件及接地元件有别于一般的电气元件，它们必须通过菜单【Place】/【Power Port】或电路图绘制工具栏上的按钮来调用。这时，工作区中会出现随着十字光标移动的电源符号，此时按【Tab】键，会出现如图 2-38 所示的对话框。在对话框中，可以编辑电源属性。在 Net 栏中，修改电源符号的网络名称。在 Style 栏中，修改电源类型，在 Orientation 栏中，修改电源符号放置的角度。电源与接地符号在 Style 下拉列表中有多种类型可供选择，如图 2-39 所示。

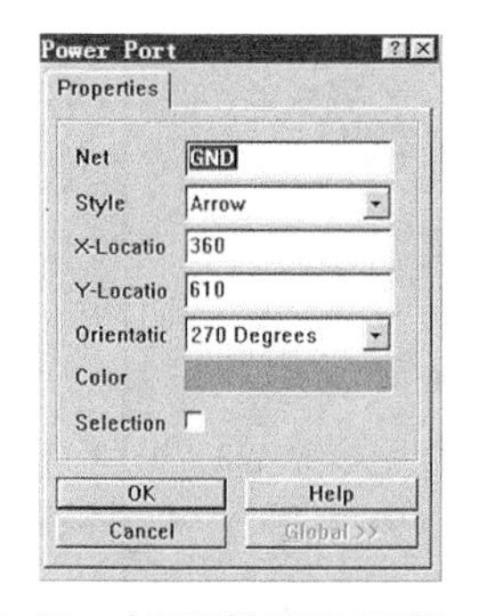

图 2-38 电源属性设置对话框

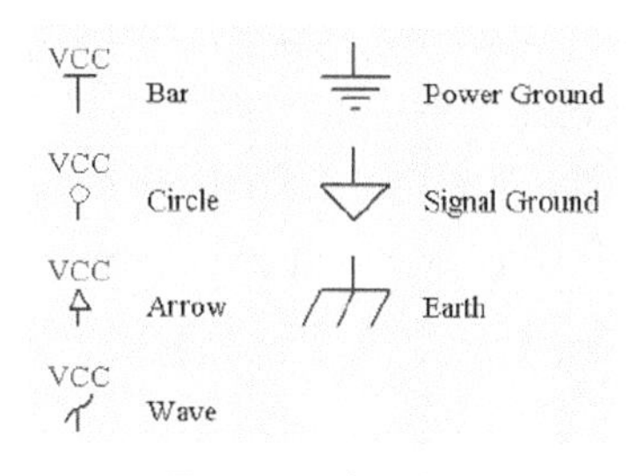

图 2-39 电源类型

设置结束后，单击【OK】按钮确认，然后将光标移到要放置的地点。此时，系统仍然处于放置电源符号的状态下，如果想继续放置，则按上述步骤进行；如果想退出该命令状态，可以按【Esc】键或单击鼠标右键。

对于已经放置好的电源符号，如果想修改，可以双击电源符号，在弹出的属性对话框中进行修改。

2.4.5 画总线

为了简化原理图，可以用一条导线来代表数条并行的导线，这条线就是总线。从另一个角度来看，总线是由数条性质相同的导线所组成的线束。在原理图上，总线比导线要粗。

但是总线与导线有根本性的不同，总线本身并不具备电气意义，而是需要由总线接出的各单一导线上的网络名称来完成电气意义上的连接。在总线上不一定需要放置网络的名称，但由总线接出的各单一导线上必须放置网络名称。

下面就来讲述放置总线的方法，可以单击画原理图工具栏上的按钮或执行菜单命令【Place】/【Bus】。具体的方法是：只要将十字光标移到所要的位置，单击鼠标左键，每到转折的地方单击鼠标左键即可，到终点后按【Esc】键或单击鼠标右键即可完成。此时，系统仍然处于画总线的状态中，如果想继续放置，按上述步骤进行；如果想退出该命令状态，可以按【Esc】

键或单击鼠标右键。如果对画出的总线不满意，可以双击总线，在弹出的属性对话框中进行修改即可。以图 2-36 所示电路图为例，可以绘制出如图 2-40 所示的总线。

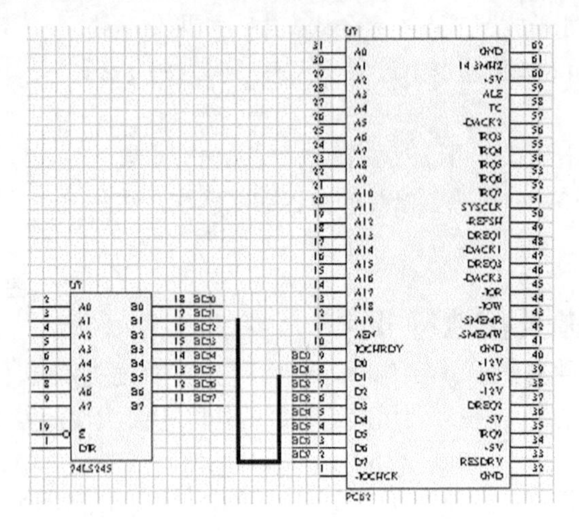

图 2-40　放置总线

2.4.6　绘制总线分支线

画好总线后，为了考虑整体的美观，要画上总线接口，也就是总线分支线。总线接口也是没有电气意义的，总线接口的形状是 45° 的直线段，从总线连到各个单一导线。

下面就来介绍画总线分支线的方法。

- 单击画原理图工具栏中的按钮。
- 执行菜单命令【Place】/【Bus Entry】。

随后出现十字光标，并且带着总线分支线。将光标移到需要放置总线接口的地方，如果需要改变方向，按【Space】键即可，然后单击鼠标左键，即可将分支线放置在光标的当前位置。最后，就可以继续放置其他分支线。以图 2-40 所示的原理图为例，可以看到放置的结果如图 2-41 所示。

放置完所有的总线分支线后，单击鼠标右键或按【Esc】键即可退出命令状态，如果对放置的总线分支线不满意，可以双击鼠标左键，在弹出的属性对话框中进行修改。

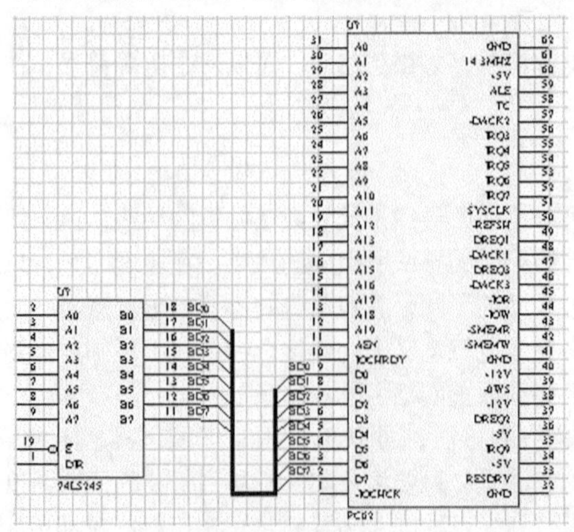

图 2-41　放置总线分支

2.4.7 放置输入/输出端口

在前面介绍的内容中，讲到通过设置网络标号使电路在电气关系上是相连的。下面要介绍的放置输入 / 输出端口，也是使电路在电气关系上相连的，这种方法在规模较大的设计系统中比较常见，对于小规模的设计系统一般不需要。实际上，该方法在层次图的设计中应用得较为常见。具有相同输入/输出端口名称的电路可以被认为属于同一网络，即在电气关系上认为它们是相连的。下面介绍具体的实现方法。

- 单击原理图工具栏中的 D1> 按钮。
- 执行菜单命令【Place】/【Port】。

随后可以发现一个 I/O 端口随着十字光标出现在工作区内。将光标移到合适的位置，单击鼠标左键，一个 I/O 端口的一端的位置就确定下来了，然后拖动鼠标，当到达适当位置后，再次单击鼠标左键，即可确定 I/O 端口另一端的位置，如图 2-42 所示。

对于端口，要设置它的属性，则双击端口，弹出如图 2-43 所示的属性对话框。在 Name 栏中，设置端口的名称；在 Style 栏中，设置端口的外形；I/O Type 栏中，设置端口的输入/输出类型；在 Alignment 栏中，设置 I/O 端口名称在端口符号中的位置。

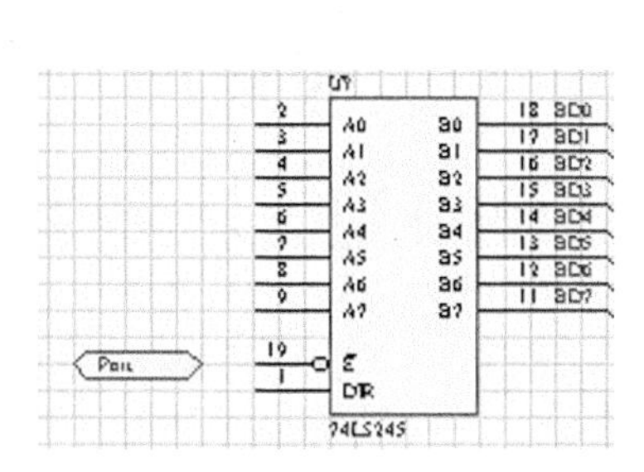

图 2-42 放置输入 / 输出端口

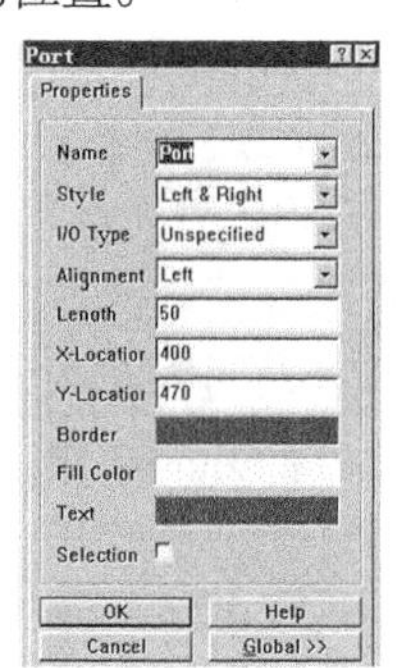

图 2-43 端口属性设置对话框

设置完端口的属性后，单击【OK】按钮确认即可。

2.4.8 导线的移动

在绘制原理图的过程中，有可能由于调整元件的位置等原因，造成对导线的位置不满意，就出现了导线的移动问题。如果需要移动导线，可以将鼠标移到要移动的导线上，按住鼠标左键不放，再将鼠标移到想要将导线放置的新位置，松开鼠标左键即可；也可以直接双击要移动的导线，在弹出的属性对话框中，将其设置为选中状态，然后单击【OK】按钮，该导线就处于选中状态，最后按照上面的方法拖动即可。

2.5 绘制原理图的方法总结

绘制原理图并不复杂，主要是要学会熟练运用，要熟悉工具栏上的按钮和元件库的一些常用元件。

这里要着重提出的是关于画面的管理问题，这个问题在前面的内容中没有作特别的介绍，但是它对于整个绘制过程是非常重要的。

首先介绍窗口的打开、关闭和切换。Protel 99 SE 的各种浏览器不是分别占有独立窗口的，而是公用一个窗口—设计管理器窗口。通常情况下，设计管理器窗口为项目浏览器（Explorer）

和当前运行的编辑器浏览器所公用。打开或关闭设计浏览器的方法是执行菜单命令【View】/【Design Manager】。打开或关闭设计管理器的菜单命令具有开关特性，即每执行一次，命令对象的状态就会改变一次。工具栏、命令行和状态栏的打开或关闭也是类似的。浏览器之间的切换，可以通过单击设计管理器窗口上部对应的标签来实现。各个工作窗口之间的切换通过单击工作窗口上部相应的标签来实现，当在各个工作窗口之间进行切换时，其左侧的设计管理器窗口，也随之相应改变。同时，主窗口中的菜单栏也相应地发生变化。

该软件还提供了丰富的设计和管理工具。下面来介绍各种工具栏的打开与关闭。

- 主工具栏的打开或关闭，通过执行菜单命令【View】/【Toolbars】/【Main Tools】来实现。
- 画原理图工具栏的打开或关闭，通过执行菜单命令【View】/【Toolbars】/【Wiring Tools】或单击主工具栏上的按钮来实现。
- 画图形工具栏的打开或关闭，通过执行菜单命令【View】/【Toolbars】/【Drawing Tools】或单击主工具栏上的按钮来实现。
- 电源及接地符号工具栏的打开或关闭，通过执行菜单命令【View】/【Toolbars】/【Power Objects】来实现。
- 常用器件工具栏的打开或关闭，通过执行菜单命令【View】/【Toolbars】/【Digital Objects】来实现。
- 可编程逻辑器件工具栏的打开或关闭，通过执行菜单命令【View】/【Toolbars】/【PLD Tools】来实现。
- 模拟仿真信号源工具栏的打开或关闭，通过执行菜单命令【View】/【Toolbars】/【Simulation Sources】来实现。
- 状态栏的打开或关闭，通过执行菜单命令【View】/【Status Bar】来实现。
- 命令行的打开或关闭，通过执行菜单命令【View】/【Command Status】来实现。

此外，打开或关闭工具栏还可以利用键盘快捷键（Shortcut Keys）与鼠标的配合来实现。具体的方法是：先按快捷键【B】，然后在弹出的如图 2-44 所示的菜单中，单击相应的选项即可。

隐藏或关闭工具栏，可以将鼠标移到工具栏上任意地方之后单击鼠标右键，然后在弹出的如图 2-45 所示的菜单中，单击【Hide】选项即可。

图 2-44　工具栏设置菜单

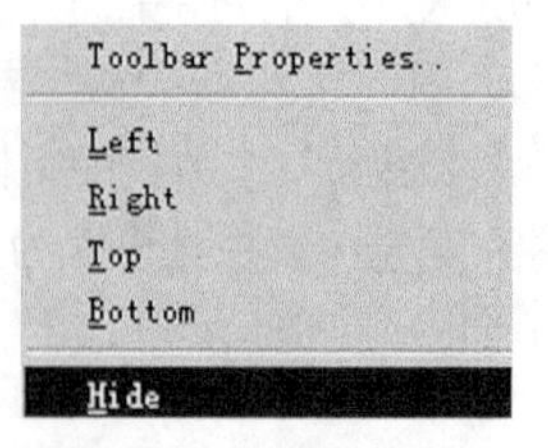

图 2-45　半闭工具栏

在绘制的过程中，有时需要将绘制区域进行适当的缩放操作。

首先，介绍在非命令状态下的操作。在非命令状态下，即没有执行任何命令，系统处于闲置状态时，可以采用下列方法进行放大和缩小。

- 放大。可以单击主工具栏上的按钮或执行菜单命令【View】/【Zoom In】，每进行一次操作，工作区域相应地放大一次。
- 缩小。可以单击主工具栏上的按钮或执行菜单命令【View】/【Zoom Out】，每进行一次操作，工作区域相应地缩小一次。

- 不同比例显示。【View】菜单命令中有【50%】、【100%】、【200%】和【400%】4 种比例显示可供用户选择。值得注意的是，同一命令不能重复执行多次。
- 绘图区填满工作区。当需要查看整张原理图图纸时，可以单击主工具栏上的按钮或执行菜单命令【View】/【Fit Document】。
- 所有对象显示在工作区。当需要在工作区中查看电路原理图上的所有对象时（不是整张图纸），可以执行菜单命令【View】/【Fit All Objects】。
- 利用菜单命令【View】/【Area】放大显示用户选定的区域。该方式是通过确定用户选定区域对角线上的两个顶点的位置来确定所要进行放大的区域。具体的步骤是：首先执行菜单命令【View】/【Area】；然后将光标移到目标区域对角线的某一顶点；接着拖动鼠标，将光标移到对角线的另一个顶点位置，单击鼠标左键确认，即可将选定区域放大显示在整个工作区域中。
- 利用菜单命令【View】/【Around Point】放大显示用户选定的区域。该方式是通过确定用户选定区域的中心位置和某一角的位置来确定所要进行放大的区域。具体步骤是：首先执行菜单命令【View】/【Around Point】；然后将光标移到目标区域的中心，单击鼠标左键；接着将光标移到选定区域的某一角，单击鼠标左键确认，即可将选定区域放大显示在整个工作区中。
- 移动显示位置。当需要移动显示位置时，可以执行菜单命令【View】/【Pan】。具体步骤是：首先将鼠标箭头移到目标点；然后按快捷键【V】/【N】执行该命令，目标点的位置就会移到工作区的中心位置显示。进行下一次操作之前，即使鼠标箭头当前的位置就是下一个目标点，也应该移动鼠标，否则该操作无效。
- 刷新画面。在设计过程中，有时可能会出现画面显示残留的斑点、线段或图形变形等问题，虽然这并不影响电路的正确性，但是不美观，这时可以通过执行菜单命令【View】/【Refresh】来刷新画面。

下面介绍命令状态下的放大与缩小操作。

当处于命令状态下时，无法用鼠标去执行一般的菜单命令，此时要放大和缩小，必须通过功能键来完成，具体的操作如下。

- 放大。按【PageUp】键，绘图区域会以光标当前位置为中心进行放大，该操作可连续执行多次。
- 缩小。按【PageDown】键，绘图区域会以光标当前位置为中心进行缩小，该操作也可以连续执行多次。
- 位移。按【Home】键，原来光标下的显示位置会移到工作区的中心位置显示。
- 刷新。按【End】键，会对显示画面进行刷新，从而消除残留斑点或线条变形，恢复正确的画面。

其他的命令还有如下几个。

- 显示或隐藏可见栅格。可通过执行菜单命令【View】/【Visible Grid】来实现。
- 允许或禁止锁定栅格。可通过执行菜单命令【View】/【Snap Grid】来实现。
- 允许或禁止电气栅格。可通过执行菜单命令【View】/【Electrical Grid】来实现。

除上面介绍的内容外，对于那些对键盘操作比较熟练的用户来讲，键盘的有效运用对于提高绘图的速度起着十分重要的作用，最佳方式是键盘与鼠标结合起来操作。

在上面介绍绘制原理图的过程中，只是着重介绍了鼠标操作，即介绍如何使用菜单和工具栏，对于键盘的使用提及很少。对于快捷键的用法，可以在附录 1 中查找。

2.6 原理图文件的管理

2.6.1 保存文件

完成电路图绘制以后，要保存起来，以供日后调出修改及使用。当打开一个旧的电路图文件并进行修改后，执行菜单命令【File】/【Save】或单击按钮，系统可自动按原文件名将其保存，同时覆盖旧文件。

在保存文件时，如果不希望覆盖原来的文件，可采取换名保存。具体的方法是：执行菜单命令【File】/【Save As...】，打开如图 2-46 所示的对话框，在对话框中，指定新的存盘文件名就可以了。在对话框中，打开【Format】下拉列框表，就可以看到 Schematic 所能够处理的下列各种文件格式。

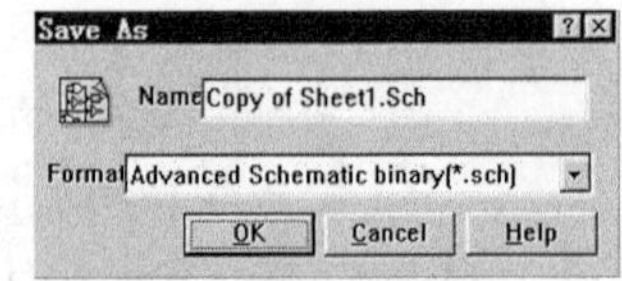

图 2-46 换名保存文件对话框

- Advanced Schematic Binary（*.sch）Advanced Schematic 电路绘图页文件，二进制格式。
- Advanced Schematic ASCII（*.asc）Advanced Schematic 电路绘图页文件，文本格式。
- Orcad Schematic（*.sch）SDT4 电路绘图页文件，二进制文件格式。
- Advanced Schematic template ASCII（*.dot）电路图模板文件，文本格式。
- Advanced Schematic template binary（*.dot）电路图模板文件，二进制格式。
- Advanced Schematic binary files（*.prj）项目中的主绘图页文件。

默认状态下是原理图文件*.sch。

2.6.2 关闭文件

关闭一个文件的操作比较简单，执行菜单命令【File】/【Close】即可。如果在关闭该文件前，由于改动而没有保存，系统会自动提醒用户是否需要保存，用户可根据实际需要作出相应的选择。还可以通过单击文件的标签，在弹出的如图 2-47 所示的菜单中，选择【Close】即可。

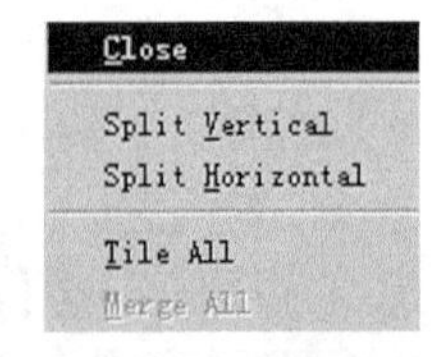

图 2-47 关闭文件

关闭当前的数据库文件，执行菜单命令【File】/【Close Design】即可。

2.6.3 保存备份文件

为了避免放置工作中的误操作所带来的不必要损失，常常对正在编辑的文件保存备份。具体的操作方法是：执行菜单命令【File】/【Save Copy As】，然后在弹出的对话框中，输入备份文件的文件名，并选择相应的文件类型，如图 2-48 所示，完成操作后，单击【OK】按钮即可。

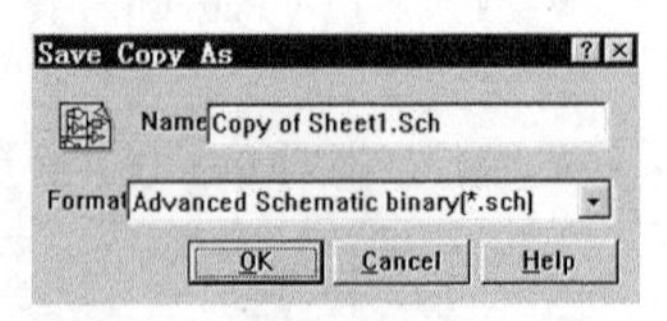

图 2-48 保存备份文件对话框

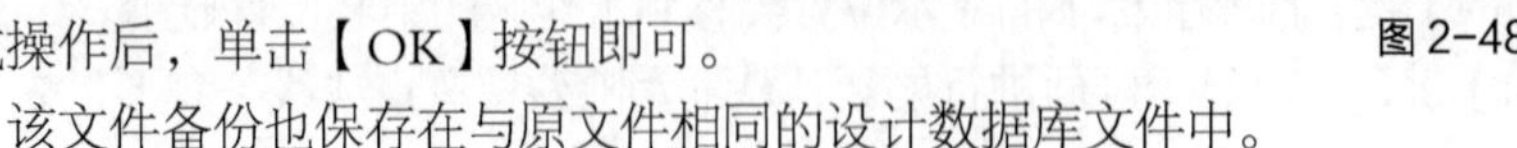
该文件备份也保存在与原文件相同的设计数据库文件中。

2.6.4 打开文件

在操作过程中，如果想打开该设计数据库文件中的某一个文件，可以采取在项目浏览器（Explorer）中打开文件的方法，即在项目浏览器中，单击该文件名即可在工作窗口中打开所需的文件。

要想打开一个单独的原理图文件，具体的操作方法是：执行菜单命令【File】/【Open】，如图 2-49 所示，或直接单击主工具栏中的按钮。

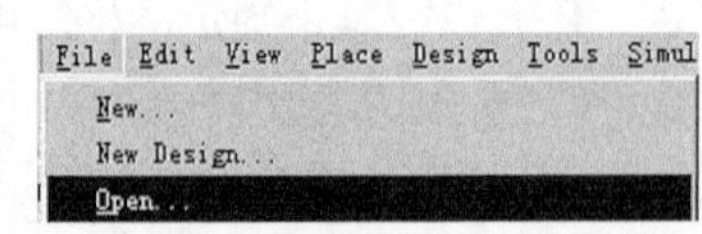

图 2-49 打开文件菜单

执行完该命令后，会出现如图 2-50 所示的对话框。在对话框中，单击所要打开的文件，然后单击【打开(O)】按钮，在出现新的如图 2-51 所示的数据库对话框中，单击【OK】按钮即可。

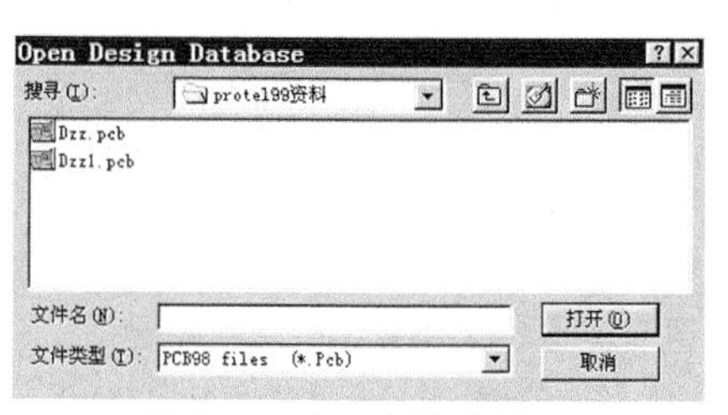

图 2-50 打开文件对话框

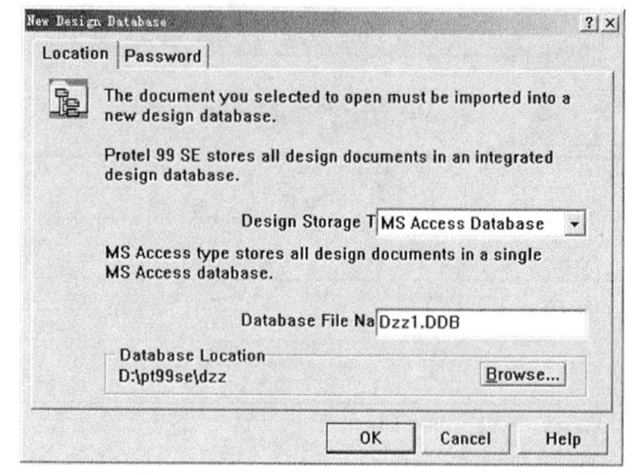

图 2-51 打开单个电路图文件时，数据库及路径设置对话框

要想继续打开某一文件，再按照上面的介绍操作即可。

2.6.5 其他文件管理操作

除上述操作外，还可以对文件进行删除、重新命名、复制、粘贴等操作。下面介绍删除操作。

要删除一个文件，首先要在工作区内关闭该文件，否则无法删除该文件。实现的方法是：单击 Document 标签，找到要删除的文件名，在文件名上单击鼠标右键，在弹出的菜单中，选择【Delete】命令，如图 2-52 所示，然后在弹出的对话框中，如图 2-53 所示，单击【Yes】按钮，即可将该文件放入设计数据库的回收站中。这仅仅是完成了将文件放置到回收站中的操作，要想真正从设计数据库中删除该文件，还要进入回收站。在该文件名上单击鼠标右键，从弹出的菜单中选择【Delete】命令，如图 2-54 所示，然后在弹出的对话框中，单击【Yes】按钮确认即可。

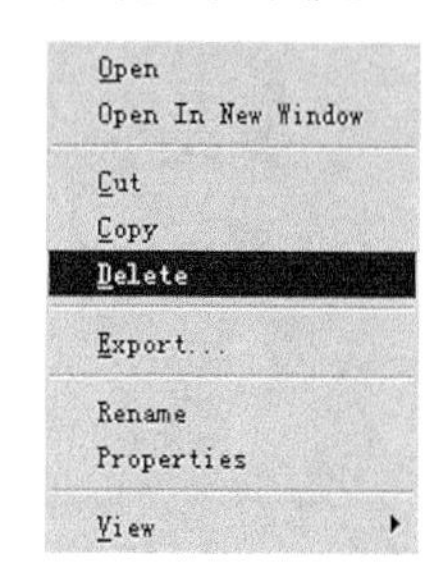

图 2-52 删除文件菜单

重新命名、复制和粘贴等操作的方法与删除的操作方法基本相同，这里就不再赘述了。值得注意的是，在进行这些操作之前，必须先关闭要操作的文件，否则不能执行。

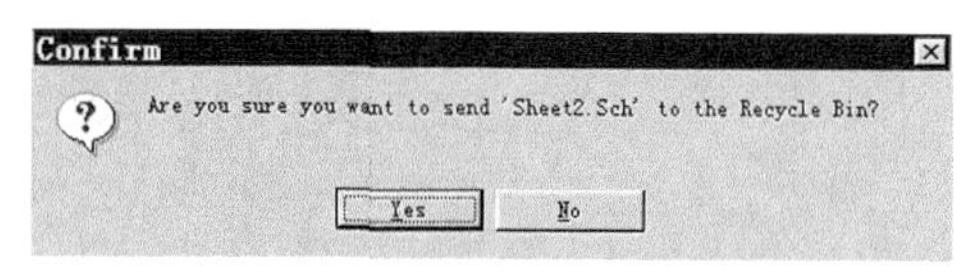

图 2-53 删除文件确认对话框

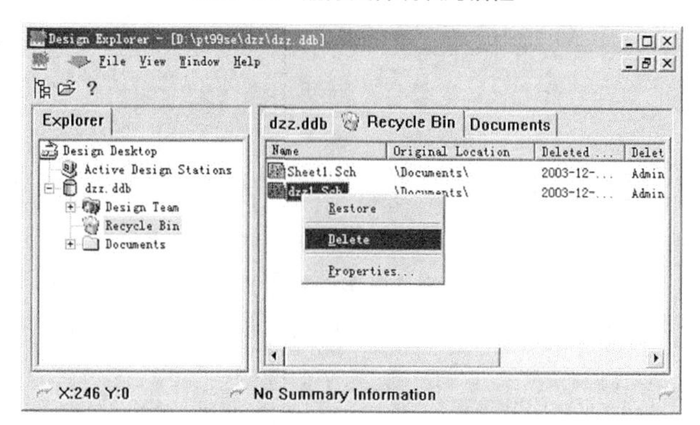

图 2-54 删除回收站中的文件

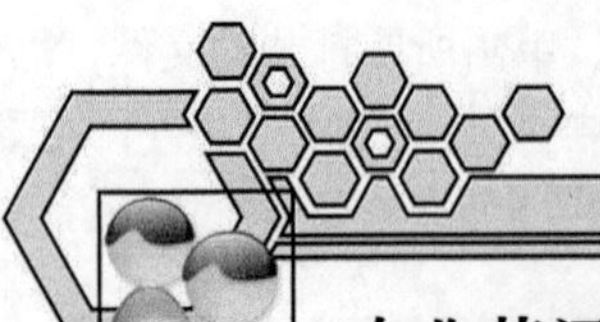

专业英语词汇

专业英语词汇	行 业 术 语
Schematic	原理图
PLD	可编程逻辑器件
File	文件
Place	放置
Bus Entry	总线分支
Alignment	对齐
Junction	节点
Explore	项目浏览器
Template	模板
Electrical Grid	电气栅格
Visible Grid	可见栅格
Snap Grid	锁定栅格

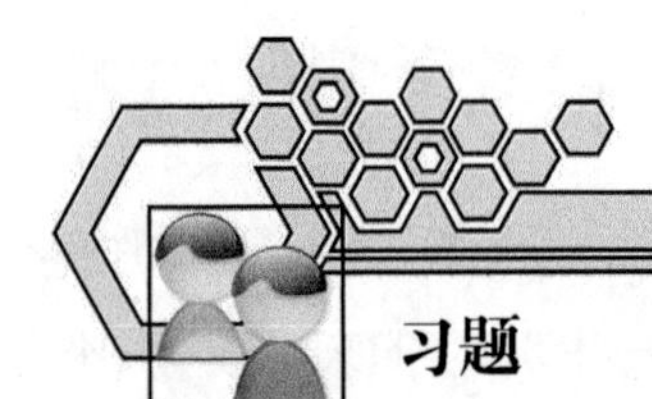

习题

一、填空题

1. 在元件处于放置状态时，应该按________键开启其属性编辑对话框。

2. 要使浮动元件左右翻转，可按________键；要使浮动元件上下翻转，可按________键；刷新屏幕的快捷键为________。

二、选择题

1. 电路原理图的设计从哪个步骤开始？（　　）

A. 原理图布线　　B. 设置电路图纸大小

C. 放置元件　　D. 编辑或调整

2. 把一个编辑好的在 D 盘下的原理图文件保存到软盘中用（　　）命令。

A.【File】/【Save】　　B.【File】/【Save As...】

C.【File】/【Save All】　　D.【Edit】/【Save】

3. 原理图中将浮动元件逆时针旋转 90°，要用到下面哪个键？（　　）

A.【X】键　　B.【Y】键

C.【Shift】键　　D.【Space】键

4. Wiring tools 工具栏和 Drawing tools 工具栏都有画直线的工具，它们的区别是（　　）。

A. 都没有电气关系　　B. 前者有电气关系，后者没有

C. 后有电气关系，前者没有　　D. 都有电气关系

5. SCH 不可以完成的工作是（　　）。

A. 自动布线　　B. 画导线　　C. 插入文字标注　　D. 元件移动

三、简答题

1. 文件的默认名称是什么？如何改变它的名称和保存的路径？

2. 如果想给文件一些保密设置，应该如何操作？

3. 试按照下面的要求设置一张电路图纸：图纸的尺寸为 A3 号，竖直放置，图纸标题栏采用标准型。

4. 为什么要装入元件库？试说明装入元件库的具体操作方法。

5. 如何利用菜单命令或快捷键打开和关闭工具栏？

6. 在命令状态下，如何放大、缩小和刷新画面？

7. 可见栅格、锁定栅格和电气栅格的作用分别是什么？对它们如何设定？

8. 试将即将放置和已经放置好的元件调整方向，并编辑属性。

9. T、和 Net1 3 个按钮都可以放置文字，它们的作用是否相同？

10. 和都是画线功能的按钮，它们能否互用？为什么？

11. 和按钮的作用分别是什么？

12. 原理图中的节点有何意义？节点都是用户自己画上去的吗？

13. 如何对绘制好的原理图进行保存？如何进行文件的备份？

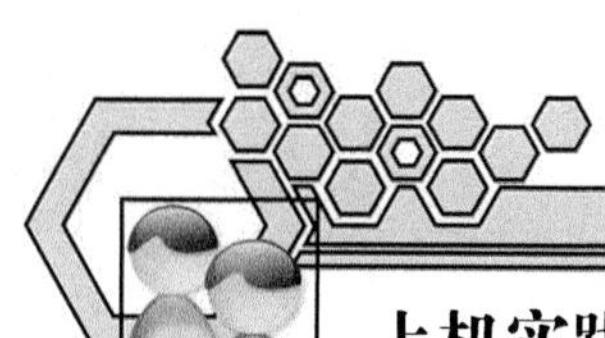

上机实践

按照如图 2-55、图 2-56、图 2-57 所示电路图练习绘制原理图。

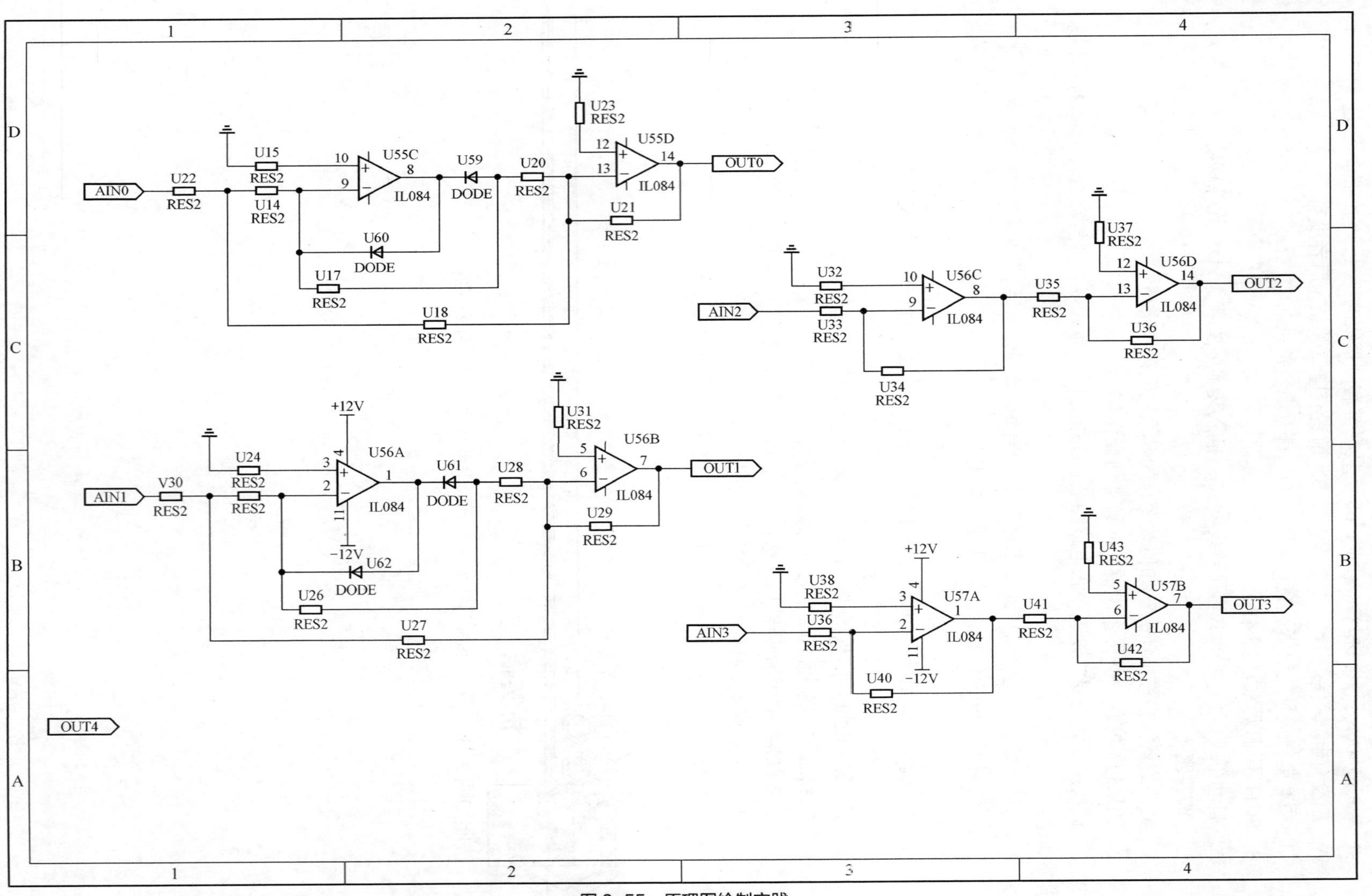

图 2-55　原理图绘制实践一

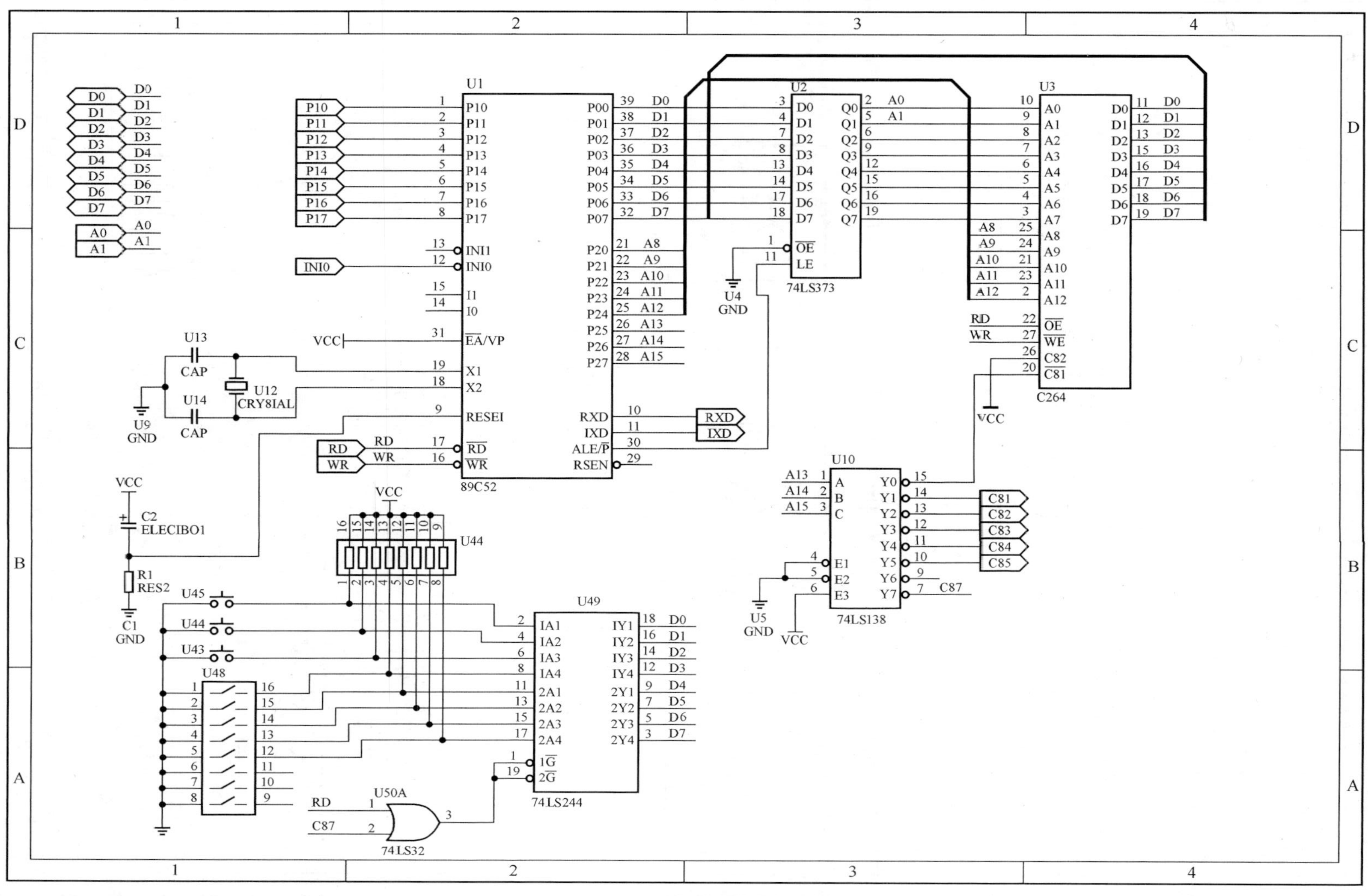

图 2-56　原理图绘制实践二

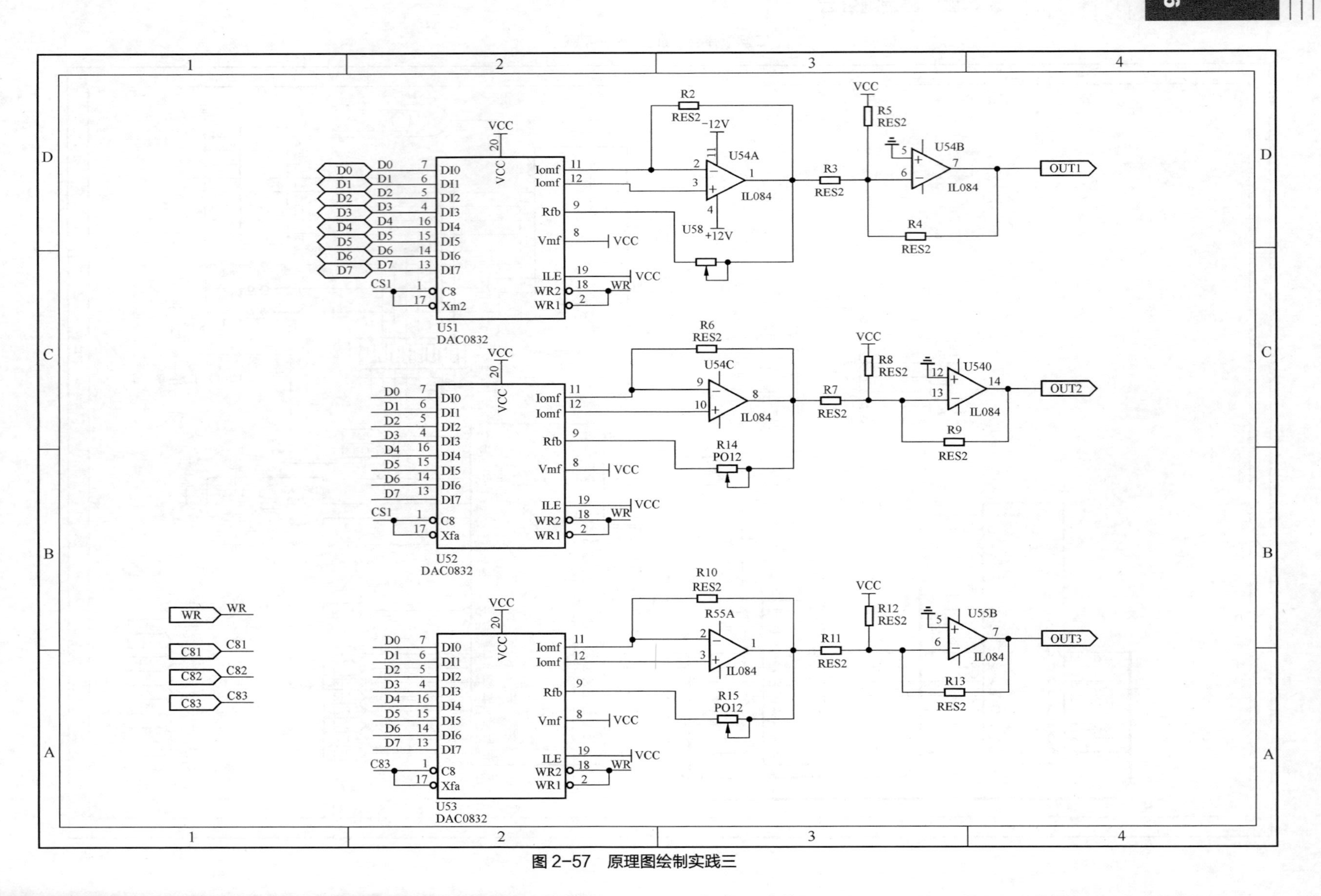

图 2-57　原理图绘制实践三

PART 3

第 3 章 制作原理图元件

虽然 Protel 99 SE 本身提供的元件库中有很多元件，但是随着电子技术的飞速发展，各种新型的元件不断出现。除此之外，国内外的元件在标准上也不尽相同。因此，在进行电路设计时，常常需要自己制作元件并进行元件的编辑，以备使用。

3.1 原理图元件库编辑器的启动

在实际工作中，有时会在元件库中找不到需要的元件，在这种情况下就需要用户创建新的元件。在实际工作中还可能对已有的元件库添加新的元件，或者修改已有的元件库中的某一元件。本章将介绍原理图库元件的创建过程。

首先，要启动原理图元件库编辑器。单击【Document】标签，进入设计文件夹【Document】，执行菜单命令【File】/【New】或在工作区单击鼠标右键选择【New】命令，出现【New Document】对话框，双击对话框中的【Schematic Library Document】图标，即可创建一个新的元件库文件，默认的文件名为“Schlib1.lib”。在工作窗口中该文件的图标上双击或在设计浏览器中该文件的文件名上单击鼠标左键，即可进入如图 3-1 所示的原理图元件库编辑器。

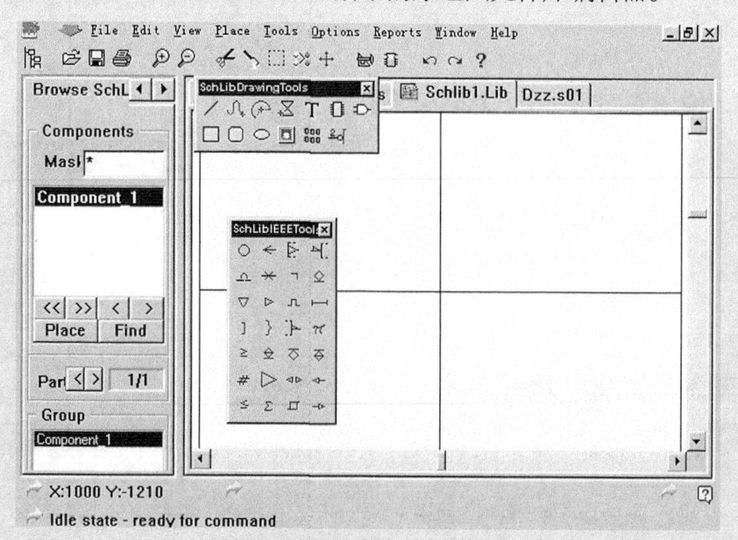

图 3-1 原理图元件库编辑器

原理图文件和原理图库文件的图标均为，一般为了便于区分，原理图元件库文件的扩展名为 lib，而原理图文件的扩展名为 sch。

3.2 制作元件前的准备

3.2.1 编辑器的窗口组成

在图 3-1 中，左边为元件库管理器，它是元件库编辑器中的常用工具。每当新建一个元件库时，元件库就会放置一个默认名为“Component_1”的元件，并将该元件显示在元件库管理器的 Components 列表框中。

3.2.2 绘图工具

原理图元件库绘图工具栏如图 3-2 所示。打开或关闭绘图工具栏，可以执行菜单命令【View】/【Toolbars】/【Drawing toolbar】或单击主工具栏中的按钮。绘图工具栏中各个按钮的功能如下。

- ：画直线。
- ：画贝塞尔曲线。
- ：画椭圆弧。
- ：画多边形。
- T：填写文字。
- ：画新增元件。
- ：新增部分元件。
- ：画矩形。
- ：画圆弧角。
- ：画椭圆。
- ：粘贴图片。
- ：数组式复制工具。
- ：画引脚。

其中，部分按钮的功能可以通过执行菜单命令【Place】中的相应选项来实现。图 3-3 所示为执行填写文字的命令，与之对应的按钮为T。

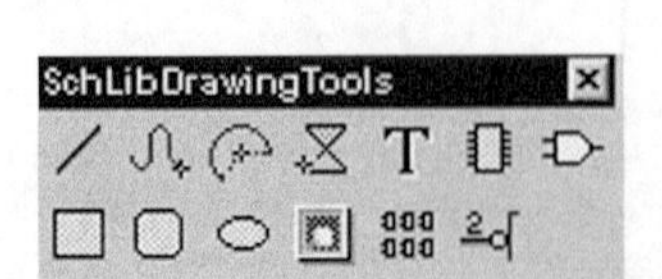

图 3-2 原理图元件库绘图工具栏

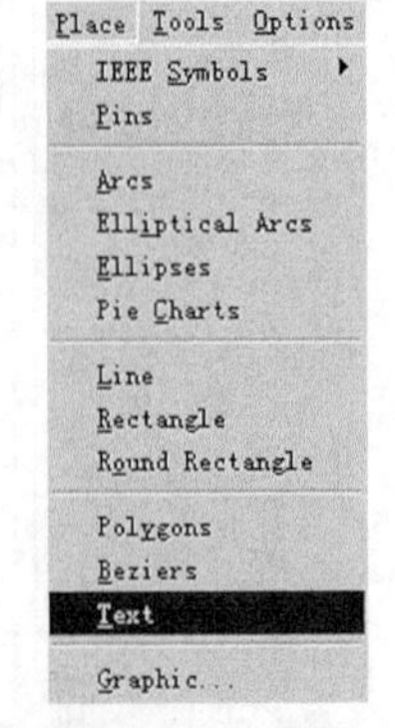

图 3-3 原理图绘图功能菜单

但是，下面两个菜单命令在绘图工具栏上没有相应按钮。

- 【Place】/【Arcs】：画圆弧。
- 【Place】/【Pie Charts】：画圆饼图。

3.2.3 符号工具

图 3-4 所示的是 IEEE 符号工具栏。打开或关闭 IEEE 符号工具栏，可以执行菜单命令【View】/【Toolbars】/【IEEE Toolbar】或单击主工具栏中的按钮。

IEEE 符号各工具栏中各个按钮的功能如下。

- ：放置小圆点（Dot），用于负逻辑或低态动作的场合。
- ：从右到左的信号流（Right Left Signal Flow），用于指明信号传输的方向。
- ：时钟信号符号（Clock），用于表示输入从正极出发。
- ：低态动作输入符号（Active Low Input）。
- ：模拟信号输入符号（Analog Signal In）。
- ：无逻辑件连接符号（Not Logic Connection）。
- ：延时输出符号（Postponed Output）。
- ：集电极开路输出符号（Open Collector）。
- ：高阻抗状态符号（Hiz），三态门的第三种状态时为高阻抗状态。
- ：高扇出电流符号（High Current），用于电流比一般容量大的场合。
- ：脉冲符号（Pulse）。
- ：延时符号（Delay）。
- ：多条 I/O 线组合符号（Group Line），用于表示有多条输入与输出线的符号。
- ：二进制组合符号（Group Binary）。
- ：低态动作输出符号（Active Low Output），与一般的符号中用小圆点表示低态输出的含义相同。
- ：圆周率符号（Pi Symbol）。
- ：大于等于符号（Greater Equal）。
- ：内置上拉电阻的集电极开路输出符号（Open Collector PullUp）。
- ：射极开路输出符号（Open Emitter），这种引脚的输出状态有高阻抗低态及低阻抗高态两种。
- ：内置下拉电阻的射极开路输出符号（Open Emitter PullUp），这种引脚的输出状态有高阻抗低态和低阻抗高态两种。
- ：数字信号输入（Digital Signal In），通常使用在类比中某些脚需要用数组信号作控制的场合。
- ：反向器符号（Inverter）。
- ：双向信号流符号（Input Output），用来表示该引脚具有输入和输出两种作用。
- ：数据左移符号（Shift Left），如寄存器中，数据由右向左移的情形。
- ：小于等于符号（Less Equal）。
- ：加法符号（Sigma）。
- ：施密特触发输入特性符号（Schmitt）。
- ：数据右移符号（Shift Right），如寄存器中，数据由左向右移的情形。

IEEE 符号工具栏中的各个按钮的功能，也可以通过执行菜单命令【Place】/【IEEE Symbols】中对应命令来实现。图 3-5 所示为执行菜单中放置脉冲信号的命令，与之对应的按钮为。

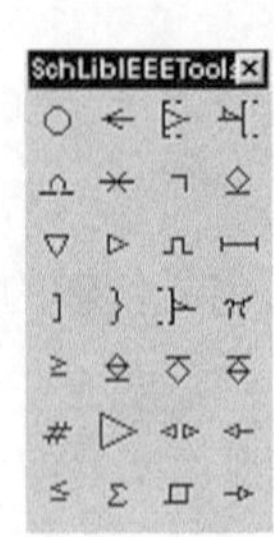

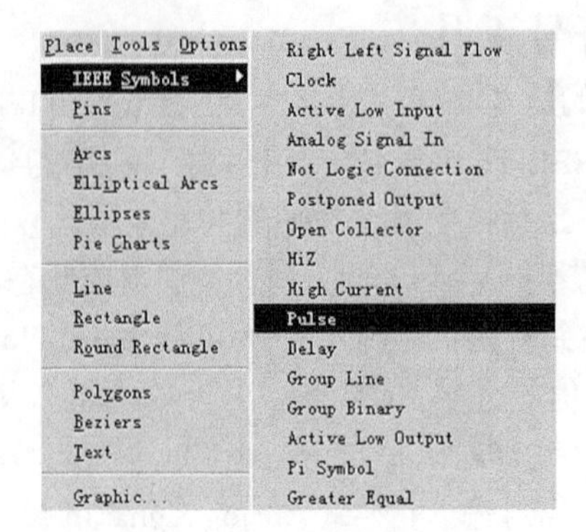

图 3-4　IEEE 符号工具栏

图 3-5　IEEE 符号功能菜单

有以下 3 条命令在 IEEE 工具栏中没有对应的按钮。

- 【Place】/【IEEE Symbols】/【Or Gate】：或门。
- 【Place】/【IEEE Symbols】/【And Gate】：与门。
- 【Place】/【IEEE Symbols】/【Xor Gate】：异或门。

3.3　创建原理图元件库文件

图 3-1 所示为一个新的原理图元件库文件的窗口，左边的浏览器窗口已经自动放置了一个名为“Component_1”的元件。如果想改变该元件的名称，可以执行菜单命令【Tools】/【Rename Component】，屏幕上将会出现如图 3-6 所示的对话框。在这个对话框中输入 LED.3，接着单击【OK】按钮，就改变了元件原有的名称。随后会发现元件管理器中的 Components 框中的元件名变成了 LED.3，如图 3-7 所示。

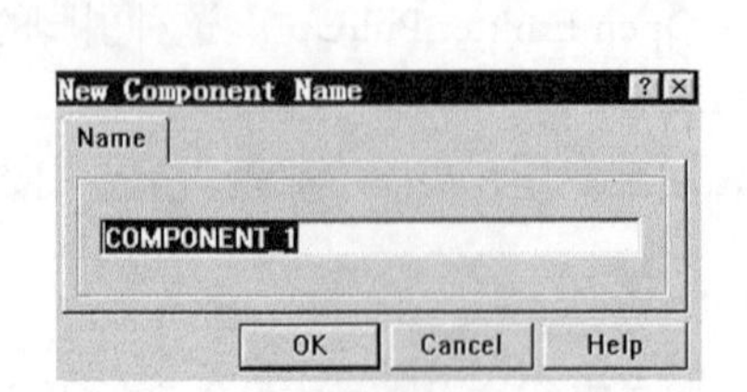

图 3-6　元件名称设置对话框

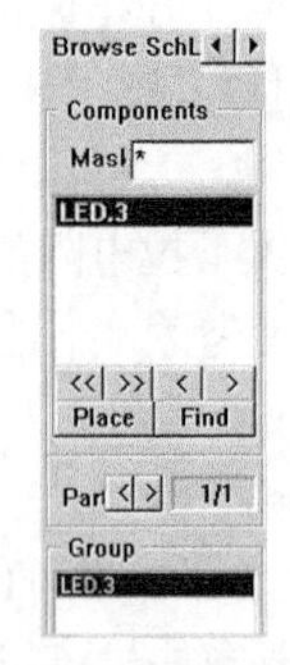

图 3-7　更改元件名称后的元件管理器窗口

3.4　设置工作环境

画原理图时，进入工作环境后，首先就是设置工作环境。具体设置方法是：单击菜单栏中的【Options】菜单，从中选择【Document Options】选项或者在工作区单击鼠标右键，选择【Document Options】选项，就会弹出如图 3-8 所示的对话框。下面来介绍对话框中各个参数的含义。

- 【Size】下拉列表框：这个下拉列表框用于设置图纸的大小，下拉列表框中列出了 Protel 99 SE 提供的各种标准图纸。

- 【X】编辑框：可以在图纸中设置自定义图纸的宽度。
- 【Y】编辑框：可以在图纸中设置自定义图纸的高度。
- 【Border】编辑框：用于设置图纸边框的颜色，包括坐标轴的颜色。
- 【Workspace】编辑框：该栏用于设置工作区的颜色，方法与【Border】编辑框一样。
- 【Change】按钮：该按钮用于设置元件库的说明文字，单击这个按钮，就会出现如图 3-9 所示的对话框，可以根据自己建立的元件库在这个对话框中输入合适的说明文字。

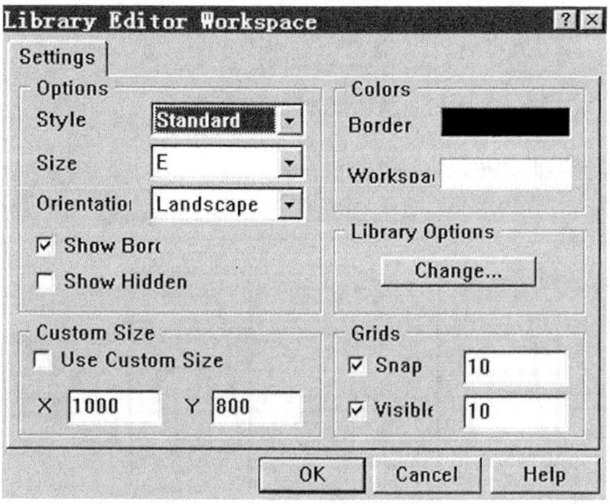

图 3-8　工作环境设置对话框

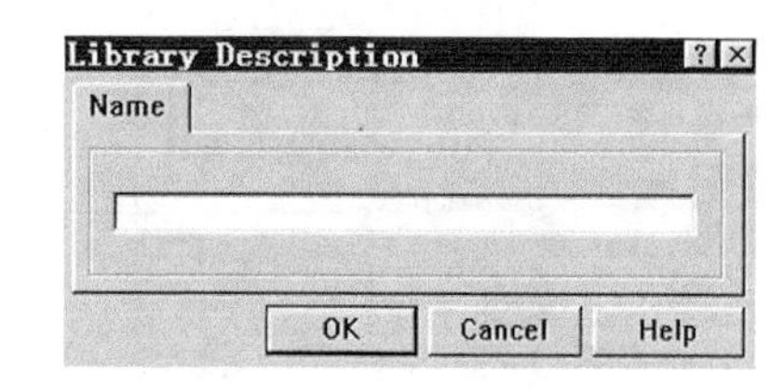

图 3-9　元件库说明文字编辑对话框

【Snap】复选框：如果选中这个复选框，就可以在右边的框中设置栅格点的间距。

【Visible】复选框：如果选中这个复选框，就可以在右边的框中设置在图纸上显示的栅格的点间距。

在这个实例中，选中【Snap】复选框，并在这个复选框右侧的栏中键入 5，接着单击【OK】按钮关闭此对话框。

3.5　绘制元件

在画原理图的过程中，发现数码管等元件在元件库中不能找到，因而在这里以数码管为例介绍绘制元件的方法。

为了更清楚地观察元件在图纸中的位置，可以提高工作区的分辨率，方法是将光标移到元件库文件的坐标圆点处，然后按【PgUp】键，直到自己满意为止。接下来正式进入绘制元件的工作。

① 单击原理图上的绘图工具按钮□，出现十字光标后，按下【Tab】键出现如图 3-10 所示的对话框。在该对话框中，将边界【Border】属性设置为“Medium”，然后单击【OK】按钮确认即可。

② 移动光标绘制出“LED.3”的外形，如图 3-11 所示。

③ 单击绘图工具栏中的画直线工具按钮／，出现十字光标后，按下【Tab】键，会出现如图 3-12 所示的设置直线属性对话框。在对话框中，将【Line】选项设置为“Medium”，然后单击【OK】按钮确认即可。设置完属性后，在工作平台上绘制出“LED.3”数码管上的“日”字，如图 3-13 所示。

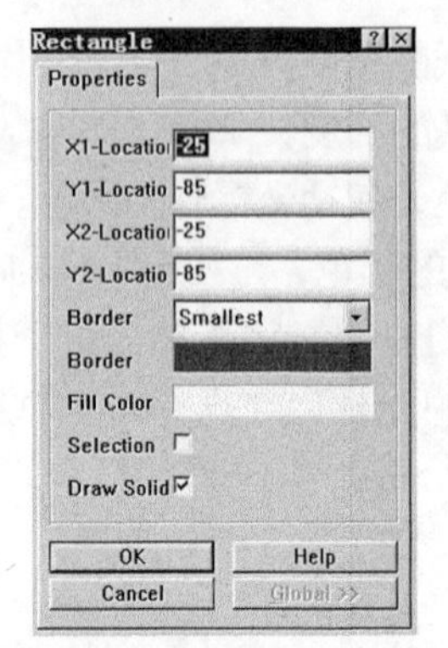

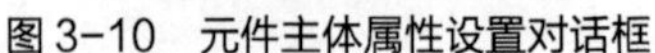

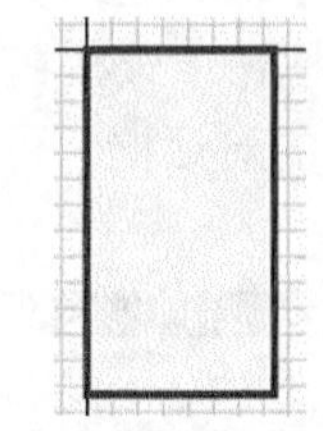

图 3-10　元件主体属性设置对话框　　图 3-11　数码管主体外形

④ 执行菜单命令【Place】/【Pie Charts】，绘制小数点，如图 3-14 所示。

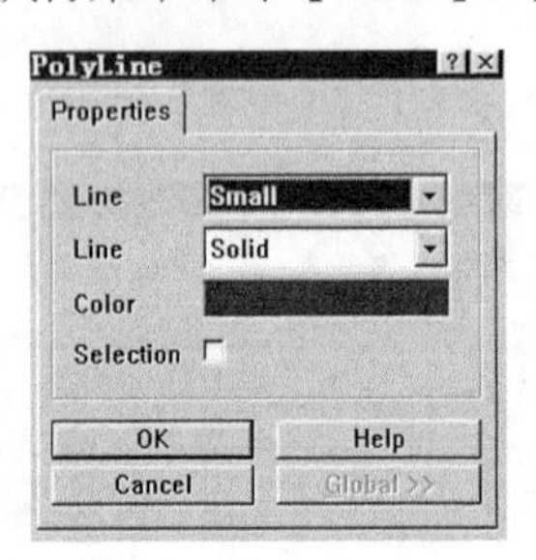

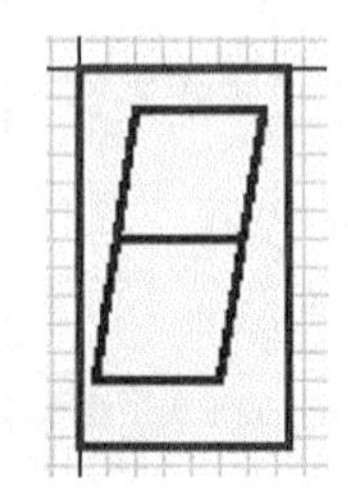

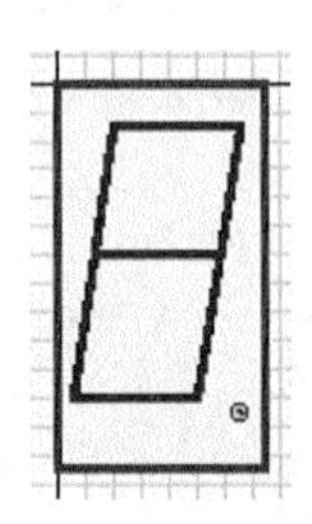

图 3-12　设置直线属性对话框　　图 3-13　绘制数码管的"日"字　　图 3-14　绘制数码管的小数点

⑤ 单击绘图工具栏中的按钮，出现十字光标后，按下【Tab】键会出现如图 3-15 所示的对话框。在该对话框中，将【Name】设置为"A"，【Number】设置为"10"，【Electrical】设置为"Passive"，选中【Show】名称和【Show】个数功能，将【Pin】设置为"30"，单击【OK】按钮确认即可。

⑥ 如图 3-16 所示，将引脚移到适当的位置，并按【Space】键调整引脚方向，调整好后，单击鼠标左键即可。

⑦ 按照上面的方法，依次放置好其他 9 个引脚，结果如图 3-17 所示。

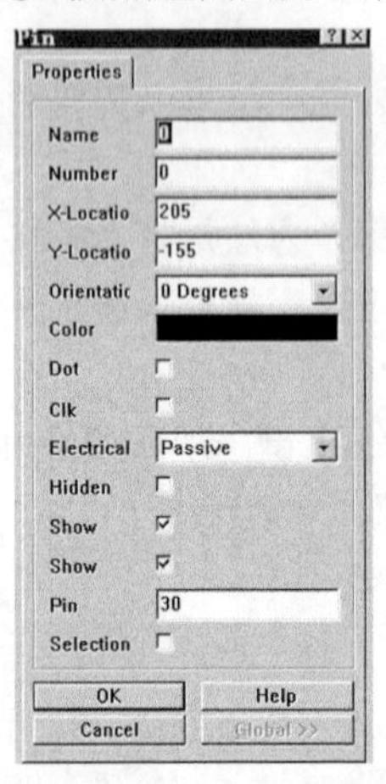

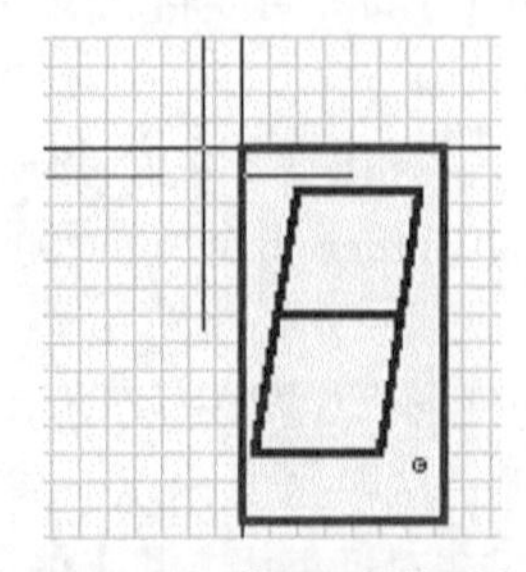

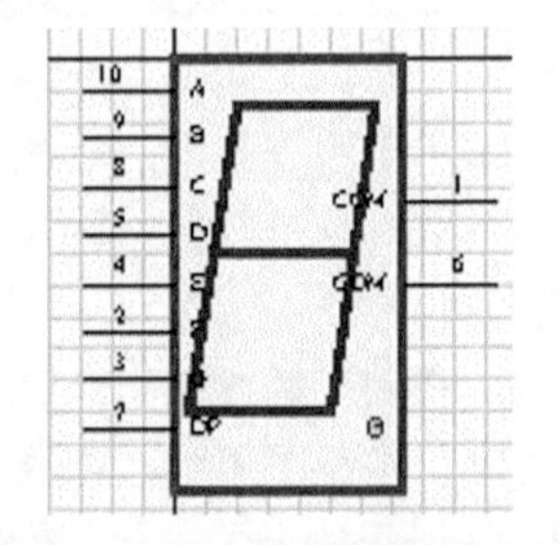

图 3-15　引脚属性设置对话框　　图 3-16　放置元件的引脚　　图 3-17　制作完成的数码管元件

这样，一个元件的制作就完成了。

3.6 设置元件属性

对于用户自己制作的元件还需要做一些其他工作，以确保整个元件结构完整。下面介绍设置元件属性的问题。单击浏览器的【Description...】按钮或执行菜单命令【Tools】/【Description】，在弹出的如图 3-18 所示的对话框中，将【Default】栏设置为“LED.3”，将【Description】栏设置为“LED.3”，将封装形式也设置为“LED.3”，然后单击【OK】按钮确认即可。

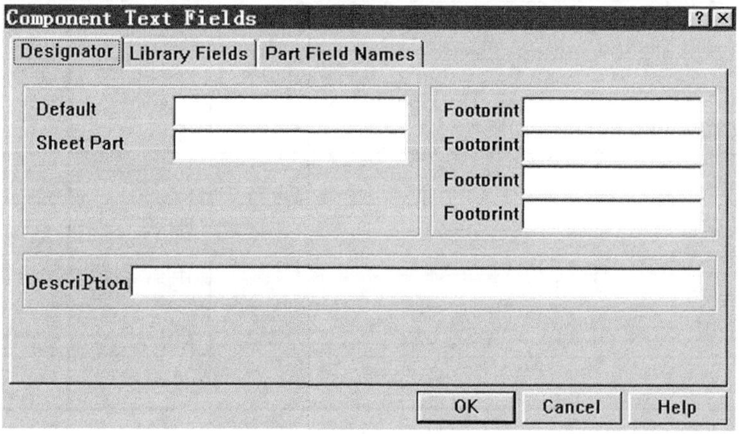

图 3-18 元件属性设置对话框

3.7 保存元件

执行菜单命令【File】/【Save】或单击主工具栏中的按钮，即可将新建的元件“LED.3”保存在当前的元件库文件中了。如果想将新建的元件库保存到指定的目录下，可以执行菜单命令【File】/【Save Copy As】，等屏幕上出现如图 3-19 所示的对话框时，再根据要求来写入保存路径。

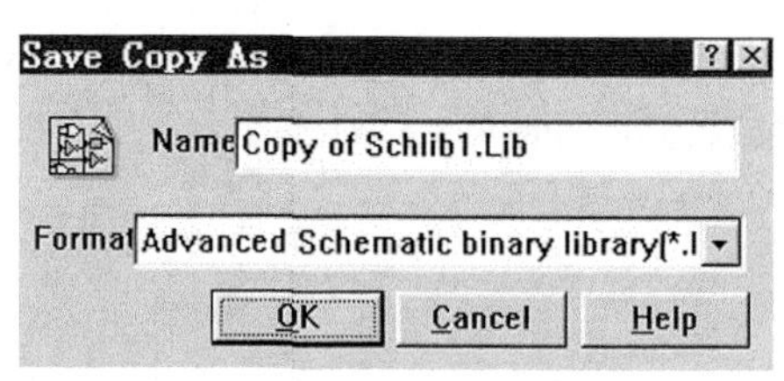

图 3-19 另存为新的元件库文件

3.8 制作元件方法总结

根据上面的介绍，可以看出一般元件的制作过程并不复杂，其过程跟建立原理图的数据库文件是一样的，不同之处就在于文件的后缀形式。进入设计过程时，熟悉放置工具栏上每个按钮的功能及其对应的菜单命令。对放置的工具进行属性的编辑时，要注意每一栏的设置，不需要改动的就选用默认值。制作完毕后，要注意设置元件的属性，如封装形式等。最后要注意保存等细节性问题。

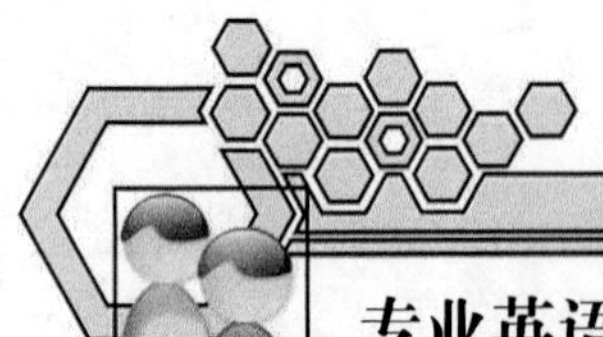

专业英语词汇

专业英语词汇	行业术语
Document Options	文档属性
IEEE(Institute of Electrical and Electronic Engineers)	美国电气和电子工程师协会
LED (Light-Emitting Diode)	发光二极管
Description	说明
Default	默认
Electrical	电气（属性）
Library	库
Toolbar	工具条

习题

1. 试简述原理图工具栏元件库绘制工具栏中各个按钮的功能，并指出与这些按钮相对应的菜单命令。
2. 如何使用浏览器的按钮来实现元件制作时的新增元件、更改名称等功能？
3. 如何将绘制好的元件放置到原理图中？

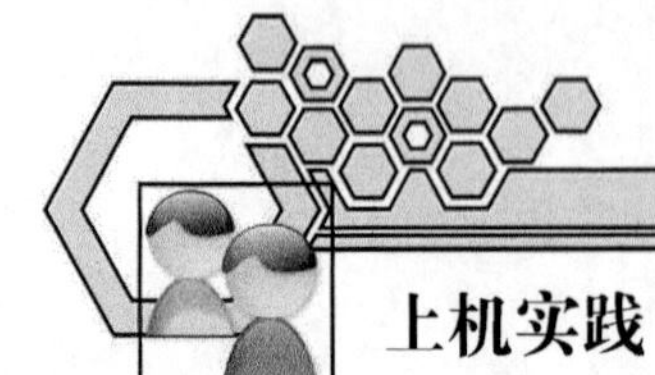

上机实践

参照本章介绍的实例，制作如图 3-20～图 3-23 所示的元件。要求将所制作的元件放置在“Schlib.ddb”数据库中的“mylib.lib”元件库中。

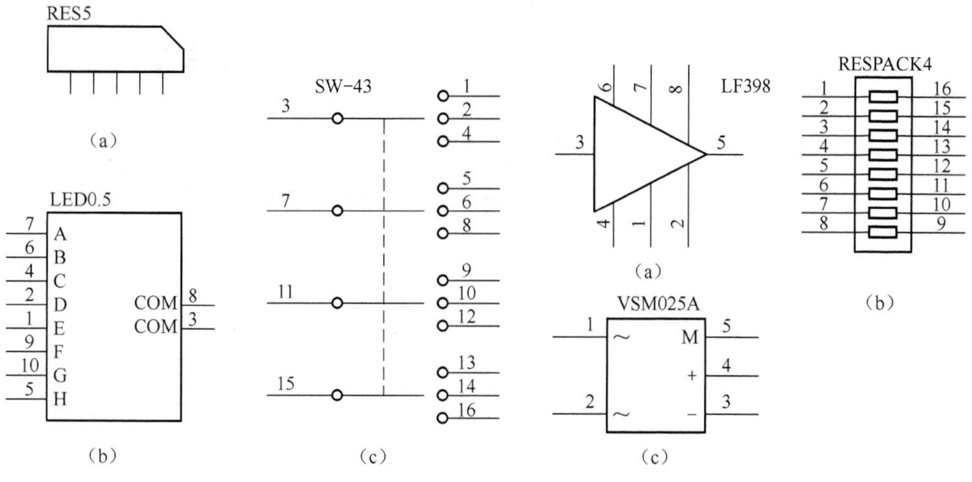

图 3-20 元件制作实践一

图 3-21 元件制作实践二

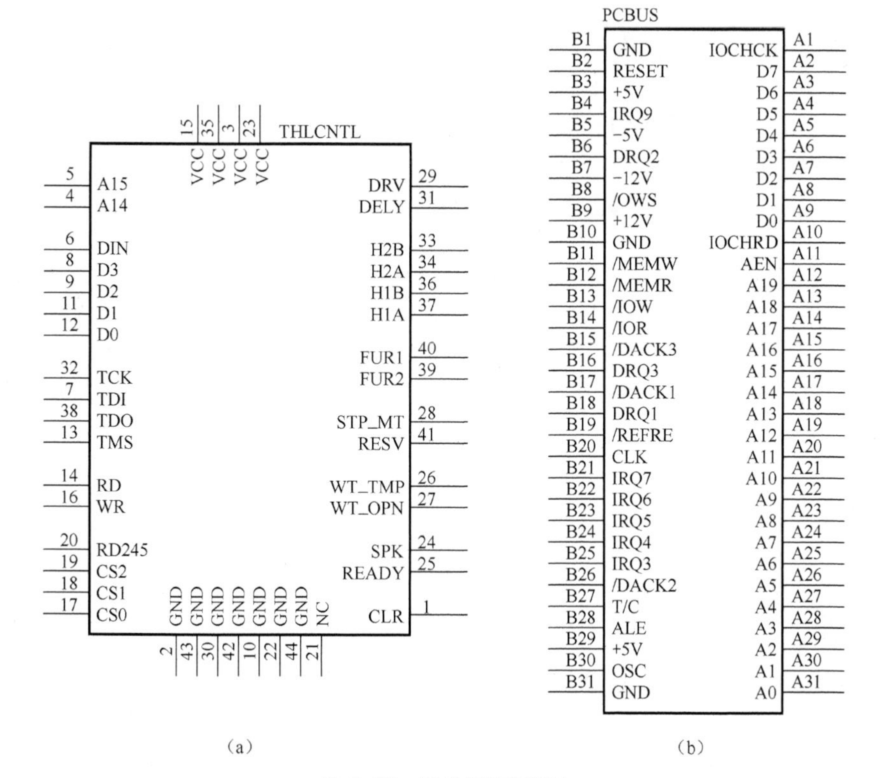

图 3-22 元件制作实践三

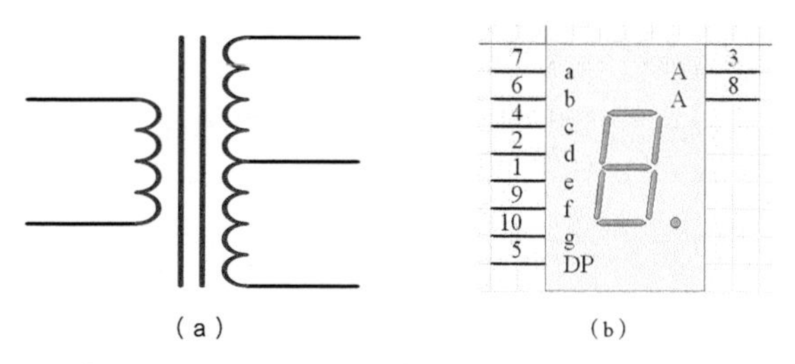

图 3-23 元件制作实践四

PART 4 第 4 章 完成原理图设计

在前面的内容中，已经介绍了如何制作原理图库文件中没有的元件。在原理图所需的元件都具备的情况下，完成原理图的设计还需要注意哪些问题呢？本章将介绍完成原理图设计的内容。

4.1 完成原理图设计

4.1.1 回到原理图设计编辑环境

在上一章中，介绍了如何制作元件库中没有的元件。在经过一系列的编辑、制作，完成了所需的元件后，就应该回到原理图设计的编辑环境中，完成原理图设计的剩余工作。

4.1.2 在原理图中添加用户自己制作的元件

回到原理图设计编辑环境后，首先要做的就是添加用户自己制作的元件到原理图中。添加用户自己制作的元件的方法很简单，可以在制作元件的工作环境下，单击浏览区的【Place】按钮，就可以看到系统自动进入了原理图设计环境，并且所要添加的元件随着十字光标的移动而移动，这时将光标移到要放置的地方，单击鼠标左键，就可以完成制作元件的放置了。此时，系统仍然处于放置该制作元件的状态中，要想继续添加，可以按照上面的方法继续添加；如果不想添加其他元件，可以单击鼠标右键或按【Esc】键退出该状态。

4.2 美化原理图

前面一系列的工作可以将一张电路原理图完成了，但是还需要了解以下的内容才能使原理图达到理想中的效果。因此，下面就来介绍如何使用画图工具、添加文字、更改图形尺寸等。

4.2.1 画图工具

在前面的内容中，都没有用上画图工具（Drawing Tools），主要是因为这些工具只是起标注的作用，并不代表任何电气意义。

图 4-1 所示为画图工具栏，下面就来逐个介绍工具栏中各个按钮的功能。

- ／：画直线。
- ⌛：画多边形。
- ◠：画椭圆弧。
- ∿：画贝塞尔曲线。

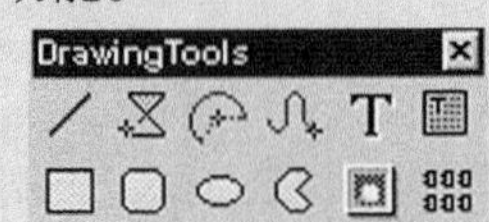

图 4-1 原理图画图工具栏

- T：添加文字。
- ▦：添加文本框。
- ▢：画矩形。
- ▢：画圆角矩形。
- ⬭：画椭圆。
- ◔：画扇形。
- ▣：粘贴图片。
- ▦：粘贴复制图件。

1．绘制多边形

要在原理图上画一个不影响电路电气结构的多边形，就必须使用画图工具中的绘制多边形的功能。执行绘制多边形命令的方法有如下3种。

- 执行菜单命令【Place】/【Drawing Tools】/【Polygons】。
- 单击画图形工具栏上的用于画多边形的按钮。
- 按快捷键【Alt】+【P】/【D】/【P】。

执行命令后，工作区会出现十字光标，这时如果按【Tab】键可弹出各选项的用途说明对话框，如图4-2所示。

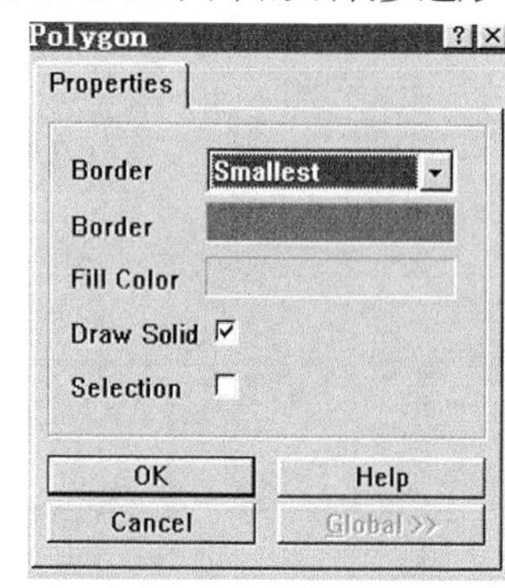

图4-2 多边形参数设置对话框

- 第一个【Border】：用于设置边框的宽度，该选项跟画线时的线宽选项一致。
- 第二个【Border】：用于设置边框的颜色。
- 【Fill Color】：用于设置多边形的填充颜色。
- 【Draw Solid】：实心选项。选择此项时，多边形将用【Fill Color】所指定的颜色填满。
- 【Selection】：用于设置所画的多边形是否处于选中状态。

完成设置后，单击【OK】按钮确认，接下来就可以进行绘制了。每单击一次鼠标左键或按【Enter】键，就会出现一个多边形的顶点被确定。最后单击鼠标右键或按【Esc】键完成一个多边形，再单击鼠标右键或按【Esc】键即可退出绘制多边形的命令状态。图4-3所示为绘制的多边形。

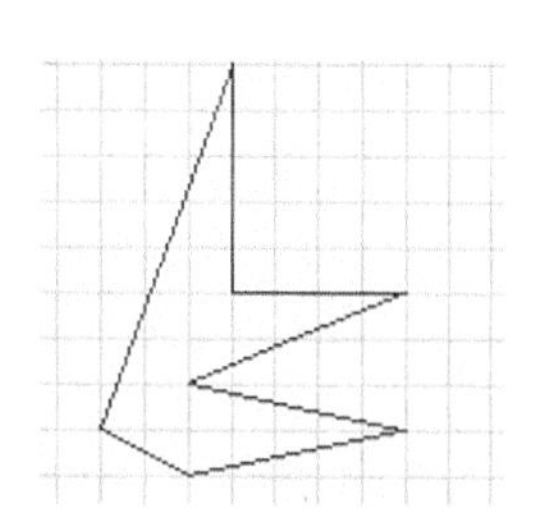

图4-3 绘制的多边形

2．绘制椭圆弧

椭圆的边界即椭圆弧。当椭圆的X轴半径和Y轴半径相等时，椭圆弧即变成圆弧。

例如，要绘制一个半径为30mil的半圆，就应该单击用于画椭圆弧的按钮，系统就会出现如图4-4所示的光标。这时，如果用鼠标直接在图上绘制，要分别单击5次以确定圆弧的中心位置、X向半径、Y向半径、起始点位置和终止点位置，这样做很难做到精确，因而还要应用如图4-5所示的对话框加以设置，即在单击绘制椭圆弧按钮后，按【Tab】键弹出这个对话框。将【X-Radius】（X方向半径）和【Y-Radius】（Y方向半径）选项都设置成“30”（单位为mil）。【Line】选项用于设置线宽，这里设置不变，为默认的Small。将【Start】（起始角度）选项设置为“0”，将【End】（终止角度）选项设置为“180”。单击【OK】按钮确认。这时光标变成如图4-6所示的形状。将其移到适当的位置，连续单击5次（注意不能移动鼠标），这时一个半径为30mil的半圆就画好了，如图4-7所示。

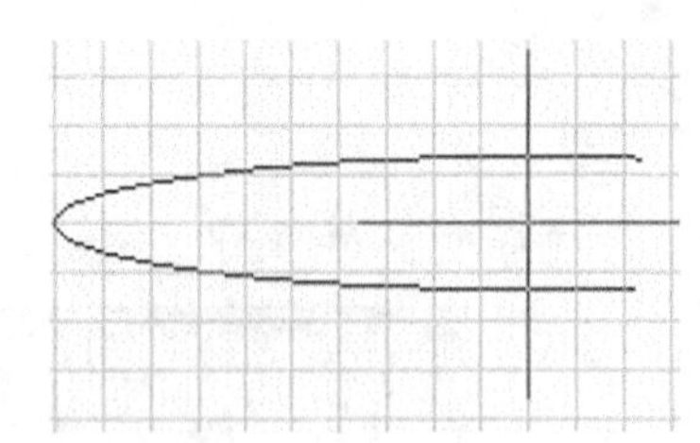

图 4-4　绘制椭圆弧

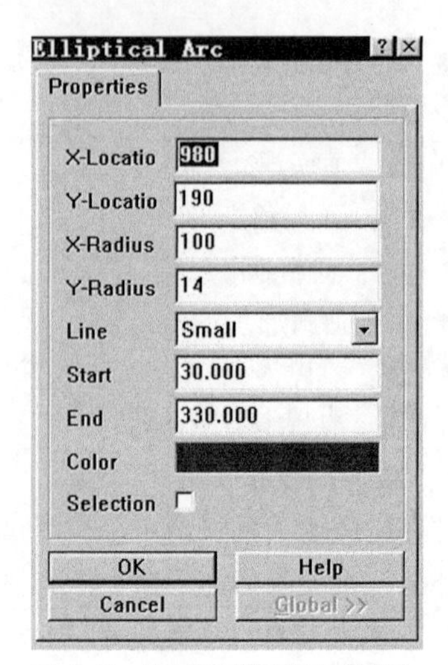

图 4-5　椭圆弧属性设置对话框

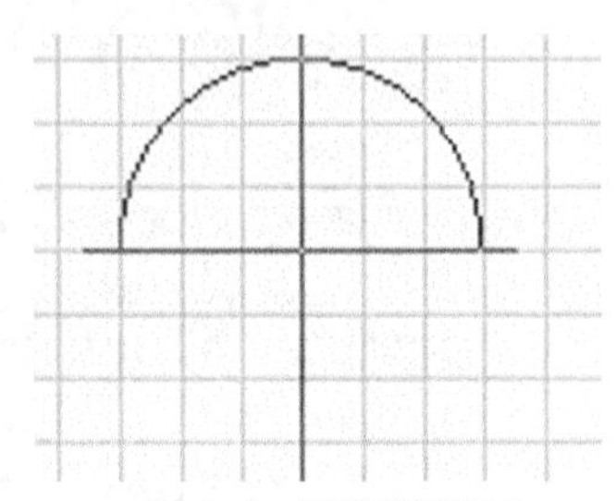

图 4-6　开始绘制半圆

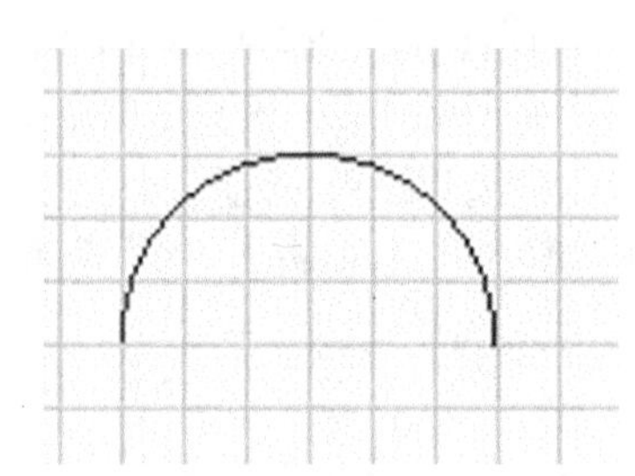

图 4-7　绘制完成的半圆

3．绘制圆弧

由上面的介绍可能会觉得，绘制圆弧完全可以用绘制椭圆弧的方法来实现，但是绘制椭圆弧的方法显得比较繁琐。下面就来介绍如何用绘制圆弧的方法绘制圆弧。

实现的方法是可以执行菜单命令【Place】/【Drawing Tools】/【Arcs】或按快捷键【Alt】+【P】/【D】/【A】就能进行圆弧的绘制。鼠标先后单击 4 次（分别确定圆弧的中心位置、半径、起点和终点）则完成一段圆弧的绘制，如图 4-8 所示。

也可以通过设置圆弧的参数来确定要绘制的圆弧，其具体实现方法可以按照上面绘制椭圆弧的方法来实现，这里就不再详细介绍了。

4．绘制贝塞尔曲线

正弦波、抛物线等曲线可用贝塞尔曲线（Bezier Curve）来实现。绘制贝塞尔曲线可用如下 3 种方法来实现。

- 执行菜单命令【Place】/【Drawing Tools】/【Bezier】。
- 单击画图工具栏上的用于画贝塞尔曲线的按钮。
- 按快捷键【Alt】+【P】/【D】/【B】。

执行命令后，同样出现十字光标，此时按【Tab】键弹出设置贝塞尔曲线参数的对话框，如图 4-9 所示。其中【Curve】选项用来设置曲线的宽度，【Color】用来设置曲线的颜色。完成设置后，单击【OK】按钮确认，可以发现光标变成十字形状，此时可以连续地单击鼠标左键绘制任意弯曲的曲线。图 4-10 所示为绘制过程中的曲线。图 4-11 所示为绘制完成的贝塞尔曲线。

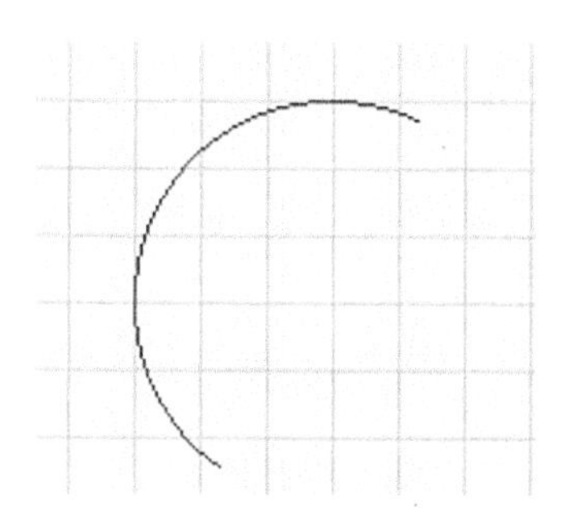

图 4-8 绘制一段圆弧

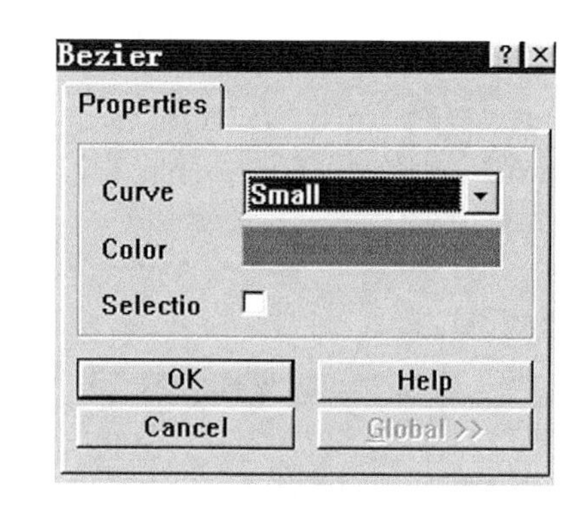

图 4-9 贝塞尔曲线属性设置对话框

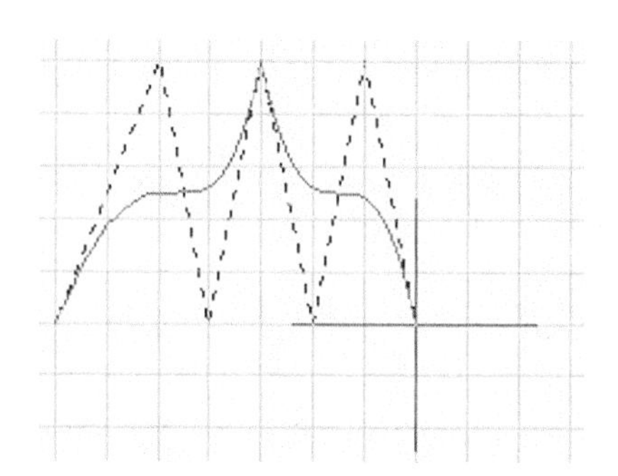

图 4-10 绘制贝塞尔曲线过程

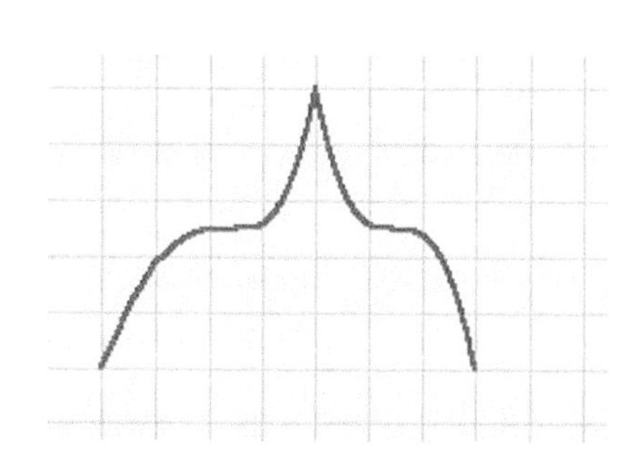

图 4-11 绘制完成的贝塞尔曲线

另外的画图工具的使用方法与上面讲述的基本类似，这里就不再作详细说明了。

4.2.2 向原理图中添加文字

为了读图方便，原理图中最好能够添加文字说明。添加文字的方法通常有两种，下面来分别介绍。

1．添加文字标注

添加文字标注的方法适用于简洁的文字说明，实现的方法一般可以执行菜单命令【Place】/【Annotation】或按画图工具中的T按钮。

执行后，十字光标会带着最近一次用过的标注文字外框出现在工作区。单击鼠标左键就可以将文字框放置在当前的位置，双击该文字框或在十字光标状态下按【Tab】键，弹出文字属性对话框，可以在该对话框下修改文字属性，如图 4-12 所示。【Text】选项就是用于更改文字标注内容的。

2．添加文本框

有时为了方便调试，需要加大段的说明性的文字，这时就应该用文本框来添加。

添加文本框的方法是：可以执行菜单命令【Place】/【Text Frame】或按画图工具栏的按钮。随后可以发现工作区的光标变成十字形状，按【Tab】键会弹出如图 4-13 所示的属性对话框，可以对这个文本框进行如下的属性修改工作。

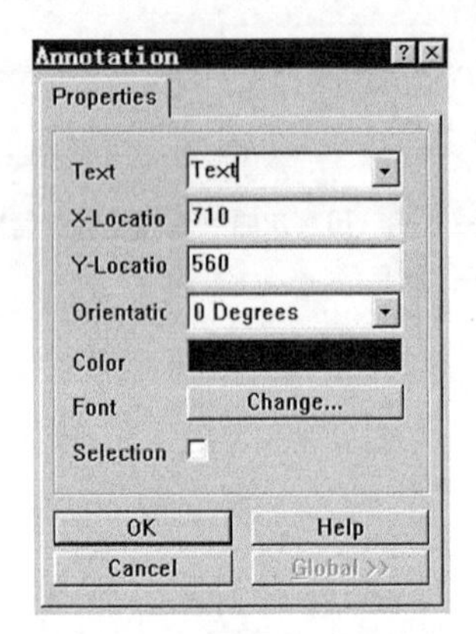

图 4-12　文字标注属性设置对话框

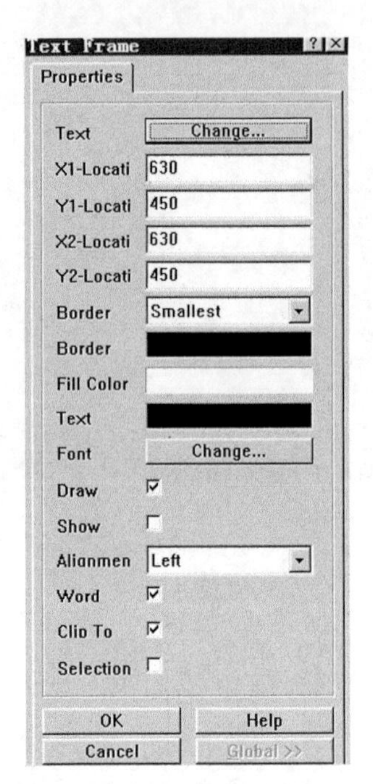

图 4-13　文本框属性设置对话框

- 【Border】宽度选项，设置边框宽度。
- 【Border】颜色和【Fill Color】选项，分别设置边框和填充的颜色，使用默认设置。
- 选中【Draw】选项，使框内填充颜色。
- 选中【Show】选项，显示边框。
- 【Alignment】选项，设置对齐方式。
- 选中【Word Wrap】选项，文字超出文本框边界时，程序自动使文字换行以尽量显示。
- 选中【Clip To Area】选项，将强迫文本框内四周留下一个间隔区。

单击【Text】选项的【Change...】按钮，弹出编辑文本框内容的窗口，如图 4-14 所示。它实际上是一个简单的文本编辑器，用户在它的内部编辑文本，结果将原封不动的显示在文本框中。用户输入文字后，单击【OK】按钮确定。

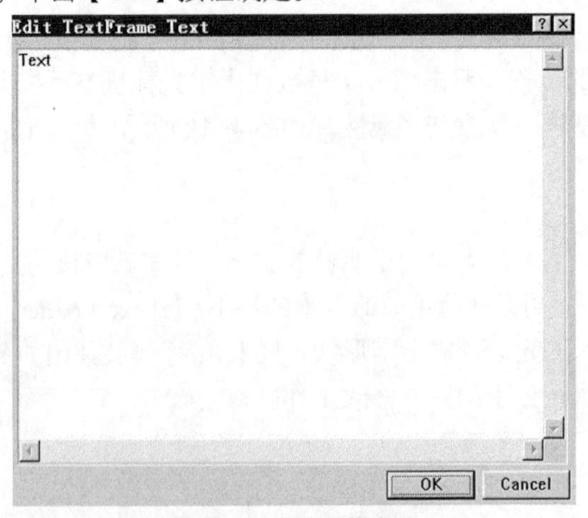

图 4-14　文本编辑窗口

单击【Font】选项后的【Change...】按钮，弹出设置字体属性对话框，单击【确定】按钮完成设置。所有设置完毕以后，单击【OK】按钮确定。

将光标移到适当的位置，单击鼠标左键，固定文本框的一个顶点，移动光标，然后单击鼠标左键确定另一个顶点，完成文本框的放置。

如果放置后发现大小不合适，可以单击文本框，待四周出现用于调整其大小的小方块后，将鼠标移到某一小方块上，按下鼠标左键，并拖动鼠标来调整文本框的大小。

4.2.3 向原理图中添加图片

在实际工作中有时候可能要为原理图上增加一些图片，Protel 99 SE 提供的粘贴图片工具能方便地实现这个功能。

向原理图中粘贴图片可以执行菜单命令【Place】/【Drawing Tools】/【Graphic】或单击画图形工具栏上的按钮，这时用户将会看到如图 4-15 所示的对话框，在弹出的对话框中选择要粘贴的图片，单击【打开】按钮确定即可。这时鼠标变成十字光标，按【Tab】键弹出如图 4-16 所示的图片属性对话框。其中，【File Name】是所粘贴的文件名，可以单击后面的【Browse...】按钮更改将要粘贴的文件；【X: Y Ration】该选项被选中后，程序将锁定图片的长宽比。设置完成后，单击【OK】按钮确认。随后光标变成十字光标。接下来的工作跟放置文本框就差不多了，这里就不再赘述了。

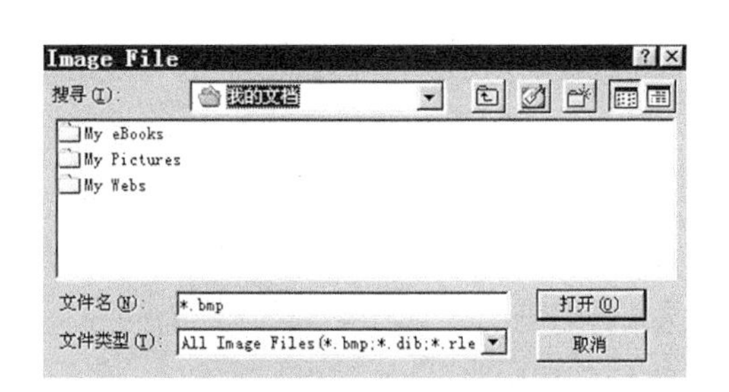

图 4-15 选择粘贴图片对话框

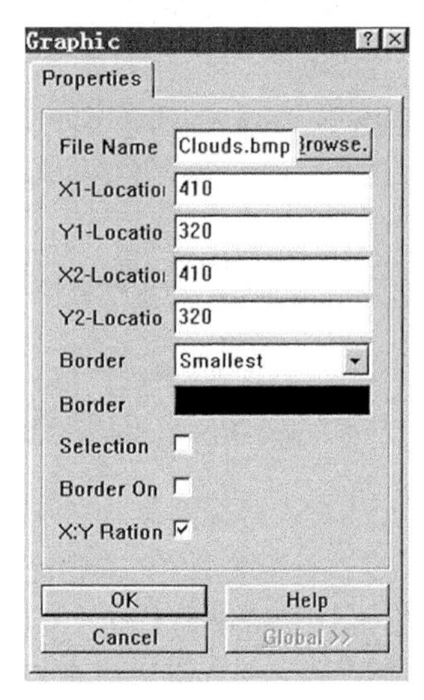

图 4-16 图片属性对话框

1．原理图的编辑

同大多数设计工作一样，画原理图很难一次成功，需要不断地编辑、修改，复制、粘贴和删除等，这些编辑方法也经常用到。

2．图件的选择

复制、剪切图件时，都要先选择图件。被选择的图件一般用黄色图框标出。如果被选择的是文字，则该文字变为黄色。选择图件的方法有下面几种。

① 逐个选择图件：执行菜单命令【Edit】/【Toggle Selection】或使用快捷键【Alt】+【E】+【N】。这时光标变成十字形状，用光标逐个单击要选择的图件，就能使之处于选中状态。选择完毕后，单击鼠标右键退出该命令状态。按住【Shift】键，并单击要选择的图件也能达到相同的目的。

② 用鼠标框选择一组图件：常常需要一次选取某一区域内的所有图件。软件提供的框选功能按钮很好地解决了这个问题。操作方法单击该按钮，然后将光标移到要选择区域的某一顶

点处，按下鼠标左键，同时拖动鼠标，移到对角的顶点，然后松开鼠标左键，这时该矩形区域内的所有图件都处于选中状态。

③ 用菜单命令选择图件：菜单【Edit】/【Select】下面有 5 个选项，如图 4-17 所示。各个选项的功能如下。

- 【Inside Area】(快捷键为【Alt】+【E】/【S】/【I】)：这个命令与方法②基本相同，也是选择某一矩形区域内的所有图件，只不过在确定矩形的对角顶点位置时，鼠标左键要分别单击两次。
- 【Outside Area】(快捷键为【Alt】+【E】/【S】/【O】)：这个命令与上面的操作正好相反，是选择某一矩形区域外的所有图件。
- 【All】(快捷键为【Alt】+【E】/【S】/【A】)：选择当前原理图上所有的图件。
- 【Net】(快捷键为【Alt】+【E】/【S】/【N】)：选择某一网络，用鼠标单击任意一个网络标号，则当前原理图上的所有同名网络都将处于选中状态。
- 【Connection】(快捷键为【Alt】+【E】/【S】/【C】)：选择某一连接，这个命令只选择鼠标单击的网络标号。

有时选择了本来不想选择的图件，或者进行完相关的操作后要取消选择时，可以执行菜单命令【Edit】/【Deselect】下的选项，该选项下面有 3 个选项，如图 4-18 所示。各个选项的功能如下。

- 【Inside Area】(快捷键为【Alt】+【E】/【E】/【I】)：这个命令是要取消某一矩形区域内的选择，这个区域的选择是要用户用鼠标选取的。

Inside Area
Outside Area
All
Net
Connection

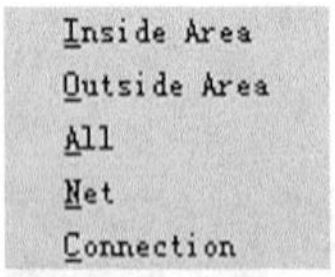

图 4-17 选择图件菜单

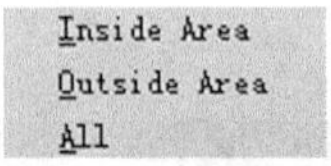

Inside Area
Outside Area
All

图 4-18 取消选择菜单

- 【Outside Area】(快捷键为【Alt】+【E】/【E】/【O】)：这个命令与上面的操作正好相反，是要取消某一矩形区域外的选择，这个区域的选择是要用户用鼠标选取的。
- 【All】(快捷键为【Alt】+【E】/【S】/【A】)：取消选择当前原理图上所有的图件。其实执行这一命令还可以直接单击主工具栏上的按钮即可。

3．图件的排列和对齐

为了整体美观，有时需要将原理图上的图件进行排列和对齐。如果靠手工来完成这项工作，结果可能不是十分令人满意，最好是由工具来完成。图件排列和对齐的方式有左对齐、右对齐、水平中心对齐、顶端对齐、底端对齐、垂直中心对齐、水平匀布和垂直匀布 8 种方式。相应的菜单命令均在菜单【Edit】/【Align】中，如图 4-19 所示。

下面以右对齐为例来介绍图件的排列和对齐的实现过程。

① 选中要进行排列的图件。

② 执行菜单命令【Edit】/【Align】/【Align Right】或按快捷键【Ctrl】+【R】。

③ 执行命令后可以看到所有被选中的图件最右边的点均在同一条垂直直线上。

其他的排列和对齐的方法在这里就不再作详细说明了。下面要再介绍一种方法，使一组图件同时实现两种排列或匀布，具体实现的步骤如下。

① 选择要进行排列或匀布的图件。

② 执行菜单命令【Edit】/【Align】/【Align…】，执行菜单命令后会出现如图 4-20 所示的对话框。

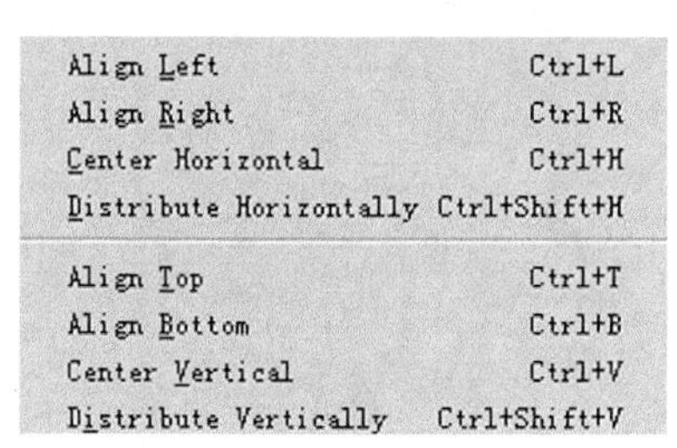

图 4-19 图件排列菜单

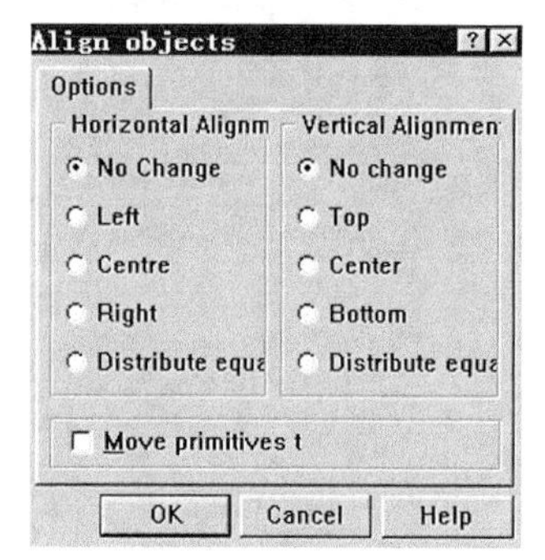

图 4-20 图件对齐属性对话框

③ 在该对话框中进行编辑，可以看到该对话框主要分为两个部分，左边一部分是水平排列选项（Horizontal Alignment），右边一部分是垂直排列选项（Vertical Alignment）。

④ 用户根据自己的需要进行相应的选择编辑后，单击【OK】按钮即可看到所要得到的美观的结果。

4.3 产生报表

Protel 99 SE 有丰富的报表功能，用户可以方便地利用它生成各种不同类别的报表，如网络表文件、元件列表文件和电气测试报告等。通过分析这些报表，设计者可以掌握项目设计中的各种重要的信息，以便及时对设计进行校对、比较、修改等工作。下面来分别介绍这些文件。

4.3.1 生成网络表文件

网络表是原理图和印制电路板之间的桥梁，是印制电路板自动布线的灵魂。它可以在原理图编辑中直接由原理图文件生成，也可以在文本文件编辑器中手动编辑生成。其实，也可以在 PCB 编辑器中，由已经布线的 PCB 图中导出相应的网络表。总之，网络表把原理图与 PCB 图紧密联系起来。

利用原理图生成网络表，一方面可以用来进行印制电路板的自动布线及电路模拟，另一方面也可以用来与从最后布好线的印制电路板中导出的网络表进行比较、校对。

生成网络表文件的方法可以执行菜单命令【Design】/【Create Netlist】，此时系统将会出现如图 4-21 所示的对话框。在对话框中进行设置的选项如下。

- 【Output Format】：选择输出格式，这里选择【Protel】格式。
- 【Net Identifier Scope】：选择网络识别范围。
- 【Sheets to Netlist】：选择生成网络表的图纸。这里选择【Active Project】当前激活的图纸。
- 【Append sheet numbers to local net name】：将原理图编号附加到网络名称上，这里不选中。
- 【Descend into sheet parts】：细分到单张图纸部分，对于单张图没有实际意义，因此不选中此项。
- 【Include un-named single pin nets】：包括没有命名的单个引脚网络，这里也不选中。

单击如图 4-21 所示对话框的【Trace Options】标签，即可进入如图 4-22 所示的对话框。在对话框中，如果选中【Enable Trace】选项，则跟踪结果会生成*.tng 文件，文件名与原理图文件名相同。其中跟踪选项（Trace Options）中有下列 3 项。

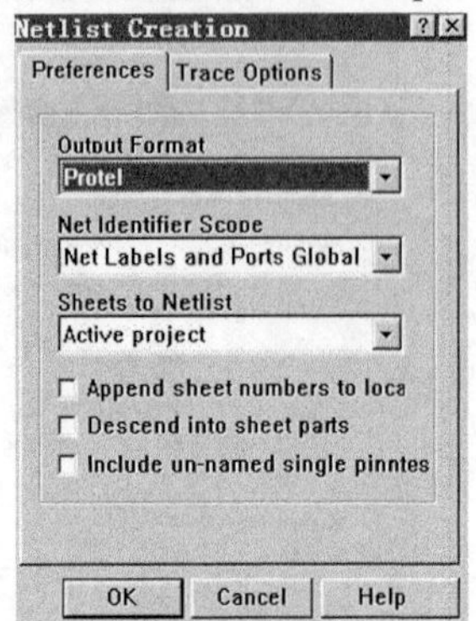

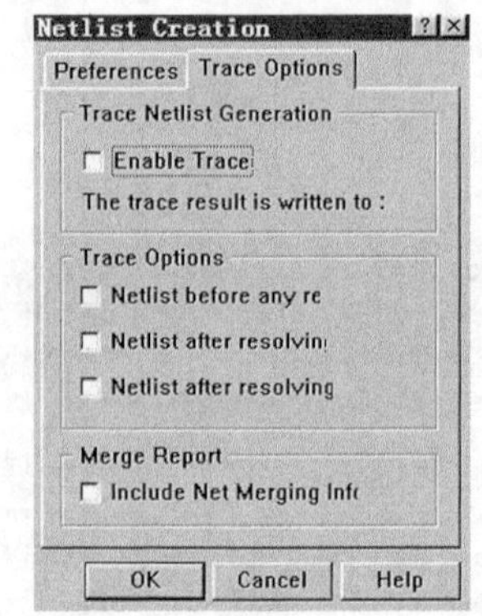

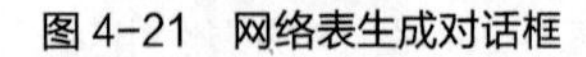

图 4-21　网络表生成对话框　　　　图 4-22　网络表生成跟踪选项设置对话框

- 【Netlist before any resolve】：转换成网络表时，对任何动作都加以跟踪，并形成跟踪文件*.tng。
- 【Netlist after resolving sheets】：只有当电路中的内部网络结合到项目网络时才加以跟踪，并形成跟踪文件*.tng。
- 【Netlist after resolving project】：只有当项目文件内部网络进行结合动作时才加以跟踪，并形成跟踪文件*.tng。

这里不使用跟踪功能。

设置完毕后，单击【OK】按钮即可生成与原理图文件同名的网络表文件，工作窗口和设计窗口也将自动切换到文本文件编辑器工作窗口——文本浏览器（Browse Text）。生成的网络表将显示在当前的工作窗口中，如图 4-23 所示。用户还可以在文本文件编辑器中对网络表文件进行添加、删除和修改等编辑工作。

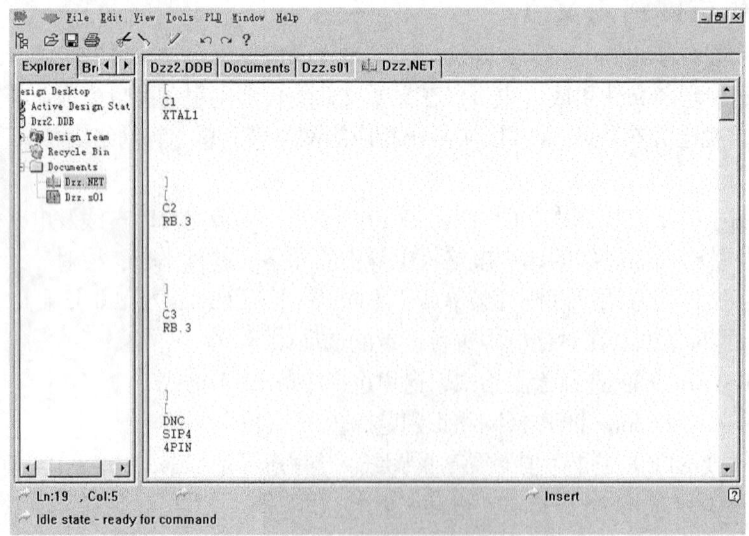

图 4-23　生成的网络表

生成网络表的格式一般有以下两种。

1．元件声明格式

[	元件声明开始
U1	元件序号

DIP20	元件封装形式
89C2051	元件注释文字（名称、大小等）
]	元件声明结束

2．网络的定义格式

(	网络开始定义
GND	网络名称
C2-1	网络的连接点
C3-1	网络的连接点
DNC-1	网络的连接点
DNC-2	网络的连接点
N1-E	网络的连接点
N2-E	网络的连接点
N3-E	网络的连接点
N4-E	网络的连接点
N5-E	网络的连接点
R9-1	网络的连接点
R10-1	网络的连接点
R11-1	网络的连接点
R14-1	网络的连接点
U1-10	网络的连接点
U2-7	网络的连接点
U3-5	网络的连接点
)	网络定义结束

从生成的网络表中可以发现，网络表文件分为两部分，首先是元件声明，然后是网络定义。它们有各自固定的格式与固定的组成部分，缺少其中的任何部分都有可能在 PCB 自动布线时产生错误。

4.3.2　生成元件列表文件

元件列表主要包括元件的名称、序号、封装形式。这样可以对原理图中的所有元件有一个详细的清单，以便检查、校对。下面介绍生成原理图元件列表的操作方法。

① 执行菜单命令【Report】/【Bill of Material】。随后可以看到如图 4-24 所示的对话框。选择【Sheet】单选项，单击【Next】按钮即可进入下一步操作。这时可以看到如图 4-25 所示的对话框。

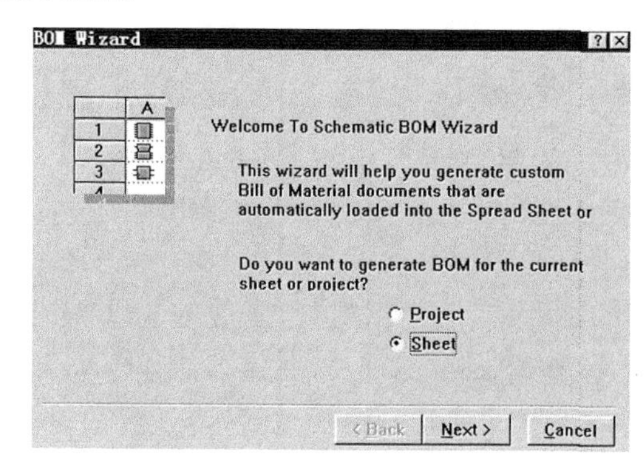

图 4-24　元件列表生成向导步骤一

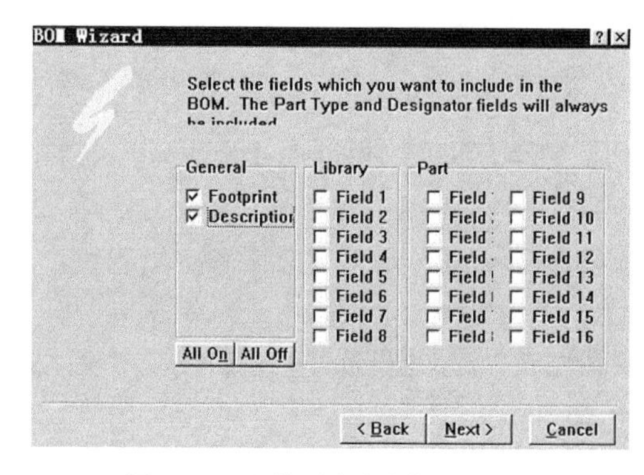

图 4-25　元件列表生成向导步骤二

② 选中复选框中的【Footprint】和【Description】选项，如图 4-25 所示，然后单击【Next】

按钮即可进入如图 4-26 所示的对话框。

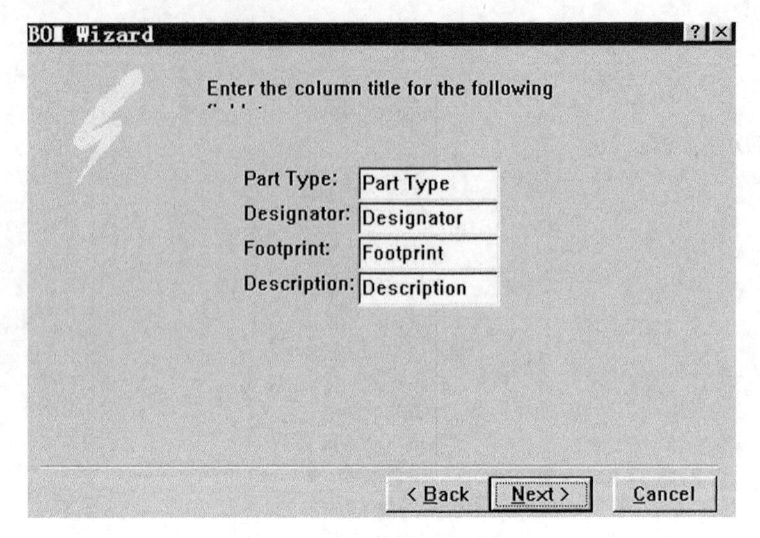

图 4-26　元件列表生成向导步骤三

③ 在该对话框中定义元件列表中各列的名称，定义结束后，单击【Next】按钮即可进入如图 4-27 所示的对话框。

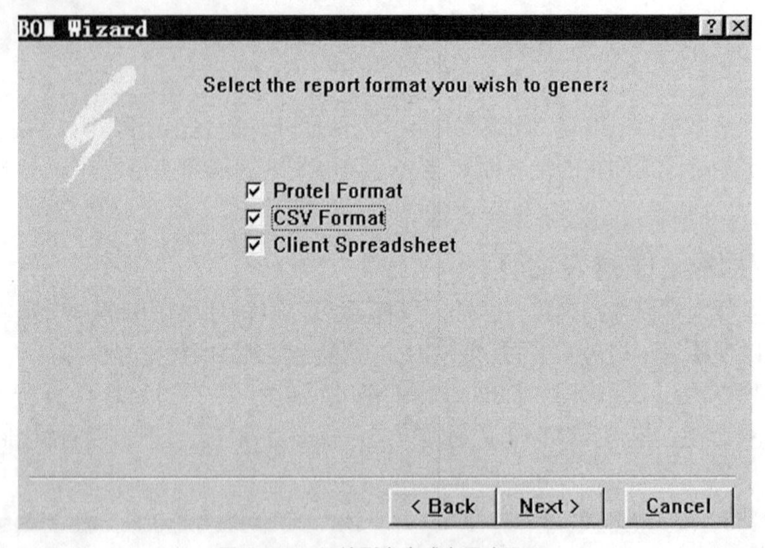

图 4-27　元件列表生成向导步骤四

④ 在对话框中，可以选择元件列表文件的类型。这里将复选框中的 3 种类型全部选中，这 3 种列表元件定义格式分别是：Protel 格式，文件后缀名为*.bom；电子表格可调用格式，文件后缀名为*.csv；Protel 99 的表格格式，文件后缀名为*.xls。

⑤ 单击【Next】按钮可进入如图 4-28 所示的对话框。在对话框中单击【Finish】按钮，会自动生成 3 种类型的元件列表文件，并自动进入表格编辑器。3 种元件列表分别如图 4-29、图 4-30、图 4-31 所示。

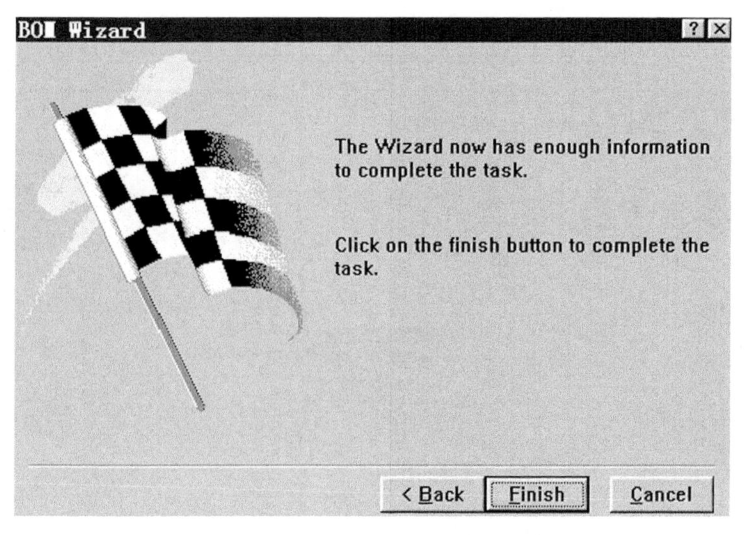

图 4-28　元件列表生成向导步骤五

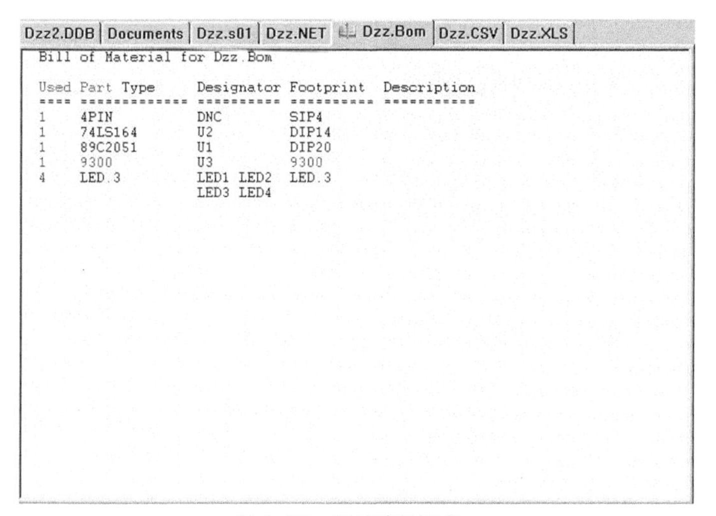


```
Bill of Material for Dzz.Bom

Used Part Type      Designator Footprint  Description
==== ============= ========== ========== ===========
1    4PIN          DNC        SIP4
1    74LS164       U2         DIP14
1    89C2051       U1         DIP20
1    9300          U3         9300
4    LED.3         LED1 LED2  LED.3
                   LED3 LED4
```

图 4-29　元件清单格式一

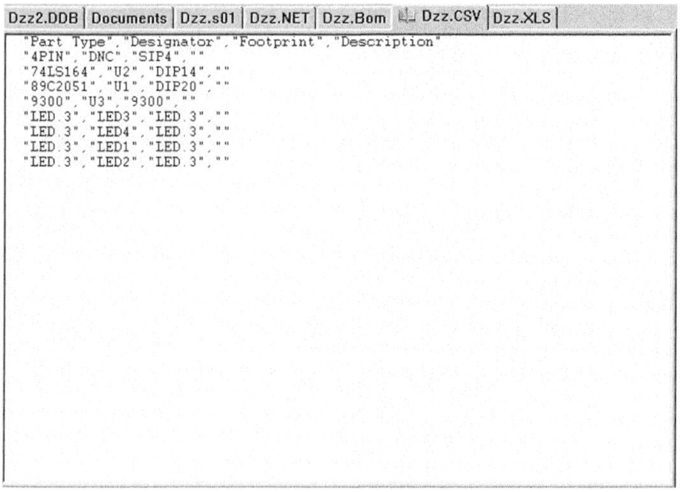

Dzz2.DDB | Documents | Dzz.s01 | Dzz.NET | Dzz.Bom | Dzz.CSV | Dzz.XLS

```
"Part Type","Designator","Footprint","Description"
"4PIN","DNC","SIP4",""
"74LS164","U2","DIP14",""
"89C2051","U1","DIP20",""
"9300","U3","9300",""
"LED.3","LED3","LED.3",""
"LED.3","LED4","LED.3",""
"LED.3","LED1","LED.3",""
"LED.3","LED2","LED.3",""
```

图 4-30　元件清单格式二

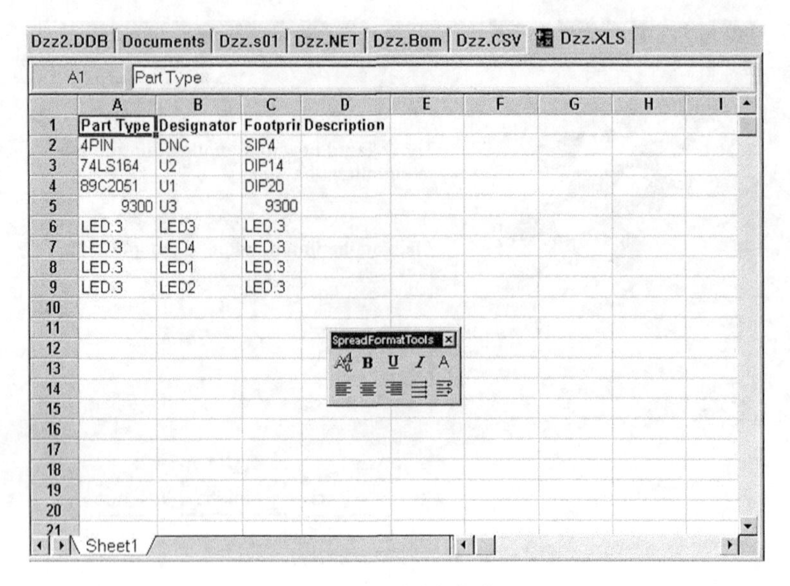

	A	B	C	D
1	Part Type	Designator	Footprir	Description
2	4PIN	DNC	SIP4	
3	74LS164	U2	DIP14	
4	89C2051	U1	DIP20	
5	9300	U3	9300	
6	LED.3	LED3	LED.3	
7	LED.3	LED4	LED.3	
8	LED.3	LED1	LED.3	
9	LED.3	LED2	LED.3	

图 4-31　元件清单格式三

4.3.3　生成电气规则测试报告

一般在完成原理图的绘制后，都要对原理图进行检查，防止由于设计人员的疏忽，造成原理图中存在一些错误，使后面的工作无法正常进行。检查的方法通常是设计人员自己观察或是采用电气规则检测。电气规则检测的速度比较快，而且可以输出相关的物理逻辑冲突报告。

执行电气规则测试的方法是执行菜单命令【Tools】/【ERC...】或在工作区单击鼠标右键选择【ERC】，会出现如图 4-32 所示的对话框。在对话框中根据用户的要求进行设定，各个选项的定义如下。

- 【Multiple net names on net】："同一网络命名多个网络名称"的错误检查。
- 【Unconnected net labels】："未实际连接的网络标号"的警告性检查。
- 【Unconnected power objects】："未实际连接的电源图件"的警告性检查。
- 【Duplicate sheet numbers】："电路图编号重复"的检测。
- 【Duplicate component designator】："元件编号重复"的检测。
- 【Bus lable format errors】："总线标号格式错误"的检测。
- 【Floating input pins】："输入引脚悬空"的警告性检查。
- 【Suppress warnings】：选中此项将忽略所有的警告性错误。
- 【Create report file】：选中此项，在结束测试后，测试结果将自动保存在报告文件中。
- 【Add error markers】：选中此项，在结束测试后，会自动在错误位置放置错误标号。
- 【Descend into sheet parts】：选中此项，在结束测试后，会将测试结果分解到每个原理图中去，这主要针对层次图。
- 【Sheets to Netlist】：在该下拉列表中可以选择所要进行测试的原理图的范围。
- 【Net Identifier Scope】：在该下拉列表中可以选择网络识别器的范围。

单击图中的【Rule Matrix】标签，即可进入电气规则测试设置数组对话框，如图 4-33 所示。

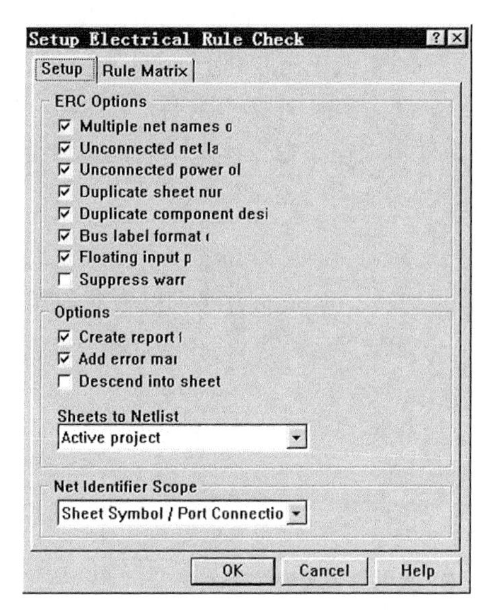

图 4-32 电气规则检查设置对话框

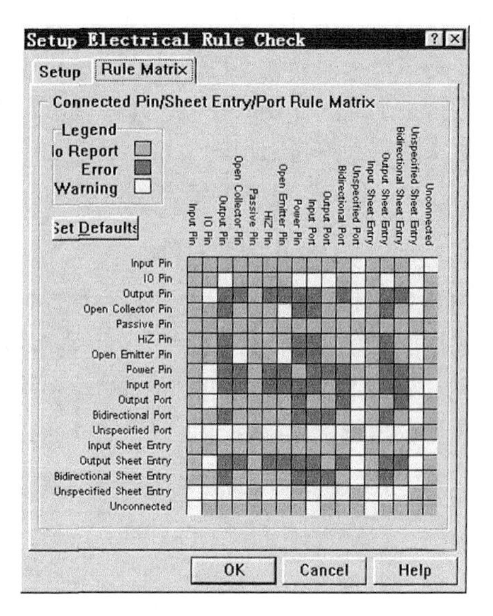

图 4-33 电气规则测试设置数组对话框

数组中每个小方块都是按钮，用户可以根据自己的要求单击切换，具体颜色代表的意义由对话框左上角的【Legend】选项说明。

- 【No Report】绿色，表示不做该项测试。
- 【Error】红色，表示发生这种情况时，以“Error”为测试报告列表的前串字符串。
- 【Warning】黄色，表示发生这种情况时，以“Warning”为测试报告列表的前串字符串。

如果用户想要恢复系统默认的设置，则可单击【Set Defaults】按钮。

设置结束后单击【OK】按钮确认，系统会自动按照设置的规则开始对原理图进行电气规则测试，测试完毕后，自动进入系统文本编辑器，并生成相应的测试报告，如图 4-34 所示。

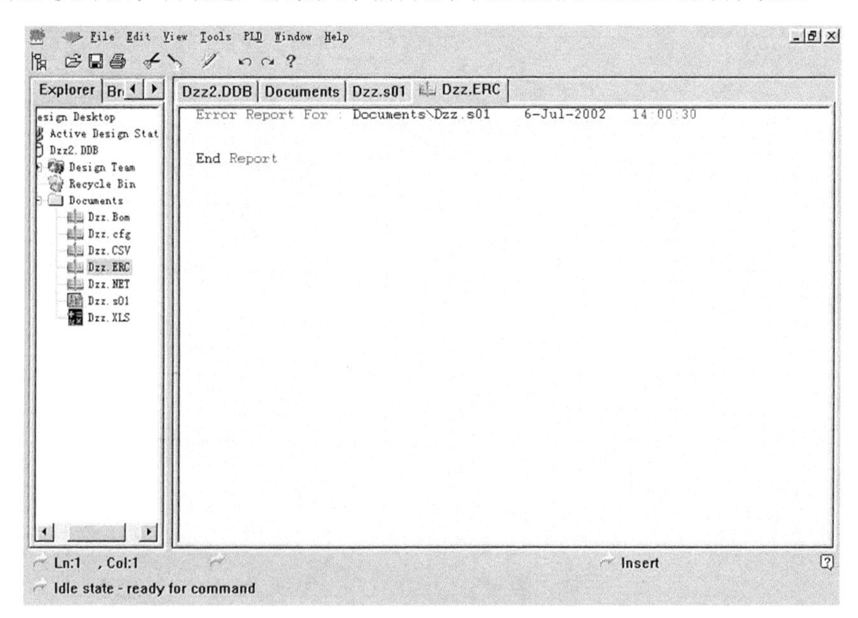

图 4-34 电气规则测试报告

如果在测试的过程中系统有警告，但是不想让它显示，可以利用放置“No ERC”符号的办法加以解决。在原理图上警告出现的位置放置“No ERC”符号，便可避开ERC测试。具体的方法是执行菜单命令【Place】/【Directives】/【No ERC】或单击原理图工具栏中的按钮。

进行了上面的操作后，十字光标会带着一个“No ERC”符号出现在工作区，将“No ERC”符号依次放置到警告出现的位置上，然后单击鼠标右键即可退出该命令状态，再次进行检测时，在放置“No ERC”符号的地方警告都不会再出现了。

4.3.4 其他报表文件

用户还可以生成设计的原理图中所有内部文件的列表，生成的方法可以执行菜单命令【Reports】/【Design Hierarchy】，之后会生成后缀为*.rep的文件，并在当前的窗口中自动打开。在该设计系统中可以看到如图4-35所示的文档报告。

还可以执行【Reports】/【Cross Reference】生成如图4-36所示的*.xrf文件。

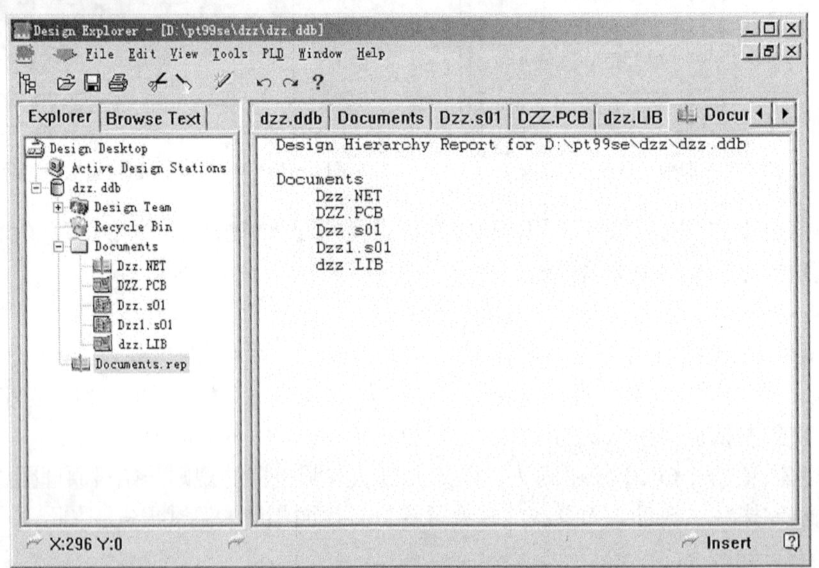

图4-35 文档报告

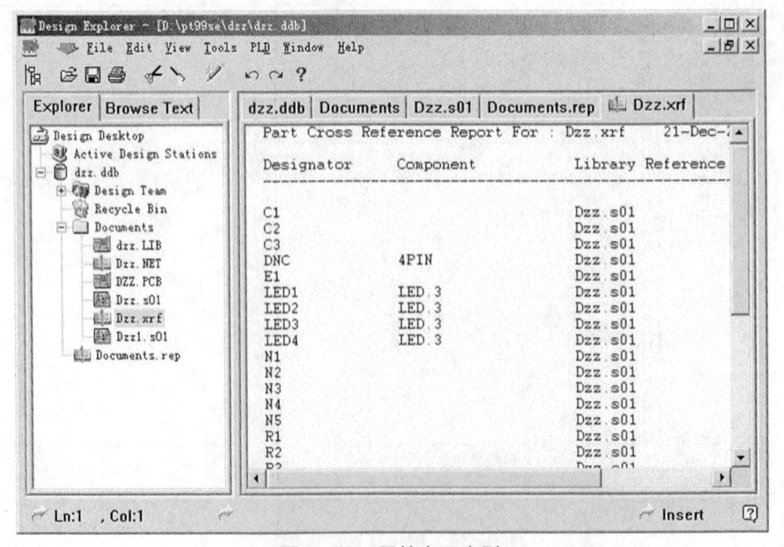

图4-36 元件交叉索引

4.4 原理图的打印

4.4.1 设置打印机

要想打印出 Protel 99 SE 环境下的原理图，首先要设置打印机。设置打印机的方法为执行菜单命令【File】/【Setup Printer】，或者直接在主工具栏中单击按钮。之后，系统会弹出打印机设置对话框，如图 4-37 所示。

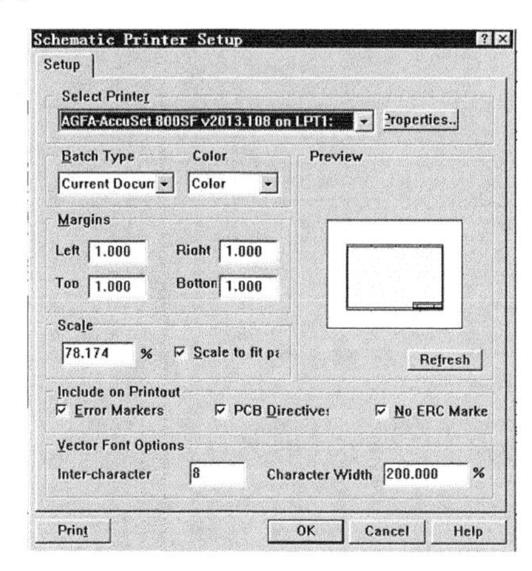

图 4-37 打印设置对话框

在此对话框中可以对打印机的类型、目标文件类型、颜色、显示比例等进行设置。

1．Select Printer（**选择打印机**）

当用户的 Windows 操作系统中安装了多种打印机时，用户可以在该下拉列框中对打印机的类型及输出接口进行选择。

2．Batch Type（**选择输出的目标图形文件**）

在下拉列表框中有两种目标图形文件可供用户进行选择。

【Current Document】：当前正在编辑的图形文件。

【All Document】：整个项目中全部的图形文件。

这里选择【Current Document】，即只打印输出当前正在编辑的图形文件。

3．Color（**设置输出颜色**）

颜色的设置有两种选择。

【Color】：彩色。

【Monochrome】：单色。

单色输出即以黑白两色输出，这里选择【Monochrome】，即单色输出。

4．Margins（**设置页边距**）

页边距的设置包括左边（Left）、右边（Right）、上边（Top）、下边（Bottom）4 种。页边距的单位是英寸（Inch）。设置页边距应留出装订的位置。

5．Scale（**设置缩放比例**）

工程图纸的规格与普通打印纸的规格不同，当图纸的尺寸大于打印纸的尺寸时，用户可以在打印输出时对图纸进行一定的比例缩放，以便图纸能在一张打印纸中完全显示，缩放的比例可以是 10%～500%的任意值。

对于图形的输出，用户还可以选择【Scale to fit page】，即选择充满整页的缩放比例。如果用户设置了该项，则无论原理图的图纸种类是什么，程序都会自动根据当前打印纸的尺寸计算出合适的缩放比例，使打印输出时原理图充满整页打印纸。选择【Scale to fit page】后，前面缩放比例的设置都将无效。

6．Preview（**预览**）

当设置好页边距和缩放比例后，单击该项中的【Refresh】按钮，即可预览到实际打印输出时的效果。这里将打印比例放大到 150%，预览结果如图 4-38 所示。

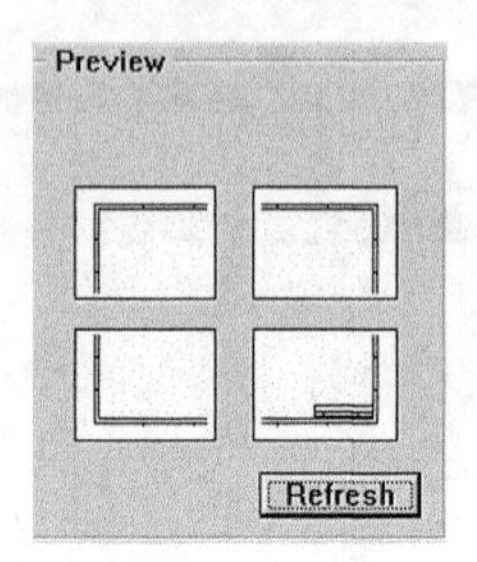

图 4-38　打印预览

7．Vector Font Option（**向量字体选项**）

设置向量字体的类型。

8．**其他项目设置**

其他项目包括设置打印机的分辨率、打印纸的类型、纸张方向和打印品质等。单击如图 4-37 所示对话框的【Properties...】按钮，会弹出如图 4-39 所示的对话框。用户可以在该对话框中完成其他项目的基本设置工作，设置完成后单击【确定】按钮确认即可。如果需要作进一步的设置，用户可以单击如图 4-39 所示对话框中的【属性】按钮，即可弹出如图 4-40 所示的对话框。在这里可以对打印机的属性作进一步的设置。在打印机属性设置中共有 4 个选项卡，设置完毕后依次单击【确定】、【确定】、【确定】、【OK】按钮即可。

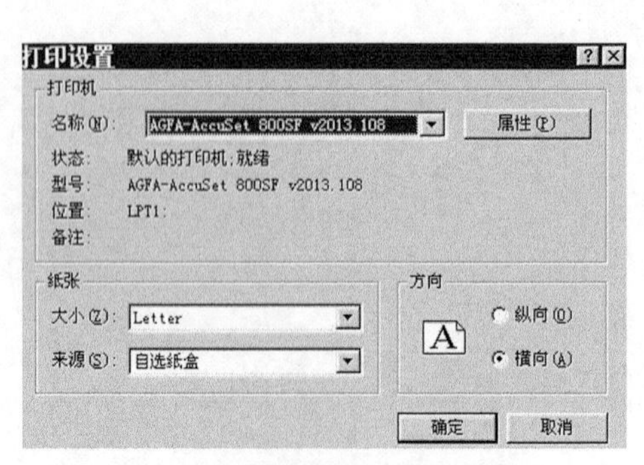

图 4-39　打印机属性设置对话框

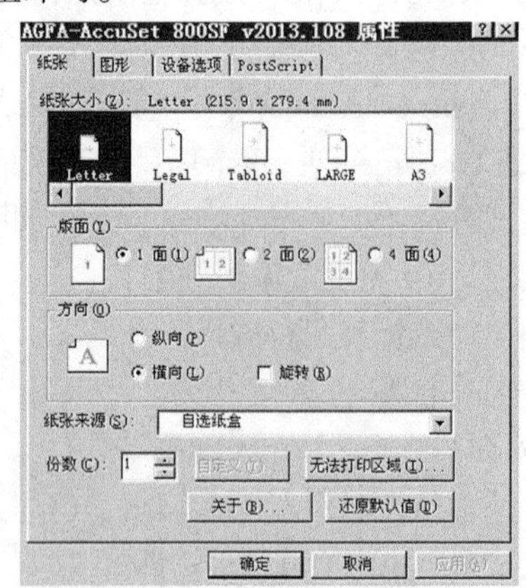

图 4-40　打印机纸张设置

4.4.2　打印输出

设置好打印机后，用户就可以打印输出了。用户可以执行菜单命令【File】/【Print】，或者在设置打印机的对话框中单击【Print】按钮，程序就会按照上述设置进行打印。

打印时会出现如图 4-41 所示的对话框。它提示用户当前正在打印，如果想要终止打印，可以单击【Cancel】按钮，即可终止打印工作。

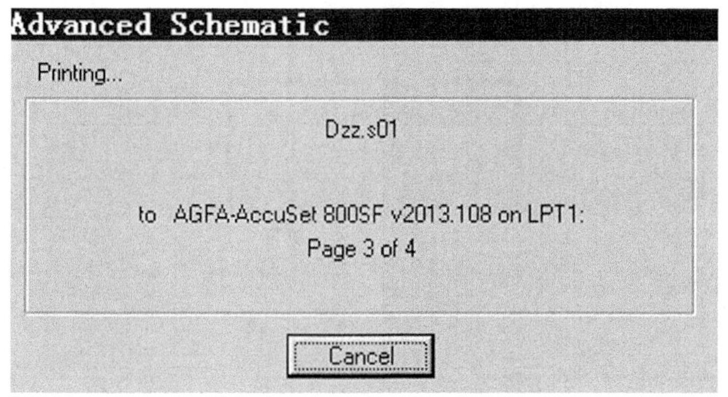

图 4-41 打印对话框

4.5 层次原理图

4.5.1 概念

在前面的内容中已经提到过层次图。其实，层次图就是要把整个设计项目分成若干原理图表达。为了达到这一目的，必须建立一些特殊的图形符号、概念来表示各张原理图之间的连接关系。在介绍层次原理图之前，必须了解层次图与一般原理图设计时的一些不同的符号，从而加深对层次图的理解。

在绘制层次图时，常用的不同于一般原理图的按钮有如下几个。

- 是层次图中用于画方块电路的按钮，它代表了本图下一层的子图，每个方块图都与特定的子图相对应。它相当于封装了子图中的所有电路，从而将一张原理图简化为一个符号。方块电路是层次原理图所特有的。
- 是用于画方块电路图端口的按钮。用它画出来的端口是方块电路所代表的下层子图与其他电路连接的端口。通常情况下，方块电路端口与和它同名的下层子图的 I/O 端口相连。
- D1是用来画 I/O 端口的按钮，它虽不是层次图所特有的，但是它在层次图中发挥了很大的作用。

以上几个符号对轻松设计层次原理图有很大帮助。

4.5.2 层次原理图的设计方法

层次原理图的设计方法通常有两种，一种是自顶向下的设计方法，另一种是自底向上的设计方法（用户也可以根据实际需要，将两者结合起来使用）。不同的设计方法对应的层次原理图的建立过程也不相同。下面来分别介绍这两种方法的具体实现。

1．自顶向下设计

自顶向下设计时，首先建立一张总图（Master Schematic）。在总图中，用方块电路代表它下一层的子系统图，接下来就是按顺序将每个方块对应的子图逐步地绘制出来。这样逐步细化，直至完成整个电路的设计。

建立总图是这种方法的第一步工作。图 4-42 所示为一个总图的例子，这是一个电子钟设计的总图，用户将其分成 4 个模块，很清晰地表明了设计模块之间的相互关系及其工作原理。下面介绍层次原理总图的设计过程。

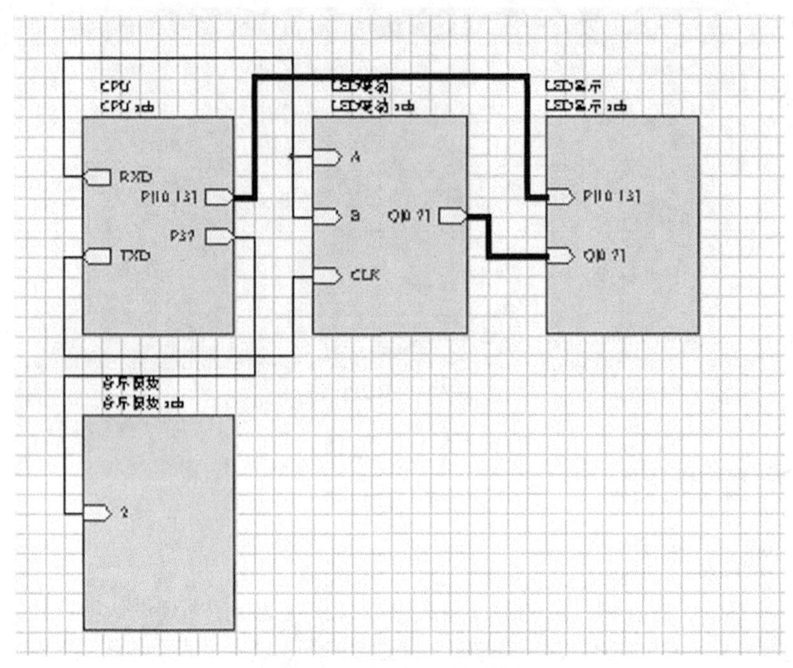

图 4-42　层次原理图总图

① 在 Protel 99 SE 中建立一个设计数据库。

② 执行菜单命令【File】/【New】，出现选择文件类型的对话框，单击【Schematic Document】图标，选中原理图编辑器图标，单击【OK】按钮或双击该图标即可完成新的原理图文件的创建。

③ 在设计管理器窗口为项目浏览器（Explore）标签状态下，单击原理图文件名或双击工作窗口中的原理图文件图标即可启动原理图编辑器。确认画原理图工具栏（Wiring Tools）处于打开状态，否则可按前面章节介绍的步骤激活它。

④ 单击画原理图工具栏（Wiring Tools）中的▨按钮或执行菜单命令【Place】/【Sheet symbol】，开始绘制方块电路。

⑤ 将鼠标移到原理图上，这时光标变成十字形状，十字右下角有一个默认大小的方块电路，如图 4-43 所示。移动光标的位置，会发现方块电路会随着光标的移动而移动。

⑥ 双击鼠标左键，方块电路就会放置在当前的位置上。当然，用户很可能对默认方块电路的大小不满意。其实可以先单击鼠标左键，这时方块电路的左上角位置就确定了，接着移动鼠标，会发现方块电路的大小随着光标的移动而改变，调整到用户满意的大小，再单击鼠标左键，一个方块电路就放置好了。这时，方块电路的许多参数都是默认设置的，将它们按照设计要求指定好，这一步骤是必须的。

⑦ 用鼠标双击刚刚放置好的方块电路，弹出如图 4-44 所示的对话框。其中【X-Location】选项和【Y-Location】选项决定了方块电路的位置，一般不必修改。【X-Size】和【Y-Size】决定了方块电路的大小，如果用户有特殊的要求，可以按照自己的意愿进行修改。下面的几个选项涉及方块电路的外观，包括边界形式、边界颜色和填充颜色，可以自己根据要求修改。【Filename】选项要确定该方块电路所代表的下层原理图的文件名。

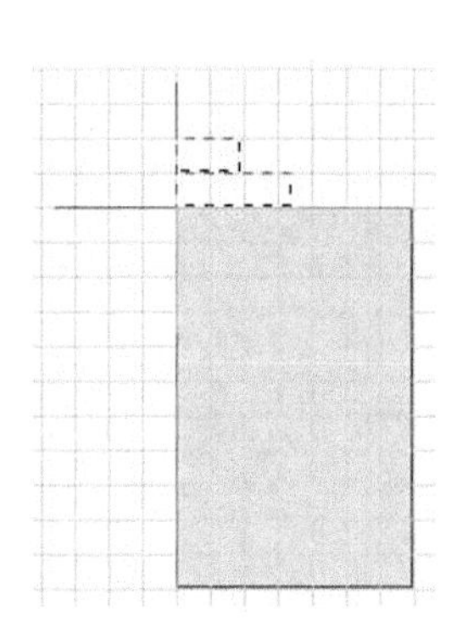

图 4-43　放置方块电路图

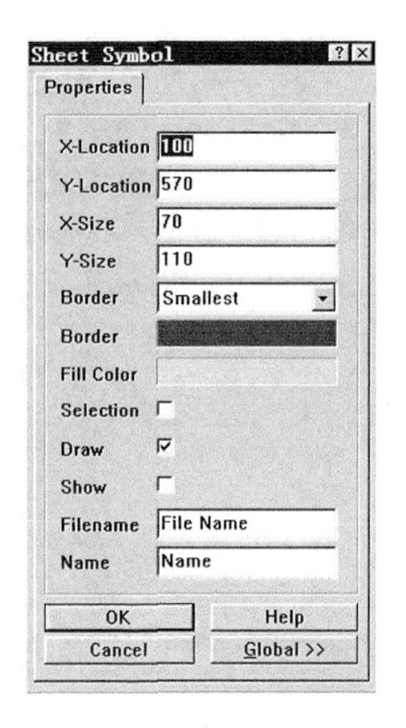

图 4-44　方块电路图属性设置对话框

⑧ 在文本框中输入“CPU.sch”。【Name】选项代表了该方块电路的名字。在【Name】文本框中输入“CPU”。设置结束后单击【OK】按钮确认，这时方块电路将变成如图 4-45 所示的样子。绘制完方块电路后，用户可能对方块电路的文字标注不满意，如字型大小、字的颜色等，这时可以放大画面。

⑨ 将光标移到该文字标注处，然后双击鼠标左键，这时弹出设置方块电路文字属性对话框，如图 4-46 所示。各项功能介绍如下。

图 4-45　方块电路图

- 【Name】选项代表了文字标注的内容。
- 【X-Location】和【Y-Location】选项表示文字标注所在的位置。
- 【Orientation】选项表示了文字标注排布的方向，在下拉式列表框中，共有 0 Degrees、90 Degrees、180 Degrees、270 Degrees 4 种选项，选中其中一项后，文字排布的方向就会发生相应的变化。
- 【Color】选项代表文字的颜色，双击后面的长方形色框，就会弹出图 4-47 所示的颜色选择对话框。颜色的选择很直观，只要在喜欢的色条上单击鼠标，然后单击【OK】按钮确认即可。当然，也可以单击【Define Custom Colors…】按钮设置自定义的颜色。

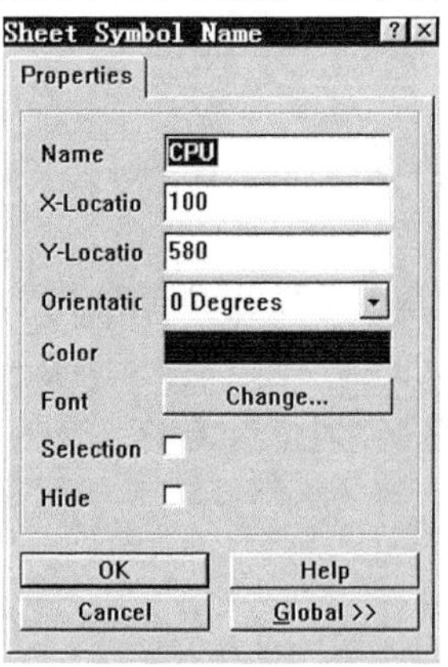

图 4-46　方块电路图文字属性设置对话框

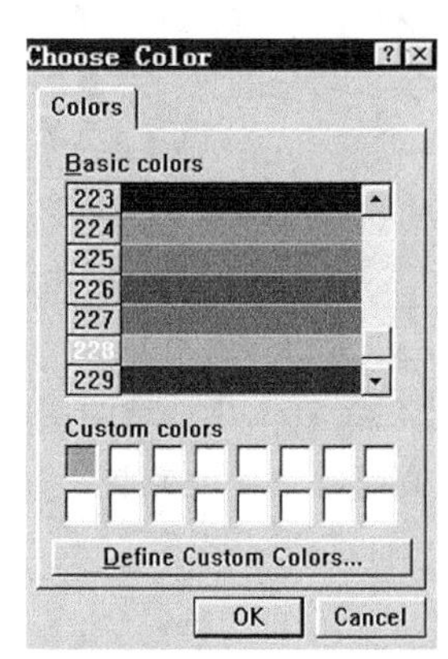

图 4-47　方块电路图文字颜色设置对话框

⑩ 回到文字属性对话框中，【Font】选项用于设置文字的字体，单击【Change…】按钮，弹出设置字体的对话框，如图 4-48 所示。这是一个标准的 Windows 对话框，用户可以根据自己的需要设置文字的字体、样式、大小和效果，最后单击【确定】按钮完成设置。【Selection】选项代表文字标注的选择状态，单击右边的复选框使之有效，则该文字标注就处于选中状态。【Hide】选项选中后文字标注将隐藏起来不显示。

⑪ 用同样的方法完成其他方块电路的绘制，单击鼠标右键或按【Esc】键退出该命令状态，结果如图 4-49 所示。

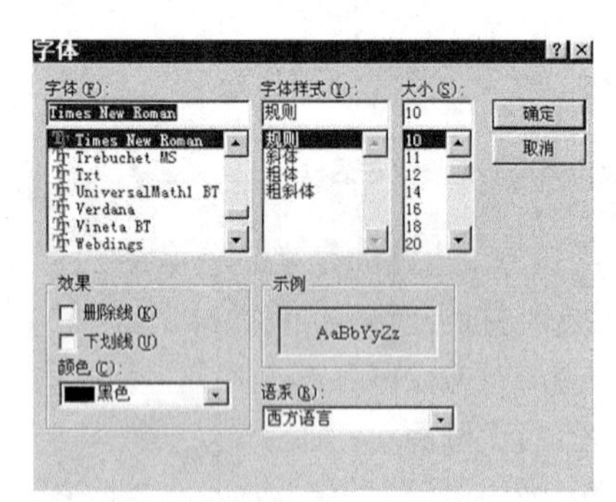

图 4-48　方块电路图文字字体设置对话框

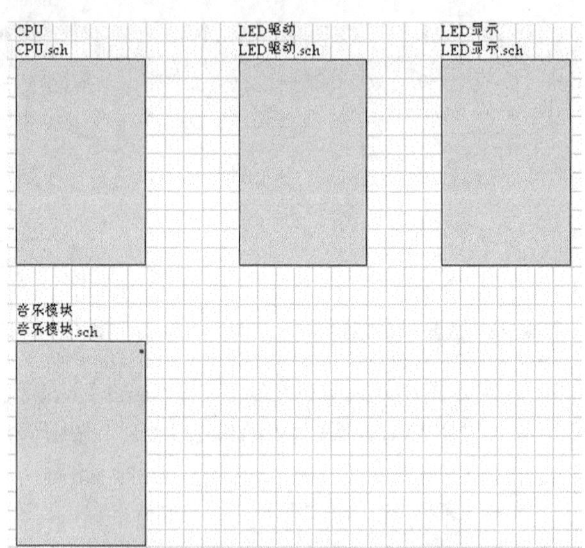

图 4-49　放置完电路图中的各个方块电路

实际上，通常的做法是先放置好所有的方块电路，然后进行参数修改。这种做法的一个明显好处是，当放置完一个方块电路后，只要用户不单击鼠标右键或按【Esc】键，则程序仍处于放置方块电路的命令状态，这样用户就可以一个个地放置好方块电路。特别是用户希望多个方块电路具有相同大小时，只要用先后两次单击鼠标的方法放置好第一个，其他方块电路只要双击鼠标即可完成放置，这是因为方块电路的默认大小总与刚刚画完的那一个标尺一致。

⑫ 单击画原理图工具栏上的放置方块电路端口的按钮或执行菜单命令【Place】/【Add Sheet Entry】，执行放置方块电路端口的命令，这时鼠标光标变为十字形状。

⑬ 将光标移到“CPU”方块电路中，单击鼠标左键，这时十字光标上将叠加一个方块电路端口的形状，它会同光标一起移动，如图 4-50 所示。

⑭ 在此状态下，按【Tab】键弹出方块电路端口属性设置对话框，如图 4-51 所示。

【Name】选项代表了方块电路端口的名称，将其改为“P13”。

【I/O Type】选项决定方块电路端口的输入/输出类型。单击该项右侧的按钮，此时上图变成如图 4-52 所示。

⑮ 在【I/O Type】选项中选中【Output】，将该方块电路端口设置为输出端口。输入 / 输出端口选项共有以下 4 种类型。

- Unspecified：不指定。

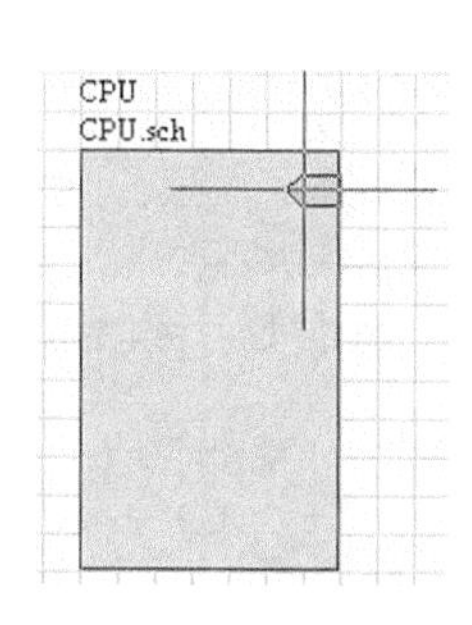

图 4-50 放置端口

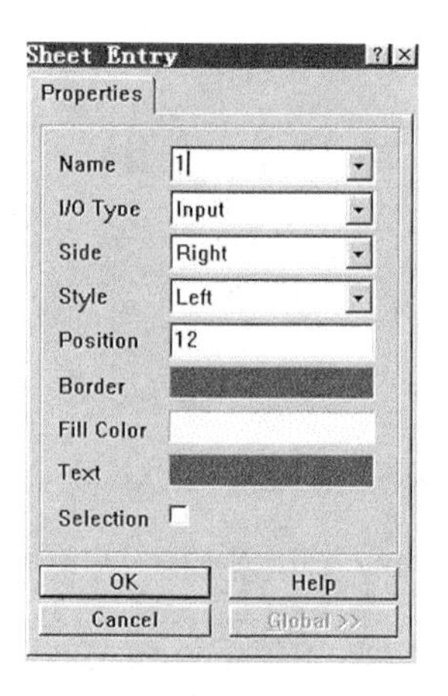

图 4-51 端口属性设置对话框

- Output：输出。
- Input：输入。
- Bidirectional：双向。

⑯【Side】选项决定了该方块电路端口是放置在方块电路的左端还是右端，上端还是下端。单击该项右侧的▼按钮，此时对话框变成如图 4-53 所示。

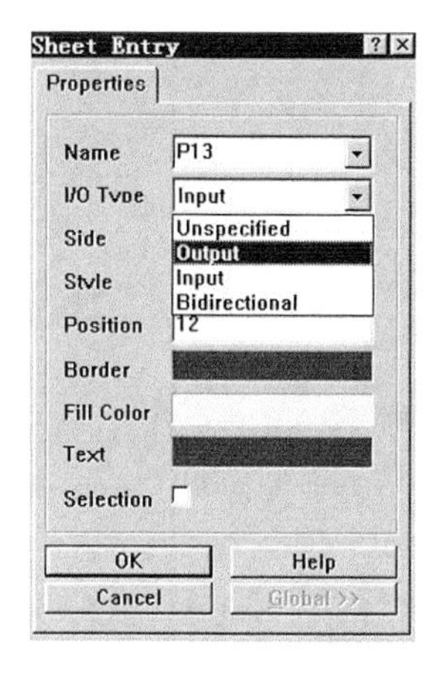

图 4-52 端口输入 / 输出类型设置

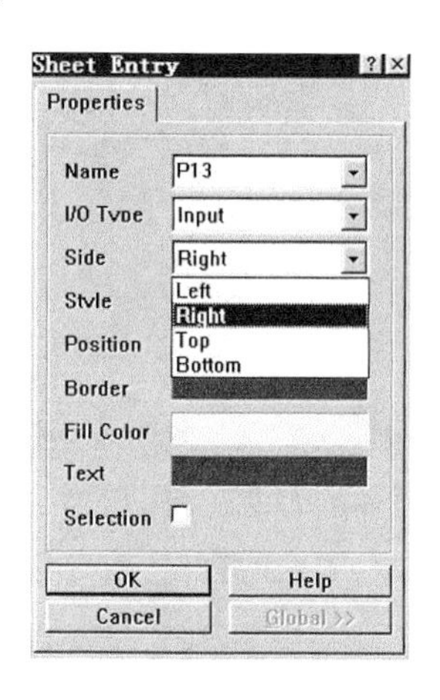

图 4-53 端口位置设置

⑰【Style】选项决定方块电路端口符号的形状。单击该项右侧的▼按钮，选择不同的选项时端口符号的尖端方向会发生变化，在这里将其设为“Right”。通常将端口的尖端与信号传输方向相一致，这样一来，直观明了，非常容易读图。

⑱【Position】选项给出端口纵向位置。这两项会随着鼠标移动改变，可不作修改。【Border】、【Fill Color】、【Text】3 个选项分别用于设置方块电路端口的边界、内部填充及文字标注的颜色，修改方法与前面介绍的一致。【Selection】选项表示该端口是否选中。设置结束后，单击【OK】按钮确认。

⑲ 移动鼠标，将方块电路端口移到如图 4-54 所示的位置，单击鼠标左键将其定位。这样第一个方块电路端口就完成了。

⑳ 这时程序仍然处于放置方块电路端口的命令状态，用同样的方法把该方块电路的其他端口放置好，如图 4-55 所示。之后单击鼠标右键或按【Esc】键退出命令状态。

图 4-54　放置完一个端口　　　　图 4-55　完成后的 CPU 方块电路图

㉑ 用同样的方法将所有的方块电路和方块电路端口放好，如图 4-56 所示。

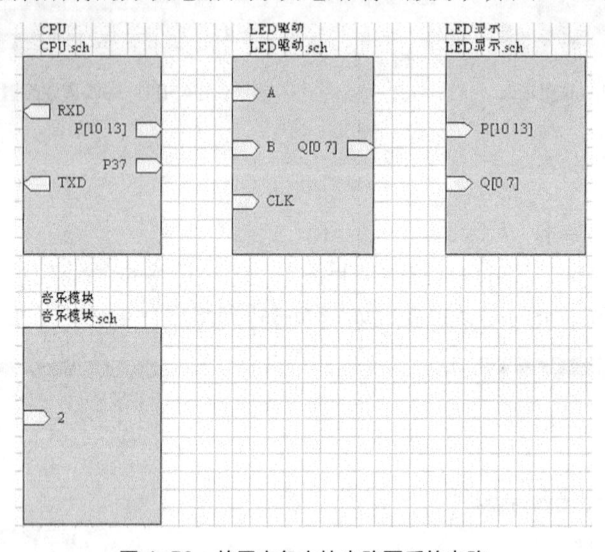

图 4-56　放置完各方块电路图后的电路

㉒ 如图 4-57 所示，将具有电气连接关系的方块电路端口用导线或总线连接起来，也就是绘制导线。具体的方法在前面的章节中已经介绍过，这里就不再详细说明了。

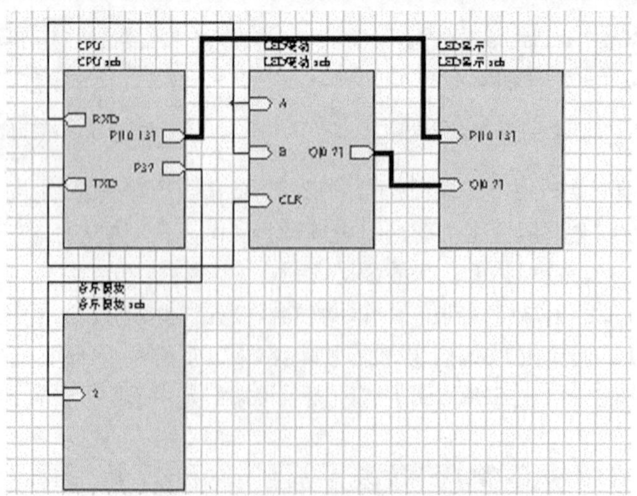

图 4-57　在各方块电路图之间放置连接导线

通过上面的操作，已经成功地完成了一张层次式原理图的总图。下面的工作就是把总图中的每一个方块电路对应的层次原理图子图绘制出来。如果子图中再没有方块电路，那么它就是一张普通的原理图。层次原理图子图要想与总图发生联系就是要靠 I/O 端口了。子图的 I/O 端口要与代表它的方块电路端口相对应，这样才能实现正确的关联。

下面介绍“CPU”子图的产生过程。

① 执行菜单命令【Design】/【Create Sheet From Symbol】，如图 4-58 所示。

② 这时光标变成十字形状，将其移到“CPU”上，如图 4-59 所示。

图 4-58 生成方块电路图对应子图菜单

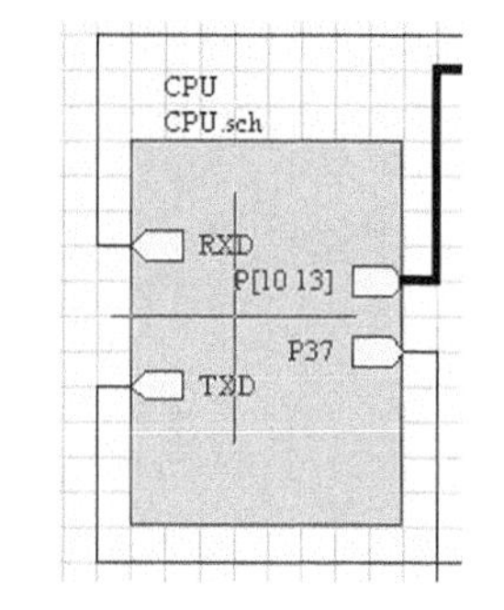

图 4-59 选择关联的方块电路图

③ 单击产生如图 4-60 所示的转换端口输入 / 输出方向的对话框。

当单击对话框中的【Yes】按钮时，新产生的原理图中 I/O 端口的输入 / 输出方向将与该方块电路的相应端口相反，即输出变成输入，输入变成输出。当单击【No】按钮时，新产生的原理图中 I/O 端口的输入 / 输出方向将与该方块电路的相应端口相同。

④ 单击【No】按钮，这时系统会自动产生一个名为“CPU”的原理图文件（与在设置该方块电路属性时所起的方块电路文件名一致）。这个新文件已经布好了与方块电路相对应的 I/O 端口，这些端口与响应方块电路端口具有相同的名称和输入 / 输出方向，如图 4-61 所示。

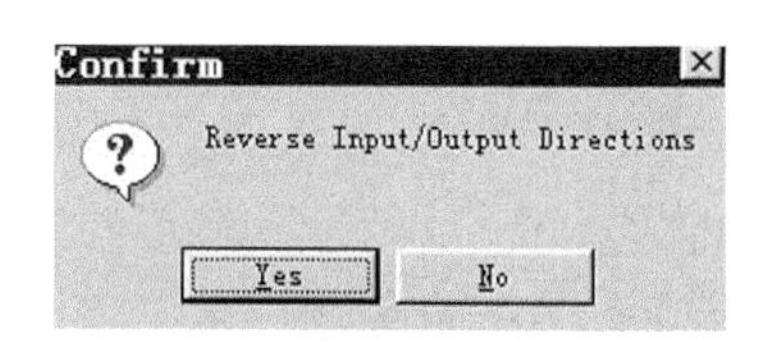

图 4-60 转换端口输入 / 输出方向对话框

图 4-61 生成与方块电路图同名的原理图文件

至此，已经产生了一张原理图子图，用这种方法代替手工产生子图，可以大大提高绘图效率，因为所有需要的 I/O 端口都是由系统自动画出。下面的工作就是继续添加元件、连线，将这张图完成。

用同样的方法将所有的方块电路全部细化，则整个层次原理图就完成了。对于本例中的两张层次原理图，可以参考前面的细化原理图。

2．自底向上设计

在设计层次原理图时，可能会碰到这样的情况，就是在每个模块设计出来之前，并不清楚每个模块到底有哪些端口。这时如果还要用自顶向下的设计方法就显得力不从心了，因为没办法画出一张详尽的总图，所以这里要用即将介绍的自底向上设计的方法。

这种设计方法中，先设计出下层模块的原理图，再由这些原理图产生方块电路，进而产生上层原理图。这样层层向上组织，最后生成总图。

下面就以上面的设计项目为例讲讲这种方法的具体操作过程。需要指出的是本节和上节所介绍的两种方法虽然过程相反，但在具体操作时仍有许多相同之处。只是对设计方法中的特殊之处加以介绍。下面介绍具体的步骤。

① 绘制好底层模块，把需要与其他模块相连的端口用 I/O 端口的形式画出，即绘制好 4 张层次原理子图“CPU.sch”、“LED 驱动.sch”、“LED 显示.sch”和“音乐模块.sch”。

② 在设计数据库中建立一个新的原理图文件，双击这个文件的图标使之处于打开状态。

③ 执行菜单命令【Design】/【Create Symbol From Sheet】，这时弹出如图 4-62 所示的对话框，将光标移到文件名“CPU.sch”处，单击鼠标使之处于高亮度状态，然后单击【OK】按钮确认，这时系统会自动产生代表该原理图的方块电路。

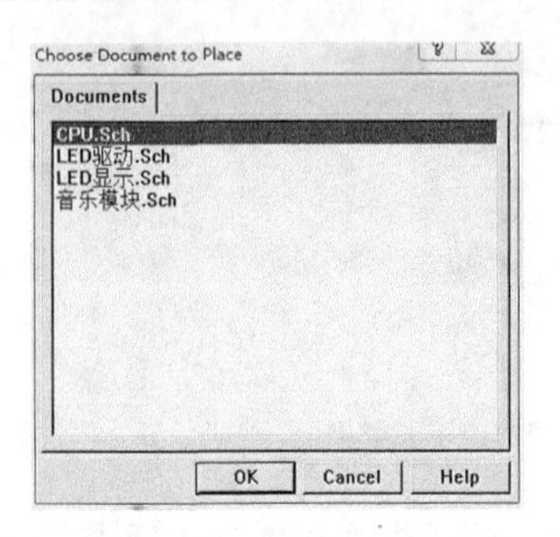

图 4-62　从原理图创建方块电路图窗口

④ 接下来，程序同样会产生如图 4-63 所示的对话框，其意义与前面介绍的一样。单击【No】按钮继续。此时产生的方块电路符号将出现在光标上，如图 4-64 所示。

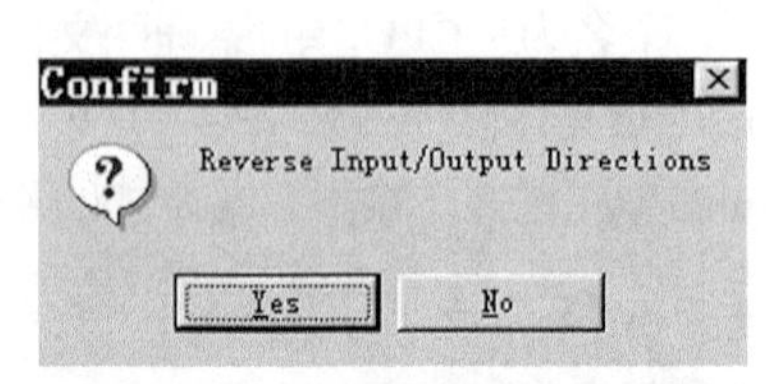

图 4-63　转换端口输入 / 输出方向对话框

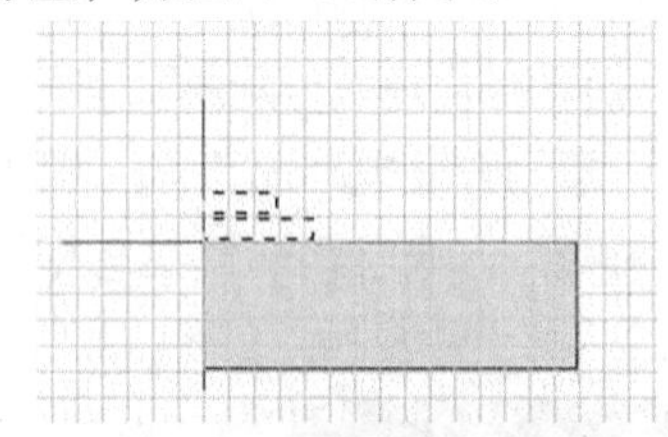

图 4-64　放置方块电路图

⑤ 将光标移到适当的位置，单击鼠标左键，就可将方块电路放置在原理图上。这时方块电路的大小、名称等属性都是默认状态，用户可以按照上面介绍的方法进行修改。这时方块电路如图 4-65 所示。可以看出系统已经将原理图的 I/O 端口相应的转化成方块电路的端口了，这给绘制上层原理图带来了方便。

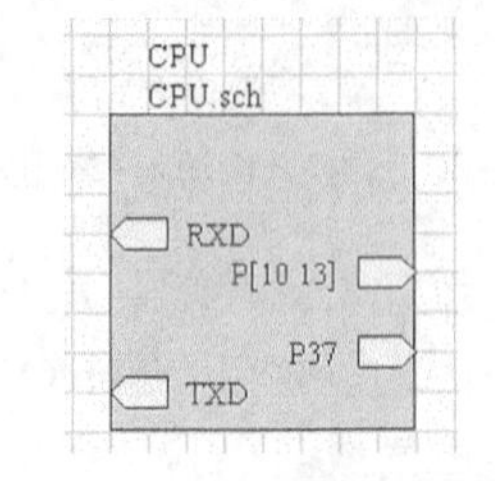

图 4-65　完成后的方块电路图

⑥ 用同样的方法绘制另外几个方块电路，然后将方块电路之间有电气连接关系的端口用导线或总线连接起来，就得到了总图。待总图画好后，自底向上的设计过程即告结束。

3．层次原理图之间的切换

当进行较大规模的原理图设计时，所需的层次原理图张数是非常多的，用户常常需要在多张原理图之间进行切换，Protel 99 SE 的层次之间的切换也是相当方便的。

对于简单的层次原理图可以用鼠标双击项目管理器中相应的图标即可切换到对应的原理图上，而遇到更多的情况是在很复杂的层次原理图中进行切换，如想从总图切换到它上面某一方块图对应的子图上，或者要从某一层次原理图切换到它的上层原理图上。下面就介绍实现这种切换的方法。这里还是以前面的例子为例，从总图切换到“CPU”方块电路对应的子图具体的实现步骤如下。

① 执行菜单命令【Tools】/【Up/Down Hierarchy】或单击工具栏上的⇩⇧按钮。

② 执行命令后，鼠标光标变成十字形状，将其移到总图的“CPU”方块电路上，单击或按回车键，就可切换到它所对应的原理图“CPU”上了。

由“CPU”切换到总图上的实现步骤如下。

① 执行菜单命令【Tools】/【Up/Down Hierarchy】或单击工具栏上的⇩⇧按钮。

② 光标变成十字形状后，移动光标到原理图“CPU”的某个I/O端口上，单击鼠标左键。这时程序会切换到总图上，而且光标会停在与刚刚单击的I/O端口对应的方块电路上。

③ 此时，程序仍然处于切换命令的状态，单击鼠标右键即可退出切换命令的状态。

关于层次图的一些网络标号等，这里就不再详细说明了。另外，在前面的章节中，介绍了原理图生成的一系列的文件等，在这里也不再作详细说明了，用户可以根据自己的要求对照前面的内容作相应的调整。

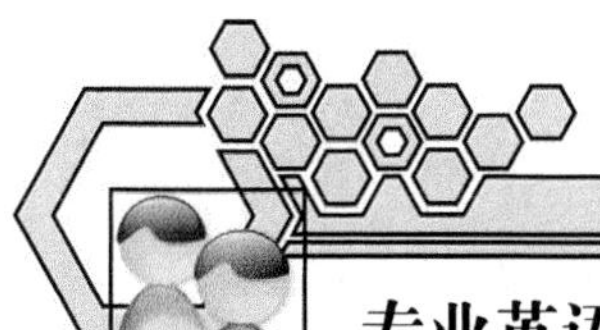

专业英语词汇

专业英语词汇	行 业 术 语
Radius	半径
CPU (Central Processing Unit)	中央处理器
Hierarchy	层级
CAM (Computer Aided Manufacturing)	计算机辅助制造
PCB (Printed Circuit Board)	印制电路板
ERC (Electric Rule Check)	电气规则检测
Text Frame	文本框
DRC (Design Rule Check)	设计规则检查

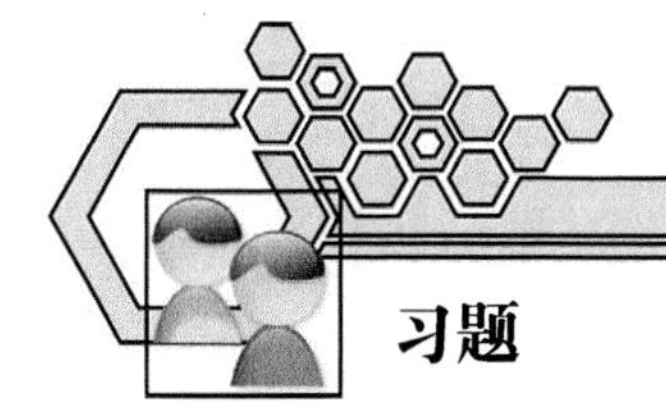

习题

一、填空题

1. 层次原理图中的方块图有__________和__________两个名字。

2. 在层次电路设计中，把整个电路系统视为一个设计项目，并以________作为项目文件的扩展名。

3. Protel 99 SE编辑电原理图时，将电源、地线视为一个元件，通过_________来进行区分，即使电源、地线符号不同，但只要它们的__________相同，也将其视为相连。一般，电源的网络标号定义为________，地线的网络标号定义为_______。

二、选择题

1. 在原理图中，每单击（　　）一次使元件逆时针旋转 90°。

A.【Space】键　　B.【X】键　　C.【Y】键　　D.【W】键

2. SCH 系统画一条导线最少单击鼠标（　　）次。

A. 4　　B. 1　　C. 2　　D. 3

三、简答题

1. 在原理图上绘制图形的工具有哪些?

2. 如果想在原理图上注明该电路检测步骤和注意事项，应选择什么工具？如果想给原理图某个元件的功能作简要说明，是添加文字标注，还是添加文本框?

3. 如何向原理图中添加图片?

4. 试简述元件列表、引脚列表的作用。

5. 根据本章的实例，试生成一张网络表文件。

6. 如何进行电气检测？又如何避免电气检测?

7. 如果想打印出一张比例为 80%的原理图该如何设置?

8. 一般层次原理图的设计方法有哪些?

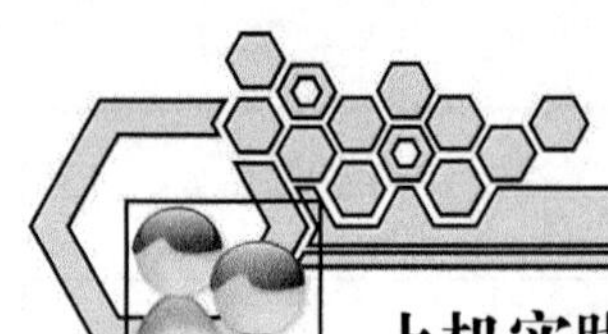

上机实践

绘制如图 4-67 所示的层次电路图，该层次电路图中包含 CPU、D/A、A/D、信号处理、通信等模块，其中的 CPU 模块子图如图 2-56 所示，D/A 模块子图如图 2-57 所示，信号处理子图如图 2-55 所示，通信模块子图及 A/D 模块子图如图 4-66、图 4-68 所示。

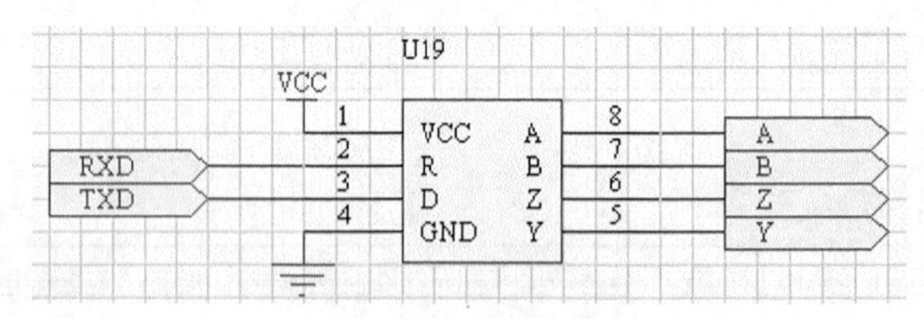

图 4-66　通信模块子图

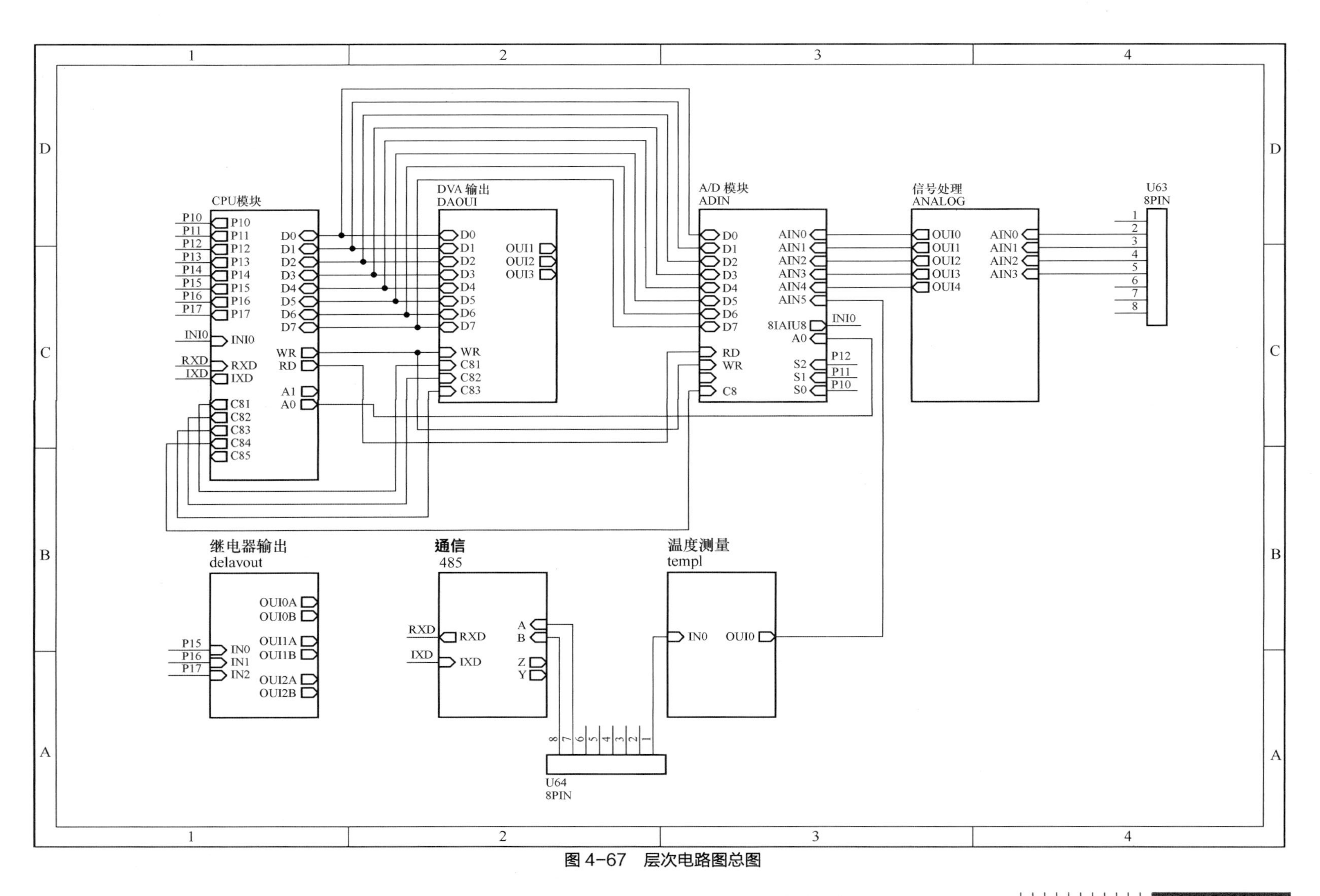

图 4-67 层次电路图总图

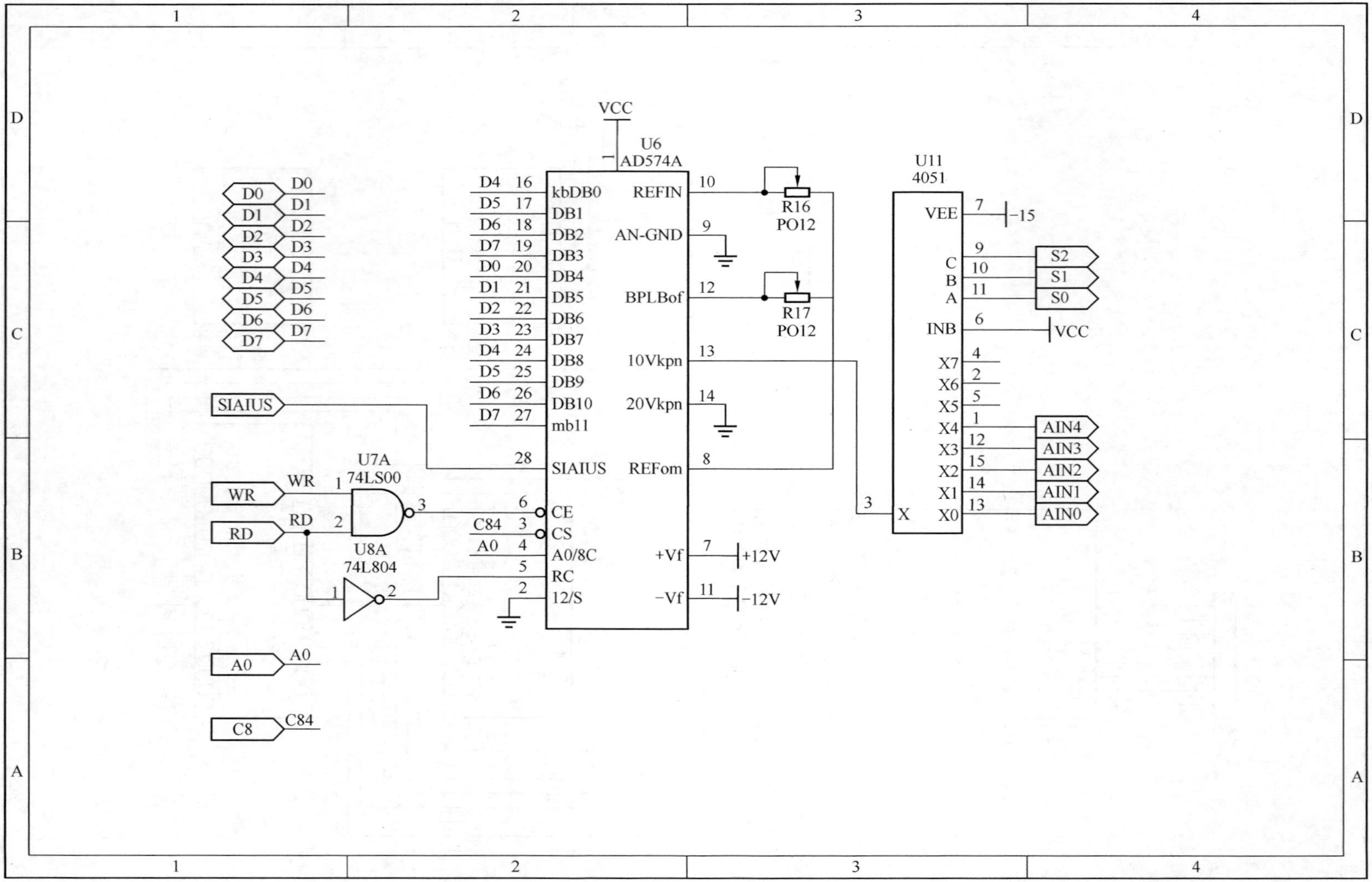

U6
AD574A
VCC
kbDB0
DB1
DB2
DB3
DB4
DB5
DB6
DB7
DB8
DB9
DB10
mb11
SIAIUS
CE
CS
A0/8C
RC
12/S
REFIN
AN-GND
BPLBof
10Vkpn
20Vkpn
REFom
+Vf
−Vf
R16
PO12
R17
PO12
+12V
−12V
U11
4051
VEE
−15
C
B
A
INB
X7
X6
X5
X4
X3
X2
X1
X0
X
S2
S1
S0
AIN4
AIN3
AIN2
AIN1
AIN0
U7A
74LS00
U8A
74L804
WR
RD
A0
C8
C84
D0
D1
D2
D3
D4
D5
D6
D7

图 4-68　A／D 模块子图

PART 5

第 5 章 印制电路板的设计

在前面的章节中，已经对原理图的绘制及原理图元件的创建等方面的内容进行了详细介绍。设计好原理图就为设计印制电路板提供了基础。从本章开始，将介绍印制电路板设计系统，学习印制电路板的设计方法。只有掌握了印制电路板设计系统，才能真正进行实际电路板的设计工作。

本章主要以电子钟 PCB 的设计为例，介绍印制电路板设计的基础知识，内容包括印制电路板的设计步骤、设置电路板工作层面、工作参数设置、自动布线、PCB 的打印输出等，为印制电路板的制作打下基础。

5.1 印制电路板的设计步骤

设计印制电路板的大致步骤可以用如图 5-1 所示的流程图来表示，具体可以按照如下的步骤完成原理图的设计工作。

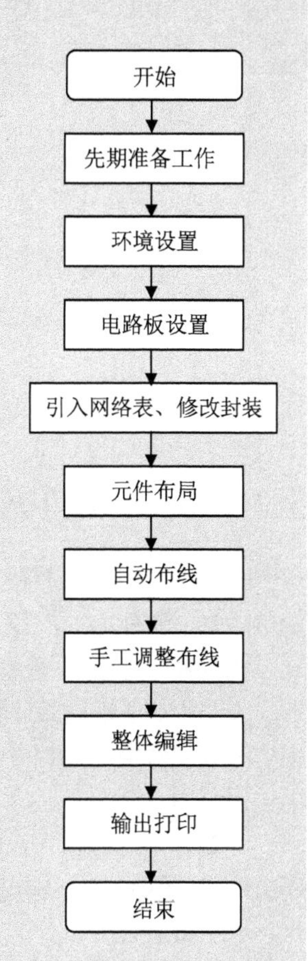

图 5-1 印制电路板的设计步骤

① 首先进行印制电路板设计的先期工作，包括如下内容：利用一个原理图设计软件绘制原理图，然后生成网络表。当然，如果是一个非常简单的电路图，可以直接进行印制电路板的设计。

② 进入印制电路板设计系统，根据个人的喜好和工作习惯，设置好印制电路板设计系统的环境参数，如格点的大小和类型、光标的大小和类型。一般来说可以采用系统默认值，而且这些参数一旦修改好后，不用每次都去修改。

③ 设置电路板的有关参数，如电路板的大小、电路板的层数等。

④ 引入前面生成的网络表，并且要对网络表引入过程中的错误进行查找和修正。特别需要注意的是，在电路原理图设计的时候，一般不涉及元件的封装问题，但进行印制电路板的设计的时候，元件的封装是必不可少的。在引入网络表的时候，必须根据实际情况指定或修改元件的封装。

⑤ 布置各元件封装的位置。这里可以利用系统的自动布局功能，但自动布局功能并不完善，需要进行手工调整各个元件的位置。

⑥ 进行自动布线。Protel 99 SE 的自动布线功能比较完善（当

然在进行自动布线之前，要进行必要的布线规则设置），一般的电路图都是可以布线的。但有些线的布置不太令人满意，还需要进行手工调整。

⑦ 手工调整完毕后，整个 PCB 图的设计就基本上完成了，但是考虑到整体的美观，还要进行整体的编辑。

⑧ 打印输出。

5.2　创建 PCB 图文件

新建一个 PCB 图文件可以进入设计文件夹【Document】，执行菜单命令【File】/【New】或在工作区内单击鼠标右键，选择【New】选项，会弹出如图 5-2 所示的选择文件类型对话框。

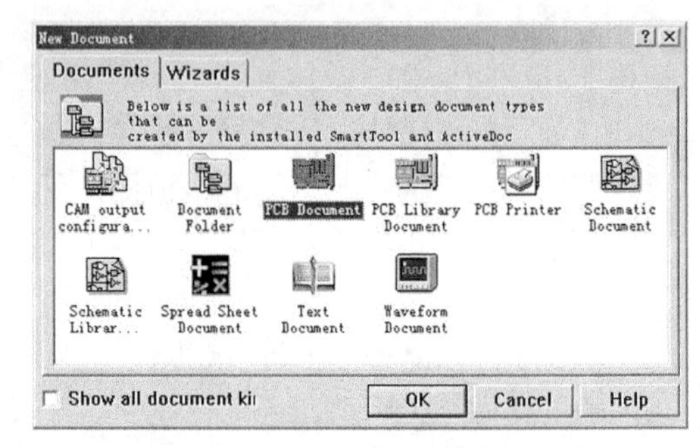

图 5-2　选择文件类型对话框

双击该对话框中的【PCB Document】图标，即可创建一个新的印制板电路图文件，默认的文件名为“PCB1.PCB”。在工作窗口中单击该文件的图标，或在设计浏览器中双击该文件的文件名，即可进入如图 5-3 所示的 PCB 图编辑器。

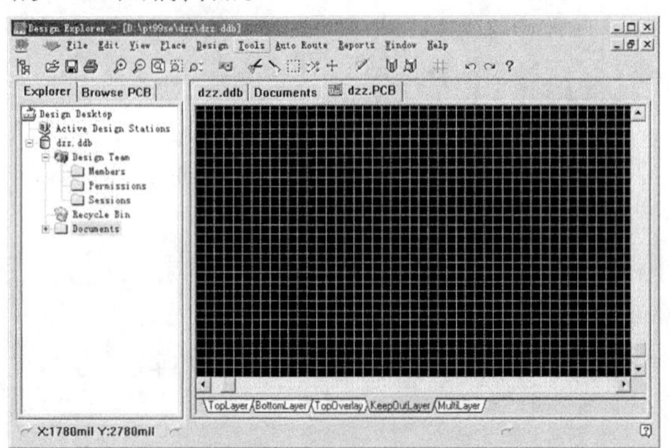

图 5-3　PCB 图编辑器

5.3　装载元件库

有了相应的原理图和 PCB 图编辑器后，就要开始对 PCB 的制作做一些准备工作了。下面要讲的就是元件库的问题。

准备好原理图后，在创建的 PCB 图中要有相应的元件与之对应才能满足元件的相应的封装形式的调用。要根据原理图所包含的元件所对应的封装形式，看看在 PCB 图中哪些文件中具备相应的形式，将这些相应的元件库文件装入，以便后面进行调用。

下面介绍如何装入元件库文件。在讲原理图的绘制之前，也涉及元件库文件的装入问题，这里的方法其实是类似的。在编辑印制电路板文件的状态下，将左边的设计浏览器切换到印制电路板管理器界面。在浏览器的组合框中，选择库【Libraries】，如图 5-4 所示。单击【Add / Remove】按

图 5-4　装载元件库

钮，将出现如图 5-5 所示的对话框。

这里所需要的文件安装在目录 C:\Program Files\Design Explorer 99 SE\ Library\ Pcb\Generic FootPrints 下。在文件库中，选择自己所需要的文件，双击或单击该文件名后单击【Add】按钮，即可成功地引入所需文件了。选择列表框将会变成如图 5-6 所示的情形，单击【OK】按钮，即可完成引入元件封装库的工作。

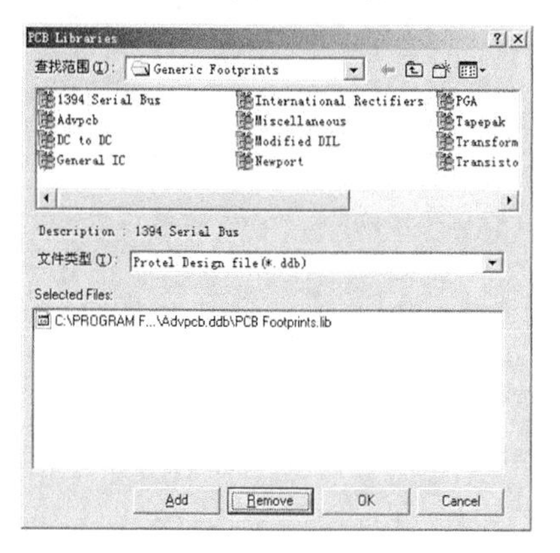

图 5-5　元件库管理对话框

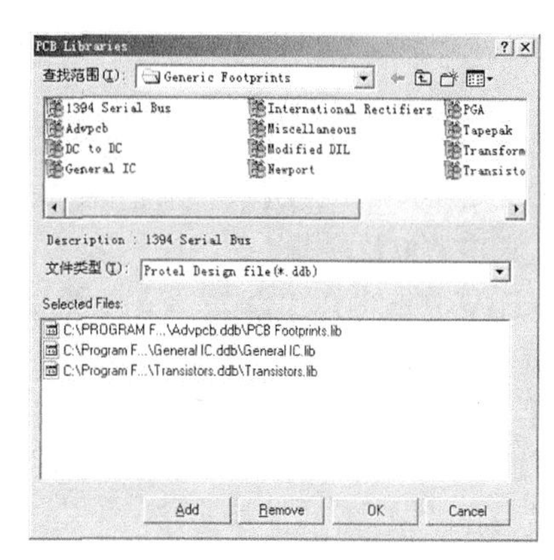

图 5-6　添加元件库

5.4　设置电路板工作层面

印制电路板是由一系列层状结构构成的。不同的电路板具有不同的工作层面。一般的电路板有单面板、双面板和多层板 3 种。单面板并不意味着电路板只有一个工作层面，同样双面板也并不是说电路板只有两个工作层面。下面先介绍电路板的结构及有关的基本概念，再介绍电路板工作层面的设置。

5.4.1　有关电路板的几个基本概念

1．铜膜线

铜膜线简称导线，是敷铜经腐蚀后形成的用于连接各个焊点的导线。印刷电路板的设计都是围绕如何布置导线来完成的。

2．飞线

飞线用来表示连接关系的线。它只表示焊盘之间有连接关系，是一种形式上的连接，并不具备实质性的电气连接关系。飞线在手工布线时可起引导作用，从而方便手工布线。飞线是在引入网络表后生成的，而飞线所指的焊盘间一旦完成实质性的电气连接，则飞线自动消失。当同一网络中，部分电气连接断开导致网络不能完全连通时，系统就又会自动产生飞线提示电路不通。利用飞线的这一特点，可以根据电路板中有无飞线来大致判断电路板是否已完成布线。

3．焊盘、过孔

焊盘（Pad）的作用是放置、连接导线和元件引脚。过孔（Via）的主要作用是实现不同板层间的电气连接。过孔主要有以下 3 种。

- 穿透式过孔（Through）：从顶层一直打到底层的过孔。
- 半盲孔（Blind）：从顶层通到某个中间层的过孔，或者是从某个中间层通到底层的过孔。
- 盲孔（Buried）：只在中间层之间导通，而没有穿透到顶层或底层的过孔。

4．单面板

单面板是电路板一面敷铜，另一面没有敷铜，敷铜的一面用来布线及焊接，另一面放置元件。单面板成本低，但只适用于比较简单的电路设计。

5．双面板

双面板是电路板的两面都敷铜，两面都可以布线和放置元件，顶面和底面之间的电气连接是靠过孔实现的。由于两面都可以布线，所以双面板适合设计比较复杂的电路，应用也较为广泛。

6．多层板

多层板不但可以在电路板的顶层和底层布线，还可以在顶层和底层之间设置多个可以布线的中间工作层面。用多层板可以设计更加复杂的电路。

7．长度单位及换算

Protel 99 SE 的 PCB 编辑器支持英制（mil）和公制（mm）两种长度计量单位。它们的换算关系是：100mil=2.54mm（其中 1000mil=1in）。

执行菜单命令【View】/【Toggle Units】就能实现这两种单位之间的相互转换，也可以按快捷键【Q】进行转换。转换后，工作区坐标的单位和其他长度信息的单位都会转换为 mm（或 mil）。

8．安全间距

进行印制电路板的设计时，为了避免导线、过孔、焊点及元件的相互干扰，必须使它们之间留出一定的距离，这个距离称之为安全间距（Clearance）。

5.4.2　工作层面的类型

Protel 99 SE 提供了若干不同类型的工作层面，包括信号层（Signal layers）、内部电源 / 接地层（Internal plane layers）、机械层（Mechanical layers）、阻焊层（Solder mask layers）、锡膏防护层（Paste mask layers）、丝印层（Silk screen layers）、钻孔位置层（Drill Layers）和其他工作层面（Others）。下面介绍各工作层面的功能。

1．信号层

信号层（Signal layers）主要是用来放置元件（顶层和底层）和导线的。Protel 99 SE 提供了 32 个信号层，包括 TopLayer（顶层）、BottomLayer（底层）和 30 个 MidLayer（中间层）。信号层为正性，即放置在这些工作层面上的导线或其他对象代表了电路板上的敷铜区。

2．内部电源/接地层

内部电源 / 接地层（Internal plane layers）主要用来放置电源线和地线。Protel 99 SE 提供了 16 个内部电源 / 接地层。这些层面是负性的，即放置于这些工作层面上的元件和导线代表了电路板上的未敷铜区。

每个内部电源 / 接地层可以命名一个网络名称，PCB 编辑器会自动地将同一网络上的焊盘连接到该层上。Protel 99 SE 还允许将内部电源 / 接地层分割成几个子层，使每个电源 / 接地层可以有两个或两个以上的电源。

3．机械层

机械层（Mechanical layers）一般用于放置有关制板和装配方法的信息。如电路板的物理尺寸线、尺寸标记、数据资料、过孔信息和装配说明等。Protel 99 SE 提供了 16 个机械层。

4．阻焊层

阻焊层（Solder mask layers）有两个 Top Solder Mask（顶层阻焊层）和 Bottom Solder（底层阻焊层），用于在设计过程中匹配焊盘，并且是自动产生的。阻焊层是负性的，在该层上放置的焊盘或者其他对象是无铜区域。

5．锡膏防护层

锡膏防护层（Paste mask layers）的作用与阻焊层相似，但在使用“Hot Re-Flow（热对流）”技术安装 SMD 元件时，锡膏防护层用来建立阻焊层的丝印。该层也是负性的，放置在该层上的元件和焊盘代表电路板上未敷铜区。Protel 99 SE 提供了 TopPasteMask（顶层锡膏防护层）和 BottomPasteMask（底层锡膏防护层）两个锡膏防护层。

6．丝印层

丝印层（Silk screen layers）主要用于绘制元件的轮廓、放置元件的编号或其他文本信息。如在 PCB 板上放置元件时，该元件的编号和轮廓线自动地放置在丝印层上。丝印层有两层 Top Overlay（顶层丝印层）和 Bottom Overlay（底层丝印层）。

7．钻孔层

钻孔层（Drill layer）主要是为制造电路板提供钻孔信息，该层是自动计算的。Protel 99 SE 提供了 Drill Guide 和 Drill Drawing 两个钻孔层。

8．禁止布线层

禁止布线层（Keep Out Layer）是用于定义放置元件和布线区域的。一般在禁止布线层绘制一个封闭区域作为布线有效区。

9．多层

多层（Multi layers）代表信号层，任何放置在多层上的元件会自动添加到所在信号层上，因而可以通过多层，将焊盘或穿透式过孔快速地放置到所有的信号层上。

10．DRC 错误层

DRC 错误层（DRC Errors）用于显示违反设计规则检查的信息。该层处于关闭状态时，DRC 错误在工作区图面上不会显示出来，但在线式的设计规则检查功能仍然会起作用。

11．连接层

连接层（Connection）用于显示元件、焊盘和过孔等对象之间的电气连线。当该层处于关闭状态时，这些连线不会显示出来，但程序仍会分析其内部的连接关系。

5.4.3 设置工作层面

Protel 99 SE 提供了丰富多样的工作层面，但在一块电路板上真正存在的工作层并没有那么多，一些工作层在物理意义上是相互重叠的，而有些则是为了方便电路板的设计和制造而设置的。在设计的过程中往往只要打开需要的工作层面，而将其他的层面都关闭。因此，用户需要对工作层面进行相应的设置。

设置方法可以执行菜单命令【Design】/【Option】，出现【Document Option】对话框，选择其中的【Layers】标签即可进入工作层面设置对话框，如图 5-7 所示。

可以看到，在对话框中的每一个工作层面前面都有一个复选框，用户只需单击该复选框，使复选框中出现对号“✔”，即可打开该工作层面；否则，该工作层面处于关闭状态。单击对话框中的【All On】按钮，即可使 Protel 99 SE 所有的工作层面都处于打开状态；单击对话框中的【All Off】按钮，即可使所有的工作层面处于关闭状态；单击【Used On】按钮，即可使当前 PCB 文件中正在使用的工作层面都处于打开状态。

进入【Options】选项卡，如图 5-8 所示。在该选项卡中可对【Grids】（栅格）、【Electrical Grid】（电气栅格）、【Measurement】（计量单位）等选项进行设定。可以根据实际需要来对表格中的各项参数进行设置。

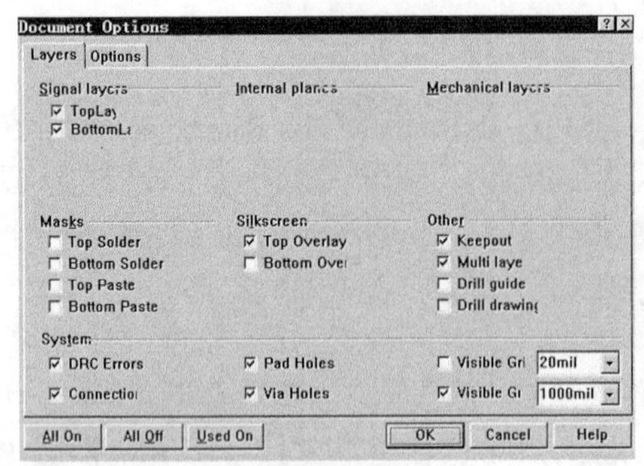

图 5-7　工作层面设置对话框

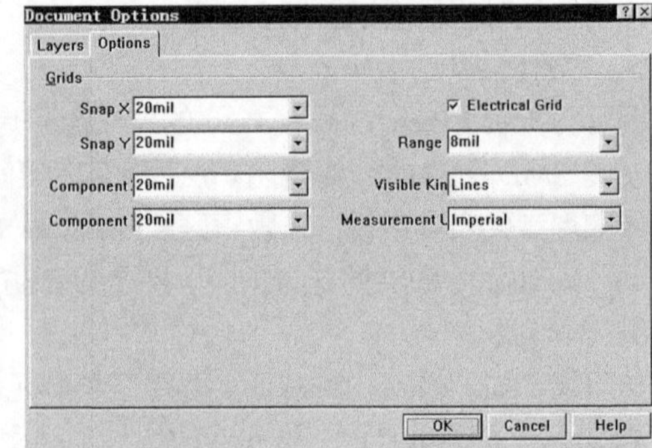

图 5-8　网格、电气栅格及计量单位设置对话框

从图 5-7 中看到，信号层只有两层，而内部电源 / 接地层和机械层都没有。Protel 99 SE 允许自定义信号层、内部电源 / 接地层和机械层的显示数目。要设置这些工作层面的显示数目，需经如下操作。

1．设置信号层和内部电源/接地层

执行菜单命令【Design】/【Layer Stack Manager】，在屏幕上弹出如图 5-9 所示的工作层面管理对话框。

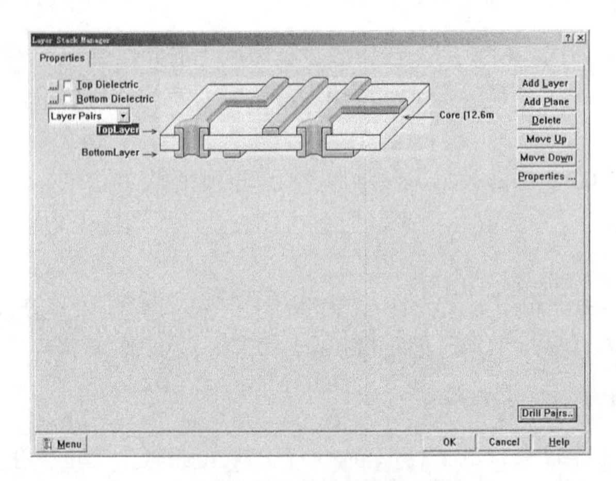

图 5-9　工作层面管理对话框

选中 TopLayer，单击右上角【Add Layer】按钮即可在信号层的顶层之下添加一个信号层的中间层。也可单击左下角的【Menu】按钮，弹出如图 5-10 所示的菜单。执行【Add Signal Layer】菜单命令，与前述功能一样——添加中间信号层。重复上述操作最多可添加 30 个中间信号层。

要删除中间层，先选中要删除的中间层，再单击如图 5-9 所示右上角的【Delete】按钮或执行如图 5-10 所示的菜单命令【Delete...】，即可实现删除中间层。【Move Up】和【Move Down】按钮是用来调节各工作层面间的上下关系的。

内部电源 / 接地层的增 / 删与此类似，通过单击【Add Plane】和【Delete】按钮或执行菜单命令【Add Internal Plane】和【Delete...】实现。内部电源 / 接地层最多可添加 16 个。

单击图 5-9 中的【Properties...】按钮，弹出工作层面属性编辑对话框，在其中可设置该工作层面的名称（Name）和敷铜厚度（Copper Thickness）。

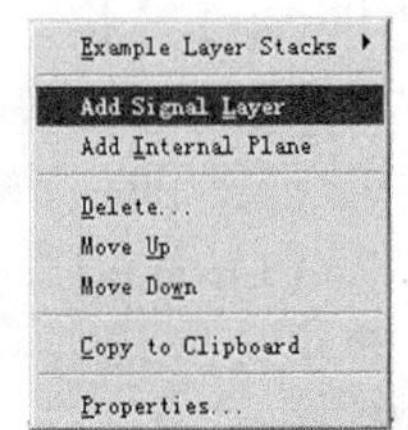

图 5-10　工作层面管理菜单

单击图 5-9 中的【Drill Pairs...】按钮，弹出钻孔层管理对话框，在其列表框中列出了已定义了的钻孔层的起始层面和终止层面，在该对话框中可以设置钻孔层的起始层面（Start Layer）和终止层面（Stop Layer）。

2. 设置 Mechanical Layers

执行菜单命令【Design】/【Mechanical Layers】，弹出如图 5-11 所示的机械层设置对话框，单击【Mechanical】复选框，可打开机械层，并可设置机械层名称等参数。

设置完信号层、内部电源 / 接地层和机械层后，设置工作层面对话框如图 5-12 所示。

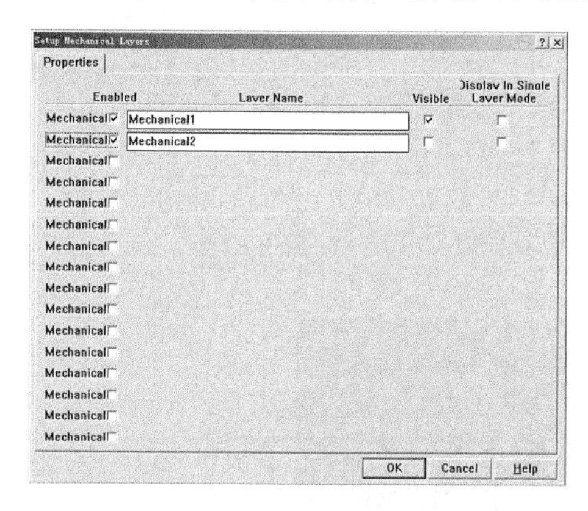

图 5-11 机械层设置对话框

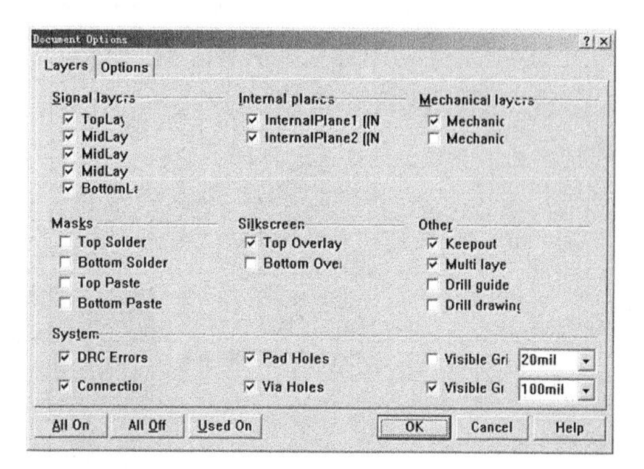

图 5-12 设置完信号层、内部电源 / 接地层和机械层后的设置工作层面对话框

5.5 规划电路板

在创建好 PCB 文件并启动 PCB 编辑器后，设计人员首先要对电路板进行规划。所谓规划电路板，就是根据电路的规模以及公司或制造商的要求，具体确定所需制作电路板的物理外形尺寸和电气边界。电路板规划的原则是在满足公司或制造商的要求的前提下，电路板尽量美观且便于后面的布线工作。

对于电路板规划的具体实现，可以首先设定当前的工作层面为【Keep Out Layer】。单击下方的【KeepOutLayer】标签即可将当前的工作层面切换到 Keep Out Layer 层面，如图 5-13 所示，在该层面上确定电路板的电气边界位置。

确定电路板的下边界，可以执行菜单命令【Place】/【Interactive Routing】或单击放置工具栏中的按钮，光标变成十字形状。当光标在工作区内移动时，状态栏中最左侧会显示光标当前所在位置的坐标，如图 5-14 所示。

图 5-13 工作层面设置标签　　图 5-14 状态栏光标位置信息

将光标移到坐标（100，100）处，单击确定下边界的起点，然后拖动光标至坐标（3000，100）处，再单击确定下边界的终点。这样，就确定了电路板下边界的长短和位置。

双击绘制好的下边界，即可弹出如图 5-15 所示的对话框。

在该对话框中，可对【Track】的线宽、层面等属性进行设定，从而进行精确定位，并设置所在工作层面和线宽。起点和终点坐标可以通过键盘由用户直接输入。

绘制完电路板的下边界后，程序仍然处于放置【Track】的命令状态中，按照上面的方法可以依次绘制出电路板的右边界、上边界和左边界。在这里值得注意的是，在确定其他 3 条边界线的终点时，需要单击两次来加以确定。

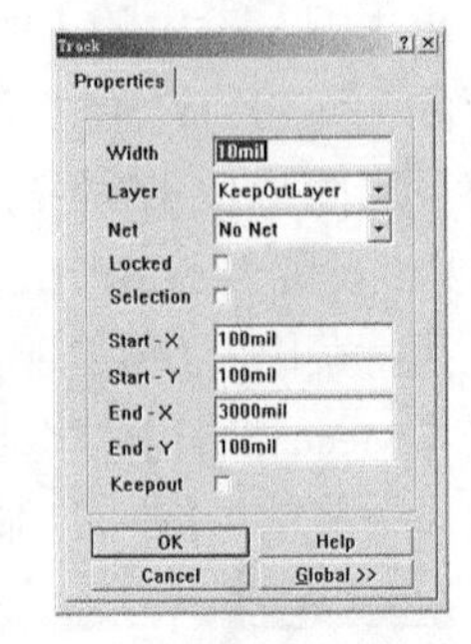

图 5-15　导线属性设置对话框

绘制完电路板的电气边界后，单击鼠标右键，即可退出画边界线的状态。这一层（Keep Out Layer）是禁止布线层，禁止布线层是 PCB 工作空间中一个用来确定有效的放置和布线区域的特殊工作层面。所有信号层的目标对象（如焊盘、过孔等）和走线将被限定在电气边界范围内。同样，还可以在禁止布线层的板边范围内，设定禁止放置和布线区域。

绘制好的电气边界如图 5-16 所示。

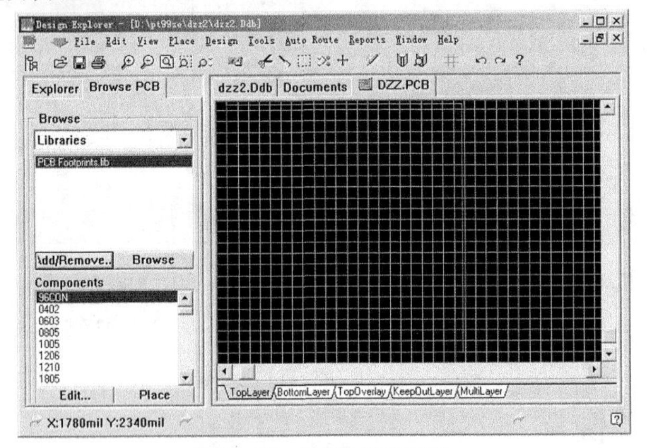

图 5-16　绘制电路图边界

5.6　装入网络表与元件

规划好电路板后，接着就是要装入网络表和元件。网络表和元件是同时装入的。网络表与元件的装入过程，实际上就是将原理图设计的数据装入印制电路板的设计系统 PCB 的过程。PCB 设计系统中数据的所有变化，都可以通过网络宏（Netlist Macro）来完成。通过分析网络表文件和 PCB 系统内部的数据，可以自动生成网络宏。

如果用户是第一次装入网络表和元件，则网络宏的产生是针对整个电路的。如果用户不是首次装入网络表和元件，而是在原有网络表基础上的添加和修改，则网络宏仅仅是针对添加、修改的那一部分设计而言的。用户可以通过添加、修改网络宏来更改原先的设计。下面介绍装入网络表和元件的方法，首先介绍利用同步器装入网络表和元件。

利用同步器装入网络表和元件是 Protel 99 SE 所提供的一项全新的功能，它可以直接从原理图文件中将电路的网络表和元件装入 PCB 文件，而不必由原理图生成网络表文件。这与以前先由原理图生成相应的网络表文件，再在 PCB 设计系统中从该网络表文件装入网络表和元件的传统方法有很大的不同。这样完全省去了由原理图生成网络表文件这个中间步骤，从而大大简化了设计过程。

利用设计同步器从原理图文件中直接装入网络表元件，必须先在原理图所在的同一个设计数据库中创建一个 PCB 文件，并预先装入所需的全部 PCB 元件库。这就是前面为什么要在原理图所在的同一个设计数据库中创建新的 PCB 文件的原因。

利用设计同步器装入网络表和元件的具体操作步骤如下。

① 在原理图编辑器中执行菜单命令【Design】/【Update PCB】，出现如图 5-17 所示的对话框。

② 如果设计数据库中有两个或两个以上的 PCB 文件，在执行完菜单命令后，会出现如图 5-18 所示的对话框。在该对话框中，选择所要执行的 PCB 目标文件，然后单击【Apply】按钮，即可进入如图 5-17 所示的对话框，该对话框中各个选项的意义如下。

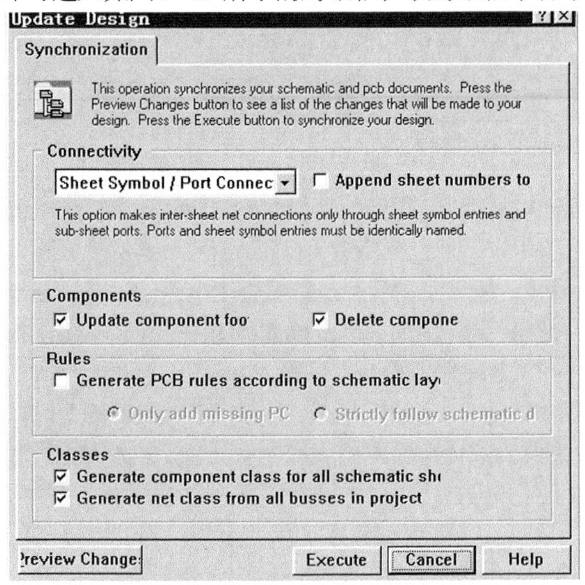

图 5-17　更新 PCB 设计对话框

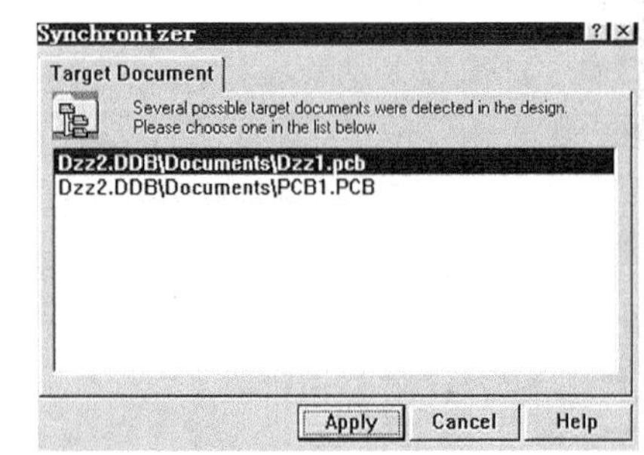

图 5-18　选择所需文件

- 【Connectivity】：连通性。用于选择原理图内部网络连接的方式，共有【Net Lables and Ports Global】、【Only Ports Global】和【Sheet Symbol / Port Connections】3 种选择，默认为【Sheet Symbol / Port Connections】。
- 【Append sheet numbers to local net name】：将原理图编号附加到网络名称上。系统默认状态为未选中。
- 【Update component footprint】：更新元件封装形式。选中该项，则系统遇到不同的元件外形或封装形式时自动更新。系统默认状态为选中。
- 【Delete component if not in netlist】：删除没有连接的图件。默认状态为选中。
- 【Generate PCB rules according to schematic layout】：根据原理图设计生成 PCB 布线。这主要是针对放置了 PCB 布线符号的原理图而言的，默认状态为未选中。这里全部设定为系统的默认状态，然后单击对话框中的预览变动按钮【Preview Change】即可进入如图 5-19 所示的对话框。

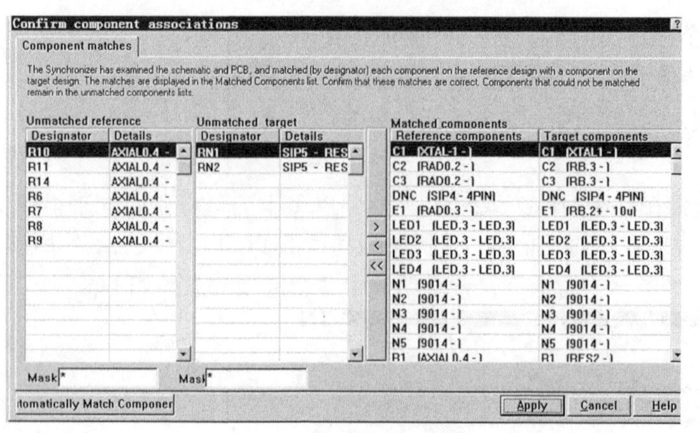

图 5-19 预览变动对话框

③ 单击如图 5-19 所示对话框中的【Apply】按钮，即可进入【Update Design】对话框的【Changes】选项卡，如图 5-20 所示。在该选项卡中，通过网络宏（Macro）显示本次更新设计中所有的变动情况，由于是第一次进入更新设计，所以变动情况是针对整个电路的。可以通过预览变动情况来发现本次更新的过程中是否存在错误。用鼠标单击该选项卡中的【Report】按钮，即可由系统自动生成同步文件，文件名与 PCB 文件名相同，后缀为.syn。

④ 如果更新没有出现错误，单击对话框中的【Execute】按钮，即可将本次更新的变动反映到 PCB 文件中。对于第一次更新设计也就意味着装入整个网络表和所有元件。装入网络表和元件的 PCB 图，如图 5-21 所示。

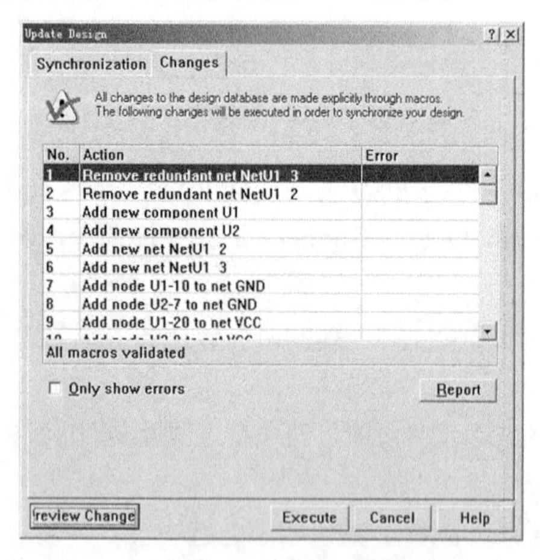

图 5-20 更新记录对话框

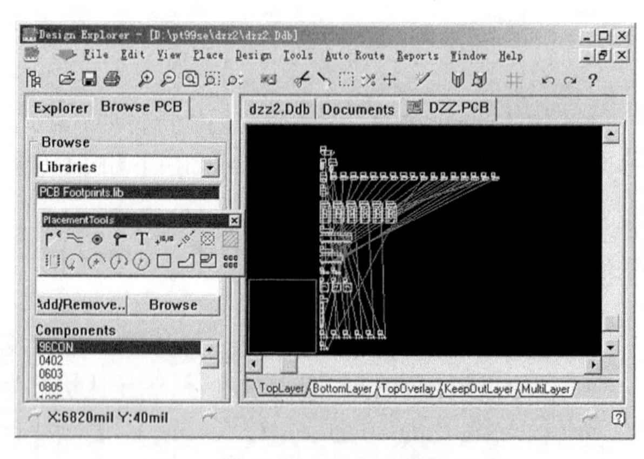

图 5-21 载入元件及网络表

可以看到这时装入的网络表和元件并不在规划好的电路板边界内。

除了利用同步器，从原理图中直接装入网络表和元件的方法外，还可以利用传统的方法来实现，即利用原理图生成的网络表文件装入网络表和元件，具体操作步骤如下。

① 生成网络表的方法，可以在原理图设计的工作环境下，执行菜单命令【Design】/【Create Netlist...】，可以看到随后会出现网络表文件“*.net”。

② 在利用网络表文件装入网络表和元件时，可以在 PCB 编辑器中执行菜单命令【Design】/【Load Nets】，出现如图 5-22 所示的装入网络表的对话框。单击对话框中的【Browse...】按钮，即可进入如图 5-23 所示的选择网络表文件的对话框，该对话框默认的文件为当前 PCB 文件所在设计数据库文件中所有文本文件。

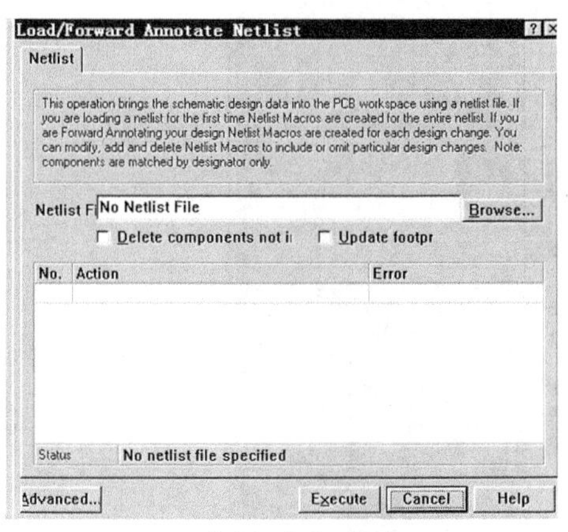

图 5-22 装入网络表对话框

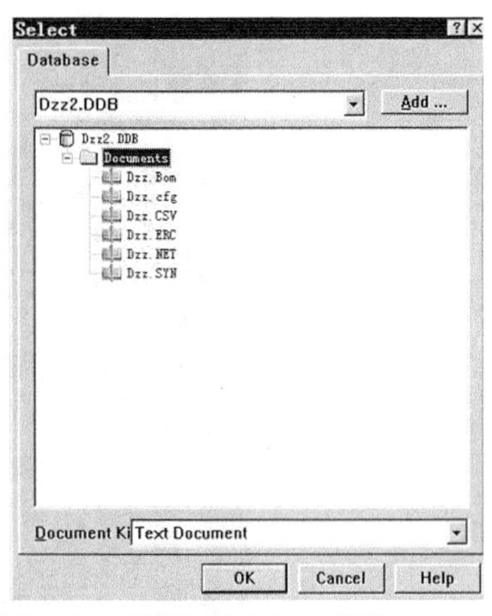

图 5-23 选择网络表文件对话框

③ 如果想要选择其他设计数据库中或其他位置处的网络表文件，可以单击如图 5-23 所示对话框中的【Add…】按钮，然后在如图 5-24 所示的打开文件对话框中选中所需的文件，之后单击【打开】按钮确认，即可回到如图 5-23 所示的对话框。

④ 在如图 5-23 所示的对话框中，选择所需的网络表文件“Dzz.NET”，然后单击【OK】按钮，即可回到如图 5-22 所示的对话框。此时程序自动生成相应的网络宏，正确生成所有网络宏之后的对话框如图 5-25 所示。

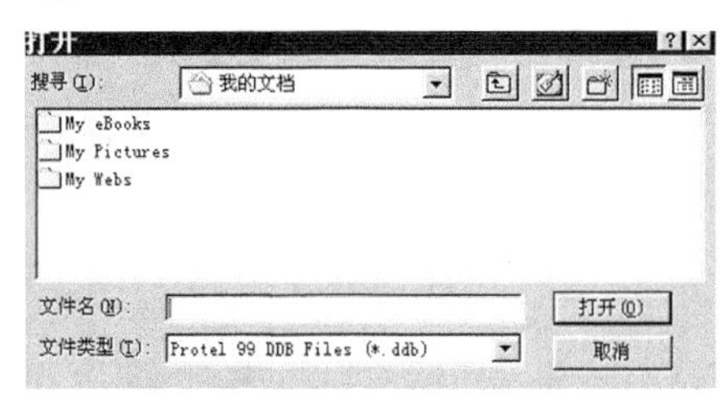

图 5-24 打开文件对话框

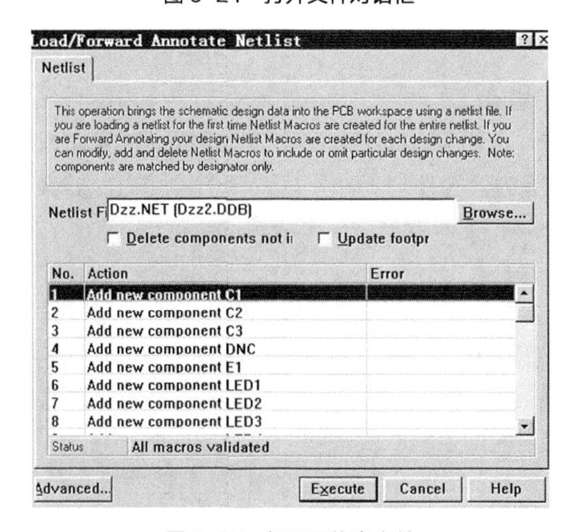

图 5-25 打开网络表文件

⑤ 正确生产所有网络宏后，单击【Execute】按钮即可装入网络表和文件。装入网络表和元件的 PCB 图如图 5-26 所示。

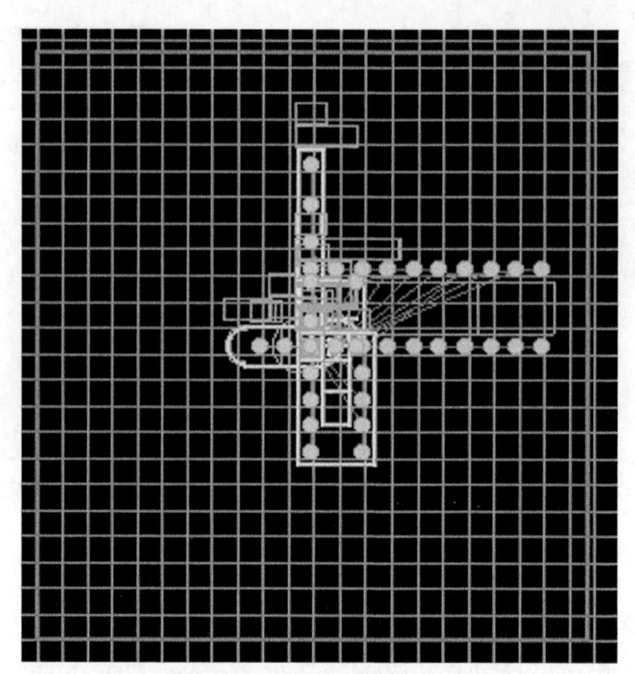

图 5-26　载入元件及网络表

如果生成的网络宏出现错误时，则单击【Execute】按钮后，会提示“无法执行所有宏，是否继续强行装入”的对话框。导致这一情况发生的原因是：没有预先装入所需的全部正确的元件库，或原理图中元件未给出封装形式而造成网络表文件内容不全等。

5.7　元件布局

通过前面的步骤，已经将网络表和元件装入到 PCB 工作区。下面的工作就是要进行元件的布局了。本软件系统提供了自动布局的功能，当然也可以自己手动来布置。下面具体地介绍布局的问题。

5.7.1　元件的自动布局

Protel 99 SE 提供了强大的元件自动布局的功能，可以通过程序算法自动将元件分开，放置在规划好的电路板电气范围内。元件自动布局的实现方法可以执行菜单命令【Tppls】/【Auto Placement】/【Auto Placer...】，出现如图 5-27 所示的对话框。

对话框中选项的定义如下。

- 【Cluser Placer】：成组布局方式。这种基于组的元件自动布局方式将根据连接关系将元件划分成组，然后按照几何关系放置元件组，该放置方法比较适合元件较少的电路。
- 【Statistical Placer】：统计布局方式。这种基于统计的元件自动布局方式根据统计算法放置元件，以使元件之间的连线长度最短。该方式比较适合元件较多的电路。
- 【Quick Component Placement】：快速元件布局。该选项只有在选择成群布局方式（Cluser Placer）时才有效。

这里选择统计布局方式，用鼠标选中统计布局方式选项前的单选项，对话框则会变成如图 5-28 所示的对话框。

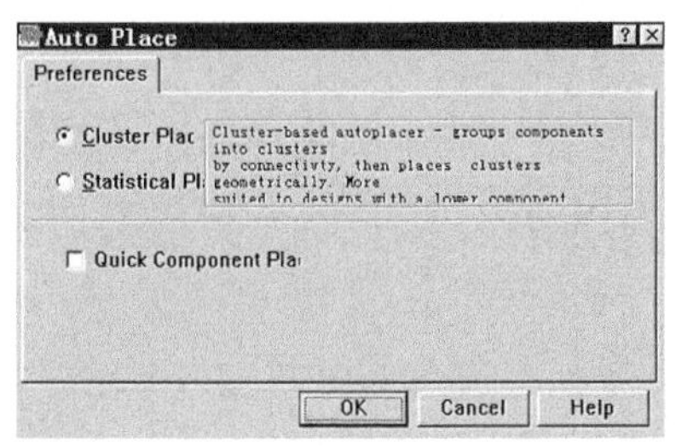

图 5-27 自动布局对话框

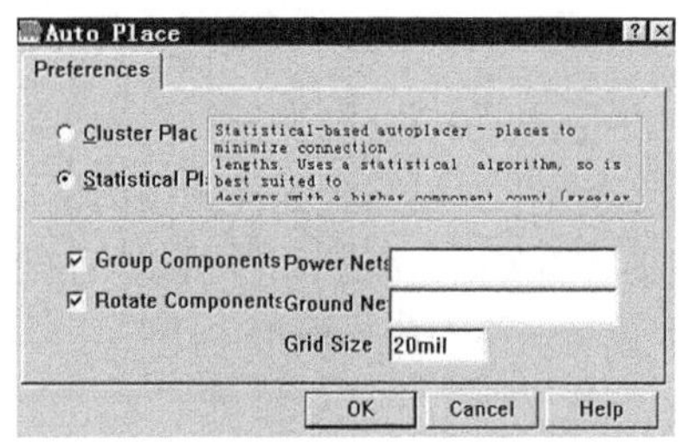

图 5-28 自动布局对话框

在如图 5-28 所示的对话框中，设置统计布局方式下的元件自动布局参数。各个选项的含义如下。

- 【Group Components】：该选项的功能是将当前网络中连接密切的元件归为一组。排列时该组的元件将作为整体考虑，默认状态为选中。
- 【Rotate Components】：该选项的功能是根据当前网络连接与排列的需要使元件或元件组旋转方向。若未选中该选项，则元件将按原始位置放置，默认状态为选中。
- 【Power Nets】：电源网络名称。这里将网络设定为“VCC”。
- 【Ground Nets】：接地网络名称。这里将接地网络设定为“GND”。
- 【Grid Size】：设置元件自动布局时格点的间距大小。如果格点的间距设置过大，则自动布局时有些元件可能会超出基础电路板的边界。系统的默认值“20mil”。

这里选择成组布局方式。使用系统的默认值，设置好元件的自动布局参数对话框后，单击【OK】按钮即可开始元件自动布局。自动布局时的状态如图 5-29 所示，这时状态栏中会出现自动布局的进程。

自动布局结束后，会出现一个对话框，提示用户自动布局结束。单击【OK】按钮确认即可。元件自动布局结束后的情况如图 5-30 所示。

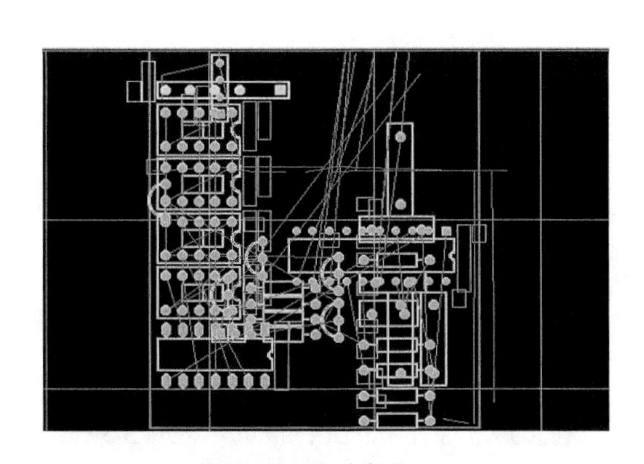

图 5-29 自动布局

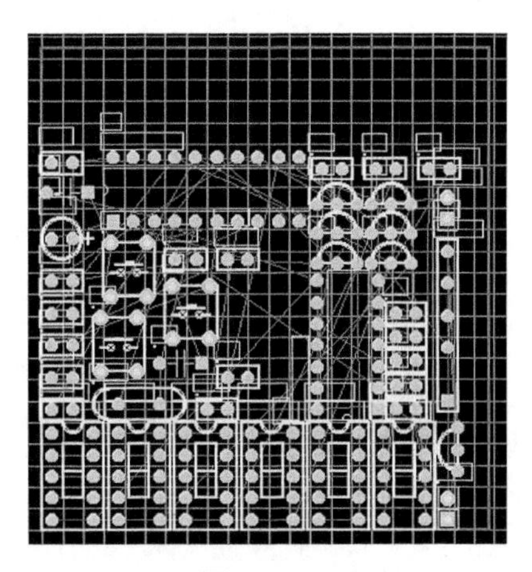

图 5-30 完成自动布局

5.7.2 元件的手工布局与调整

由图 5-30 可以看出，元件的自动布局的结果并不令人满意，元件的布局要考虑以下几个方面的问题。

① 元件布局应便于用户的操作使用。例如，图 5-30 中电子钟的布局，考虑将数码显示部分放到电路板的上面居中位置，而 3 个操作按钮放在下面居中位置，这样用户操作与观察就很

方便了。

② 尽量按照电路的功能布局。一般而言，原理图中的元件是以功能电路为核心安排的，如果没有特殊要求，电路板元件的布局尽可能按照原理图的元件安排对元件进行布局，这样能使信号流通更加顺畅，减少元件引脚间的连线长度。

③ 数字电路部分与模拟电路部分尽可能分开。

④ 特殊元件的布局要根据不同元件的特点进行合理布局。例如，高频元件之间的连线应越短越好，这样可减小连线的分布参数和相互之间的电磁干扰；易受干扰的元件之间距离不能太近；发热元件应远离热敏元件。

⑤ 应留出电路板的安装孔和支架孔，以及其他有特殊安装要求的元件的安装位置等。

总之，通过手工调整布局，使整个电路不但美观，而且要使它有较好的抗干扰性能，同时方便用户的使用与安装。下面就来介绍如何通过手工调整来达到满意的效果。

在手工调整之前，要对栅格的间距和光标移动的单位距离进行设定。设定栅格间距和光标移动单位的方法是执行菜单命令【Designs】/【Options】。在出现的对话框中，选择【Options】选项卡，然后在选项卡中设定【Grids】各项参数，设定结果如图 5-31 所示，然后单击【OK】按钮确认即可。

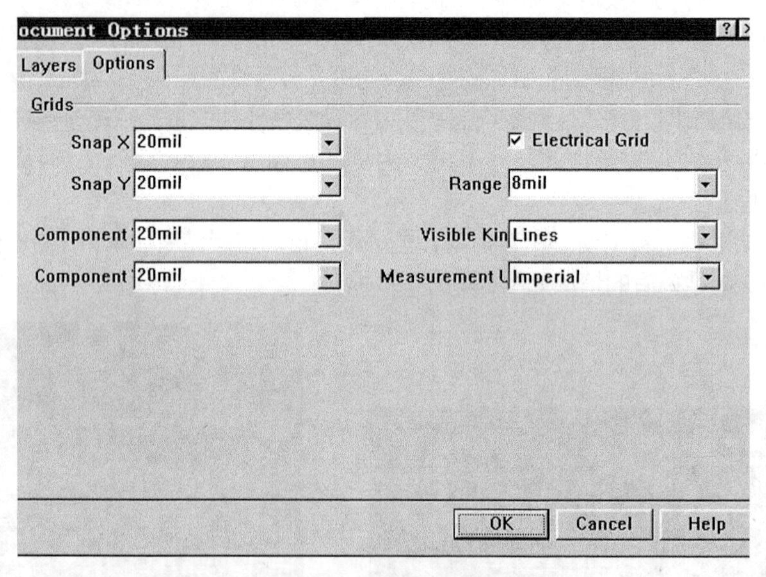

图 5-31 栅格间距、电气栅格间距设置对话框

设定好栅格间距和光标移动单位后，就可以开始手工调整工作了。这里以 C1 为例，将其移动到一个新的位置。

单击元件 C1，同时按住鼠标左键不放，此时光标变成十字形状，元件被选中，如图 5-32 所示。

选中元件后，按住鼠标左键不放，然后拖动鼠标，则被选中的元件会被光标带着移动。将元件移到所需的位置后，松开鼠标左键即可将元件放置在当前的位置。

如果将元件的位置调整后，发现它的方向也需要调整，这就要求再次选中该元件，按住鼠标左键不放，然后使用【Space】键、【X】键、【Y】键来调整元件的方向。关于【Space】键、【X】键、【Y】键的使用原则，在原理图的设计部分已经详细地讲过，这里的使用方法是相同的，就不再赘述。

利用上面的方法，将元件的位置方向进行一系列的调整，结果如图 5-33 所示。

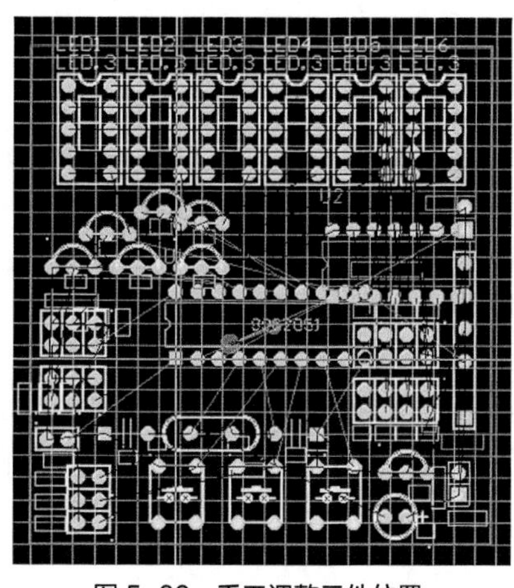
图 5-32　手工调整元件位置

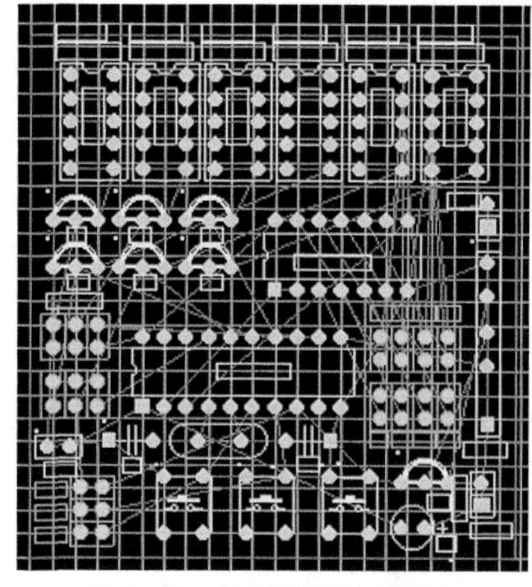
图 5-33　完成调整后的电路图

5.7.3　元件标注的调整

对元件进行一系列的调整后，元件的标注过于杂乱，影响了电路板的美观，因而需要对元件标注进行调整。

用户可以对元件的标注进行移动、旋转和编辑等操作。元件标注的移动、旋转的方法与元件移动、旋转的方法完全相同，这里就不再讲述，下面着重讲解编辑元件的操作。

首先，双击要编辑的元件标注。在这里，假设要编辑电容 C1 的标注序号“C1”。随后可以看到如图 5-34 所示的对话框，可以在该对话框中编辑元件的文字标注的内容、字体高度、字体宽度、字体类型、文字标注的放置的角度、文字标注的位置坐标等属性。设定后的属性如图 5-34 所示。

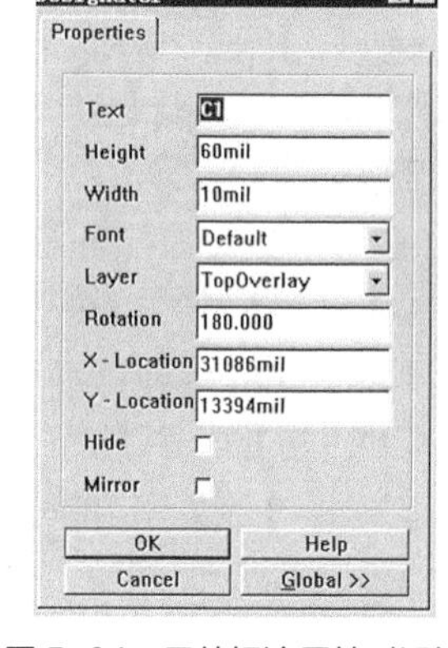

图 5-34　元件标注属性对话框

对元件的标注位置、放置方向和属性进行相应的调整和编辑后，对电路板图的手工调整工作就结束了，下面将进入布线的工作。

5.8　自动布线

前面的内容中，已经完成了对元件的布局，现在讲述如何给这些元件布线。在 Protel 99 SE 中可采用自动布线或手工布线进行元件间的布线。所谓自动布线是指 Protel 99 SE 程序根据用户设定的有关布线参数和布线规则，按照一定的算法，依照网络表所指定的连接关系，自动在各个元件之间进行连线，从而完成印刷电路板的布线工作。

Protel 99 SE 提供了方便易用，功能强大的自动布线器。它能自动分析当前的 PCB 文件并选择最佳的布线方式。采用自动布线方法进行布线，不但能得到高质量的布线效果，更能节省设计者的宝贵时间。一个用手工布线需几天完成的布线工作，自动布线可能只需几秒钟的时间即可完成，可见其效率之高。但是，鉴于实际电路板对电气要求的特殊性、复杂性，完全由自动布线完成的布线往往不能完全满足设计者的要求，因而建议采用自动布线与手工布线相结合的办法来进行，具体的方法是：手工—自动—手工或自动—手工布线。

在运用自动布线器布线之前，设置相关的设计规则相当重要。电路板的布线设计规则内容很多，在本章中结合电子钟电路板的设计过程，介绍相关的常用设计规则的设置方法，详细的规则说明见本书的第 9 章。

自动布线过程一般分以下几个步骤。

- 网络分类，便于对不同的网络设置不同的布线设计规则，提高设计效率。
- 设置布线设计规则，对不同的网络根据其不同的要求与特点，设置不同的布线设计规则。
- 设置自动布线的参数和方案。
- 运行自动布线。

5.8.1 网络的分类

在布线过程中，不同网络的布线规则可能不一样。例如，电源线和地线的铜膜线比较宽，而一般的信号线只需较细的线宽就可以了。如果把不同设计要求的网络进行分类，针对不同类型网络的具体特点与要求分别设置它们的设计规则，则会大大减少后面的手工布线或手工调整的工作量，从而提高工作效率。

执行菜单命令【Design】/【Classes】，打开网络分类窗口，如图 5-35 所示。

该窗口包括 4 个页面，【Net】页面用于网络分类，【Component】页面用于元件分类，【From-To】页面用于点到点网络的分类，【Pad】用于焊盘的分类。各页面中显示的【All Nets】、【All Components】、【All From-Tos】、【All Pads】是系统默认的分类，它们不能被编辑，也不能被删除。

每一个页面上都有如下 4 个按钮。

【Add...】：增加新的分类。

【Edit...】：编辑已存在的分类。

【Delete】：删除已存在的分类。

【Select】：按指定的分类选择电路板图中属于该分类的对象。

在本例中，要将整个网络分成电源网络和信号网络两部分，因此需增加这样两个网络分类。在这里，用鼠标单击【Add...】按钮，屏幕出现如图 5-36 所示的网络分类编辑窗口。该窗口主要由以下 3 部分构成。

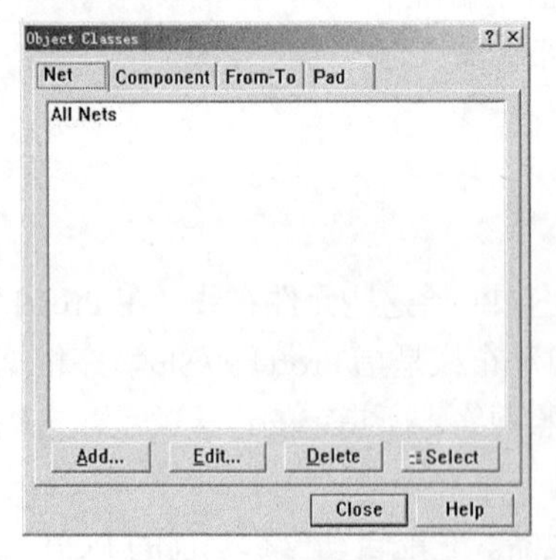

图 5-35 网络分类窗口

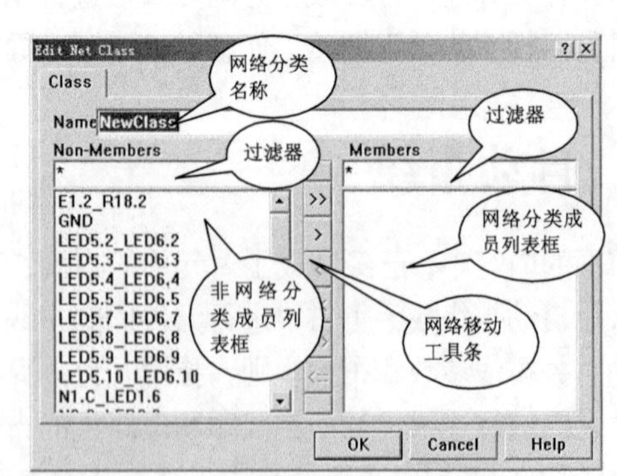

图 5-36 新增网络分类编辑窗口

【Name】：网络分类名称，默认为 NewClass。

【Non-Members】：非网络分类成员，也就是尚未添加到新建网络分类中去的网络。

【Members】：网络分类成员，也就是已加入到网络分类中去的网络。

在这里，将网络分类名称由 NewClass 改为 PowerClass，再将【Non-Members】列表框中的 GND、VCC 网络通过放置于两个列表框中间的移动工具条添加到右侧的 Members 列表框中，如图 5-37 所示。

单击【OK】按钮完成电源网络分类的建立。这时看到网络分类窗口中多了一个 PowerClass 分类。用同样的方法把其余的网络划分为 SignalClass 一类，如图 5-38 所示。

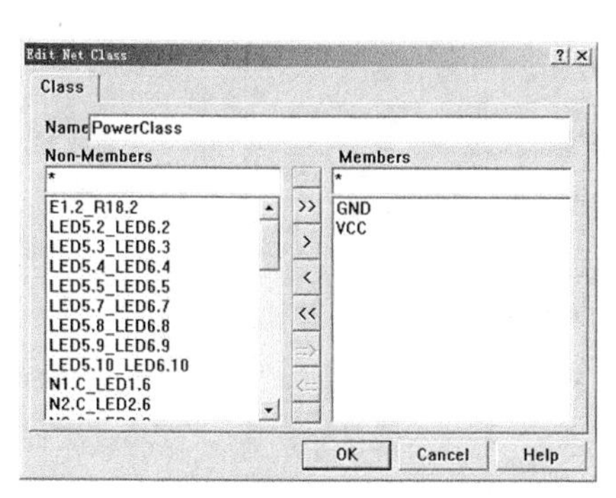

图 5-37　新增的 PowerClass 网络分类

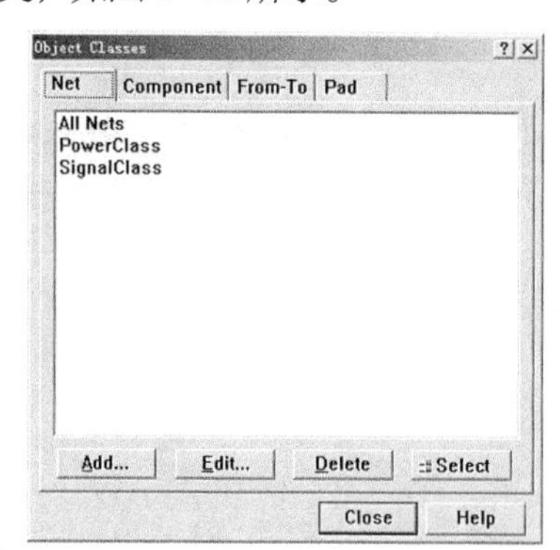

图 5-38　添加了两个网络分类后的网络分类窗口

5.8.2　设置布线规则

在进行自动布线之前，一项非常重要的工作就是根据设计要求设定自动布线的参数。如果参数设置不当，可能导致自动布线失败。

自动布线的参数包括布线层面、布线优先级别、布线的宽度、布线的拐角模式、过孔孔径类型、尺寸等，这些参数设定后，自动布线就会依据这些参数进行自动布线。因此，自动布线的成败在很大程度上与参数的设置有关。

认识了参数设置的重要性后，下面介绍如何正确设置布线参数。可以执行菜单命令【Design】/【Rules】，出现如图 5-39 所示的对话框。在【Routing】选项卡中，即可对布线的各种参数进行设定。

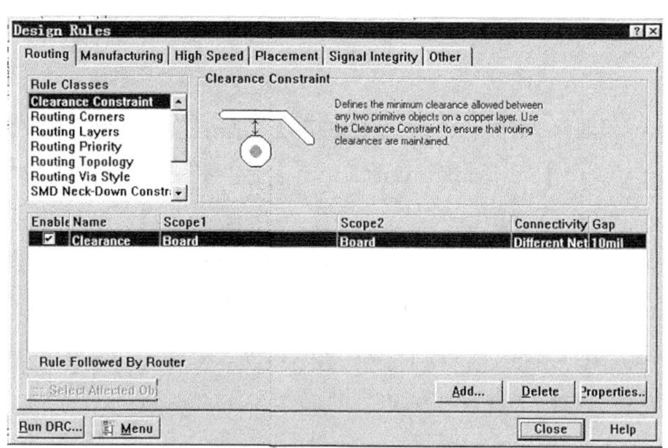

图 5-39　布线规则设置对话框

1．设置布线宽度（Width Constraint）

在前面，已经把网络分成两类：一类是电源线，另一类是信号线。在这里，要把电源线的布线宽度设置为 50mil，而信号线的布线宽度设置为 15mil。下面介绍如何对布线宽度进行设置。

在【Routing】选项卡中用鼠标选中【Rules Classes】选项列表框中的【Width Constraint】选项。该项用于定义布线时导线宽度的最大和最小允许值，如图 5-40 所示。

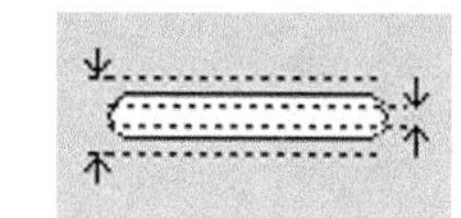

图 5-40　导线的最大最小宽度

然后，单击【Properties…】按钮即可进入布线宽度（Width Constraint）参数设置对话框，如图 5-41 所示。

在 Filter kind 一栏里选择【Net Class】，此时对话框变为如图 5-42 所示。

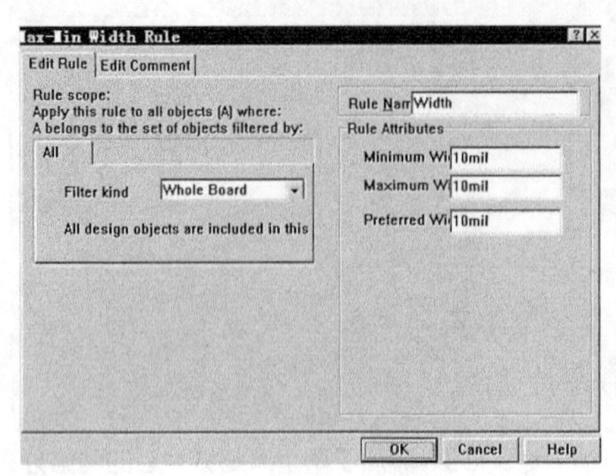

图 5-41　布线宽度设置对话框

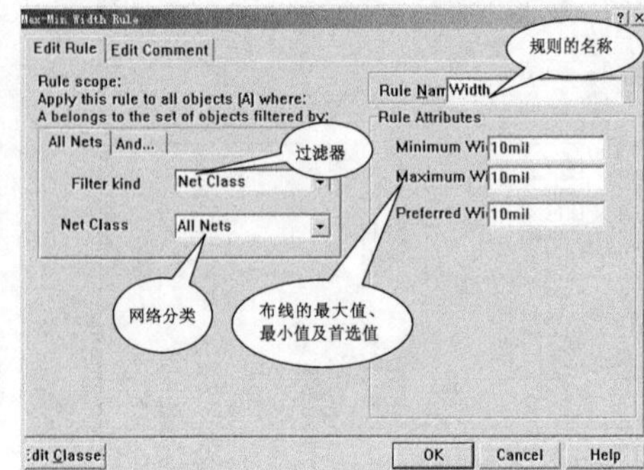

图 5-42　选中 Net Class 后的窗口

此对话框中,【Net Class】一栏设为 PowerClass,【Minimum Width】一栏设为 15mil,【Maximum Width】一栏设为 100mil,【Preferred Width】一栏设为 50mil，如图 5-43 所示。

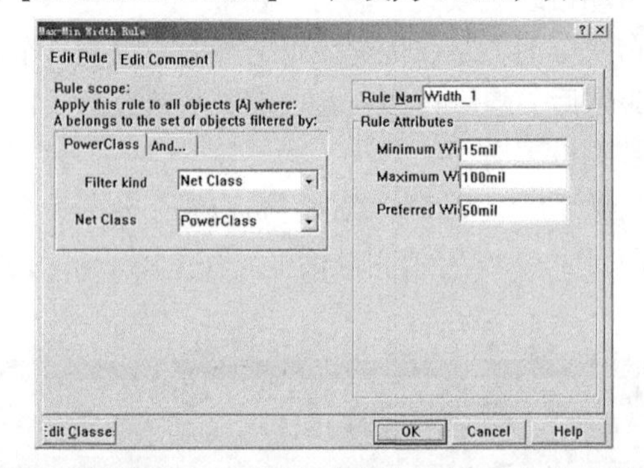

图 5-43　设置网络分类 PowerClass 的布线宽度的最小值、最大值及首选值

这里的【Minimum Width】和【Maximum Width】用于在线和整体的电气测试，而【Preferred Width】是手工和自动布线的首选值。

单击【OK】按钮完成 PowerClass 类的设置，回到【Width Constraint】窗口。再单击【Add…】按钮重新进入网络布线宽度设置对话框，用相同的方法完成 SignalClass 类的布线宽度参数设置。再次回到【Width Constraint】窗口，看到下方的列表框里已经有了 PowerClass 和 SignalClass 两个分类的布线宽度参数，如图 5-44 所示。

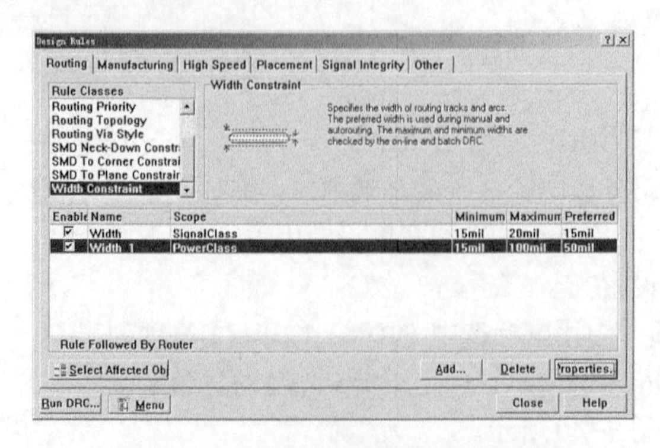

图 5-44　完成布线宽度设置后的对话框

2．选择布线工作层面（Routing Layers）

在【Routing】选项卡中，选中【Rules Classes】选项列表框中的【Routing Layers】选项，该项用于设置布线的工作层面及各个布线层面上走线的方向。此时出现如图 5-45 所示的窗口。

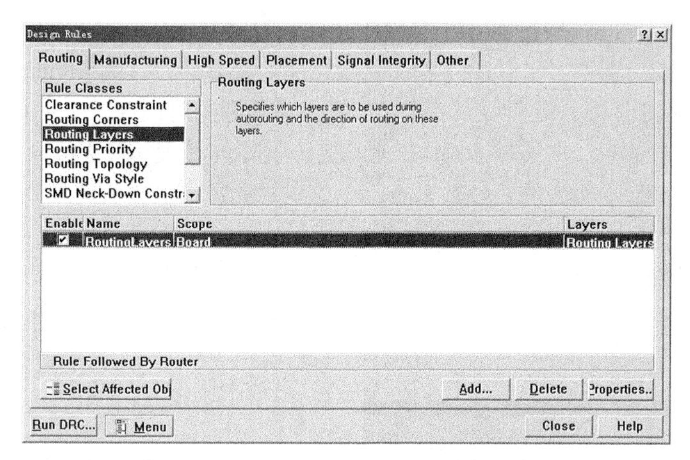

图 5-45　选择布线工作层面设置窗口

然后单击按钮【Properties…】，即可进入布线工作层面【Routing Layers】参数设置对话框，如图 5-46 所示。

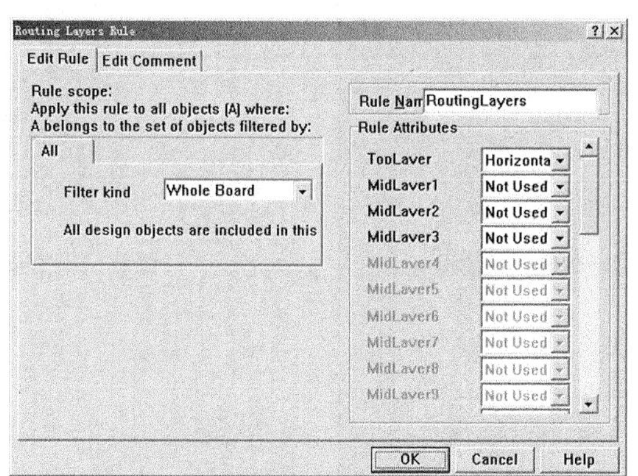

图 5-46　布线工作层面设置对话框

该对话框也可以分为两个部分。

- Rule scope（布线范围）：选用默认值【Whole Board】。
- Rule Attributes（布线属性）：用于设定布线层面和各个层面的布线方向。由于这里选用的是双面板，所以在层面设置时只有顶层（Top Layer）和底层（Bottom Layer）是可供选择的，其他层默认为不使用。在这两个层面后面的下拉列表框中的布线方向有以下选择：不使用（Not Used）、水平方向（Horizontal）、垂直方向（Vertical）、任意方向（Any）、1 点钟方向（1 O’clock）、2 点钟方向（2 O’clock）、3 点钟方向（3 O’clock）、4 点钟方向（4 O’clock）、5 点钟方向（5 O’clock）、向上 45° 方向（45 Up）、向下 45° 方向（45 Down）、散开方式（Fan Out）。这里选用系统的默认值，也就是将顶层设置为水平方向，将底层设置为垂直方向，一般情况下都要注意将这两层的方向设置为互相垂直。

设置完成后单击【OK】按钮确认即可，随后回到上一级对话框。

3．设置布线优先级别（Routing Priority）

布线优先级别是指程序允许用户设定各个网络布线的顺序。优先级高的网络布线早，优先级低的网络布线晚。这里，选择设置对象为默认状态【Whole Board】，优先级为默认值“0”，设置完成后，单击【OK】按钮确认即可，随后回到上一级对话框。

4．孔径尺寸限制规则设置（Hole Size Constraint）

在【Design Rules】窗口中，选择【Manufacturing】选项卡。再从【Rule Classes】栏中选择【Hole Size Constraint】选项，就会得到一个定义孔尺寸规则的对话框。单击【Add...】按钮进入如图 5-47 所示的对话框。在该对话框中，可以定义孔径的最大和最小值，可以以数值的大小来表示，也可以用与焊盘比值的百分数来表示。这里将孔径的最小值定义为 25mil，接着单击【OK】按钮返回。

5．自动布线器的参数设定

自动布线器参数设定的方法可以执行菜单命令【Auto Routing】/【Setup】，进入自动布线器设置对话框，如图 5-48 所示。

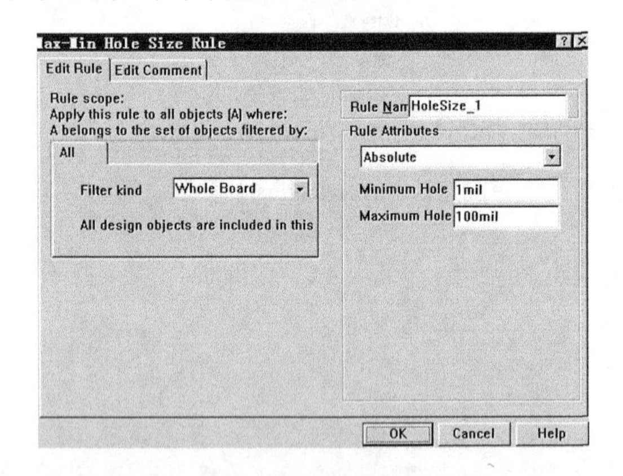

图 5-47　孔径尺寸限制规则设置对话框

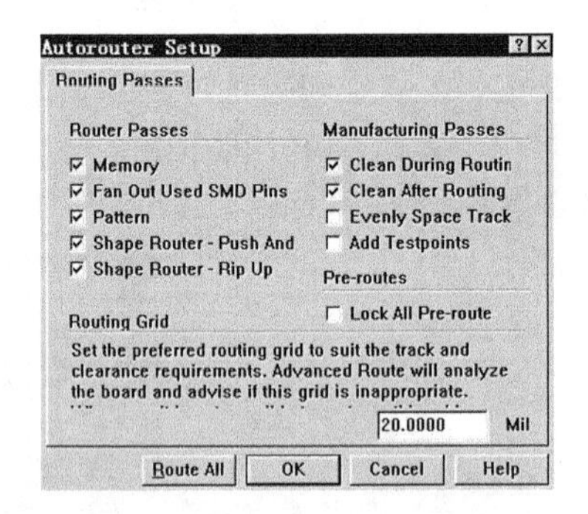

图 5-48　自动布线参数设置对话框

对话框中的各项设置说明如下。

（1）Router Passes 选项区域

Router Passes 区域包含 5 个复选框。

- 【Memory】复选框：即采用内存模式的布线策略。当电路板上存在存储器，并且在设计过程中关心其放置位置和元件定位方式时，则设置该选项以评估存储器的布线方式，这种布线方式采用启发式和搜索式的算法，建议即使电路板上没有存储器，也仍然选中该选项。
- 【Fan Out Used SMD Pins】复选框：适用于 SMD 焊盘。采用这种布线方案，将从 SMD 焊盘引出一段铜膜线，并在铜膜线未端放置一个过孔。对于双层板，只是电源网络的 SMD 焊盘采用这种方式布线；对于多层板，所有的 SMD 焊盘都采用这种布线方案。这种方案具有自适应性能，建议在电路板中没有 SMD 元件的情况下也应采取这种布线方案。
- 【Pattern】复选框：在自动布线过程中，该布线方案有多种算法，每种算法对应一类模块，是一种搜索式布线方法。一般情况下，应该采用这种布线方案。
- 【Shape Router-Push and Shove】复选框：推挤布线方式。当出现无路可通的情况时，本方案将把布的线推开，留出空间给没有完成的连接，推挤操作能避开过孔和焊盘。这种布线方法，能够处理更加复杂的电路布线。

- 【Shape Router-Rip Up】复选框：设置该项，能够使布线器撤销发生间距冲突的走线，并重新布线以消除间距冲突。对于特别复杂的电路，采用该种布线方案将布通率提高到最高。

（2）Manufacturing Passes 区域

该区域用于设置与制作电路板有关的自动布线方案，包含 4 个复选框。

- 【Clean Up During Routing】复选框：在布线期间对电路板上的连线和焊盘进行整理。
- 【Clean After Routing】复选框：在布线完毕后对电路板上的连线和焊盘进行整理。
- 【Evenly Space Tracks】复选框：在焊盘之间均匀布线。
- 【Add Testpoints】复选框：在网络上增加测试点。一般情况下不用设置测试点。

（3）Pre-routes 区域

该区域用于设置对预布线的处理方式，只有一个复选框。

【Lock All Pre-route】复选框：锁定已有的布线。选中该项后，自动布线时布线器将保留预布线以防丢失或被重新布线。反之，自动布线器在布线时，将取消所有预布线并对它们重新布线。

（4）Routing Grid 区域

设置布线栅格大小，这里将栅格值设置为“20mil”。

5.8.3 自动布线

布线参数设置完毕后，就可以开始自动布线了。Protel 99 SE 中自动布线的方式有很多，既可以进行全局布线，也可以对用户指定的区域、网络、元件甚至是连接进行布线，用户可以根据需要选择最佳的方式。

先介绍全局布线。全局布线的实现方法可以执行菜单命令【Auto Route】/【All】，程序就开始对整个电路板进行自动布线了。简单的电路往往只要几秒钟的时间，对于比较复杂的电路就要看情况了。自动布线的结果如图 5-49 所示。

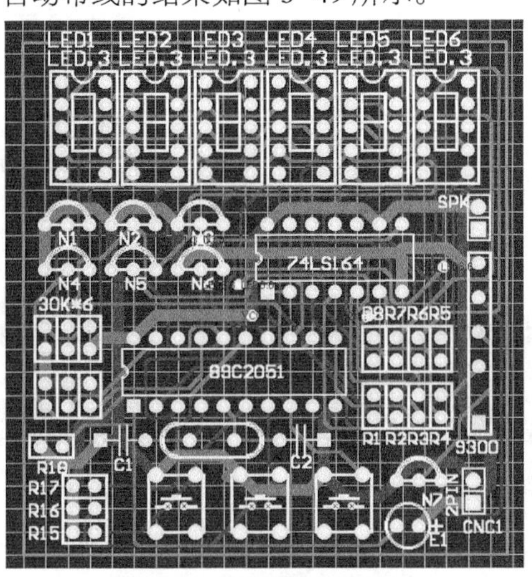

图 5-49　电路板自动布线结果

系统也可以对用户指定的网络进行自动布线。其方法可以执行菜单命令【Auto Route】/【Net】，光标变成十字形状。单击 U1 的第 20 引脚，弹出如图 5-50 所示的菜单，菜单的内容是对该引脚的有关描述，从中选择【Connection（VCC）】选项确定所要自动布线的网络。

指定网络后，程序就会开始进行自动布线。布线结果如图 5-51 所示。

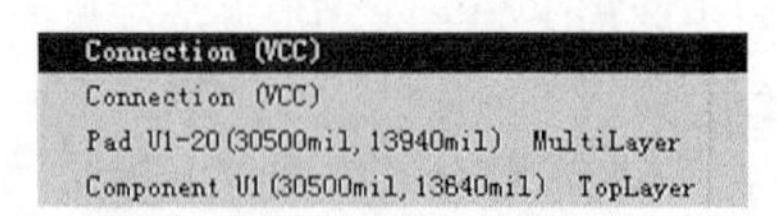

图 5-50　布线方式选择菜单

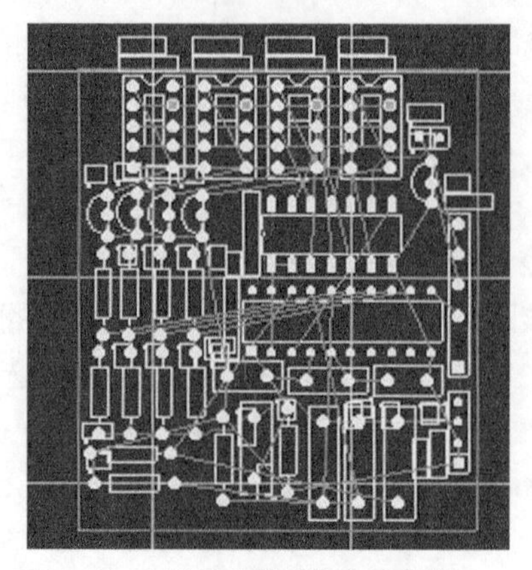

图 5-51　对指定网络进行自动布线

对该网络自动布线结束后，程序仍然处于指定的网络布线状态，用户可以继续选定其他网络进行自动布线。单击鼠标右键即可退出当前的命令状态。

也可以对指定的两点进行自动布线。对指定的两点进行自动布线可以执行菜单命令【Auto Route】/【Connection】，光标变成十字形状后，将光标移动到元件 C2 的第 2 脚和元件 C1 的第 1 脚之间的预拉线上，单击后程序便开始对两个连接点之间的连线进行自动布线。布线结果如图 5-52 所示。

自动布线结束后，程序仍然处于指定两连接点之间布线的命令状态，用户可以继续选定其他连接点之间的连线进行自动布线。单击鼠标右键即可退出当前的命令状态。

可以执行菜单命令【Auto Route】/【Component】给指定的元件布线。执行菜单命令后，光标变成十字形状。将光标移动到元件 U1 上，单击后程序便开始对元件 U1 开始自动布线。布线的结果如图 5-53 所示。

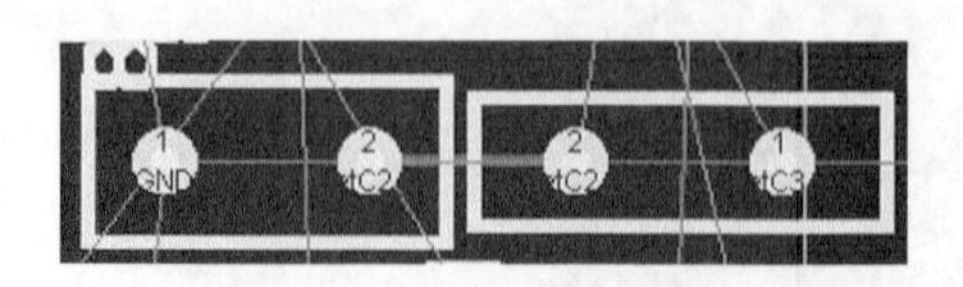

图 5-52　对指定两点进行自动布线

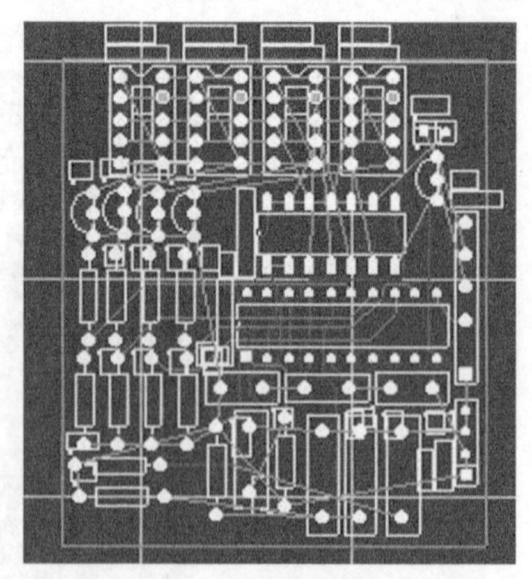

图 5-53　对指定元件自动布线

自动布线结束后，程序仍然处于元件布线的命令状态，用户可以继续选定其他元件进行自动布线。单击鼠标右键即可退出当前的命令状态。

还可以对指定的区域进行自动布线，程序自动布线的范围仅限于该区域内。实现的方法可以执行菜单命令【Auto Route】/【Area】，光标变成十字形状。单击确定矩形对角线的一个顶点，然后移动鼠标到适当的位置，再次单击确定矩形区域对角线的另一个顶点，这样就选定了布线区域，如图 5-54 所示。

选定区域后程序就开始对该区域进行自动布线。布线结果如图 5-55 所示。

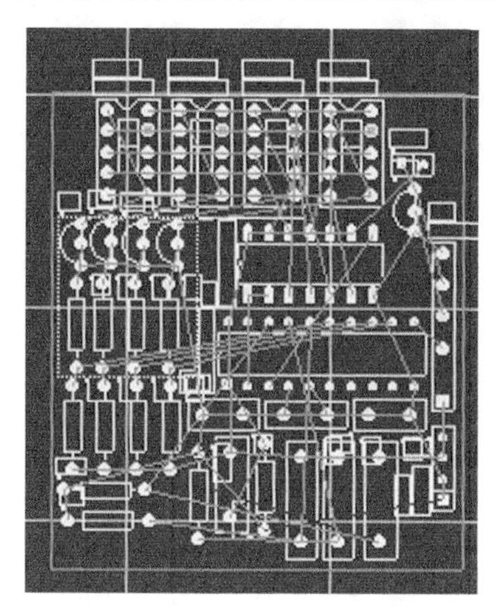

图 5-54 选定自动布线区域

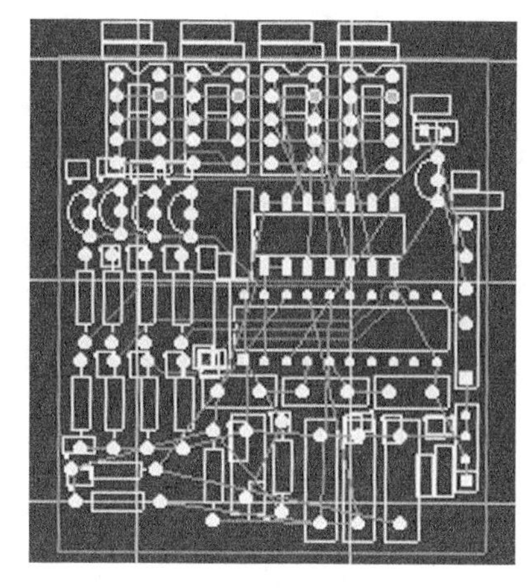

图 5-55 对指定区域自动布线

布线结束后单击鼠标右键即可退出该命令状态。

关于自动布线还有以下几个命令。

- 【Stop】：终止自动布线。
- 【Pause】：暂停自动布线。
- 【Restart】：重新开始自动布线，该命令与【Pause】命令配合使用。

这里采用全局自动布线的方式，这种布线方法简便、快捷，但是结果中有一些不太令人满意的地方，这主要是由于程序的算法所至。因此，用户有必要进行手工调整。

5.8.4 设计规则的检测

自动布线的结果是否正确可能是自动布线结束后存在的一个疑问，Protel 99 SE 本身具备的检测功能可以来解除这个疑问。

检测方法是执行菜单命令【Tools】/【Design Rule Check】，弹出如图 5-56 所示的对话框，现在就可以设置参数了。

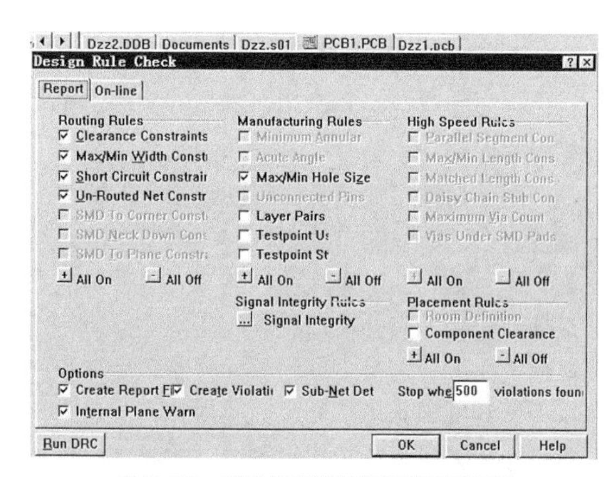

图 5-56 设计规则检测参数设置对话框

设计规则的检测可以分为两种结果：一种是报表（Report）输出，可以产生检测的结果报表；另一种是在线检测（On-Line）工具，也就是在布线的过程中对布线规则进行检测，防止错误产生。下面主要介绍报表方式的检测，其中各项的说明如下。

- 【Clearance Constraints】：该项为安全间距检测项。
- 【Max / Min Width Constraints】：该项为走线宽度的检测项。
- 【Short Circuit Constraints】：该项为电路板走线是否符合规则的检测项。
- 【Un-Routed Net Constraints】：该项将对没有布线的网络进行检测。

该对话框中的其他各项应用范围较小，这里就不再一一说明。

设定报表检测选项后，进行自动布线检测的操作。单击对话框左下角的【Run DRC】按钮，开始运行设计规则检测。程序结束后会产生一个检测情况表，具体内容如下。

- 表头包括检测时间、电路板名称、所选规则等内容。

```
Protel Design System Design Rule Check
PCB File  : Documents\PCB1.PCB
Date  : 10-Jul-2002
Time  : 11:39:03
```

- 检测是否有短路存在。

```
Processing Rule: Short-Circuit Constraint (Allowed=Not Allowed)(On the board),(On
the board)
Rule Violations: 0
```

- 检测是否有断开的网络。

```
Processing Rule: Broken-Net Constraint (On the board)
Rule Violations: 0
```

- 检测安全间距是否满足要求。

```
Processing Rule: Clearance Constraint (Gap=10mil)(On the board),(On the board)
Rule Violations: 0
```

- 检测走线宽度是否合理。

```
Processing Rule: Width Constraint(Min=10mil)(Max=10mil)(Prefered=10mil)(On the board)
Rule Violations: 0
```

- 检测孔径是否合理

```
Processing Rule: Hole Size Constraint (Min=1mil)(Max=100mil)(On the board)
Rule Violations: 0

Violations Detected: 0
Time Elapsed    : 00:00:01
```

产生检测报表的同时，如果走线有错误，程序会在 PCB 图上的相应位置添加错误标记。用户可以执行菜单命令【Tools】/【Reset Error Markers】，取消错误标记。

5.8.5 电路板的手工修整

在前面已经提到利用自动布线的结果不是很令人满意，还需要用手工布线对布线结果进行相应的调整。

由于自动布线是计算机通过一定的算法来实现布线的，所以在进行自动布线之前设计人员需要对自动布线的布线规则作一些基本的设置。电路板的设计制作除了必须遵守一些基本的规则之外，不同的电路板往往还有一些特殊的布线要求，这些要求不可能在布线规则的设置里完全体现出来，因此自动布线的最终结果也不可能完全符合人们的设计要求。自动布线的结果还需要依靠设计人员长期积累的经验，发挥自己的想象力，对自动布线作合理的调整与修改。而这个修整过程并不是简单地修修补补，对于用户在安装、抗干扰、小型化等方面的要求，自动布线往往无法令设计人员满意，还必须对走线宽度、走线方式等进行手工调整。另外还要人为地在电路板上加上各种注释、标志等特殊的图案。

手工调整并没有固定的规则，主要是按照用户要求，根据设计人员在实际工作中积累的经验，通过一定的技巧来完成。下面就来具体介绍如何进行手工调整。

1．调整布线

在实际的自动布线结束后，可能会看到有些走线拐弯太多或是拐直角弯。这样可能会产生干扰信号，从而对电路造成不良影响，另外还影响了电路的美观，因此需要对这些地方加以调整。调整的具体步骤如下。

① 拆除原有的布线。可以执行菜单命令【Tools】/【Un-Route】/【Connection】，光标变成十字形状。将光标移到所有要拆除的导线上，单击确认，即可将布线拆除。也可以执行菜单命令【Edit】/【Delete】或快捷键【E】/【D】删除导线。

② 手工布线，单击放置工具栏上的按钮或执行菜单命令【Place】/【Track】，然后将被拆除导线的元件的引脚连接起来就可以了。

2．增加信号输入输出接口

如果在PCB图中发现缺少信号的输入/输出接口，就要增加输入/输出接口，具体的操作步骤如下。

① 切换工作层面。单击工作窗口下方的【BottomLayer】层面标签，将当前的工作层面切换到底层，如图5-57所示。

TopLayer | BottomLayer | Mechanical4 | TopOverlay | BottomOverlay | TopPaste | BottomPaste | TopSolder

图5-57 切换工作层面标签

② 放置元件。首先放置信号输入接口，单击放置工具栏上的按钮，之后会出现放置元件对话框，在该对话框中输入元件封装形式（Footprint）“SIP2”、序号（Designator）“P1”、注释（Comment）“IN”，如图5-58所示。单击【OK】按钮确认，将该元件放置在工作平面上，然后继续用同样的方法放置一个输出端口，其封装形式（Footprint）设置为“SIP2”、序号（Designator）设置为“P1”、注释（Comment）设置为“OUT”。最后单击对话框中的【Cancel】按钮结束元件的放置。

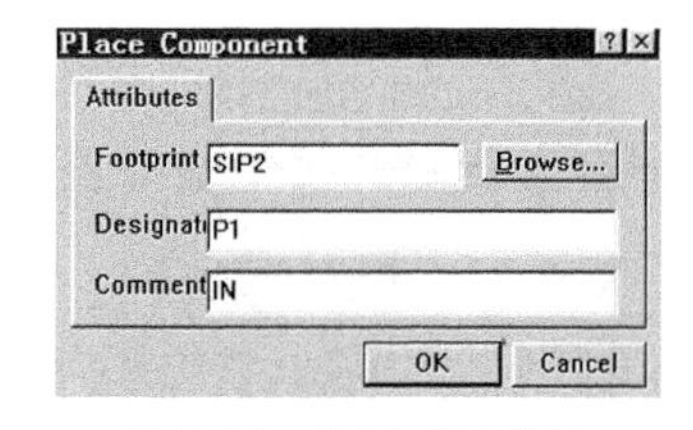

图5-58 放置元件对话框

③ 调整元件位置及标注。按照前面介绍的方法调整元件及标注的位置即可。

④ 设置元件焊盘网络。双击元件P2第一脚所在的焊盘，会出现焊盘属性对话框，在该对话框的【Advanced】选项卡中，设置焊盘所在的网络，如图5-59所示，然后单击【OK】按钮确认。用同样的方法将元件P2引脚的网络进行设置。

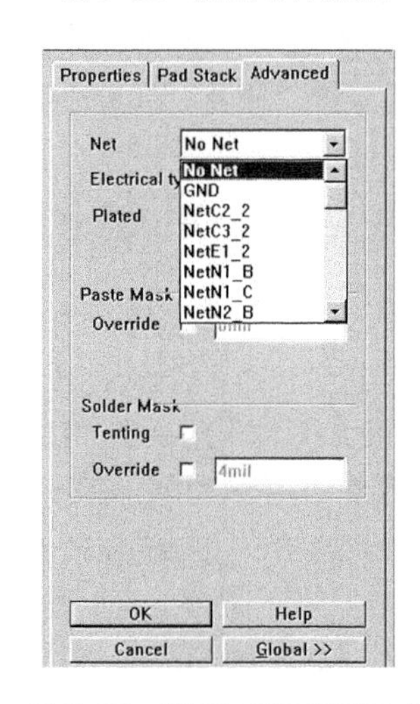

图5-59 设置元件焊盘网络对话框

⑤ 单击放置工具栏中的按钮或执行菜单命令【Place】/【Track】，然后手工将输入/输出接口的各引脚与其他元件的相应位置相连即可，这样就完成了增加信号输入/输出接口的工作。

3．加宽电源/接地线

为了提高系统的抗干扰能力，增强系统的可靠性，往往需要将电源/接地线加宽，这一点在模拟信号或数字信号/模拟混合电路中尤为重要。一般至少要将电源/接地线宽度增加到普通信号线宽度的3倍以上。对于一些电流较大的线路，为了减少导线电阻往往也需要进行加宽处理。

加宽电源/接地线的操作步骤如下。

① 将光标移到电源线或接地线上，双击。

② 在出现的导线（Track）属性对话框中重新设定线宽（Width）。这里，将线宽设为“30mil”，然后单击【Global】按钮即可进入整体修改对话框。在对话框中，将【Attributes To Match By】

功能区中的【Net】选项设置为【Same】，在【Copy Attributes】功能区中，选中【Width】选项，如图 5-60 所示。最后单击【OK】按钮即可。

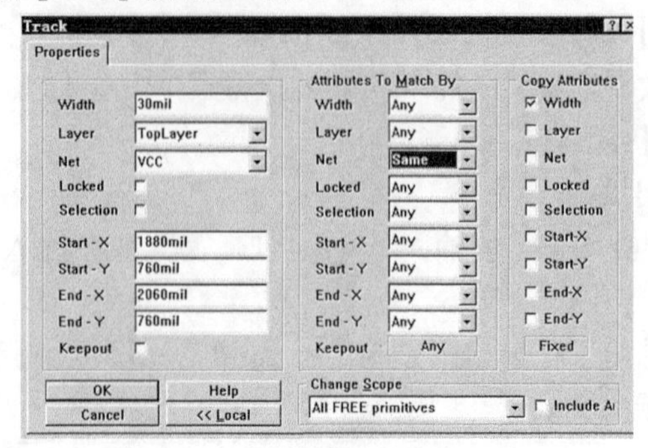

图 5-60　导线属性整体编辑对话框

5.9　给电路板添加标注

在前面已经提到要给电路板上添加一定的标注，这主要是为了更进一步地使整个电路板的信息有一个完整的体现。下面介绍如何来添加这些标注。

5.9.1　标注文字

标注文字通常包括元件的编号、层面的作用和设计日期等。下面介绍元件的编号和标注。

通常情况下，Protel 99 SE 在设计原理图时就会把元件的编号编辑提取，通过创建网络表、装入网络表的过程反映到电路板上去。但这些标号会随着元件的自动布局和手工调整工作而变得杂乱无章。因此，有些时候就要对部分元件重新编号和标注。这里就要用到 Protel 99 SE 本身提供的编号标注功能。

实现方法是执行菜单命令【Tools】/【Re-Annotate】，出现如图 5-61 所示的对话框。

对于如图 5-61 所示的对话框，用户可以根据不同的需要，选择不同的方式，然后单击【OK】按钮确认，即可实现元件的重新编号。同时程序还会根据所定义的设置产生一个 ASCII 文件，文件的后缀为.was，与原来的 PCB 图位于同一个“Documents”文件夹内。

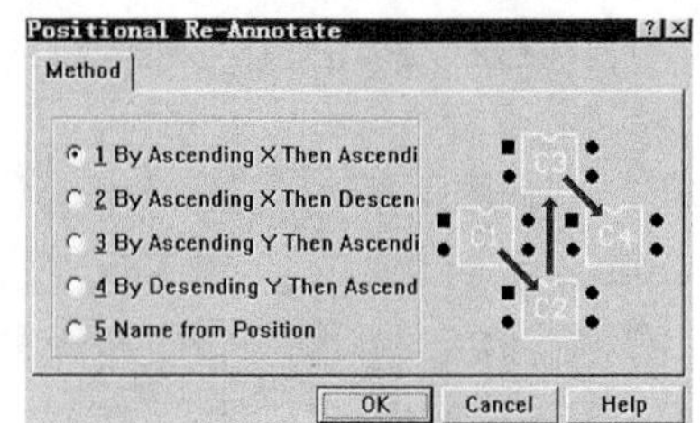

图 5-61　元件重新标注对话框

现在对图 5-61 的选项分别说明如下。

- 【1 By Ascending X Then Ascending】：选择该项时，从左下脚由下至上进行重新编号和标注。
- 【2 By Ascending X Then Descending】：选择该项时，从左上脚由上至下进行重新编号和标注。
- 【3 By Ascending Y Then Ascending】：选择该项时，从左下脚由左至右进行重新编号和标注。
- 【4 By Ascending Y Then Descending】：选择该项时，从左上脚由右至左进行重新编号和标注。
- 【5 Name from Position】：选择该项时，元件自身的坐标值决定元件的编号和标注值。

在这里需要注意的是，在对 PCB 图进行重新编号后，最好回到原理图中，更新原理图的元件标注，避免元件的封装形式发生变化。

下面介绍原理图元件标注的步骤。

首先回到窗口左边的浏览器，单击原理图文件，使当前工作区为原理图编辑器，然后执行菜单命令【Tools】/【Back Annotate】，弹出“.was”文件的对话框，将上面的PCB图重新标注形成的文件装入，然后单击【OK】按钮确定，即可更新原来的原理图。

在前面曾经提到过，文字的标注除了元件的编号标注外，还有其他类型的标注。主要包括设计的时间、日期、层面等说明性的标注。这些文字说明一般都放在机械层中。

下面以标注层面为例，对其他文字的标注方法进行说明。首先单击屏幕下方的电路板层面选择栏中的【Mechanical4】标签，切换当前的工作层如图5-62所示。

执行菜单命令【Place】/【String】或单击T按钮。此时光标会变成十字形状，按【Tab】键，会弹出如图5-63所示的对话框。

TopLayer BottomLayer Mechanical4 TopOverlay KeepOutLayer MultiLayer

图5-62 选择Mechanical4工作层

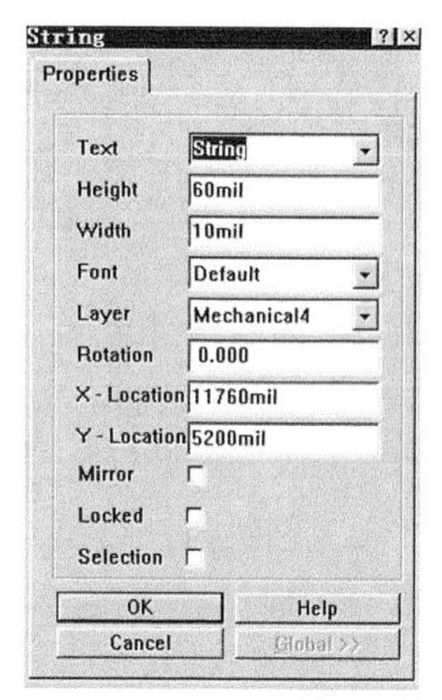

图5-63 字符串属性设置对话框

单击【Text】下拉列表框右侧的按钮，会出现如图5-64所示的选项菜单。

用户可以根据自己的需要来选择合适的字符串，也可以自己写入其他字符。由于本例是标注层面，所以在这里选取字符串【.Layer_Name】。

其他的选项可以自由选择，设置结束后单击【OK】按钮确定。该字符串就会随光标的移动改变位置。选择适当的位置后，单击即可将文字定位，如图5-65所示。

图5-64 选择字符串

图5-65 在合适的位置放置字符串

单击鼠标右键，即可退出放置文字标注的命令状态。

5.9.2 标注尺寸

标注尺寸主要是标注电路板的外围尺寸，可以起到说明的作用，也可以用来说明一些预留孔或其他部件的位置和大小。标注的方法比较简单，首先将当前的工作层面切换成【Drill Drawing】层，然后执行菜单命令【Place】/【Dimension】或单击放置工具栏中的按钮，此时光标会变成如图5-66所示的形状。

将光标移到尺寸线的起点处并单击，然后拖动鼠标到尺寸线的终点处，再单击即可完成标注，如图5-67所示。单击鼠标右键即可退出尺寸标注命令状态。

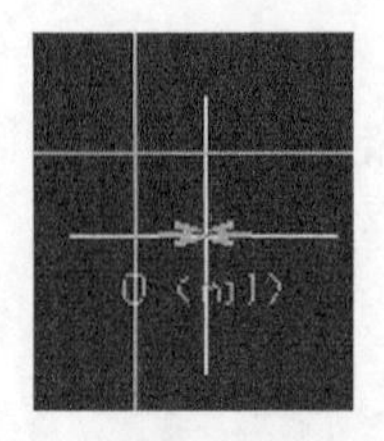

图 5-66　放置标注尺寸的初始点

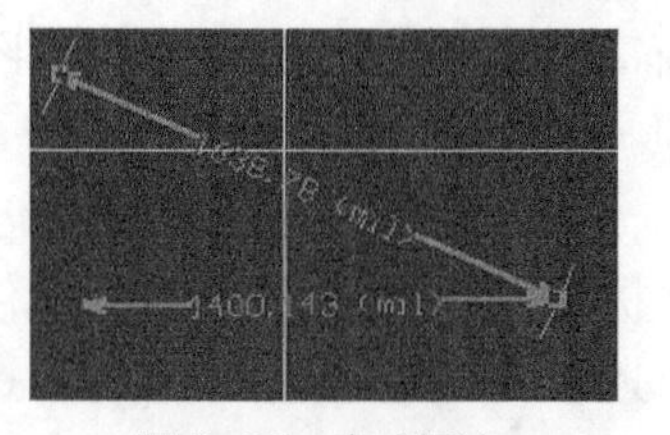

图 5-67　完成标注

5.9.3　放置定位孔

定位孔对于实际电路板的安装有非常重要的意义。下面介绍如何实现放置定位孔。

① 单击屏幕下方的电路板层面选择栏中的【KeepOutLayer】标签，切换当前的工作层面如图 5-68 所示。

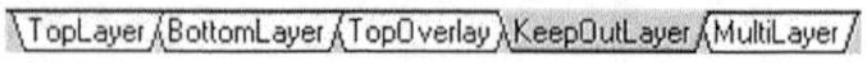

TopLayer / BottomLayer / TopOverlay / KeepOutLayer / MultiLayer

图 5-68　选择 KeepOutLayer 工作层

② 执行菜单命令【Place】/【Full Circle】或单击工具栏上的按钮，按【Tab】键，弹出如图 5-69 所示的对话框。根据上面的尺寸标注，在该对话框中进行编辑，确定圆的圆心半径等。设置完毕后，单击【OK】按钮即可。

③ 按照上面的方法绘制其他的圆，最终得到了如图 5-70 所示的结果。

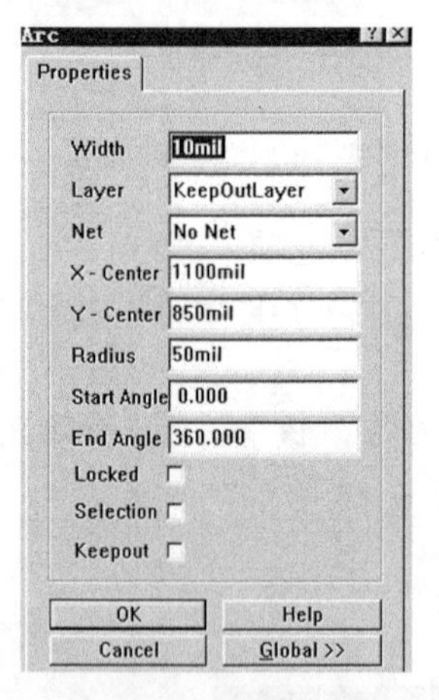

图 5-69　圆弧属性设置对话框

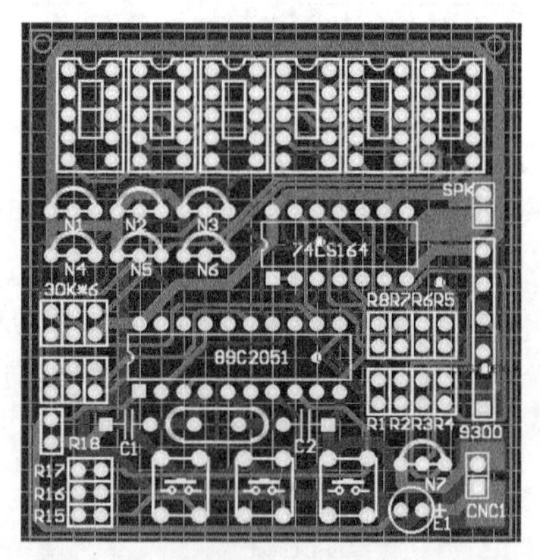

图 5-70　放置了定位孔的电路板图

5.10　三维视图

在经过一系列的设计之后，也许对着一张布满元件和导线的 PCB 图，用户会有一点成就感，但是，如果想早一些看到制成的电路板不是更好吗？Protel 99 SE 正好能够满足用户这个需求，这就是三维视图功能。

三维视图是一种可视化的工具，它可以让用户预览和预先打印出想象中的三维 PCB 视图。它是利用元件的封装形式选用一些典型的元件展现出来的，不一定跟现实中一模一样。

创建三维视图的方法可以执行菜单命令【View】/【Board in 3D】或单击主工具栏上的按钮即可。可以看到系统会自动生成一个三维视图出来，并且在当前的窗口中打开，如图 5-71 所示。

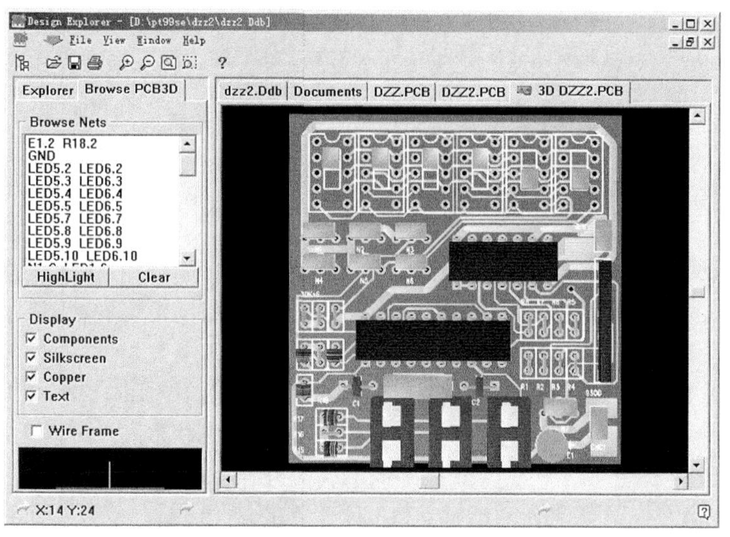

图 5-71　印制电路板的三维视图（俯视图）

此时，看到的仅仅是俯视图，其实可以更加生动、形象地来进行观察。这就是视角的改变的问题。视角是可以通过手动来进行任意改变的。可以将光标移到左下脚的缩小的视图上面，光标的形状就发生了变化，然后按住鼠标左键并拖动鼠标，就可以看到视角会随着光标的变化而变化，如图 5-72 所示。

自动生成的三维视图里面包含了元件的名称、外形和铜线等，多个标注可能干扰视线。为了解除这一困扰，可以通过改变某些设置来达到更好的效果。可以在工作平面上左边的【Display】栏下的复选框进行设置，来决定是否显示对应的项目；或者执行菜单命令【View】/【Preference】，在弹出的如图 5-73 所示的对话框中进行设置。设置完毕后，单击【OK】按钮即可。

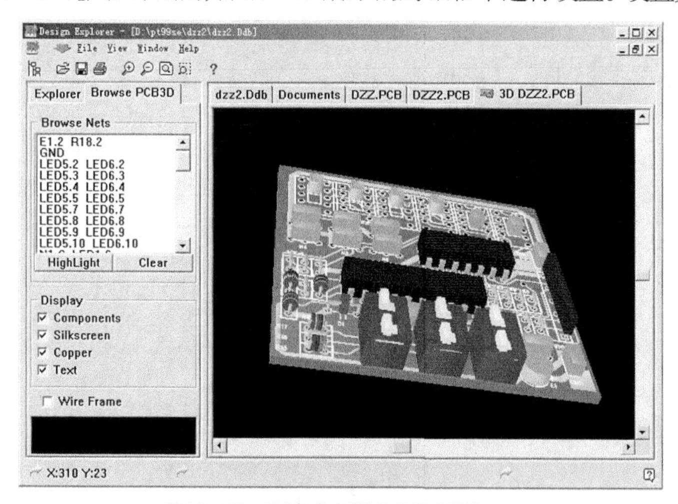

图 5-72　观察点在侧上方的印制电路板三维视图

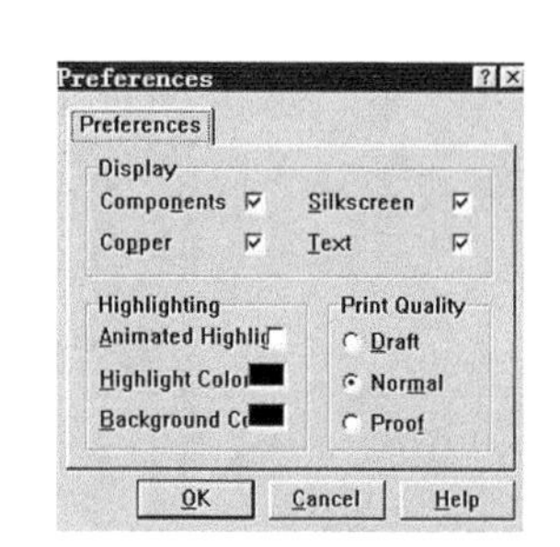

图 5-73　印制电路板三维视图参数设置对话框

在工作平面的左边还有一项是浏览网络的选项，这主要是帮助用户更好地观察网络在印制板图中对应的位置。单击要观察的网络，然后单击【HighLight】，就可以看到在印制板中，该网络用了着重色，可以一目了然。单击【Clear】，系统就会清除着重色，回到原来的状态。对于着重色的设置，可以在上面的对话框中进行设置。

该三维图可以打印出来的，具体的方法可以执行菜单命令【File】/【Print】。有关打印的设置也可以在图 5-73 的对话框中进行，打印的质量设置有 3 种，可以根据实际需要来进行选择，如果没有特别的要求，就采用默认值。

5.11 PCB 图的打印输出

PCB 设计过程的最基本的一个环节就是将 PCB 设计图打印输出。这就能够得到管理设计图的装配信息，可以为检查各个装配层的元件作好准备，也可以汇集设计图的元件位置信息和装配的顺序。

Protel 99 SE 的打印输出的创建可以通过准备所需的打印输出预览开始，然后用新的打印设定将它们打印出来。运用这个功能，用户可以设置打印的比例和方向，可以在打印之前就能看到打印的效果，这样就能从混合的 PCB 图中很准确地将所需的层面打印出来。

Protel 99 SE 新的打印管理器也能够支持打印当前的打印区域和复制 Windows 记事本当前的预览，可以让用户的文件夹更加方便地得到 PCB 的信息。

这种打印机的特性能够生成*.PPC 文件。PPC 文件包括的内容有被打印的是哪张 PCB 图、目标打印机、打印输出设置和每个打印输出的 PCB 层面。打开 PPC 文件就能够看到这个设置信息。PCB 图得到了分析，而且在数据管理窗口中可以看到用标签隔开的 PCB 预览图，然后用户就可以根据需要打印输出了。

由于当前的 PCB 数据信息不会存到 PPC 文件中，所以无论是在创建、修改或者打开一个 PPC 文件的时候，用户必须从 PCB 图中选取最正确的图。如果在打印设置中将自动的重新设定变成无效，而且用重新设定的按钮（改变了预览结构），或者在浏览的 PCB 打印平面上更新了预览，处理 PCB 按钮（修改了 PCB 图），这个分析过程是自动的。

5.11.1 设置打印预览

实现打印预览可以执行菜单命令【File】/【Print/Preview】。之后一个 PPC 文件就会自动生成，而且会在当前的窗口打开，可以看到 PCB 的打印输出效果图。名为“MyDesign.PCB”的 PCB 图生成的打印输出文件 PPC 文件名称是“Preview MyDesign.PPC”。可以像改变设计数据库的名称一样改变这个文件夹的名称，如图 5-74 所示。

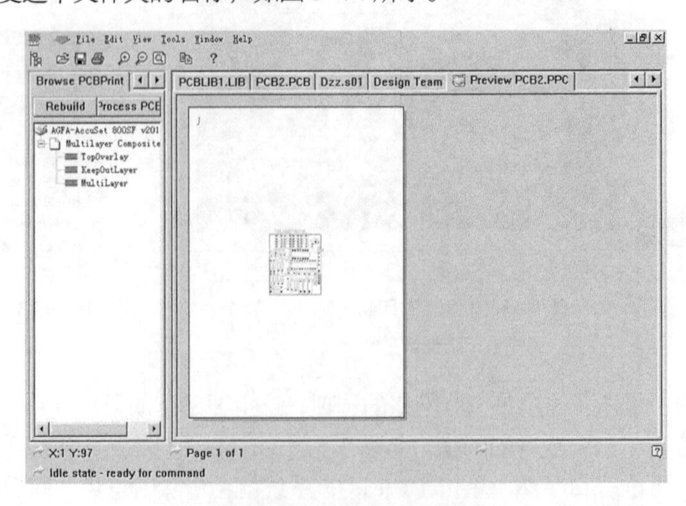

图 5-74 打印预览对话框

一旦预览实现了，就可以顺利地在设计管理窗口中按浏览 PCB 输出的文件标签来显示当前的打印输出结构。

5.11.2 打印输出的概念

打印输出是一个打印单层或多层 PCB 图的一个简单的打印工作。按照比例，可以通过一张或几张纸将图打印出来。每次打印输出在预览 PCB 打印平面上就有一个标记。

任何 PCB 图层的结构都能够打印输出，而且可以在一个 PPC 文件中定义多个打印输出。

5.11.3 改变打印输出设置

当在 PCB 编辑菜单中执行了【File】/【Print】菜单命令，而且显示了预览页时，打印出了错综的结构输出。错综的结构输出是与真正的 PCB 板图相似的，相对于其他的层面来讲比较主要的层面的绘制结果。

在【Tools】菜单下面的下拉列表中有许多的预定义输出设置，选择一个不同的打印输出设置，当前的结构将会被新的结构所代替。可以轻松地创建一个新的打印输出设置，执行菜单命令【Edit】/【Insert Printout】，在当前的打印预览文档中增加一个新的打印输出。可以预设包括顶层的新的打印输出设置。

5.11.4 在打印输出中指明层面

屏幕中显示的层次顺序就是将要打印输出的顺序。要想从当前的打印输出结构中增加或减少层面，可以右击某层面，从浮动的菜单中选择【Properties】选项，弹出如图 5-75 所示的【Layer Properties】对话框。

在对话框的层次区域显示了目前要打印的层次的当前设置。用按钮指向低层区域来修改层次设置。

在如图 5-76 所示的标签上单击鼠标右键，弹出如图 5-77 所示的对话框。增加新的层次的步骤如下。

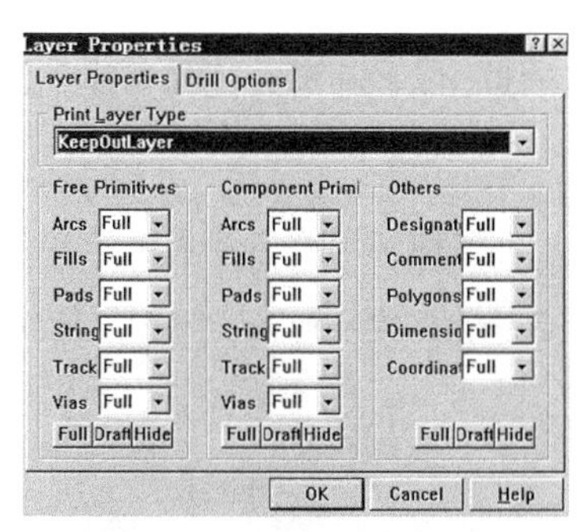

图 5-75 打印层面设置对话框

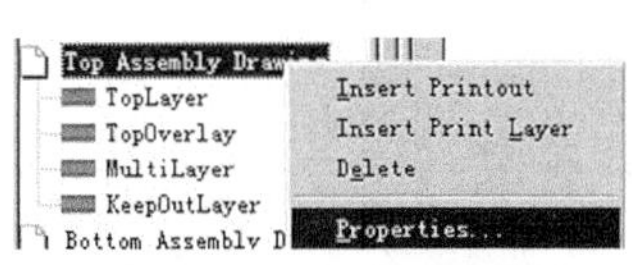

图 5-76 打印设置菜单

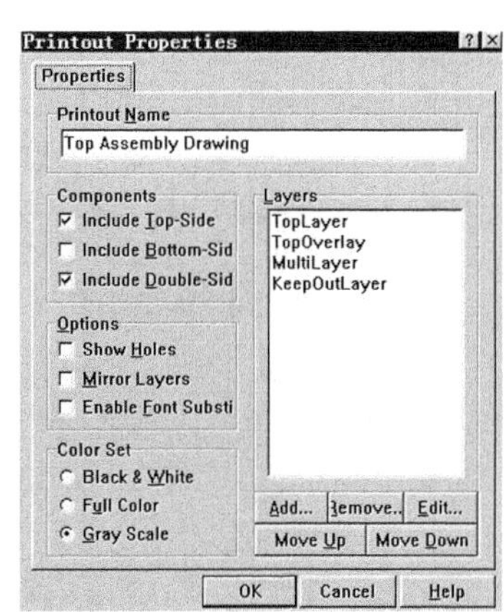

图 5-77 增 / 减打印层面对话框

① 在属性对话框单击增加【Add...】按钮。

② 在下面列举的打印层面类型列表中选择想增加的层。

③ 根据需要在原来的基础上设置显示模式，在当前的显示模式下设置更多的层面属性结构。

④ 在层次属性对话框中单击【OK】按钮。

新增加的层就会在层次列表的底部显示出来，这就表示这个层将会在打印的过程中首先打印出来，每个显示在上面的层面将会按顺序打印出来。运用上下移动的按钮可以改变位置的顺序。

5.11.5　设置打印机

创建一个新的 PPC 文件，系统将会自动使用 Windows 系统原有的打印机。改变打印机可以执行菜单命令【File】/【Setup Printer】或在打印机的标签上单击鼠标右键在浮动的菜单中选择【Properties】选项，弹出如图 5-78 所示的对话框，在这个对话框中完成打印机的设置。

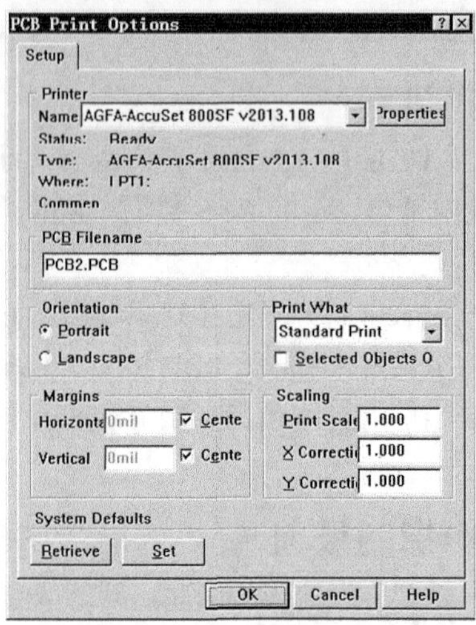

图 5-78　打印机设置对话框

5.11.6　改变纸的方向、比例和其他的打印设置

PCB 图打印设置包括纸张的方向、打印比例和边缘宽度。

在上面的对话框中，【Orientation】栏是设置纸的方向的，【Scaling】栏是设置比例的，【Margins】栏是设置边缘的。用户可以根据自己的要求来设置以上各项的数值。有如下 3 种预设打印模式。

- 标准打印：用当前的定义好的打印比例数值打印。
- 整张图纸都包含在一张打印纸中：系统自动设置的充满整张纸的比例。
- PCB 屏幕区域：在纸上显示适合当前屏幕区域。值得注意的是，纸上不再有任何空间了。

5.11.7　打印输出

一旦打印输出在预览窗口中正确的显示出来就可以开始打印。有多种打印的方式可供选择，单击【File】菜单可以看到这些不同的方式，如图 5-79 所示。几种打印方式的含义如下。

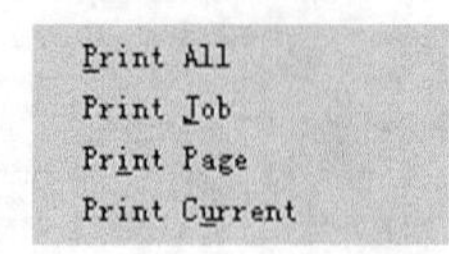

图 5-79　打印方式选择菜单

- Print All：选择这一项就会打印当前 PPC 文件的所有需要打印输出的层面。每个打印输出都将是打印机的一项特别的任务，打印机会以同样的名称打印输出。
- Print Job：选择这一项就会打印当前 PPC 文件的所有需要打印输出的层面，所有的打印输出将会是相同的打印工作。打印工作像 PPC 文件一样具有相同的名称。
- Print Page：打印当前的页面。如果文档中有好几页，将会弹出一个对话框可供选择页码或者页码范围。
- Print Current：打印当前输出的所有的页面。

5.12 PCB 图的报表生成

Protel 99 SE 提供了多种类型的 PCB 报表，下面就来逐个介绍。

5.12.1 引脚信息报表

引脚信息报表是提供各引脚信息的。操作者可以选择若干个引脚，通过报表功能生成关于这些引脚的具体信息，这些信息会自动地生成一个*.dmp 的报表文件，操作者可以直接阅读有关信息，方便地检验电路板的网络连接。

要想生成引脚信息报表，首先要选择需要产生报表的引脚，然后可以执行菜单命令【Reports】/【Selected Pins】，之后会出现如图 5-80 所示的产生引脚的对话框。

在对话框中单击【OK】按钮，程序会自动生成相应的.dmp 文件，并切换到文本编辑窗口，文本内容即引脚信息。

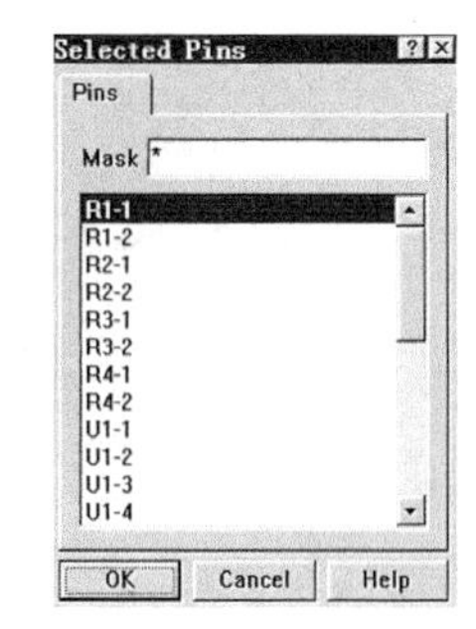

图 5-80 引脚信息报表引脚选择对话框

5.12.2 电路板信息报表

电路板信息报表能给设计者提供一个包含电路板的尺寸、焊点、过孔数量和元件标号等详细信息的报告，对用户有很大的帮助。

产生报表可以执行菜单命令【Reports】/【Board Information】，之后会产生如图 5-81 所示的生成信息报表对话框。

如果只想产生一般的信息报表，可以单击对话框中的【General】标签即可进入【General】选项卡。该选项卡显示关于电路板的一般信息，如电路板的尺寸、电路板的连线、连线弧、过孔等图元的数量等信息。

单击图 5-81 中所示对话框的【Report...】按钮，会弹出如图 5-82 所示的对话框，用户可以根据需要选择想要知道的项目，也可以单击【All On】按钮全选。

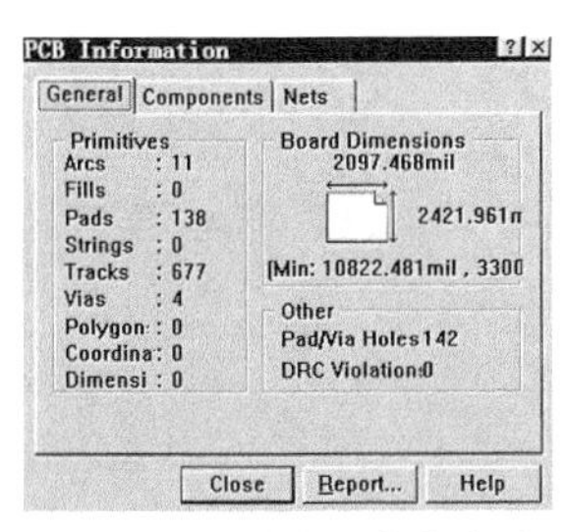

图 5-81 电路板信息报表生成对话框

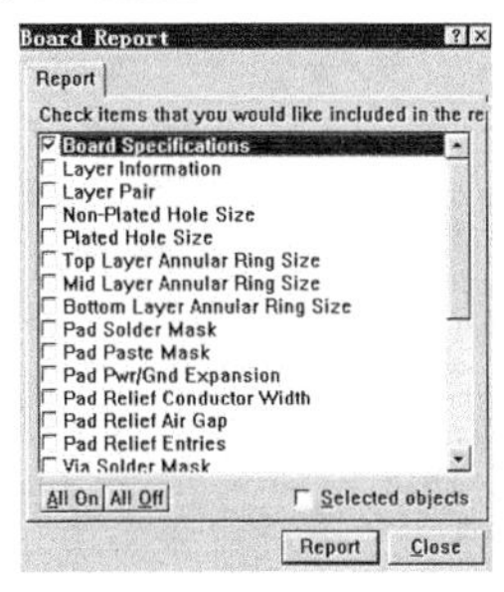

图 5-82 报表内容选择对话框

选择完毕后，单击【Report】按钮，程序会自动生成相应的 REP 报表文件，同时启动文本编辑器并打开该文件，从中可以阅读详细的信息。

如果想得到电路板上元件的信息报表，单击【Components】标签，即可进入【Components】选项卡，如图 5-83 所示。该选项卡显示当前电路板上的元件信息，如元件的封装、标号等。单击【Report...】按钮，会弹出选择项目的对话框，选择完毕后单击【Report】按钮，程序会自动生成相应的 REP 报表文件，

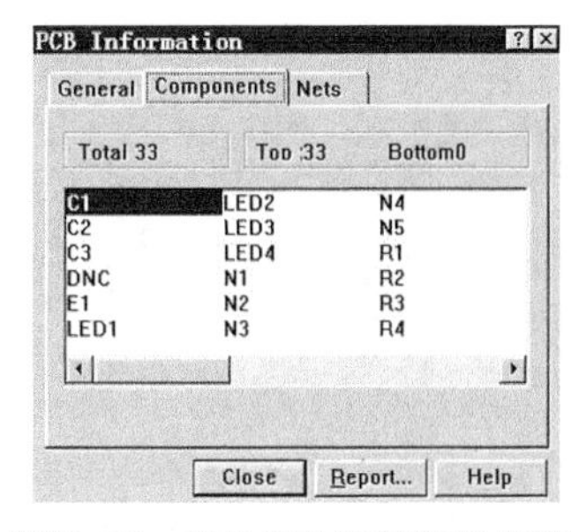

图 5-83 元件信息报表设置对话框

同时启动文本编辑器并打开该文件，从中可以阅读详细的信息。

如果想得到网络的信息报表，单击【Nets】标签，即可进入【Nets】选项卡，如图 5-84 所示。

该选项卡显示当前电路板上网络的信息。单击【Pwr / Gnd...】按钮，可以列出有关电路板内部电源 / 地线信息，如图 5-85 所示。

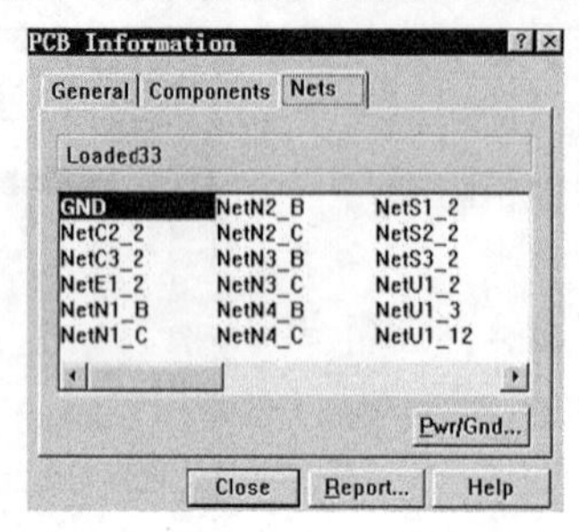

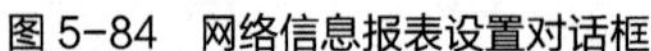
图 5-84　网络信息报表设置对话框

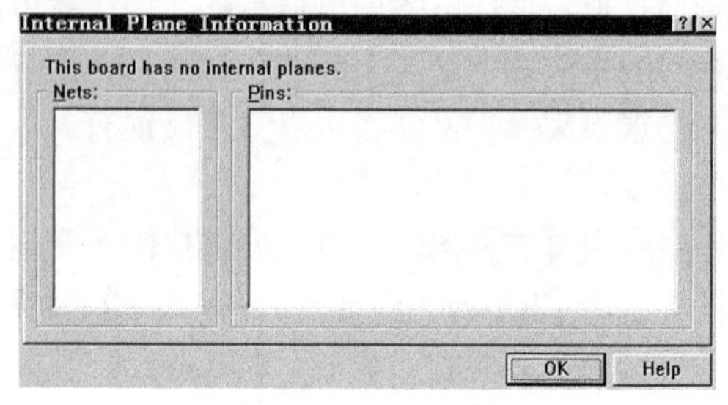

图 5-85　电源信息对话框

选择完毕后单击图 5-84 中的【Report...】按钮，程序会自动生成相应的 REP 报表文件，同时启动文本编辑器并打开该文件，从中可以阅读详细的信息。

● 当前电路板的信息报表如下。

```
Specifications For PCB2.PCB
On 10-Jul-2002 at 13:58:46
```

● 当前电路板的尺寸信息如下。

```
Size Of board 2.098 x 2.422 sq in
Equivalent 14 pin components    0.52 sq in/14 pin component
Components on board    33
```

● 当前电路板的图元信息及其他信息如下。

```
Layer               Route     Pads      Tracks   Fills    Arcs     Text
 TopLayer                     0          265      0        0        0
 BottomLayer                  0          227      0        0        0
 TopOverlay                   0          181      0        11       66
 KeepOutLayer                 0          4        0         0       0
 MultiLayer                   138         0       0         0       0
 Total                        138         677     0        11       66

 Layer Pair                        Vias
 Top Layer - Bottom Layer s          4
 Total                               4

 Non-Plated Hole Size  Pads        Vias
 Total                    0          0

 Plated Hole Size       Pads       Vias
 28mil(0.7112mm)         14          4
 30mil(0.762mm)          60          0
 32mil(0.8128mm)         64          0
 Total                  138          4

 Top Layer Annular Ring Size    Count
 18mil(0.4572mm)                  26
```

```
22mil(0.5588mm)                4
30mil(0.762mm)                24
32mil(0.8128mm)               60
34mil(0.8636mm)               14
48mil(1.2192mm)               14
Total                        142

Mid Layer Annular Ring Size   Count
18mil(0.4572mm)               26
22mil(0.5588mm)                4
30mil(0.762mm)                24
32mil(0.8128mm)               60
34mil(0.8636mm)               14
48mil(1.2192mm)               14
Total                        142

Bottom Layer Annular Ring Size     Count
18mil(0.4572mm)                     26
22mil(0.5588mm)                      4
30mil(0.762mm)                      24
32mil(0.8128mm)                     60
34mil(0.8636mm)                     14
48mil(1.2192mm)                     14
Total                              142

Pad Solder Mask                    Count
4mil(0.1016mm)                      138
Total                        138

Pad Paste Mask                Count
0mil(0mm)                      138
Total                          138

Pad Pwr/Gnd Expansion         Count
20mil(0.508mm)                 138
Total                          138

Pad Relief Conductor Width    Count
10mil(0.254mm)                 138
Total                          138

Pad Relief Air Gap            Count
10mil(0.254mm)                 138
Total                          138

Pad Relief Entries            Count
5.11  138
Total                          138

Via Solder Mask               Count
4mil(0.1016mm)                   4
```

```
Total                                  4

Via Pwr/Gnd Expansion                  Count
20mil(0.508mm)                         4
Total                                  4

Track Width                            Count
10mil(0.254mm)                         512
12mil(0.3048mm)                        160
13mil(0.3302mm)                        5
Total                                  677

Arc Line Width                         Count
10mil(0.254mm)                         6
13mil(0.3302mm)                        5
Total                                  11

Arc Radius                             Count
25mil(0.635mm)                         2
50mil(1.27mm)                          4
100mil(2.54mm)                         5
Total                                  11

Arc Degrees                            Count
5.12  11
Total                                  11

Text Height                            Count
60mil(1.524mm)                         66
Total                                  66

Text Width                             Count
10mil(0.254mm)                         66
Total                                  66

Net Track Width                        Count
10mil(0.254mm)                         33
Total                                  33

Net Via Size                           Count
50mil(1.27mm)                          33
Total                                  33
```

5.12.3 其他报表

除了上述类型的报表，Protel 99 SE 还提供了其他类型的报表。

1．文件层次分析报表

该报表对*.ddb 文件内“Documents”文件夹内的所有文件进行统计，形成结构数据信息。其实现方法是执行菜单命令【Reports】/【Design Hierarchy】，之后在“Documents”外产生*.rep 文件，并同时启动文本编辑框打开该 REP 文件。

文件层次分析报表的内容如下。

```
Design Hierarchy Report for D: \pt99se\dzz\Dzz2.DDB
Documents
Dzz.Bom
Dzz.cfg
Dzz.CSV
Dzz.ERC
Dzz.NET
Dzz.s01
Dzz.SYN
Dzz.XLS
Dzz1.pcb
PCB1.PCB
PCB1.SYN
PCBLIB1.LIB
PCB1.DRC
PCB2.PCB
PCB2.DRC
PCB2.REP
PCB2.SIG
```

2．网络分析报表

网络分析报表主要是为操作者提供当前电路板上所有网络的名称、所处的工作层面及网络的走线长度。具体的实现过程是，执行菜单命令【Reports】/【Netlist Status】，之后在“Documents”内产生*.rep 文件，并同时启动文本编辑框打开该文件。

网络分析报表的内容如下。

```
Nets report For Documents\PCB2.PCB
On 10-Feb-2008 at 14:25:23

GND   Signal Layers Only  Length:6693 mils

NetC2_2    Signal Layers Only  Length:348 mils

NetC3_2    Signal Layers Only  Length:373 mils

NetE1_2    Signal Layers Only  Length:821 mils

NetN1_B    Signal Layers Only  Length:308 mils

NetN1_C    Signal Layers Only  Length:2314 mils

NetN2_B    Signal Layers Only  Length:294 mils

NetN2_C    Signal Layers Only  Length:1787 mils

NetN3_B    Signal Layers Only  Length:320 mils

NetN3_C    Signal Layers Only  Length:2202 mils

NetN4_B    Signal Layers Only  Length:400 mils
```

```
NetN4_C    Signal Layers Only  Length:977 mils

NetS1_2    Signal Layers Only  Length:3292 mils

NetS2_2    Signal Layers Only  Length:3317 mils

NetS3_2    Signal Layers Only  Length:2725 mils

NetU1_12    Signal Layers Only  Length:2436 mils

NetU1_13    Signal Layers Only  Length:1517 mils

NetU1_14    Signal Layers Only  Length:1646 mils

NetU1_15    Signal Layers Only  Length:1501 mils

NetU1_2    Signal Layers Only  Length:545 mils

NetU1_3    Signal Layers Only  Length:1121 mils

NetU2_10    Signal Layers Only  Length:1508 mils

NetU2_11    Signal Layers Only  Length:2820 mils

NetU2_12    Signal Layers Only  Length:2989 mils

NetU2_13    Signal Layers Only  Length:2879 mils

NetU2_3    Signal Layers Only  Length:2117 mils

NetU2_4    Signal Layers Only  Length:2518 mils

NetU2_5    Signal Layers Only  Length:4573 mils

NetU2_6    Signal Layers Only  Length:2073 mils

NetU3_2    Signal Layers Only  Length:590 mils

NetU3_3    Signal Layers Only  Length:279 mils

NetU3_4    Signal Layers Only  Length:468 mils

VCC    Signal Layers Only  Length:5882 mils
```

3．信号分析报表

信号分析报表主要是为用户提供当前的电路板信号完整性信息，程序将模拟实际电路，最后得出电路的信号传递是否可靠。具体操作过程是，执行菜单命令【Reports】/【Signal Integrity】，之后在“Documents”内产生*.sig文件，并同时打开该文件。

信号分析报表的内容如下。

```
Documents\PCB2.SIG - Signal Integrity Report
```

```
Designator to Component Type Specification
Warning! No designator to component type mapping defined.
All components considered as type IC.

Power Supply Nets
Warning! No supply nets defined. Results may be unreliable.

Ics with valid models

Ics With No Valid Model
C1                          Closest match in library will be used
C2                          Closest match in library will be used
C3                          Closest match in library will be used
DNC        4PIN             Closest match in library will be used
E1                          Closest match in library will be used
LED1       LED.3            Closest match in library will be used
LED2       LED.3            Closest match in library will be used
LED3       LED.3            Closest match in library will be used
LED4       LED.3            Closest match in library will be used
N1                          Closest match in library will be used
N2                          Closest match in library will be used
N3                          Closest match in library will be used
N4                          Closest match in library will be used
N5                          Closest match in library will be used
R1                          Closest match in library will be used
R2                          Closest match in library will be used
R3                          Closest match in library will be used
R4                          Closest match in library will be used
R5                          Closest match in library will be used
R6                          Closest match in library will be used
R7                          Closest match in library will be used
R8                          Closest match in library will be used
R9                          Closest match in library will be used
R10                         Closest match in library will be used
R11                         Closest match in library will be used
R14                         Closest match in library will be used
S1                          Closest match in library will be used
S2                          Closest match in library will be used
S3                          Closest match in library will be used
SPK                         Closest match in library will be used
U1         89C2051          Closest match in library will be used
U2         74LS164          Closest match in library will be used
U3         9300             Closest match in library will be used
```

利用生成的各种报表，用户可以直观地掌握印制电路板的各种有用信息，这些信息有助于校对、检查和存档等工作。

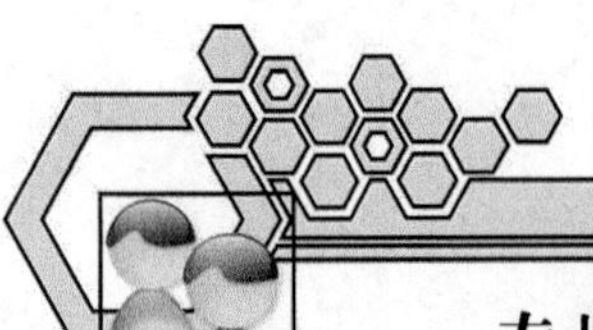

专业英语词汇

专业英语词汇	行 业 术 语
Add / Remove	添加 / 删除
Pins	引脚
IC（Integrated Chip）	集成芯片
Signal Layers	信号层
Internal Plane Layers	内部电源 / 接地层
Execute	执行

习题

一、填空题

1. 元件封装的编号一般为"__________+____________+____________"。

2. Silkscreen 丝印层主要用于绘制元件的________________。

二、选择题

1. PCB 元件库管理器生成的库文件的扩展名是（　　）。

A. SCH　　B. SCFLIB　　C. LIB　　D. NET

2. PCB 系统所谓安全间距是（　　）。

A. 同一层面的两个独立对象之间的最大距离

B. 同一层面的两个独立对象之间允许的最小距离

C. 焊盘的尺寸和形状

D. 不同层面到两个对象之间的最小距离

3. 双面板放置元件的层面一般为（　　）。

A. Top　　B. Power Plane　　C. Ground Plane　　D. Bottom

4. 在生成的 PCB 报表中，包含以下哪些文件？（　　）

A. 电路板信息报告表　　B. 元件报表

C. 网络状态及钻孔文档　　D. ABC

三、简答题

1. 印制电路板的电气边界是在哪个层面进行规划的？电气边界的作用是什么？

2. 原理图的设计检测正确了，是否保证在装入网络表时就一定没有错误？

3. 简述如何利用同步器装入网络表与元件。该方法与传统的利用网络表文件装入网络表与元件的方法相比有哪些优点？

4. 如何装载元件库？

5. 元件的自动布局有何缺点？自动布线呢？
6. 如何将一个 PCB 图的顶层打印出来？如何改变图纸的方向？
7. 三维视图中的每个元件是否绝对与显示中的是吻合的？
8. 工具栏上的 4 个绘制圆弧的按钮分别对应的菜单命令是什么？
9. 工具栏上的 2 个绘制直线的按钮有区别吗？
10. PCB 图中能否生成元件列表？
11. 简述印制电路板图的设计流程。

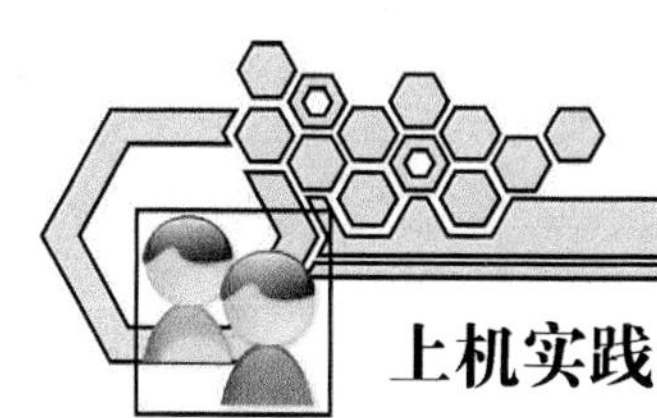

上机实践

请根据如图 5-86 所示的电路原理图，设计其印制板电路图。

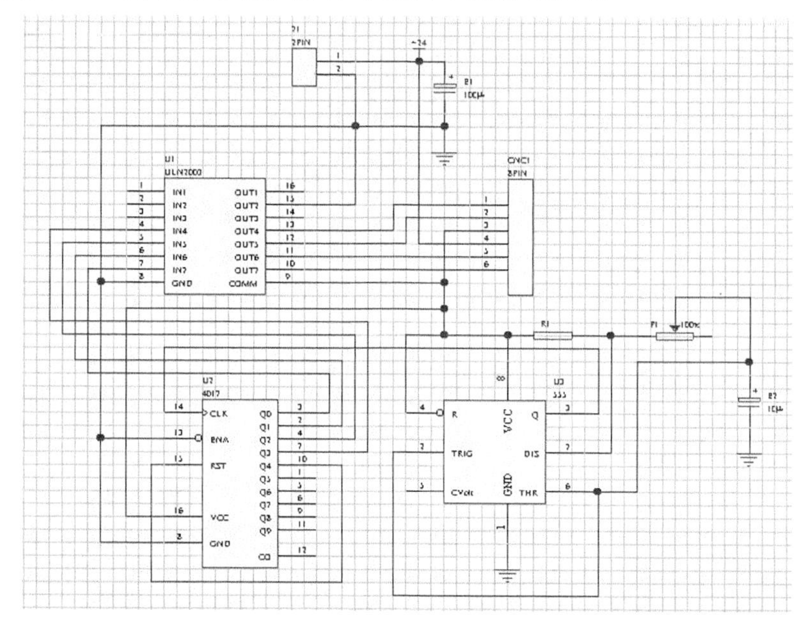

图 5-86　步进电机驱动电路原理图

PART 6

第 6 章 PCB 图设计常用操作功能

在前面的章节中，已经通过电子钟的实例讲述了 PCB 设计的过程。本章将进一步具体讲述 PCB 图设计常用操作功能，为进一步完善一幅 PCB 图打下良好的基础。

6.1 放置工具的使用

Protel 99 SE 的绘图工具包含在放置工具栏【Placement Tools】中，打开或关闭放置工具栏的方法可以执行菜单命令【View】/【Tools】/【Placement Tools】，打开的工具栏如图 6-1 所示。

放置工具栏中的各个按钮的功能基本上都可以通过菜单命令来实现，主要是菜单【Place】中的相应选项，如图 6-2 所示。放置工具栏中各个按钮的功能和相应的菜单命令如下。

图 6-1 放置工具栏

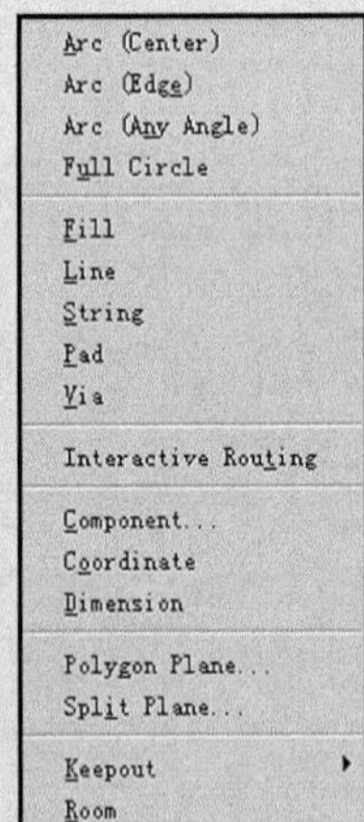

图 6-2 放置菜单

- ：绘制导线。对应的菜单命令是【Place】/【Interactive Routing】。
- ：放置直线。对应的菜单命令是【Place】/【Line】。
- ：放置焊盘。对应的菜单命令是【Place】/【Pad】。
- ：放置过孔。对应的菜单命令是【Place】/【Via】。
- T：放置字符串。对应的菜单命令是【Place】/【String】。
- ：放置位置坐标。对应的菜单命令是【Place】/【Coordinate】。
- ：放置尺寸标注。对应的菜单命令是【Place】/【Dimension】。
- ：设置坐标原点。对应的菜单命令是【Edit】/【Origin】/【Set】。

- ：放置元件空间。对应的菜单命令是【Place】/【Room】。
- ：放置元件。对应的菜单命令是【Place】/【Component】。
- ：边缘法绘制圆弧。对应的菜单命令是【Place】/【Arc（Edge）】。
- ：中心法绘制圆弧。对应的菜单命令是【Place】/【Arc（Center）】。
- ：边缘法绘制任意的圆弧。对应的菜单命令是【Place】/【Arc（Any Angle）】。
- ：绘制整圆。对应的菜单命令是【Place】/【Full Circle】。
- ：放置矩形填充。对应的菜单命令是【Place】/【Fill】。
- ：放置多边形填充。对应的菜单命令是【Place】/【Polygon Plane】。
- ：放置内部电源/接地层。对应的菜单命令是【Place】/【Split Plane】。
- ：定义一个双排的文件夹内容放置器。

下面具体介绍各个按钮的使用方法。

6.1.1 绘制导线

绘制导线的具体方法有以下两种。

- 执行菜单命令【Place】/【Interactive Routing】。
- 单击放置工具栏中的按钮。

光标变成十字形状，即可开始绘制导线。将光标移动到所需位置，单击鼠标左键确定导线的起点，然后移动光标，在导线的每个转折点处单击确认，即可绘制出一段直导线。在导线的终点处单击确认后，单击鼠标右键，即可绘制出一条导线。

绘制完一条导线后，程序仍然处于绘制导线的命令状态，用户可以按照上面的方法继续绘制其他导线。如果不想再绘制导线，可以按【Esc】键或单击鼠标右键，退出绘制导线的命令状态。

在绘制导线的过程中，如果某一段导线与上一段导线呈 90° 转折，则必须在该段导线的终点单击两次加以确认。如果该段导线与上一段导线之间不是 90° 转折，则只需在该段终点处单击一次确认即可。

6.1.2 放置焊盘及其属性编辑

放置焊盘的方法有以下两种。

- 执行菜单命令【Place】/【Pad】。
- 单击放置工具栏中的按钮即可。

随后光标变成十字形状，并且会带着一个焊盘，如图 6-3 所示。

移动光标到需要放置焊盘的位置，单击鼠标左键确认，即可将焊盘放置到光标所在的位置。

重复上面的操作，即可在工作平面上放置其他的焊盘。如果不想继续放置，可以单击鼠标右键或按【Esc】键退出。

对于已放置好的焊盘，如果想改变它的属性，可以双击焊盘，弹出如图 6-4 所示的对话框。可以根据自己的要求，在对话框中对焊盘的属性进行修改。可以在对话框中对该焊盘的形状（Shape）、内径（Hole Size）、所在工作层面（Layer）和放置位置坐标（X-Location，Y-Location）等进行编辑。用户还可以选择锁定（Locked）、选中（Selection）、测试点（Testpoint）等功能，也可以按【Advanced】按钮，对焊盘的网络性质等进行修改。具体的修改方法可以参照前面的关于属性的修改来获得满意的效果。

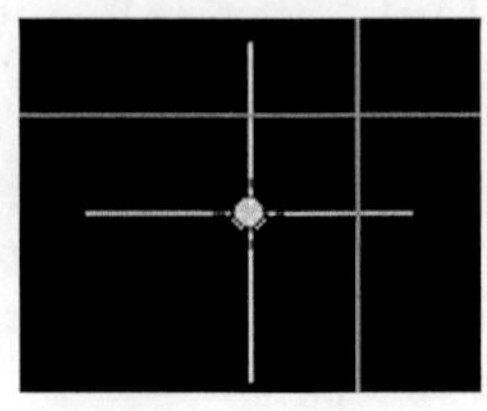

图 6-3　放置焊盘

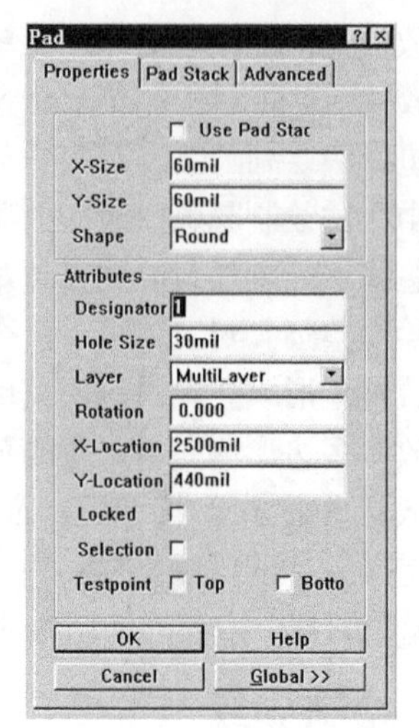

图 6-4　焊盘属性设置对话框

6.1.3　放置过孔及其属性编辑

放置过孔的具体方法有以下两种。

- 执行菜单命令【Place】/【Via】。
- 单击放置工具栏中的按钮。

随后可以看到光标变成十字形状，并且会带着一个过孔出现在工作区，如图 6-5 所示。

将光标移到要放置过孔的位置，单击鼠标左键确认，即可将一过孔放置在当前光标所在的位置。

放置完一个过孔后，如果还想继续放置，可以按照上面的方法继续放置。如果不想继续放置了，可以单击鼠标右键或按【Esc】键退出放置过孔的命令状态。

如果对于放置的过孔不大满意，可以双击该过孔，弹出如图 6-6 所示的对话框。在对话框中对该过孔的外直径（Diameter）、内径（Hole Size）、开始层（Start Layer）、结束层（End Layer）和放置位置坐标（X-Location，Y-Location）等进行编辑。用户还可以选择锁定（Locked）、选中（Selection）、测试点（Testpoint）等功能，直到满意为止。

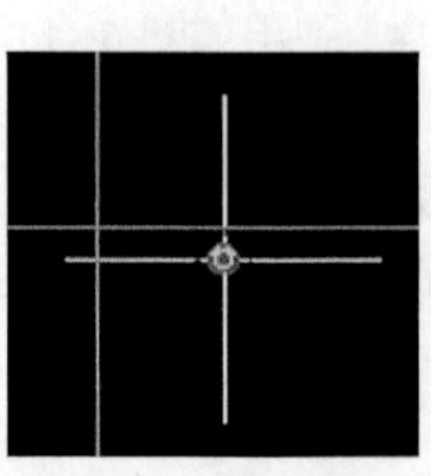

图 6-5　放置过孔

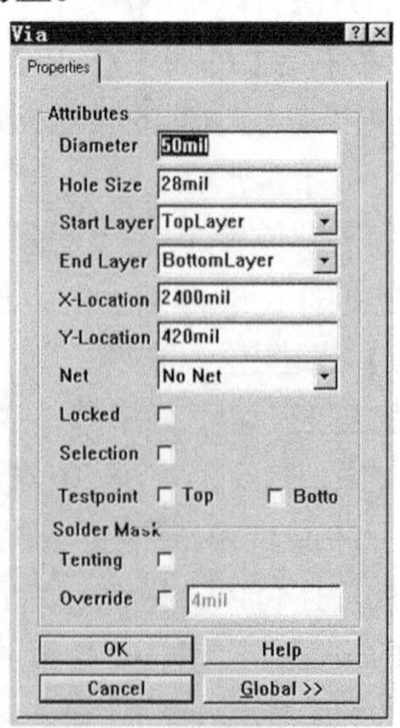

图 6-6　过孔属性设置对话框

6.1.4 放置字符串

用户还可以在平台上放置字符串，作为必要的文字标注。字符串是不具有任何电气特性的图件，对电路的电气连接关系没有任何影响。

在工作平台上放置一个字符串的具体实现方法有以下两种。

- 执行菜单命令【Place】/【String】。
- 单击放置工具栏中的**T**按钮。

随后可以看到光标变成十字形状，并且带着一个默认的字符串出现在工作区，如图 6-7 所示。

按【Tab】键会出现如图 6-8 所示的对话框。在该对话框中，可以对字符串的内容（Text）、高度（Height）、宽度（Width）、字体（Font）、所处工作层面（Layer）、放置角度（Rotation）、放置位置坐标（X-Location，Y-Location）等进行选择或设定。用户还可以选择镜像（Mirror）、锁定（Locked）、选中（Selection）等功能。字符串的内容既可以从下拉列表中选择，也可以直接输入。

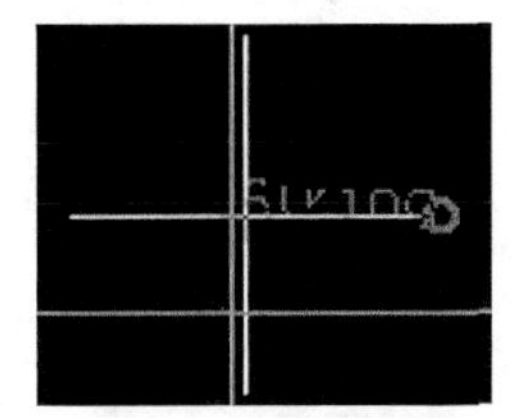

图 6-7 放置字符串

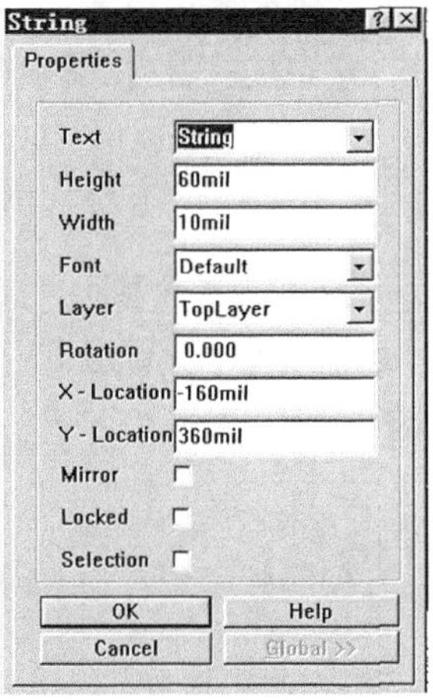

String
Properties
Text String
Height 60mil
Width 10mil
Font Default
Layer TopLayer
Rotation 0.000
X - Location -160mil
Y - Location 360mil
Mirror
Locked
Selection
OK Help
Cancel Global >>

图 6-8 字符串属性设置对话框

设置好字符串属性后，单击对话框中的【OK】按钮即可，工作区内会自动出现用户所设定的字符串。

6.1.5 放置位置坐标

用户可以将光标当前所在位置的坐标放置在工作平面上以供参考，它同字符串一样不具有任何电气特性。

放置位置坐标的具体操作方法是执行菜单命令【Place】/【Coordinate】，光标会变成十字形状，并带着当前位置的坐标出现在工作区内，如图 6-9 所示。

随着光标的移动，坐标值也会相应的改变。按【Tab】键即可进入坐标属性对话框，如图 6-10 所示。在该对话框中，可以设置位置坐标的有关属性。

图 6-9　放置位置坐标

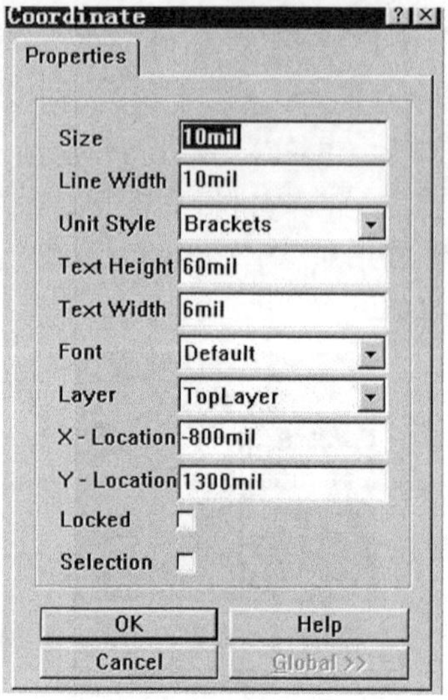

Coordinate

Properties

Size　10mil

Line Width　10mil

Unit Style　Brackets

Text Height　60mil

Text Width　6mil

Font　Default

Layer　TopLayer

X - Location　-800mil

Y - Location　1300mil

Locked

Selection

OK　Help

Cancel　Global >>

图 6-10　位置坐标属性设置对话框

设置好位置坐标后，单击对话框中的【OK】按钮即可，然后将光标移到所需的位置，单击后即可将当前的位置坐标放置在各种平面上。

在没有将位置坐标放置在各种平面之前，通过属性对话框设置位置坐标值（X-Location，Y-Location）是没有意义的。用户可以在放置了位置后，用鼠标左键双击该坐标，然后在出现的位置设置坐标属性对话框中重新将坐标值（X-Location，Y-Location）设定为所需的值。

6.1.6　放置尺寸标注

在进行印制电路板设计时，处于方便制版过程考虑，通常需要标注某些尺寸的大小。尺寸标注也没有电气意义。

放置尺寸标注的具体方法有以下两种。

- 执行菜单命令【Place】/【Dimension】。
- 单击放置工具栏中的按钮。

随后会出现如图 6-11 所示的情形。

按【Tab】键，会出现如图 6-12 所示的对话框。在对话框中，可以对尺寸标注的字体高度、宽度、线宽、单元类型、字体、所处工作层面、起点坐标和终点坐标等进行设置，然后，单击【OK】按钮确认即可。设置好尺寸标注属性后，将光标移动到尺寸起点，单击确认，然后移动光标，此时，显示的尺寸值会随着光标的移动而不断变化。在尺寸的终点处，再次单击左键确认，这样就完成了一次放置尺寸标注的工作。重复上述操作，用户则可以继续放置其他的尺寸标注。尺寸标注的方向可以是任意的。如果不想继续标注尺寸，可以单击鼠标右键或按【Esc】键，即可退出命令状态。

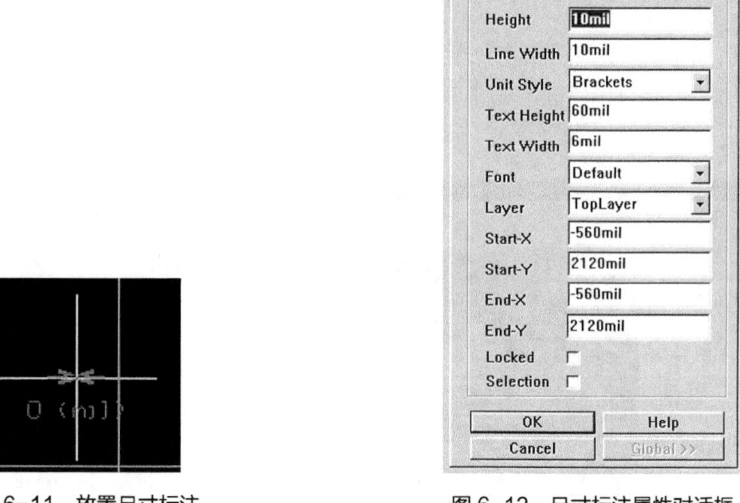

图 6-11　放置尺寸标注　　　　图 6-12　尺寸标注属性对话框

与放置位置坐标相似，在将尺寸标注放置在工作平面上之前，通过属性对话框设置起点和终点坐标值是没有任何意义的。用户可以在放置了尺寸之后，用鼠标左键双击该标注，然后在出现的尺寸标注属性对话框中重新将起点和终点坐标值设定为所需要的值。

6.1.7　设定坐标原点

在印制电路板系统中，程序本身提供了一套坐标系，其原点称为绝对原点（Absolute Origin）。用户也可以通过设定坐标原点来定义自己的坐标系，用户坐标系的原点称为当前原点（Current Origin）。

设定坐标原点的具体操作方法有以下两种。

- 执行菜单命令【Edit】/【Origin】/【Set】。
- 单击按钮。

之后光标会变成十字形状。移动光标到所需的位置，单击后即可将该点设定为用户坐标系的原点。设定坐标原点时，应注意观察状态栏中的显示，以便了解当前光标所在位置的坐标。如果要想恢复原有的坐标系，可以执行菜单命令【Edit】/【Origin】/【Reset】。

6.1.8　放置元件

除了用网络表装入元件外，用户还可以将元件手工放置到各种平面上。

放置元件的具体实现方法有以下两种。

- 执行菜单命令【Place】/【Component】。
- 单击放置工具栏上的按钮。

随后会出现如图 6-13 所示的对话框。

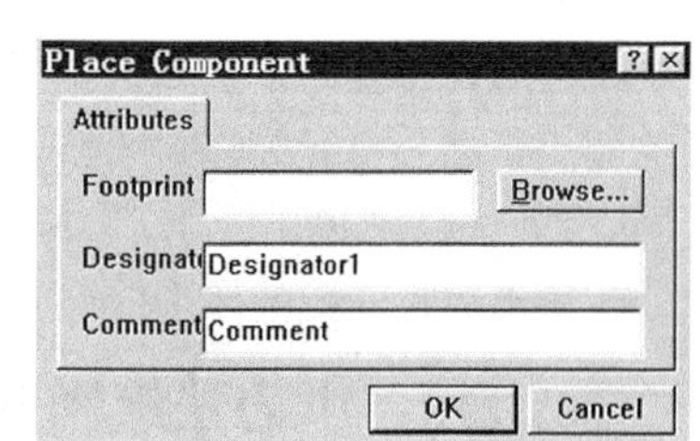

图 6-13　放置元件对话框

该对话框要求输入元件的封装形式、序号、注释等参数。如果用户不太清楚元件的封装形式，可以单击对话框中的【Browse…】按钮，会出现如图 6-14 所示的元件库浏览对话框。

在该对话框中，用户可以选择当前已装入的元件库，并从中查询所需的元件封装形式。用户还可以单击该对话框中的【Add/Remove】按钮来添加/删除元件库。添加/删除元件库的方法可以参照前面章节的介绍。选定好元件封装形式后，单击【Close】按钮即可退出该对话框。

其实，要想进入如图 6-14 所示的对话框，也可以直接单击主工具栏中的按钮，添加/删除 PCB 元件，也可以直接单击主工具栏中的按钮。

单击图 6-13 所示的对话框中的【OK】按钮加以确认，此时光标变成十字形状并带着选定的元件出现在工作平面上。按【Tab】键，会进入元件属性对话框，如图 6-15 所示。

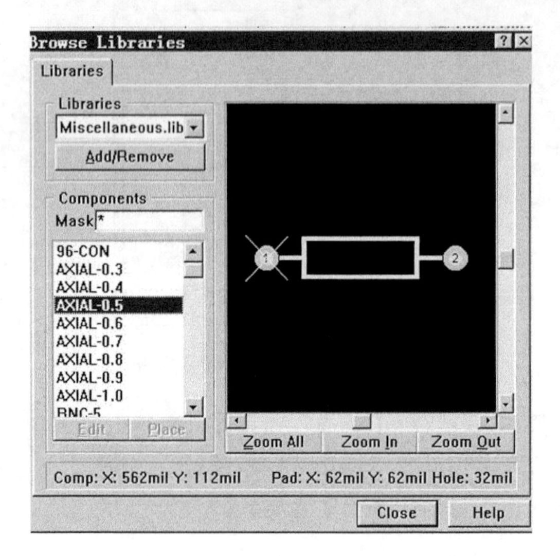

图 6-14　元件库浏览对话框

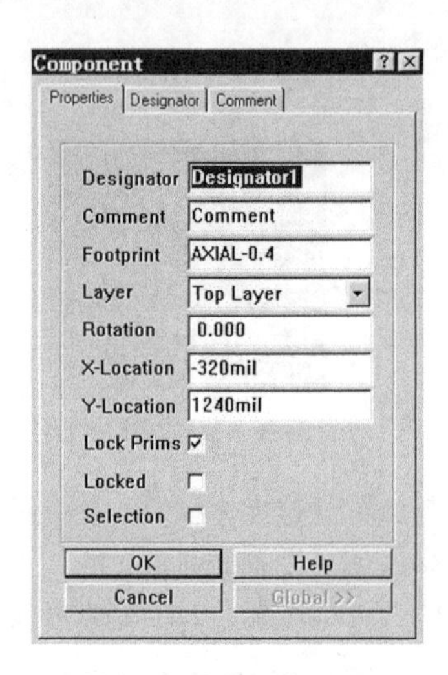

图 6-15　元件属性对话框

在该对话框中，用户可以设定元件的封装形式、序号、注释、所处工作层面、放置方向等参数。

设置好元件的属性后，单击【OK】按钮加以确认，然后在工作平面上移动光标改变元件放置位置，也可以按【Space】键调整元件放置方向。最后，单击即可将元件放置在当前光标所在位置。

6.1.9　边缘法绘制圆弧

Protel 99 SE 提供了 4 种绘制圆弧的方法，首先来介绍边缘法。边缘法是用来绘制 90° 圆弧的，它通过圆弧的起点和终点来确定圆弧的大小。

边缘法绘制圆弧的具体实现方法有以下两种。

- 执行菜单命令【Place】/【Arc（Edge）】。
- 单击放置工具栏的按钮。

之后光标变成十字形状。移动光标到相应的位置，单击确定圆弧的起点，然后将光标移到圆弧的终点位置，再次单击确认。这样就可以得到一个 90° 的圆弧了，如图 6-16 所示。

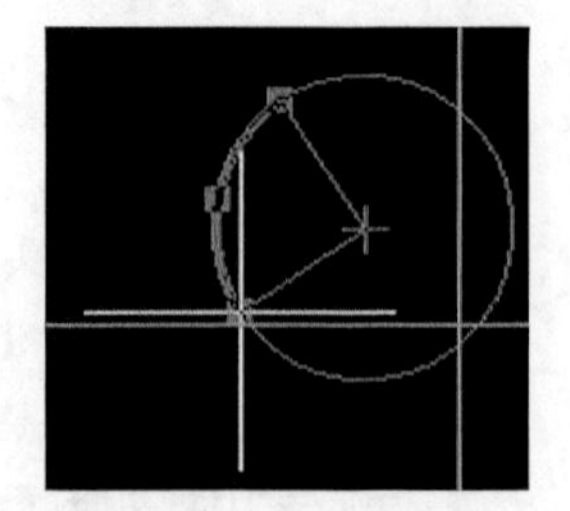

图 6-16　边缘法绘制圆弧

单击鼠标右键或按【Esc】键即可退出命令状态。

6.1.10　中心法绘制圆弧

下面介绍第 2 种绘制圆弧的方法——中心法。中心法是通过确定圆弧的中心、起点、终点来确定一个圆弧，它可以用来绘制任意半径和弧度的圆弧。

中心法绘制圆弧的具体操作方法有以下两种。

- 执行菜单命令【Place】/【Arc(Center)】。
- 单击放置工具栏的按钮。

之后光标变成十字形状。将光标移到适当的位置，单击即可确定圆弧的中心，移动光标到适当的位置，单击确定圆弧的半径，接下来就是要确定圆弧的起点和终点了。将光标移动到所需的位置，单击确定圆弧的起点，然后将光标移动到圆弧的终点，再次单击确认。这样就得到了一个圆弧，如图 6-17 所示。

单击鼠标右键或按【Esc】键即可退出命令状态。

如果用户对绘制的圆弧不满意，可以用鼠标左键双击该圆弧，之后会出现如图 6-18 所示的圆弧属性对话框。

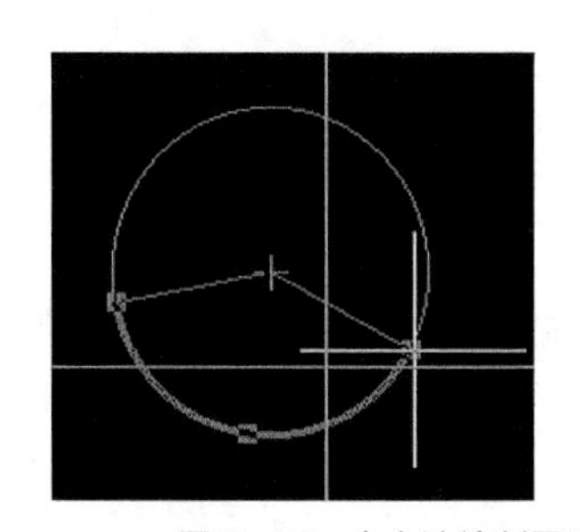

图 6-17 中心法绘制圆弧

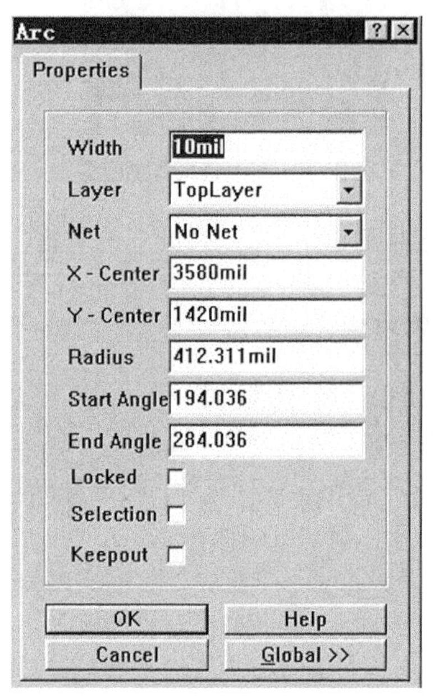

图 6-18 圆弧属性对话框

在该对话框中，可以对圆弧的宽度（Width）、所处工作层面（Layer）、连接的网络（Net）、中心位置坐标（X-Center，Y-Center）、半径（Radius）、起始角（Start Angle）、终止角（End Angle）等参数进行设置。

绘制圆弧的方法还有绘制任意角度的圆弧和绘制整圆，下面分别介绍。

6.1.11 绘制任意角度的圆弧

绘制任意角度的圆弧的方法有以下两种。

- 执行菜单命令【Place】/【Arc（Any Angle）】。
- 单击工具栏上的按钮。

随后光标变成十字形状。将光标移到合适的位置，单击确定圆弧的起点。将光标移到合适的位置，单击确定圆弧的半径。再将光标移到圆弧的圆周上确定圆弧的角度，再次单击确认即可得到想要得到的圆弧了，如图 6-19 所示。

单击鼠标右键或按【Esc】键即可退出命令状态。

如果用户对绘制的圆弧不满意，可以用鼠标左键双击该圆弧，之后会出现如图 6-20 所示的圆弧属性设置对话框。

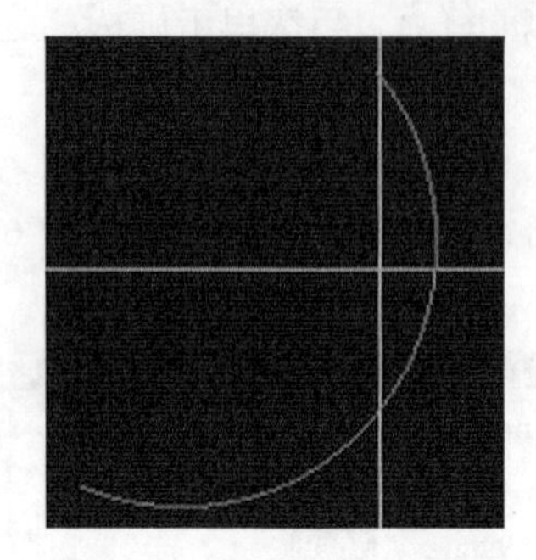
图 6-19　绘制任意角度圆弧

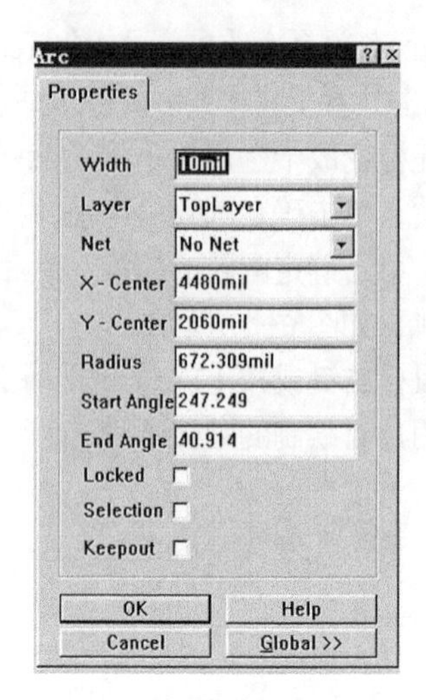

图 6-20　圆弧属性设置对话框

在该对话框中，可以对圆弧的宽度（Width）、所处工作层面（Layer）、连接的网络（Net）、中心位置坐标（X-Center，Y-Center）、半径（Radius）、起始角（Start Angle）、终止角（End Angle）等参数进行设置。

6.1.12　绘制整圆

绘制整圆的方法有以下两种。

- 执行菜单命令【Place】/【Full Circle】。
- 单击工具栏上的按钮。

随后光标变成十字形状。将光标移到合适的位置，单击确定圆的圆心。再将光标移到合适的位置，单击确定圆的半径。再次单击，即可确认想要得到的整圆了，如图 6-21 所示。

单击鼠标右键或按【Esc】键即可退出命令状态。

如果用户对绘制的圆弧不满意，可以用鼠标左键双击该圆，之后会出现如图 6-22 所示的圆属性设置对话框。

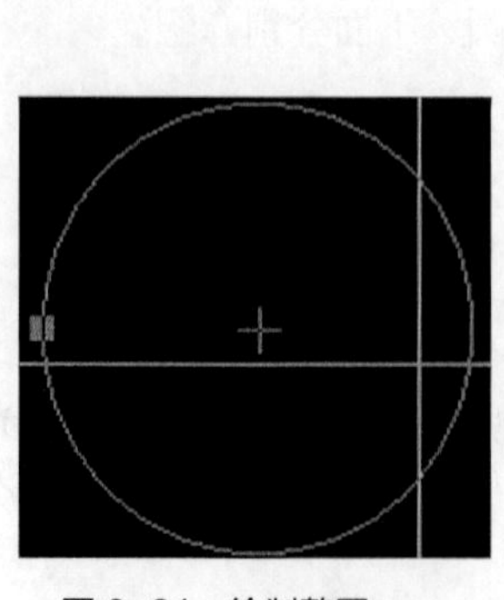
图 6-21　绘制整圆

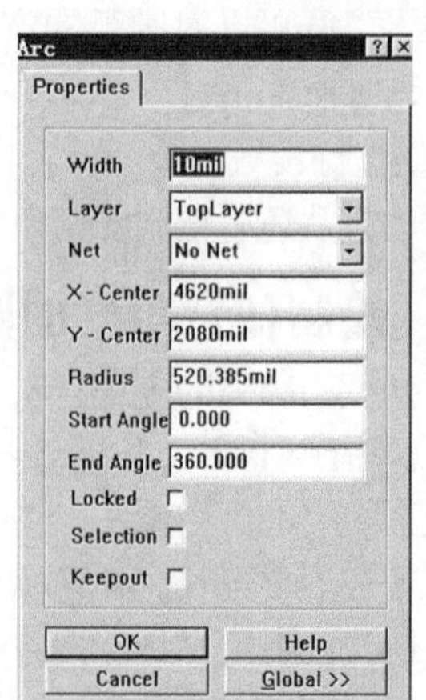

图 6-22　圆属性设置对话框

在该对话框中，可以对圆弧的宽度（Width）、所处工作层面（Layer）、连接的网络（Net）、中心位置坐标（X-Center，Y-Center）、半径（Radius）、起始角（Start Angle）、终止角（End Angle）等参数进行设置。

6.1.13 放置矩形填充

在印制电路板中，为了提高系统的抗干扰性，通常需要设置大面积的电源/接地区域。这可以利用 Protel 99 SE 的填充功能来实现。填充的方式有 2 种：矩形填充（Fill）和多边形填充（Polygon Plane）。下面先介绍矩形填充的功能。

放置矩形填充的具体操作方法是：可以执行菜单命令【Place】/【Fill】，或单击放置工具栏中的按钮，光标变成十字形状；按下【Tab】键，会出现如图 6-23 所示的矩形填充属性设置对话框。在该对话框中，可以对矩形填充所处的工作层面（Layer）、连接的网络（Net）、放置角度（Rotation）、两个角的坐标等参数进行设定；设定完毕后，单击【OK】按钮加以确认即可；移动光标，依次确定矩形区域对角线的两个顶点，即可完成对该区域的填充，如图 6-24 所示。

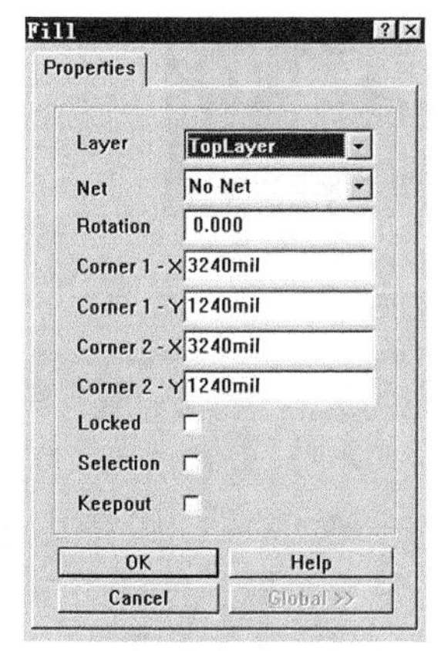

图 6-23 矩形填充属性设置对话框

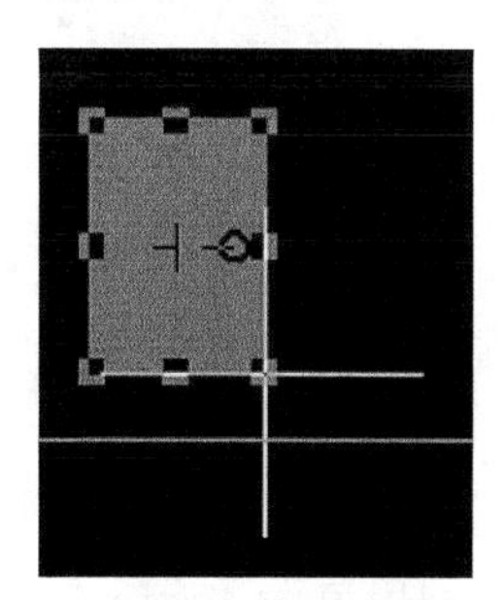

图 6-24 放置矩形填充

6.1.14 放置多边形填充

系统提供的另一种填充方式是多边形填充，用户可以执行菜单命令【Place】/【Polygon Plane】或单击放置工具栏中的按钮，之后会出现如图 6-25 所示的多边形填充设置属性对话框。

在该对话框中，可以对填充连接的网络（Net Options）、填充平面的格点尺寸（Grid Size）、线宽（Track Width）、所处工作层面（Layer）、填充策略（Hatching Style）、环绕焊盘方式（Surround Pads With）、最小原始尺寸（Minimum Primitive Size）等参数进行设定。设定好多边形填充参数后，单击对话框中的【OK】按钮，加以确认，此时光标变成十字形状。移动光标到适当的位置，单击确定多边形的起点，然后移动光标到其他位置，依次单击确定多边形的其他顶点。在多边形终点处单击鼠标右键，程序会自动将起点和终点连接起来形成一个多边形区域，同时在该区域内完成填充。

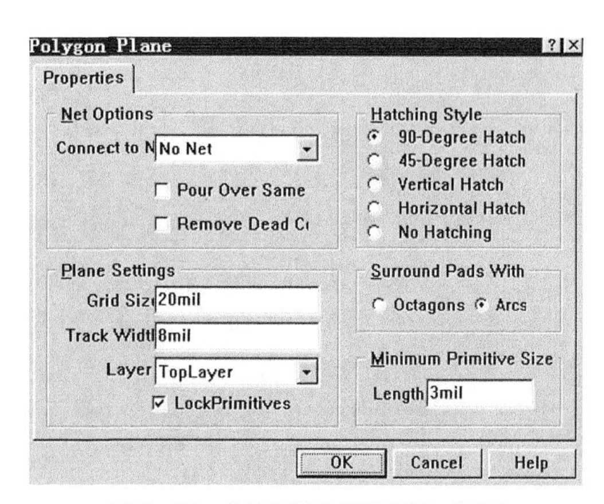

图 6-25 多边形填充属性设置对话框

程序提供的多边形填充的几种策略如图 6-26 所示。

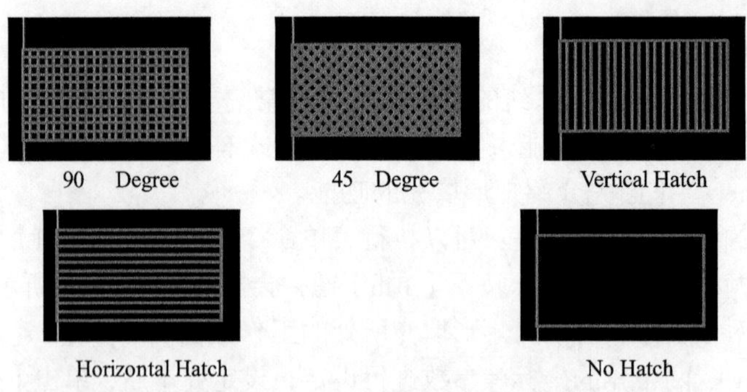

图 6-26 多边形填充内部填充方式

多边形填充环绕焊盘的两种方式如图 6-27 所示。

图 6-27 多边形填充环绕焊盘方式

矩形填充和多边形填充是有所区别的。首先，前者填充的是整个区域，没有任何遗留的空隙。后者则是用铜膜线来填充区域，线与线之间是有空隙的。这一点可以从前面的图中直观地看出。当然，如果将填充平面的格点尺寸（Grid Size）和线宽（Track Width）设置成相同值，多边形填充也可以获得与矩形填充相同的外观效果。另外，矩形填充会覆盖区域内的所有导线、焊盘和过孔，使其具有电气连接关系，而多边形填充则会绕开区域内的所有导线、焊盘和过孔等具有电气意义的图件，不改变其原有的电气连接关系。

6.1.15 其他工具

除了前面介绍的放置工具（Placement Tools）外，还有以下 4 种放置工具。

- 放置直线：其功能是绘制直线，与按钮的功能基本相同。
- 放置元件空间：其功能是放置一个带阴影的区域，在这个区域中，将装入电气范围内的所有元件。
- 放置内部电源/接地层：其功能是放置内部电源/接地层。
- 放置图件：其功能是将剪切板中的图件，以特殊的方式粘贴到电路图中，通常利用该命令一次粘贴多个相同的图件。单击此按钮会出现如图 6-28 所示的对话框。

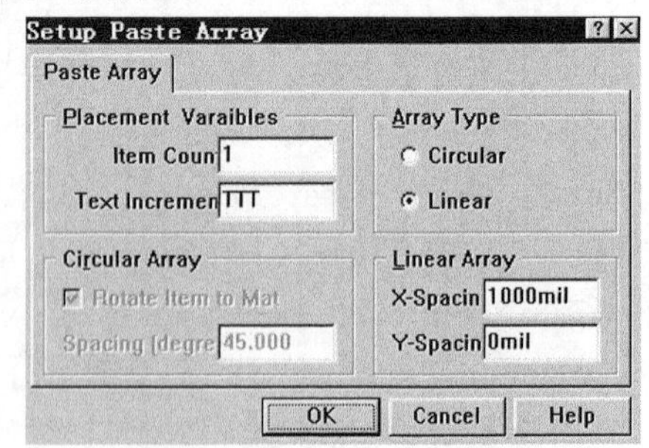

图 6-28 阵列粘贴设置对话框

用户可以根据自己的要求来进行设置。值得注意的是，需要用剪切或复制命令将选取的图件放置到 Windows 剪切板中。

6.2 选用元件与元件浏览

当载入网络表时，元件就跟着进入工作区，这是最简易的选用元件的方法。根据不同场合的需求，可能要增减元件，甚至不通过网络表直接选用元件。选用元件的方法很多，不同场合、不同需求可以用不同的方法选用元件，下面就分别介绍。

6.2.1 装载与卸载元件库

装载元件库与卸载元件库是设计管理器的一个功能。在使用元件之前，一定要确定所属元件库已被装入，否则无法取得该元件，这个习惯在电路图编辑环境里，使用者大都比较熟悉，在电路板里也一样。装载元件的方法可以单击浏览器下面的【Add/Remove】按钮，或者直接单击主工具栏上的按钮。屏幕上出现如图 6-29 所示的对话框。

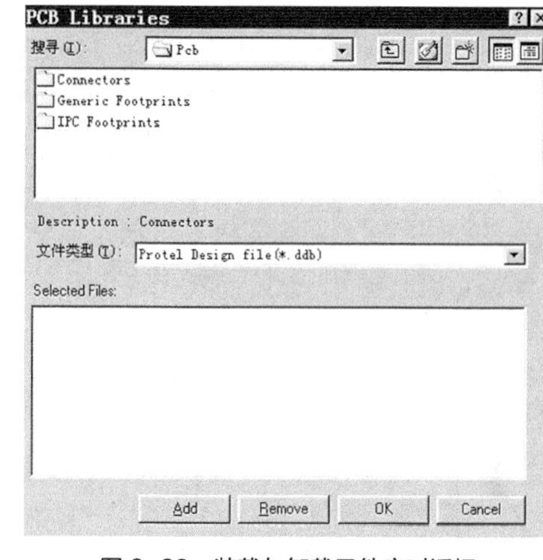

图 6-29 装载与卸载元件库对话框

在 Protel 99 SE 里，元件库并不是以单独的元件库文件出现的，而只是个资料库文件，在一个资料库文件里，可能只有一个元件库，也可能有很多个元件库，因而很难直接从资料库的文件名称上判断哪个资料库文件中有元件库。Protel 99 SE 把存放电路板元件库的资料库文件都放置在 Program File\Design Explore99\Libarary\Pcb 文件夹里，并分类归为 Connectors、Generic Footprints 及 IPC Footprints3 个文件夹。连接器类的元件都在 Connectors 文件夹里（共有 17 个资料库文件），而常用的元件都在 Generic Footprints 文件夹里（共有 12 个资料库文件）。至于 IPC Footprints 文件夹里，则有 8 个 IPC 元件资料库文件。

当要装载元件库时，即引入库文件，具体的实现方法在前面的章节已经有所介绍，这里就不再详细说明。

6.2.2 由设计管理器选用元件

选用元件的时候可以有多种方法，通过设计管理器就是一种非常直观的办法。可以在浏览器下面选择【Library】菜单。可以看到有多个文件可供选择，首先选择元件所在的文件，然后在该文件目录下选择所要选用的元件即可。

下面来举例说明。

例如，要选用一个 74LS273 的元件。知道 PCB 图里面的名称都是元件的封装形式，知道 74LS273 的封装形式是 DIP20，因此选择浏览器 Library 菜单下面的【PCB Footprints.lib】，在元件列表中找到 DIP20 即可。单击选中，再单击【Place】按钮，即可取出该元件；而光标上就会随之出现一个浮动的元件，将光标移到元件所要放置的位置单击，即可完成选用元件的放置了，如图 6-30 所示。

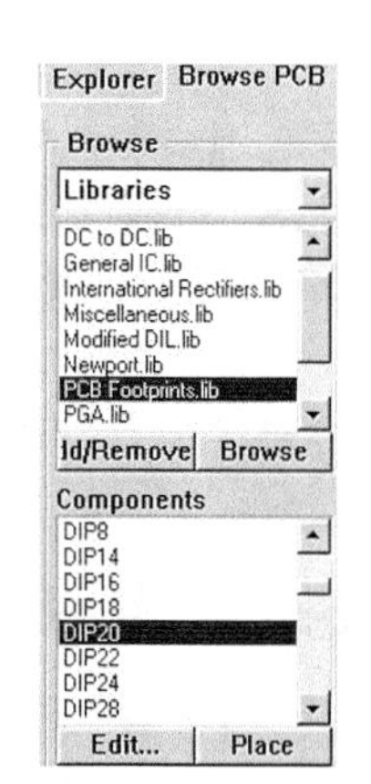

图 6-30 通过设计管理器放置元件

如果对于元件的属性不满意，可以双击该元件，待弹出属性对话框后，即可对元件的各项属性进行各种编辑，待满意后，单击鼠标左键确定即可。

6.2.3 浏览元件

如果对元件的封装形式不是很熟悉，很难从它的元件名称得知该元件的外形，在选用元件的时候，最好能够先预览一下元件，再进行选择。可以单击浏览器的【Browse】按钮或直接单击主工具栏上的按钮即可。随后可以看到浏览元件的对话框，如图 6-31 所示。

在这个对话框中，可以在左上部的 Libraries 区域里进行装载/卸载元件库的动作，也可以在其内部的栏中指定所要浏览的元件库，则该元件库里所有元件的名称将显示在其下部的 Components 区域里。如果该元件库里元件很多，可以在 Mask 栏里利用通配符筛选元件名称。例如，只想在 Components 区域里显示元件名称为 R 开头的元件名称，则在 Mask 栏里输入 “R*” 即可。最后，在下部的列表框中指定元件名称，则该元件将显示于右边的区域中，也可以放大或缩小这个预览区内的图样，【Zoom All】按钮可让整个元件都出现在这个预览区里，【Zoom In】按钮可放大该元件的显示比例，【Zoom Out】按钮可缩小该元件的显示比例。

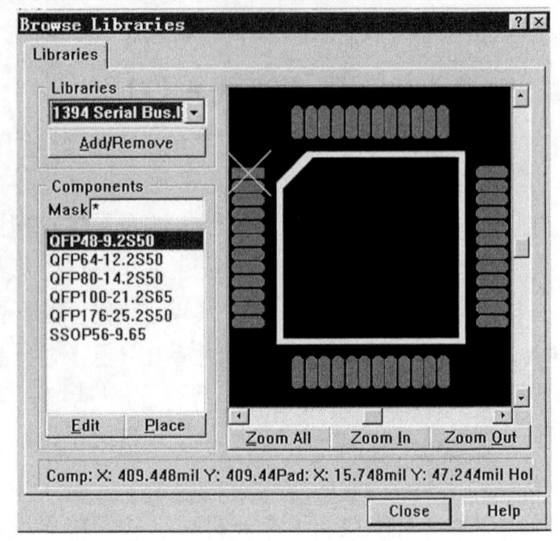

图 6-31　浏览元件

当找到所需的元件后，按【Place】按钮可关闭此对话框，并取出该元件。同时，也可以对元件的封装形式进行编辑操作，单击【Edit】按钮即可。关于元件封装形式的编辑，这里就不再详细地讲述了。如果打开该对话框不想进行操作，可以单击【Close】按钮，关闭该对话框。

6.2.4　直接选用元件

元件的选用是制作 PCB 图的一个重要的组成部分。对于那些对 Protel 99 SE 比较熟悉的使用者来说，用上面的方法比较浪费时间，直接选用元件似乎更加适合，可以执行菜单命令【Place】/【Part】或单击工具栏上的按钮，即可弹出如图 6-32 所示的对话框，进入元件的选用状态。

可以直接输入元件的封装形式，单击【OK】按钮，被直接选用的元件就会随着十字光标的移动而移动，单击鼠标左键，元件就会被放置在当前的位置。此时，又会弹出如图 6-32 所示的对话框，要想继续放置，可以按照上面的方法继续放置。如果想退出放置元件的命令状态，单击【Cancel】按钮或按【Esc】键即可。

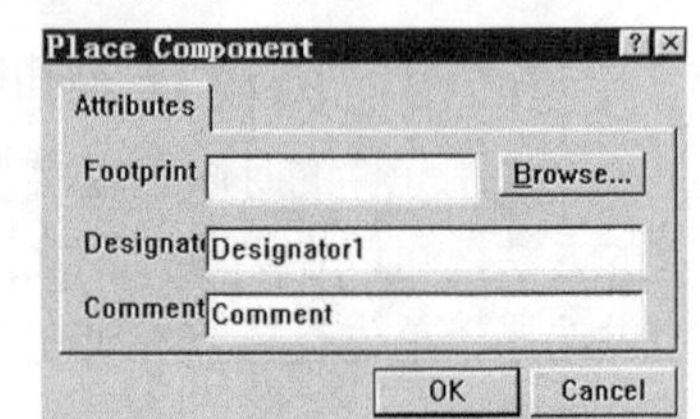

图 6-32　放置元件对话框

6.3　选取与取消选择

跟许多其他软件的使用一样，Protel 99 SE 可以先将图件选中，然后再进行必要的操作。这就是下面要介绍的图件的选取与取消选择的问题。

6.3.1　选取

Protel 99 SE 提供了多种选择图件的方式，用户可以执行菜单命令【Place】/【Select】下的相应命令。Protel 99 SE 提供的选择方式有以下几种。

- 【Inside Area】：选择指定区域内的所有图件。

- 【Outside Area】：选择指定区域外的所有图件。
- 【All】：选择所有图件。
- 【Net】：选择指定的网络。
- 【Connected Copper】：选择信号层上的指定网络。
- 【Physical Connection】：选择指定的物理连接。网络是指具有电气连接关系的所有导线，而连接只是指网络中的某一段导线。
- 【All on Layer】：选择当前工作层面上的所有图件。
- 【Free Objects】：选择除了元件以外的所有图件，包括独立的焊盘、过孔、线段、圆弧、字符串及各种填充。
- 【All Locked】：选择所有处于锁定状态的图件。
- 【Off Grid Pads】：选择所有不在格点上的焊盘。
- 【Hole Size】：选择指定孔径的焊盘或过孔。
- 【Toggle Selection】：逐次选择图件。在该命令状态下，可以用光标逐个选中用户需要的多个图件。该命令具有开关特性，即对某个图件重复执行该命令，可以切换图件的选中状态。

下面介绍几个常用命令的操作。

1．选择指定区域内的所有图件

选择指定区域内的所有图件，可以执行菜单命令【Edit】/【Select】/【Inside Area】或单击主工具栏上的按钮，之后光标变成十字形状。将光标移到工作平面上的适当位置，单击确定指定区域对角线的一个顶点，然后在工作平面上移动光标。此时，随着光标的移动，会拖出一个矩形虚线框，该虚线框即代表所选区域的范围。当虚线框包含所要选择的所有图件后，在适当的位置单击，确定指定区域对角线的另一个顶点。这样该区域内的所有图件均处在被选中状态中。

2．选择指定的网络

选择指定的网络的操作，可以执行菜单命令【Edit】/【Select】/【Net】，之后光标变成十字形状。将光标移到所要选择的网络中的线段或焊盘上，然后单击确认，即可选中整个网络。如果用户在执行该命令的时候，没有选中所要选择的网络，会弹出如图6-33所示的对话框。

图6-33 选择网络对话框

用户可以在该对话框中直接输入所要选择的网络的名称，然后单击【OK】按钮，即可选中该网络。

此时，系统仍然处于该命令状态中，如果想继续选择其他的网络，可以按照上面的方法来执行。如果不需要再选择网络了，可以单击鼠标右键或按【Esc】键退出该命令状态。

3．选择信号层上指定的网络

选择信号层上指定网络的具体实现，可以执行菜单命令【Edit】/【Select】/【Connected Copper】，之后光标变成十字形状。将光标移到所要选择的网络中的线段或焊盘上，然后单击确认，即可选中整个网络。

此时，系统仍然处于该命令状态中，按【Esc】键或单击鼠标右键即可退出该命令状态。

4．选择指定的物理连接

选择指定的物理连接的具体实现方法，可以是执行菜单命令【Edit】/【Select】/【Physical Connection】，之后光标会变成十字形状。将光标移到所要选择的导线或圆弧上，然后单击确认，即可选中该导线或圆弧。

单击鼠标右键即可退出该命令状态。

5．逐次选择图件

逐次选择图件的具体操作，可以执行菜单命令【Edit】/【Select】/【Toggle Selection】，之后光标会变成十字形状。将光标移到所要选择的图件上，单击即可选中该图件。重复执行上面的操作，即可选中其他图件。如果想要取消某个图件的选中状态，再次单击该选中图件即可。单击鼠标右键即可退出该命令状态。

6.3.2 选取向导

执行菜单命令【Edit】/【Query Manager】，进入询问管理器对话框，如图 6-34 所示。

单击【Wizard】按钮进入选取向导的对话框，如图 6-35 所示。该命令用于进行向导选取的操作，在向导的引导下，定义一组条件，用户可以快速方便地根据这组自定义条件选取自己需要的图件。

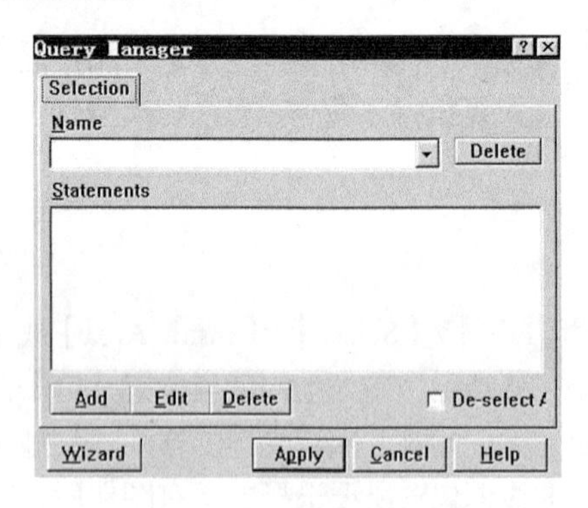

图 6-34 询问管理器对话框

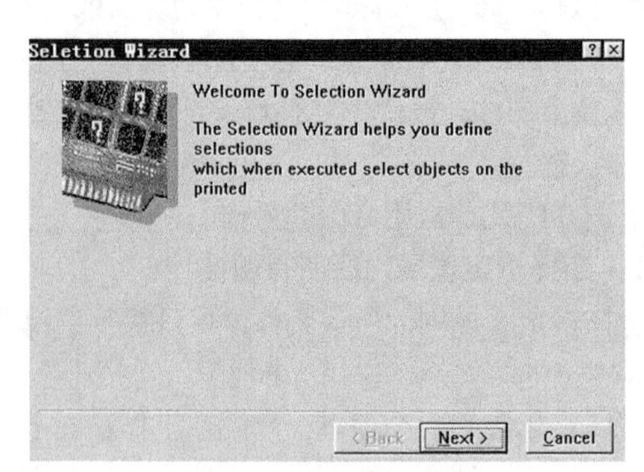

图 6-35 选取向导对话框之一

单击【Next】按钮，就进入如图 6-36 所示的界面。

在图 6-36 中，可以设置选取图件的范围，本例中选取 Pad 选项，然后单击【Next】按钮，就进入如图 6-37 所示的对话框。

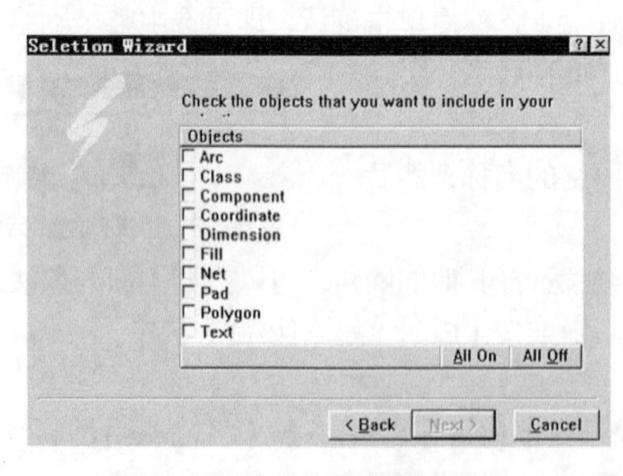

图 6-36 选取向导对话框之二

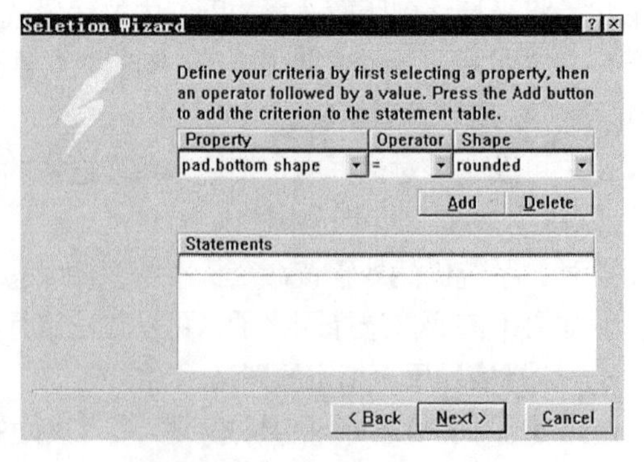

图 6-37 选取向导对话框之三

在如图 6-37 所示对话框中，可以设置选取的条件，在【Property】下拉列框中选择 pad.bottom shape 选项，接着在【Operator】下拉列框中选择=选项，在【Shape】下拉列框中选择 rounded 选项，随后单击【Add】按钮将这些条件添加到列表框中，然后单击【Next】按钮，就进入如图 6-38 所示的对话框。

在如图 6-38 所示对话框中输入一个名称，单击【Next】按钮，就进入如图 6-39 所示的对话框。

如图 6-39 所示的对话框表明，单击【Finish】按钮，就可以结束选取方式的整个建立过程。这时，电路板上的焊盘会根据选择呈高亮选中状态。

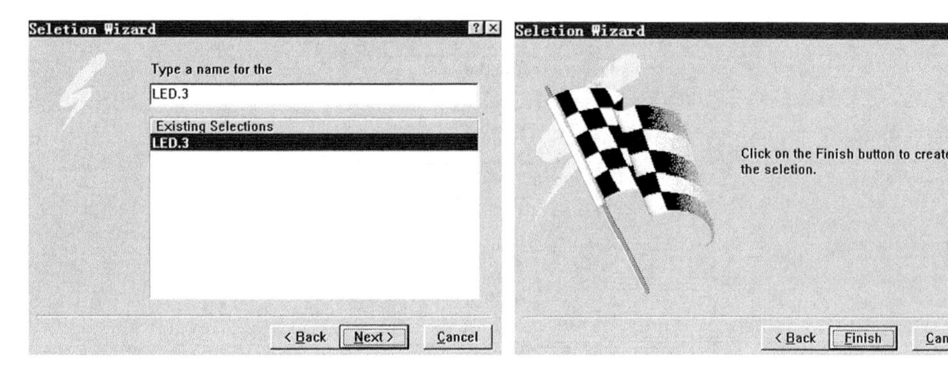

图 6-38　选取向导对话框之四　　　图 6-39　选取向导对话框之五

6.3.3　取消选取

Protel 99 SE 提供了多种取消选择图件的方式。用户可以执行菜单【Edit】/【Deselect】下的相应命令。

Protel 99 SE 提供的取消选择的方式有如图 6-40 所示菜单中的几种。

取消选择的各种方式，基本上与前面介绍的选择功能中的方式相对应。其中，全部取消选择，可以执行菜单命令【Edit】/【Deselect】/【All】或直接单击主工具栏中的按钮。

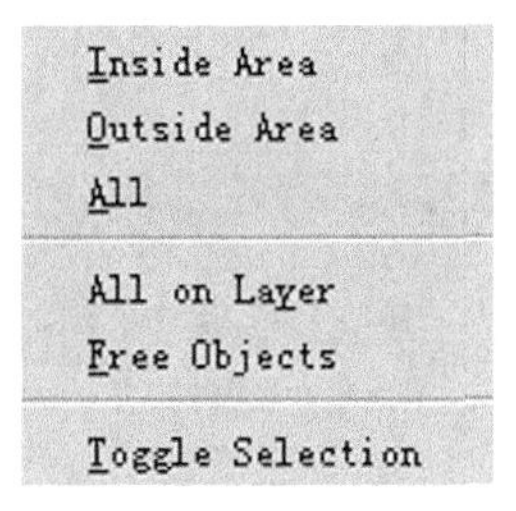

图 6-40　取消选择菜单

6.4　元件属性的编辑

在前面讲述放置图件时，已经讲到如何改变元件的属性。下面介绍如何对放置好的元件的属性进行重新设定。

6.4.1　单个元件属性编辑

如果用户想要对 PCB 图中某个元件的属性进行重新设定，可以执行菜单命令【Edit】/【Change】来实现。随后光标变成十字形状。将光标移到想要改变属性的元件上，单击鼠标左键，将会出现如图 6-41 所示的对话框。

其实，也可以通过双击该元件弹出该对话框。在该对话框中，即可对元件的各种属性进行重新设置，如位置、放置方向、工作层面、标注等。设置完属性后，单击对话框中的【OK】按钮，即可完成对该图件的属性的更改。此时，程序仍然处于该命令状态，用户可以继续对其他元件的属性进行更改。单击鼠标右键或按【Esc】键，即可退出命令状态。

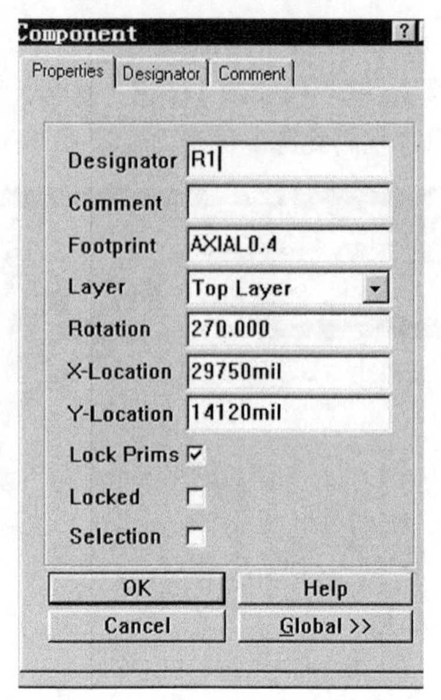

图 6-41　元件属性设置对话框

6.4.2　多个元件属性的整体编辑

有时需要同时修改多个同类元件的属性。当然，可以按照上面的方法一个一个地加以修改，但显然这将是一项繁琐的工作量。其实，Protel 99 SE 提供的功能可以让用户大大减少工作量。下面就来介绍如何具体实现。

可以在如图 6-41 所示的对话框出现后，单击【Global】按钮，即可出现如图 6-42 所示的对话框。

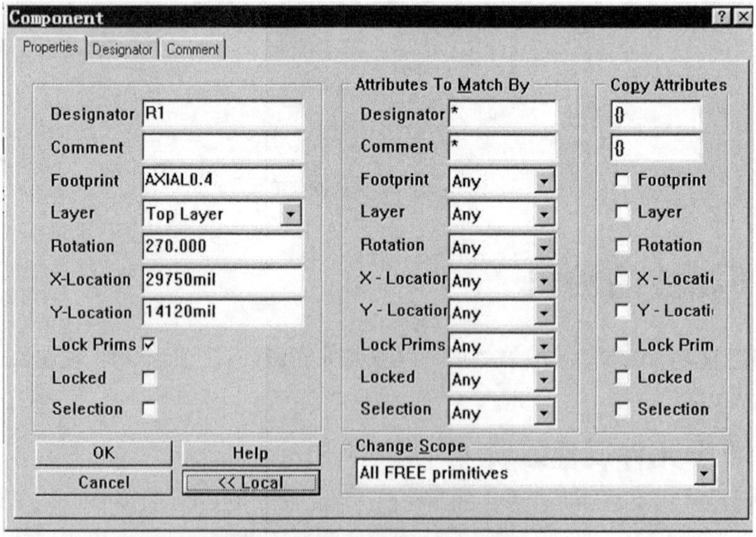

图 6-42　多个元件属性设置对话框

如果想把所有的电阻都处于锁住状态，先将该元件的锁住状态选中，然后单击【Attributes To Match By】栏中的【Locked】下拉列框中的【Same】，同时，由于在这个 PCB 图中所有的电阻的封装形式是一样的，所以选中【Footprint】下拉列框中的【Same】，最后单击【OK】按钮选中即可。

6.5 元件的移动、删除、剪切与粘贴

元件（或图件）的移动及删除的方法很多，下面将分别介绍。元件（或图件）的剪切、粘贴，与一般软件的剪切、粘贴有类似之处，但是也有所区别，下面也将作出相应的说明。

6.5.1 元件的移动

移动元件的具体操作方法是执行菜单命令【Edit】/【Move】，之后将会出现如图 6-43 所示的子菜单。

其中上面 4 项为移动元件的命令。菜单中各个选项的含义分别说明如下。

- 【Move】：移动元件（或图件），而随着元件移动，原本与之连接的走线将不再连接。
- 【Drag】：拖动元件（或图件），而与该元件（或图件）连接的走线将保持连接。如果移动的是元件，那么可以设定移动后连接元件的走线是否保持连接，方法是执行菜单命令【Tools】/【Preference】，屏幕上出现如图 6-44 所示的对话框，右下部分虚线所示的【Component Drag】区域里，选中【None】选项将使移动之后原来连接该元件的走线不再连接，而【Component Tracks】选项用于设定保持状态。

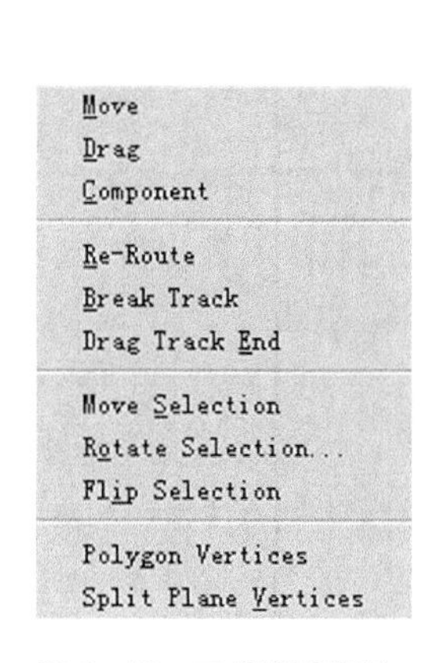

图 6-43 元件移动菜单

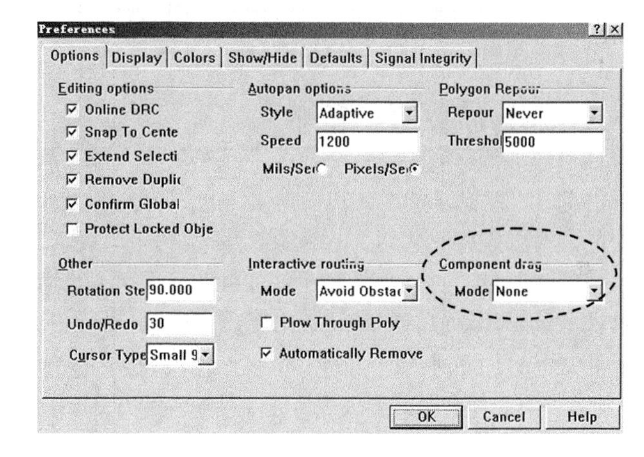

图 6-44 设置是否保持连接

- 【Component】：移动指定的元件，启动本命令后，再指定要移动的元件，该元件将进入浮动状态与【Move】命令一样。连接该元件的走线是否保持连接，则与【Preferences】对话框里的设定有关，这在【Drag】命令中已有所介绍。
- 【Re-Route】：重新走线。
- 【Break Track】：新增走线端点。
- 【Drag Track End】：新增走线端点。
- 【Move Selection】：移动选取的图件。在启动本命令之前，一定要选取要移动的图件。启动本命令后，再指向这些图件，按鼠标左键，即可拾取这些选取的图件，而这些图件将进入浮动状态，可以将这些选中的图件移到指定的位置。
- 【Rotate Selection】：旋转选取的图件。在启动本命令后，屏幕上将会出现如图 6-45 所示的对话框。

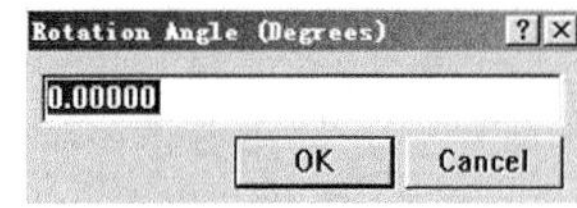

图 6-45 设置旋转角度

输入所需的旋转角度，单击【OK】按钮关闭该对话框，再指向选取的图件，单击鼠标左键，这些选取的图件将以所指位置为圆心，按指定的角度旋转。

- 【Flip Selection】：将所选取的图件左右翻转。在启动本命令之前，一定要先选取要翻转的图件，启动该命令后，这些选取的图件会自动左右翻转。
- 【Polygon Vertices】：改变铺铜的边线。
- 【Split Plane Vertices】：改变分割板层的边线。

除了应用菜单命令外，通常是直接在工作区域里，指向所要移动的图件，再单击鼠标左键，即可直接将图件拖到所指定的位置。

如果要移动的是多个元件或者组合元件，可以采用整体移动的方法。首先，将要移动的元件选中，然后执行菜单命令【Edit】/【Move】/【Move Selection】或单击主工具栏上的按钮，之后光标变成十字形状，用光标选中被选择的元件，然后拖动光标到所需的位置，单击确定，即可将被选择的元件移到光标当前的位置。

6.5.2　元件的删除

删除元件的方法是可以执行菜单命令【Edit】/【Delete】，之后光标变成十字形状，将光标移到要删除的元件上，单击鼠标左键，即可删除该元件。此时，系统仍然处于删除元件的命令状态中，如果还想删除其他元件，可以按照上面的方法继续执行删除命令。如果不想再继续删除元件，可以单击鼠标右键退出该命令状态。

6.5.3　元件的剪切、粘贴

在设计过程中，可能想将一个或多个元件从一个地方剪切下来粘贴到另外一个地方，这就涉及软件的剪切、粘贴功能了。其实，软件的剪切、粘贴功能与 Windows 系统的剪切、粘贴功能是一样的。可以先将要剪切、粘贴的元件选中，然后执行菜单命令【Edit】/【Cut】，或单击主工具栏上的按钮，或按快捷键【Shift+Del】即可。之后，被选择的元件就会在原来的地方消失，被选取的图件就放置在剪切板中了。

执行菜单命令【Edit】/【Paste】，或单击主工具栏上的按钮，或按快捷键【Shift+Ins】，之后光标变成十字形状，将光标移到想要将元件粘贴的地方，单击鼠标左键，被剪切下来的元件就被粘贴到光标当前所在的位置。此时，元件仍然处于选中状态，执行菜单命令【Edit】/【Deselect】/【All】，或单击主工具栏上的按钮，即可取消元件的被选中状态。

元件的其他编辑操作跟剪切、粘贴的操作类似，与 Windows 系统功能是一样的，这里就不再做详细介绍了。

6.6　元件的布置

元件的布置是元件排版过程的一个重要环节，直接影响整体效果。在下面的内容中，就来具体介绍元件布置问题。

6.6.1　阵列式元件的布置

Protel 99 SE 提供的阵列式元件布置，简化了重复性元件（或其他图件）的放置过程。基本上阵列式元件布置是一种粘贴操作，因而在进行阵列式元件布置之前，一定要把所要放置的元件剪切或复制到剪切粘贴板中才行。当所要放置的元件剪切或复制到剪切粘贴板后，即可执行菜单命令【Edit】/【Paste Special】命令，屏幕出现如图 6-46 所示的对话框。

图中包括 4 个复选框及 3 个按钮，分别说明如下。

- 【Paste on current】复选框：本复选框设定将图件贴到当前工作板层上。
- 【Keep net name】复选框：本复选框设定：如果所要粘贴的图件中含有走线或焊点（含独立焊点与元件上的焊点）的话，则该走线或焊点所属的网络将一并装载到粘贴的走线或焊点上。
- 【Duplicate designator】复选框：本复选框设定保持源元件上的元件序号，如原本复制可剪切的元件，其元件序号为“R2”，如果选取本复选框，则所粘贴的元件，其元件序号也为“R2”；如果不选本复选框，则所粘贴的元件，其元件序号将变为“R2_1”、“R2_2”、“R2_3”……
- 【Add to component class】复选框：本复选框设定将粘贴的元件，仍将归类为源元件的元件分类。
- 【Paste】按钮：本按钮的功能是进行单一的一组图件的粘贴，按这个按钮后，此对话框即关闭，而鼠标光标上将出现一组浮动的图件，这时候可以根据需要将光标移至适当的新的位置，按鼠标左键即可将这些图件固定于该处。
- 【Paste Array…】按钮：本按钮的功能是进行阵列式粘贴，按这个按钮后，即打开如图 6-47 所示的对话框。

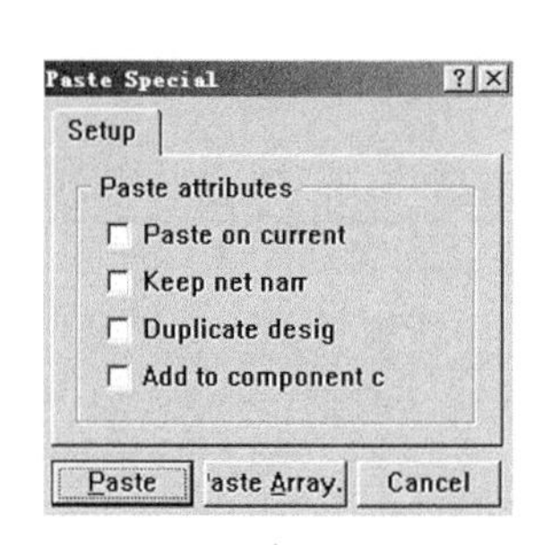

图 6-46 阵列式粘贴对话框

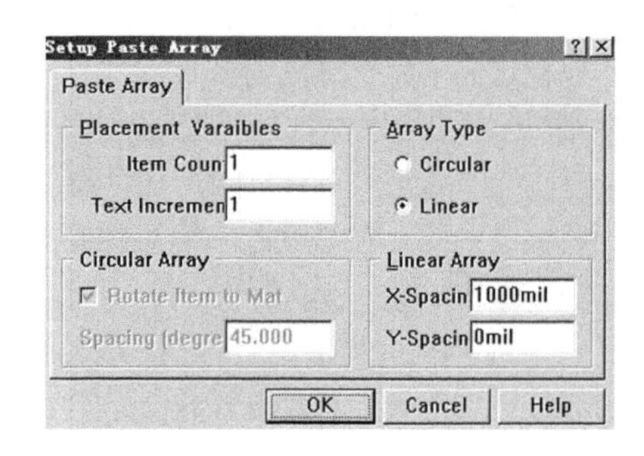

图 6-47 阵列式粘贴对话框

图中包括 4 个区域，说明如下。

（a）【Placement Variables】区域：本区域的功能是设定所要重复粘贴的图件数量及其序号的增量。可以在 Item Count 栏里指定所要重复粘贴的图件的数量，而在 Text Increment 栏里指定其序号的增量。

（b）【Array Type】区域：本区域的功能是设定阵列的类型。

（c）【Circular Array】区域：本区域的功能是设定环形阵列的相关选项，但必须在【Array Type】区域里选择 Circular 单选按钮，才能设定本区域。其中的【Rotate Item to Match】复选框设定是否依据该图件放置的角度来旋转该图件，如果不选取本选项，则图件不旋转，如图 6-48 所示。

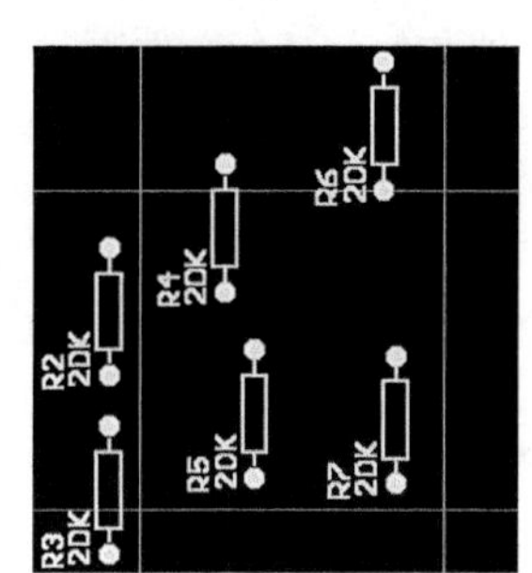

图 6-48 不旋转图件

如果选取此复选框，则所粘贴图件将会依其角度而旋转，因而与复制（或剪切）图件的参考点有关。另外，在【Spacing（degrees）】栏设定各图件之间的角度。

（d）【Linear Array】区域：本区域的功能是设定矩形阵列相关选项，但必须在【Array Type】区域里选择 Linear 单选按钮，才能设定本区域。其中的【X-Spacing】栏设定各图件之间的水平间距，正的数值是往右、负的数值是往左；而【Y-Spacinvg】栏设定各图件之间的垂直距离，正的数值是向上、负的数值是向下。

6.6.2 元件的排列与对齐

在PCB图的设计过程中，为了元件排列的整体美观，肯定要做元件的排列和对齐的工作。而元件的排列与对齐往往是用如图6-49所示的工具栏中的按钮来实现的。该工具栏的打开或关闭可以通过执行菜单命令【View】/【Toolbars】/【Component placement】来实现。

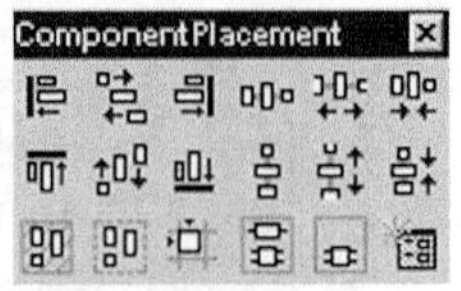

图6-49 元件排列对齐工具栏

下面分别来看看各个按钮的功能。

- ：将被选择的元件左对齐。
- ：将被选择的元件水平中间对齐。
- ：将被选择的元件右对齐。
- ：将被选中的元件水平方向等距离排列。
- ：将被选中的元件水平方向增加距离。
- ：将被选中的元件水平方向缩短距离。
- ：将被选中的元件顶端对齐。
- ：将被选中的元件垂直中间对齐。
- ：将被选中的元件底端对齐。
- ：将被选中的元件垂直方向等距离排列。
- ：将被选中的元件垂直方向增加距离。
- ：将被选中的元件垂直方向缩短距离。
- ：将被选中的元件屋内排列。
- ：将被选中的元件在一个矩形区域范围内排列。
- ：将被选中的元件移动到栅格上。
- ：组合被选中的元件。
- ：取消组合。
- ：运行对准对话框。

以使一组元件左对齐为例，使元件左对齐的具体操作步骤如下。

① 选择元件。就是将要进行排列的元件选中。

② 单击工具栏上的按钮。

③ 命令执行后，图中被选中的几个元件会以最左边的元件为基准，左边的点均在同一条垂直直线上。

其他排列和对齐的方法跟上面的方法类似。下面来讲述如何使一组图件同时实现两种排列或匀布。

① 选择需要进行排列或匀布的图件。

② 单击工具栏上的按钮。

③ 命令执行后会出现如图6-50所示的对话框。

④ 用户可以根据自己的需要，在对话框中进行相应的设置。设置完成后，单击【OK】按钮确定，即可看到被选中的元件根据设置作了相应的排列。

图6-50 对齐元件对话框

6.7 导线的布线技巧

电路板的线与电路图的线不太一样，在电路图里的线，可分为具有电气意义的导线（Wire）和不具有电气意义的导线（Line）；而在电路板编辑环境里，所有的线都一样，只有所在板层的不同这个区别。

6.7.1 手工导线

当要进行手工布线时，首先确定工作区下方的板层标签是否为所要布线的板层，如果不是，就要切换到所要布线的板层，然后执行菜单命令【Place】/【Track】或按按钮即可进入导线状态。

布线就是用铜膜线将飞线表示的逻辑连接变成物理连接，如果某个元件焊盘被飞线连接起来，则必须用铜膜线将这两个焊盘连通。在上一章介绍了关于手工调整导线的内容，这里的手工导线是同样的道理。

假设在制作 PCB 板的过程中，发现 R1 的 1 脚和 R2 的 1 脚之间被飞线连接，下面介绍如何用铜膜线将两者连接起来。

执行菜单命令【Place】/【Interactive Routing】，光标变成十字形状，单击 R1 电阻元件的引脚 1，移动鼠标拉出一段铜膜线，而且光标在移动的过程中，飞线也跟着移动。将铜膜线拉出一定长度后，单击鼠标左键放置一段铜膜线，接着拖动鼠标拉出第二段铜膜线并单击鼠标左键确定，然后将光标定位在 R2 引脚 1 上，这样就完成了铜膜线的放置。

按照上面的步骤可以执行任何图件之间的布线，布线的注意事项在前面的内容中已经有了说明，这里就不再赘述了。

6.7.2 板层切换

在手工布线时，有时会发现调整一下一根线的板层更加有利于调整其他的线，其实切换线的板层的方法有以下几种：第一种方法是按【+】键，工作板层切换顺序依次为 Top、Bot、Tover、KeepOut……或按【-】键，工作板层切换顺序依次跟前面的相反；第二种方法比较简单，只要按【*】键即可切换成对的工作板层；第三种方法是最直接的方法了，只要双击要改变板层的导线，弹出如图 6-51 所示的对话框。

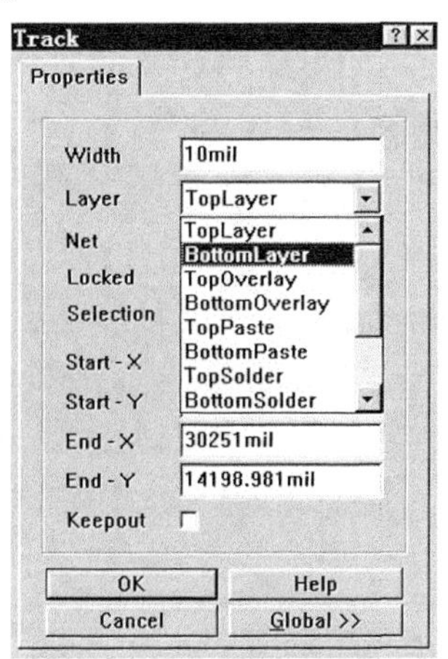

图 6-51 板层切换对话框

原来导线在 Top 层，现在将其切换到 Bottom 层，可以在【Layer】右边的下拉列框中，选择 Bottom Layer，然后单击【OK】按钮即可。

6.7.3 有网络的手工导线

刚才介绍的导线一般是用于没有网络的导线。对于已挂上网络的焊点而言，最好的布线方式还是 Protel 99 ES 提供的自动布线功能，这种方式比较简单。如果用手工布线，根据预拉线的提示，布线也比较容易。这里就不再多加介绍了。

6.8 导线的操作

导线完成后，可能不是特别令人满意的，可能要作适当的调整，这就是下面要介绍的关于导线的操作方面的问题。

6.8.1 导线属性的编辑

对导线属性的编辑可以直接双击需要编辑的导线，即可弹出如图 6-52 所示的属性编辑的对话框。

用户可以在对话框中，对导线的属性进行编辑，这些属性主要包括导线的宽度、所处层面、网络、起始点的坐标、终止点的坐标等。

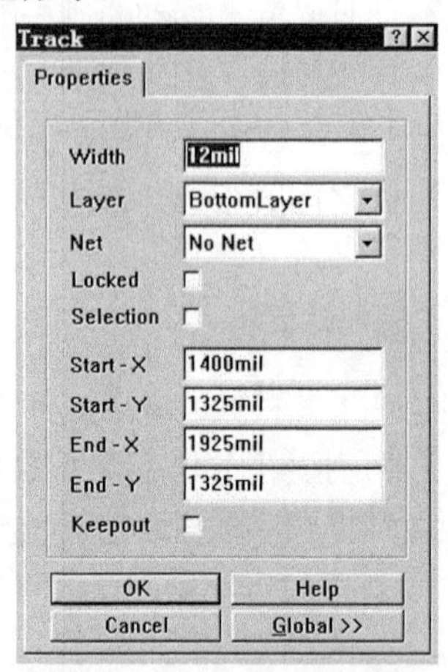

图 6-52 导线属性设置对话框

6.8.2 导线的移动与调整

不管什么类型的导线，当画好后，都可以再移动或调整。

导线的移动和调整，可以按照前面的方法，通过改变导线的起始和终止点的坐标来进行；也可以直接单击，使导线处于选中状态，然后将光标移到导线所在的位置按住鼠标左键不放，移动光标将导线拖到适当的位置，松开鼠标左键，在空白处单击鼠标左键，即可完成导线的移动；还可以将鼠标指向所要移动的线段，再单击鼠标左键，则此线段的两端点及中点将出现控点，出现控点后就可以进行移动或调整了。

6.8.3 导线的整体编辑

导线的整体编辑与元件的整体编辑的方法类似，可以双击要进行编辑的某根导线，弹出如图 6-52 所示的对话框，然后单击【Global】按钮，即可进入如图 6-53 所示的对话框。

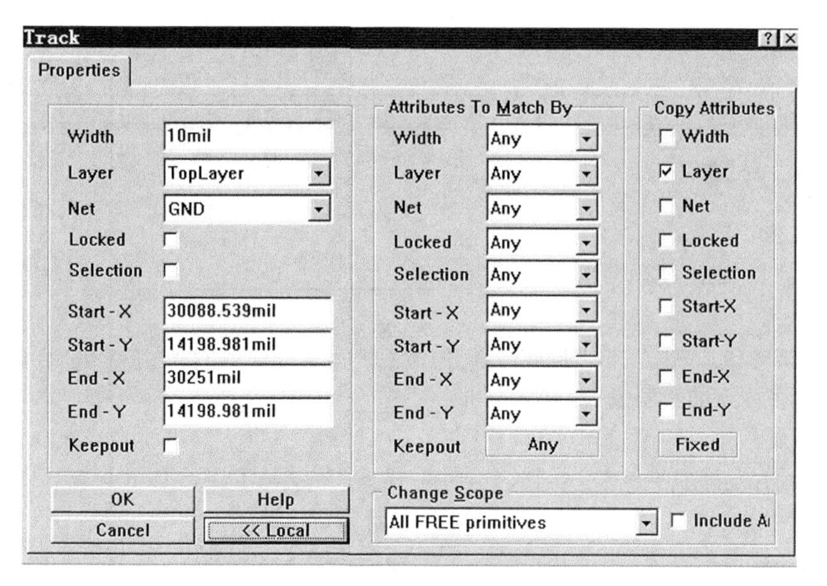

图 6-53 导线属性整体编辑对话框

如果想加宽电源线，可以首先对线的宽度值（Width）进行修改，然后选中【Net】下拉列表框中的【Same】选项，然后单击【OK】按钮确认即可。

6.8.4 导线的剪切、复制、粘贴与删除

导线的剪切、复制、粘贴与删除的方法跟元件的一系列的操作方法是一样的。这里用导线的剪切为例来加以说明。

要想剪切某根导线，可以先选中这根导线，然后执行菜单命令【Edit】/【Cut】或单击主工具栏上的✂按钮即可。

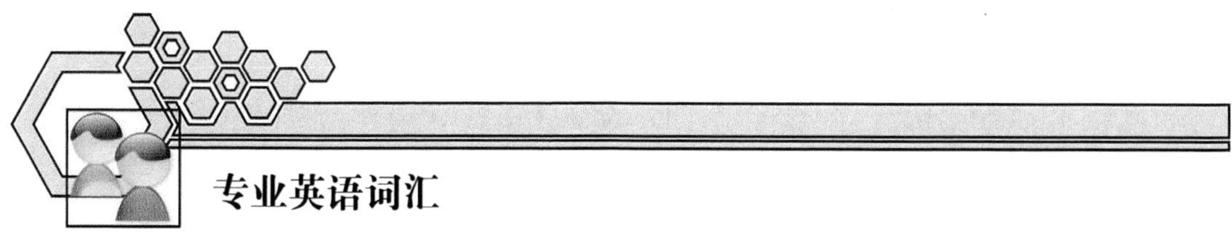

专业英语词汇

专业英语词汇	行 业 术 语
Via	过孔
Linear	线性的
Drag	拖动
Array	阵列
Polygon Plane	多边形填充

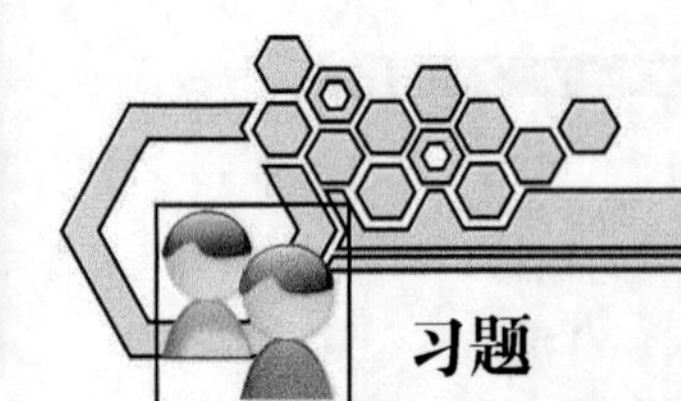

习题

一、填空题

1. 在原理图设计过程中的元件是指____________________，PCB 设计中的元件则是指__________________________。

2. 在 PCB 板上，电源线和地线流过的电流要明显大于一般的信号线内的电流，因此，出于可靠性和稳定性方面的考虑，一般需要将_________和___________加宽。

二、选择题

1. 电路板的设计主要分 3 个步骤，不包括（　　）这一步骤。

A. 生成网络表　　B. 设计印制电路板

C. 设计电路原理图　　D. 自动布线

2. 多层印制电路板（4 层或者 4 层以上）比双面板更适合于高速 PCB 布线，最主要的原因是（　　）。

A. 通过电源平面供电，电压更稳定　　B. 可以大大减小电路中信号回路的面积

C. 多层印制电路板工艺简单　　D. 自动布线更容易

3. PCB 的布局是指（　　）。

A. 连线排列　　B. 元器件的排列

C. 元器件与连线排列　　D. 除元器件与连线以外的实体排列

4. PCB 的布线是指（　　）。

A. 元器件焊盘之间的连线　　B. 元器件的排列

C. 元器件排列与连线走向　　D. 除元器件以外的实体连接

5. 印制电路板的（　　）层主要用于绘制元器件外形轮廓以及标识元器件标号等。该类层共有两层。

A. Keep Out Layer　　B. Silkscreen Layers

C. Mechanical Layers　　D. Multi Layer

6. 印制电路板的（　　）层只作为说明使用。

A. Keep Out Layer　　B. Top Overlay

C. Mechanical Layers　　D. Multi Layer

三、简答题

1. 绘制导线的方法有哪些？是否有区别？对应的菜单命令是什么？
2. 放置工具栏上绘制圆弧的按钮有哪些？
3. 尺寸标注是否可以在 Top 层进行？
4. 装载元件库的操作可以有几种方法？
5. 在 PCB 图中练习使用选取向导选取元件。
6. 元件的排列和对齐的工具栏上的按钮是否有对应的菜单命令？
7. 如何实现元件的底部对齐？如何调整元件之间的间距？
8. 如何实现元件的整体编辑？
9. 如何实现导线的整体编辑？
10. 如何改变导线所处的层面？

PART 7

第7章 PCB图设计的高级技巧

本章主要讲述手工布线及网络编辑器等内容。虽然各个操作之间并没有很紧密的关系，但是这些功能或操作都是非常实用的技巧。

7.1 电路图、网络表和PCB元件的匹配

Protel 99 SE提供的功能要求用户在实际的操作过程中，要将原理图和PCB图紧密地联系起来。这当中就很明显地要求电路图、网络表和PCB元件要匹配，否则，系统就会认为用户的操作有问题，不会或者根本就不能按照用户的指定要求完成任务。

这里的匹配就是要求电路图、网络表和PCB元件的名称、元件结构和封装形式等内容要一一对应。在操作的过程中，要求在绘制原理图的过程中对元件的命名、封装形式等的确定要准确，后面的网络表和PCB图中的元件都是自动生成并加以调用的。在下面的内容中，将会对元件的匹配问题作详细说明。

7.2 自动布线与指定网络布线

在前面的内容中，已经介绍了自动布线的有关内容，在这里再将自动布线的有关内容作一个说明。PCB板的制作过程中是离不开网络的，网络将整个电路板的各个元件进行了电气连接。在实际操作过程中，为了减少不必要的麻烦，往往将布线工作分步骤进行。而网络布线是其中一种常用的方法。因为网络布线不但能确实有效地完成布线任务，而且可以方便地对某些布线工作进行编辑。例如，在实际的操作过程中需要将电源/接地线进行加宽的操作，网络布线可以来整体实现。

具体的操作方法，就是执行菜单命令【Auto Route】/【Net】，等光标变成十字形状后，将光标移到电源（VCC）网络标号上，单击后很短的时间内，系统就会自动完成对电源线的布线工作了。接下来的工作就是对电源线进行整体编辑了，关于电源线的整体编辑，在前面的内容中已经介绍过了，这里就不再作详细说明了。

7.3 网络编辑器

在电路板设计里，连接关系的建立就是靠网络，而网络就是以一些文字表述电气组件的连接关系，这不容易阅读和建立网络，所以就从绘制电路图开始，因为电路图较具可读性，然后

再从电路图产生网络表。而 Protel 99 SE 的网络表包括元件的定义及网络的定义，当载入网络表时，元件也一并被载入。PCB 处理网络的方法是将所载入的网络表文件转换成具有实质功能的宏指令，然后在使用者按下【Execute】按钮之后，即执行该宏命令，同时原本外部的网络表文件也转而变成工作区内部的网络。

执行菜单命令【Design】/【Load Nets】，然后指定所要载入的网络表文件，这个动作属于 PCB 网络表编辑器的外部功能，是由外部网络编辑器来操作的。如果所载入的网络表有问题，还可以直接在场外解决（编辑）。经由外部网络编辑器转为宏指令，再执行后，就由场外转入场内，由内部网络编辑器接手管理，与原先的网络表文件就没有关系了。

7.3.1 外部网络编辑器

装入网络表也就是外部网络编辑器的使用，在前面的内容中已经介绍过，这里就不再多作说明。

7.3.2 内部网络编辑器

当载入网络表并执行宏指令后，这些元件及网络将放入工作区，成为内部的图件，从而受内部网络编辑器的管理。另外，在工作区里自行放置的元件，其中并没有网络定义的，也可以利用内部网络编辑器为它们挂上网络。执行菜单命令【Design】/【Load Nets】，然后在随即打开的对话框里按【Advanced】按钮，即可打开内部网络编辑器，如图 7–1 所示。

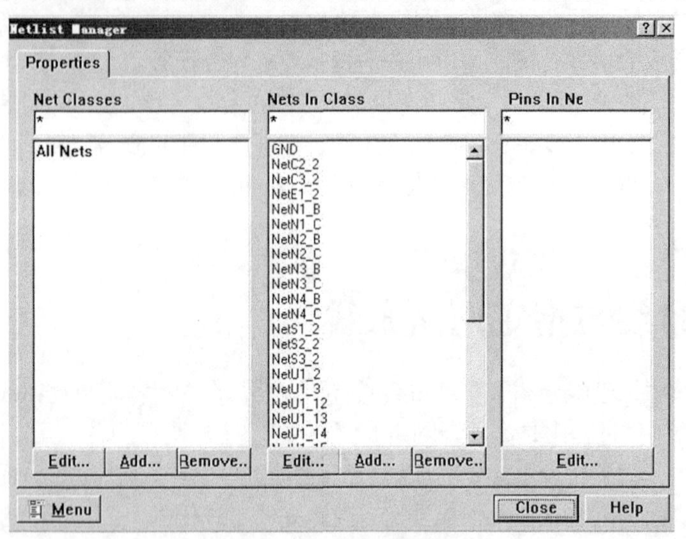

图 7–1 内部网络编辑器

这里列出了工作区里的所有网络，如果要新增网络，则按【Add...】按钮，即可打开新增网络对话框，如图 7–2 所示。

可以在【Net Name】栏里指定所要新增网络的名称，然后在【Pins in other nets】区域选取所要加入该网络的节点，再按 > 按钮，即可将该节点添加到右边的【Pins in net】区域。如果要删除网络中的某个节点，先在【Pins in net】区域中选取该节点，再按 < 按钮，即可将该项从【Pins in net】区域中删除。

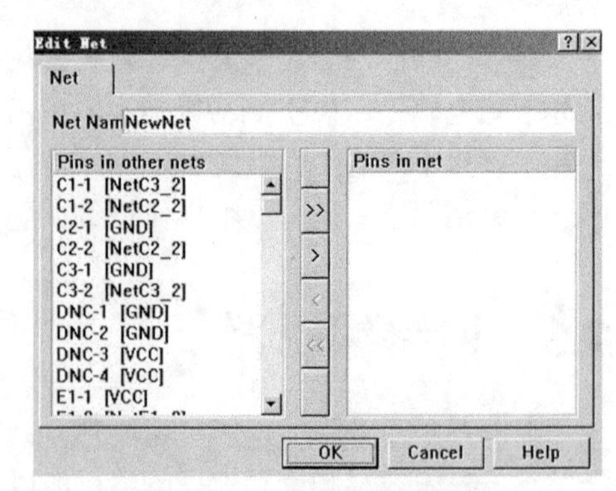

图 7–2 网络编辑对话框

其实内部网络编辑器提供的命令很多，只要指向【Nets】区域内部，按鼠标右键，即可出现快捷键菜单，如图7-3所示。

其中几个命令简要说明如下。

- 【Add...】：用于新增网络，与刚才所介绍的【Add...】按钮一样。
- 【Delete】：用于删除所选择的网络，所以在启动本命令之前，要先在区域中选取要删除的网络，再启动本命令。
- 【Clear List】：用于清除网络表的内容。
- 【Properties...】：用于编辑所选取的网络。在启动本命令之前，必须先选取所要编辑的网络。而启动本命令后，屏幕将出现该网络的属性对话框，如图7-4所示。

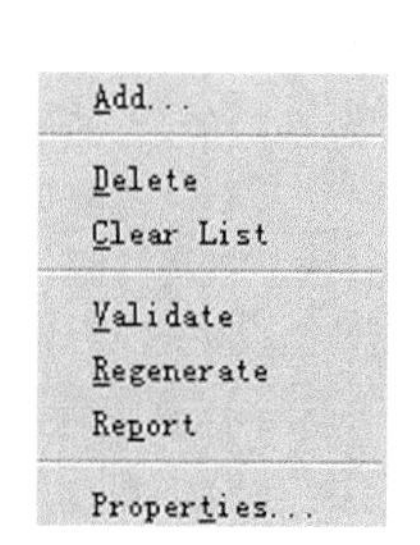

图7-3 网络编辑菜单

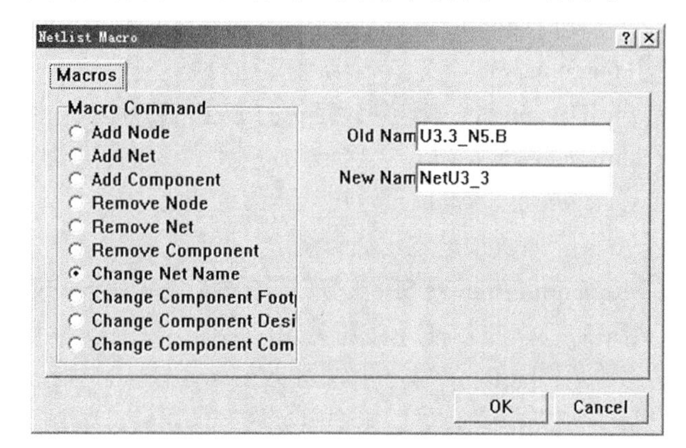

图7-4 网络属性对话框

7.4 敷铜的应用

“敷铜”是在电路板的空白处铺设铜膜。在印制电路板设计过程中，一般在板上不要留大块的空地，要尽可能地用敷铜将它们填满，作为电源和地线或其他一些网络的扩展。

具体的实现方法：可以执行菜单命令【Place】/【Polygon Plane】或单击按钮，即可出现如图7-5所示的对话框。

其中包括5个区域，说明如下。

- 【Net Options】：本区域用于设定铜膜与网络之间的关系，其中包括一个栏及两个选项，说明如下。

(a)【Connect to Net】：本栏用于设定该敷铜所要连接的网络。

(b)【Pour Over Same Net】：本选项用于设定敷铜时如果遇到相同网络走线，是否直接覆盖之。

(c)【Remove Dead Copper】：本选项用于设定敷铜时是否要删除孤立而无法连接到指定网络的敷铜。

- 【Plane Settings】：本区域用于设定敷铜的栅格间距与所在板层，其中包括3个栏及一个选项，说明如下。

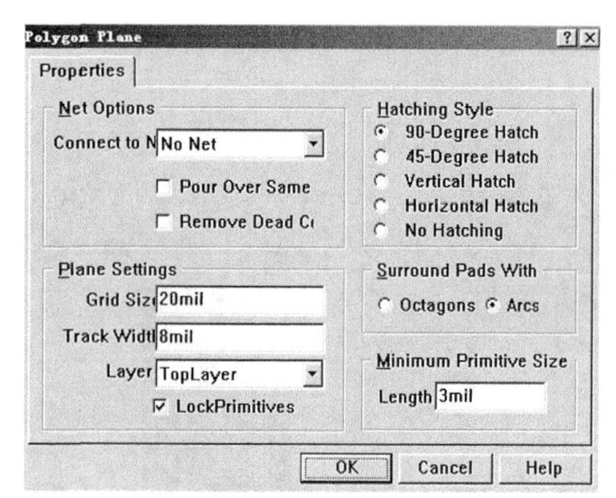

图7-5 敷铜属性设置对话框

（a）【Grid Size】：本栏用于设定敷铜的栅格间距。

（b）【Track Width】：本栏用于设定敷铜的线宽，如果线宽大于或等于敷铜的栅格间距，电路板空白处将会敷满铜。

（c）【Layer】：本栏用于设定敷铜的板层。

（d）【LockPrimitives】：本选项用于设定该敷铜为整体的敷铜还是一般的走线，通常都要选择本选项。

● 【Hatching Style】：本区域用于设定该敷铜的类型，其中包括 5 种敷铜的类型，说明如下。

（a）【90-Degree Hatch】：本选项设定进行 90° 线的敷铜。

（b）【45-Degree Hatch】：本选项设定进行 45° 线的敷铜。

（c）【Vertical Hatch】：本选项设定进行垂直敷铜。

（d）【Horizontal Hatch】：本选项设定进行水平敷铜。

（e）【No Hatching】：本选项设定进行透空的敷铜。

● 【Surround Pads With】：本区域的功能是确定铜膜与焊点间的围绕方法，各项说明如下。

（a）【Octagons】：本选项设定用八角形绕边。

（b）【Arcs】：本选项设定用圆弧绕边。

● 【Minimum Primitive Size】：本区域用于设定允许的最短敷铜线。

设定结束后，单击【OK】按钮关闭对话框，进入敷铜状态，接着就按一般走线程序进行敷铜，如果要转角，则单击左键，如果要改变转角模式，则按【Shift】+【Space】键，包括 90°、45°、斜线、圆弧等转角，最后单击鼠标右键即可完成敷铜。

如果要删除敷铜，可以执行菜单命令【Edit】/【Delete】，然后将光标指向要删除的敷铜，单击鼠标左键即可删除。

如果要改变敷铜的形状，可以执行菜单命令【Edit】/【Move】，再选取 Polygon Vertices 命令，进入编辑敷铜形状的状态，指向要修改的敷铜，该敷铜将变成透明形状（只剩下边线），指向所要改变的转角，单击鼠标左键即可拾取该角，移动鼠标，将它调整至适当位置，再单击鼠标左键即可将它固定。

放置敷铜结束后，在不同的层面观察电路板图，可以看出顶层和底层中敷铜的分布范围不同，这是由顶层和底层布线的不同引起的。

7.5 包地的应用

包线就是将选取的铜膜线和焊盘用铜膜线包围起来，由于通常是将包围线接地，因此习惯上称这种做法为“包地”。

具体的实现方法是执行菜单命令【Edit】/【Select】/【Inside Area】，选择一个网络，如图 7-6 所示。

执行菜单命令【Tools】/【Outline Selected Objects】就会得到如图 7-7 所示的结果。

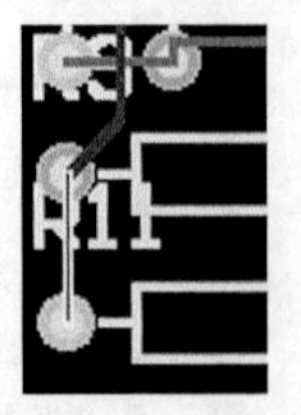

图 7-6 选择网络

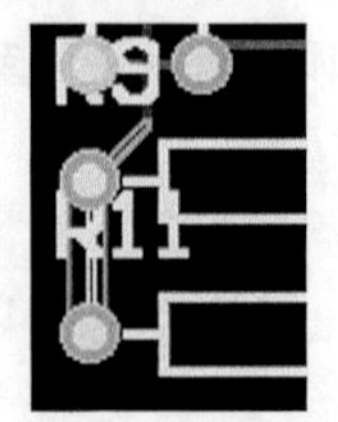

图 7-7 包地

7.6 补泪滴的应用

泪滴是指导线与焊点或导线的连接处的过渡区域。此区域通常设计为泪滴形状，是为了防止在钻孔的时候的应力集中而使接触处断裂。

补泪滴的方法可以执行菜单命令【Tools】/【Teardrops】，会弹出如图7-8所示的对话框。

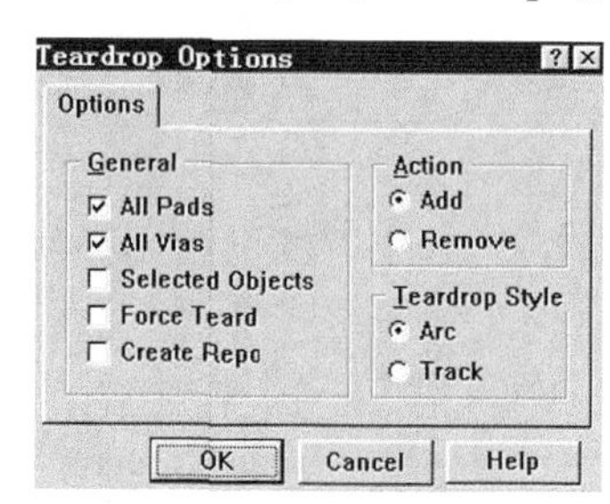

图7-8 补泪滴属性对话框

可以对PCB图整体地进行补泪滴，也可以有选择地进行补泪滴。下面对有选择的补泪滴的操作步骤作一个说明。

执行菜单命令【Edit】/【Select】/【Inside Area】，在工作区窗口中选择相应的图件，如图7-9所示。

执行菜单命令【Tools】/【Teardrops】/【Add】，随后得到如图7-10所示的结果。

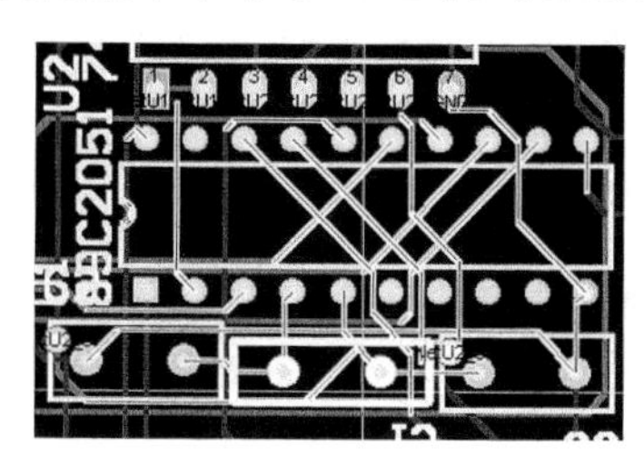

图7-9 选择网络

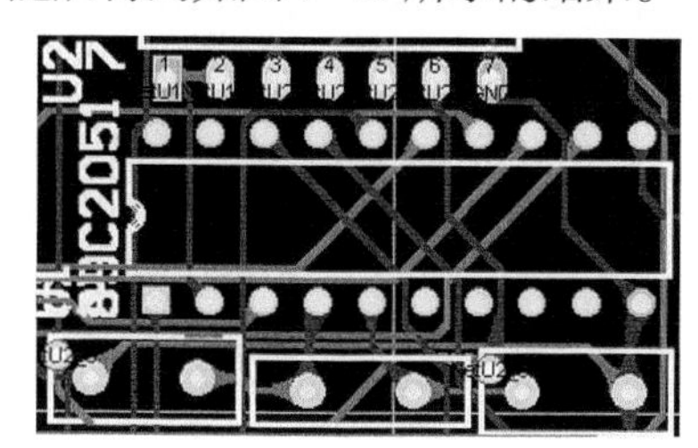

图7-10 补泪滴

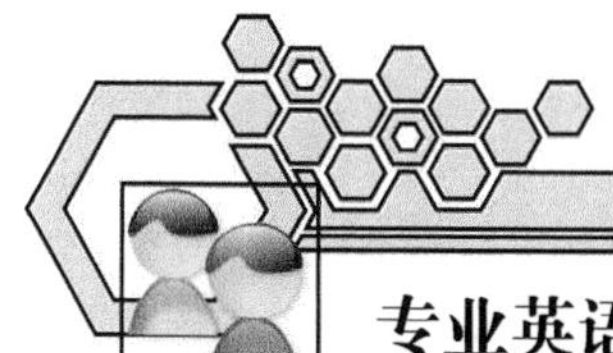

专业英语词汇

专业英语词汇	行 业 术 语
Teardrops	泪滴
Hatch	敷铜
Vertical	垂直
Horizontal	水平
Mechanical layers	机械层
Masks	掩膜层
Auto Route	自动布线

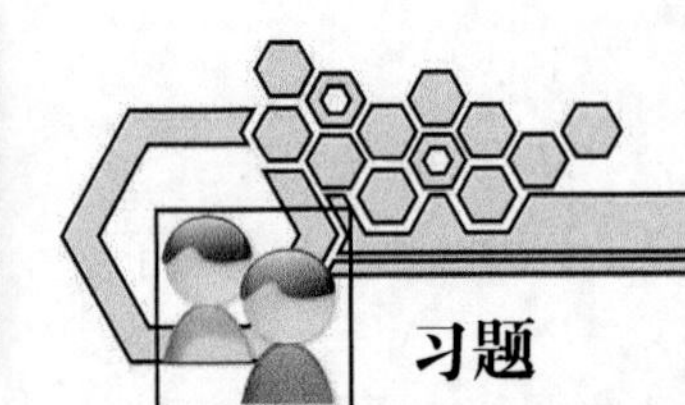

习题

一、填空题

1. 双面板的基板上、下两面均覆盖________，使上、下两面互连的孔称________，元件安装的面称为________，另一面称为________。

2. PCB 板按照板层的多少一般可分为单面板（Top Layer）、________和________。

二、选择题

1. 一般来说，PCB 上的导线都放置在（　　）。

A. Signal layers　　B. Mechanical layers　　C. Masks

2. PCB 设计布线过程中尽量使用（　　）的转角。

A. 90°　　B. 135°　　C. 45°

3. 在 PCB 设计过程的布线过程中，切换布线模式的快捷键是（　　）。

A.【Page up】　　B.【Shift + Space】

C.【Space】　　D.【Backspace】

三、简答题

1. 在 Protel 99 SE 里，如何编辑网络？

2. 在电路板设计中，敷铜有何意义？自己动手练习一下，试着用不同的方法进行敷铜。

3. 在 Protel 99 SE 里，如何包地？

4. 补泪滴有何作用？在 Protel 99 SE 中是如何补泪滴的？

PART 8

第8章 创建自己的PCB元件

在编辑绘制电路原理图时，所使用的元件是原理图元件；编辑绘制印制电路板（PCB）图时，所使用的元件是 PCB 元件（又称元件封装或包装）。这两者之间存在怎样的联系和区别呢？它们又是怎样沟通的呢？在绘制 PCB 时遇到元件库中没有的元件（如在第 5 章制作电子钟 PCB 图时 LED 数码管及按钮在元件库中找不到），又是如何来创建自己的 PCB 元件的呢？这些就是本章要讨论的主要问题。

8.1 认识元件

在原理图和 PCB 图中，元件占较大比重，是重要的组成部分。元件的种类繁多，要想一一搞清楚，是很难的。如果弄清各种元件在电路板设计过程中的不同阶段设计人员所关注的重点，那么对元件的认识将会有一个清晰的概念。下面就从不同的角度来认识它们。

8.1.1 原理图元件与 PCB 元件

在原理图设计过程中，曾经提到要在它的属性编辑框中输入正确的封装形式，以便在制作印制电路板图时能够很快地从元件库中调用正确的封装形式。下面就来介绍原理图元件和印制电路板元件的联系和区别。

原理图元件着重于表现元件图的逻辑意义，不太注重元件的实际尺寸与外观，而代表其电气特性的关键部分就是引脚。引脚名称（或引脚序号）和元件序号是延续该元件电气意义的主要数据。PCB 元件（封装）则着重于表现元件实体，包括元件的物理尺寸及相对位置，而其承接电气特性的部分是焊盘名称（或焊盘序号）及元件符号。换言之，原理图中的引脚名称（或引脚序号）转移到 PCB 图中就是焊盘名称（或焊盘序号），原理图中的元件序号转移到 PCB 图中就是相同的元件序号，如图 8-1 所示。

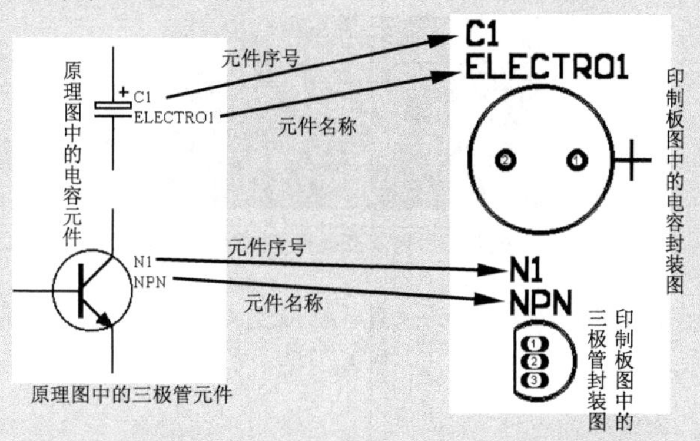

图 8-1 原理图中的元件与印制板图中的元件之间的关系

除了元件序号外，在电路原理图的编辑工作区里，还要通过电路原理图元件的 Footprint 栏所指定的元件封装名称，才能从电路板的元件库中取得该元件。

电路原理图元件与印制板元件之间的对应关系不一定是一一对应的，可能是一对多，也可能是多对一或多对多的关系。图 8-2 所示为电阻的原理图符号与电阻的封装之间的关系。电阻的原理图符号有两种（不包括可变电阻、排阻等），元件名称为 RES1、RES2，而其封装形式有 AXIAL0.3、AXIAL0.4……这是因为不同功率、不同性质的电阻其实际外形尺寸各不相同，设计者要根据实际元件的选择情况来选择元件的封装，这样才能保证实际元件能够顺利安装到电路板上。

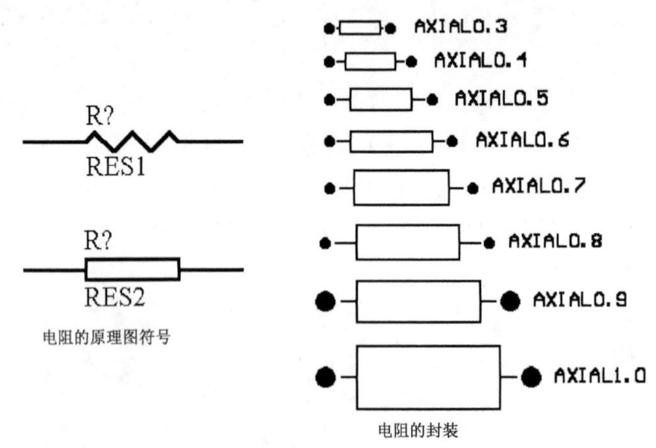

图 8-2　电阻的原理图符号与电阻的封装符号之间的对应关系

另外，不管是对电路原理图还是对电路的印制板图的编辑过程中，元件序号、引脚名称（或引脚序号）、焊盘名称（或焊盘序号）等，最好习惯性地采用大写，以免发生错误，同时原理图元件的引脚名称（或引脚序号）必须与焊盘名称（或焊盘序号）一致，如二极管、三极管在原理图中其元件的引脚一般用字母来命名，而在 PCB 图中相应的元件焊盘往往用数字来命名，这样使两者之间名称不一致，在将网络表调入电路板图环境时会出现网络丢失错误。

8.1.2　针脚式元件

针脚式元件就是元件的引脚是一根导线，安装元件时该导线必须通过焊盘穿过电路板焊接固定。因此在电路板上，该元件的引脚要有焊盘，焊盘必须钻一个能够穿过引脚的孔（从顶层钻通到底层）。图 8-3 所示为针脚式元件的封装图，其中的焊盘属性中的【Layer】板层属性必须设为 MultiLayer。

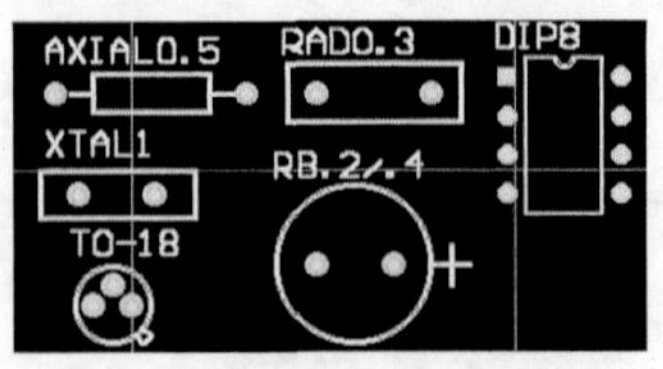

图 8-3　针脚式元件的封装图

由于要钻孔，所以电路板的制作比较麻烦，而且还得切除过长的引脚，因此成本较高。此外，针脚式元件的体积较大，也会造成产品的体积增大，不利于产品的小型化。因此，许多场合都尽量避免采用这类元件。

对于针脚式元件，其焊盘穿透每个板层，所以其板层【Layer】属性为 MultiLayer。

8.1.3 表面贴装式元件

表面贴装式元件是直接把元件贴在电路板表面上。它是靠粘贴固定的，所以焊盘就不需要钻孔了，因此成本较低。表面贴装式元件各引脚间的间距很小，元件体积也较小。由于安装时不存在元件引脚穿过钻孔的问题，所以它特别适合于用机器进行大批量、全自动地进行机械化的生产加工。图 8-4 所示为表面贴装式元件的封装图，其中焊盘的【Layer】属性必须设置为单一板层，如 TopLayer（顶层）或 BottomLayer（底层）。

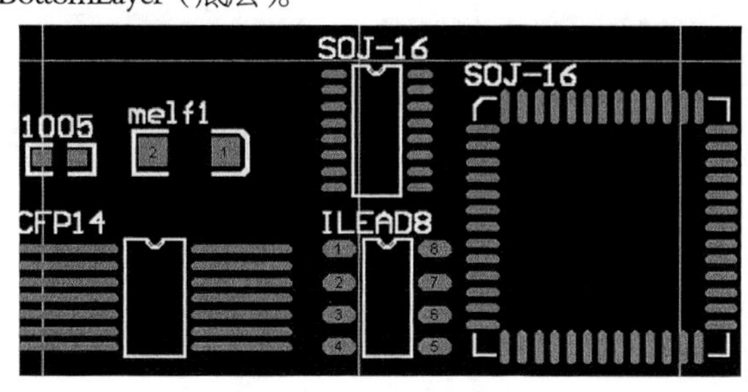

图 8-4 表面贴装式元件

8.1.4 封装图结构

不管是针脚式元件还是表面贴装式元件，其结构如图 8-5 所示，可以分为元件图、焊盘、元件属性 3 个部分，说明如下。

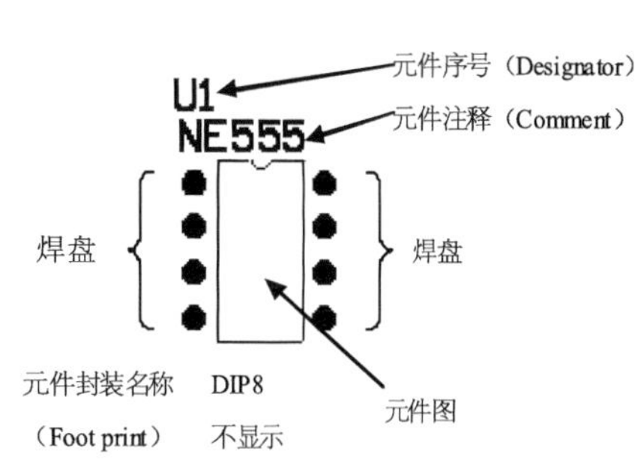

图 8-5 元件结构说明

1．元件图

元件图是元件的几何图形，不具备电气性质，它起到标注符号或图案的作用。这些符号或图案大多放置在 TopOverlay 层（丝印层），能够帮助元件布置，但并不影响布线，因此元件图的主要目的是给设计人员看的。

2．焊盘

焊盘是元件主要的电气部分，相当于电路图里的引脚。焊盘在电路板中非常重要，焊盘上的号码就是引脚号码。焊盘号码必须与原理图中元件的引脚号码一致，否则就会出现缺少网络节点的错误。焊盘的尺寸、内孔大小、位置更影响日后的电路板制作与生产，如果弄错了，将导致电路板不能使用，因此必须注意。

3．元件属性

在电路板的元件里，其属性部分主要用来设置元件的位置、层次、序号和注释等内容。元件的基本属性有元件序号（Designator）和标注元件值（或元件编号）的元件注释（Comment）。

8.1.5 元件名称

在实际的应用过程中，用到的元件比较多，要想提高绘图速度，对元件的名称及命名原则就应该有一个了解。在实际的应用过程中，常用的元件有电阻、电容、双列直插元件、表面贴装元件和插头等。

在实际应用中，电阻、电容的名称分别是 AXIAL 和 RAD，对于具体的对应可以不作严格的要求，因为电阻、电容都是有两个引脚，引脚之间的距离可以不作严格的限制。

直插元件有双排的和单排的之分。双排的被称为 DIP，单排的被称为 SIP。

表面贴装元件的名称是 SMD。贴装元件又有宽窄之分：窄的代号是 A，宽的代号是 B。

电路板的制作过程中，往往会用到插头，它的名称是 DB。

通过上面的介绍，或许对元件的名称有了一定的了解。当然在实际的操作过程中，碰到的元件是多种多样的，用户可以在长期的时间过程中来加以认识，在必要的时候可以查阅附录表。

8.2 启动 PCB 元件库编辑器

尽管 Protel 99 SE 提供了庞大的元件库，但是仍然有一些元器件在它的元件库中找不到。

Protel 99 SE 为设计者提供了功能强大的 PCB 元件库编辑器，用于帮助用户创建自己的元件库。Protel 99 SE 的各种编辑工具是与编辑对象高度关联的，因而要启动 PCB 元件库编辑器就必须先创建 PCB 元件库文件。

首先打开设计项目中的【Documents】文件夹，在它的空白处单击鼠标右键，在弹出的快捷菜单中选择【New】选项，单击弹出如图 8-6 所示的对话框。

在该对话框中，单击其中的【PCB Library Document】图标，然后单击【OK】按钮确定。这时，【Documents】窗口会出现一个代表 PCB 元件库文件的图标，该文件的默认文件名为“PCBLIB1”，双击该图标，打开该文档，并启动 PCB 元件库编辑器。这时，程序的界面如图 8-7 所示。

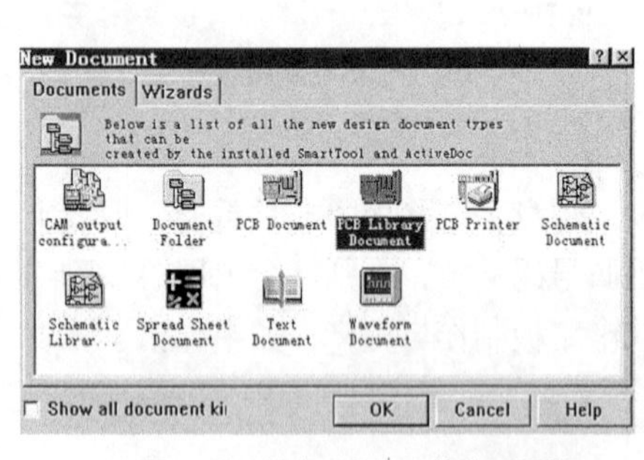

图 8-6 新建 PCB 元件库对话框

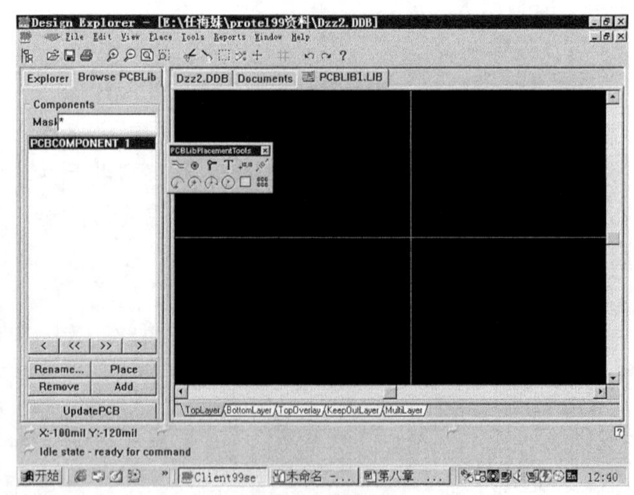

图 8-7 元件编辑器

8.3 关于 PCB 元件库编辑器

PCB 元件库编辑器的界面和 PCB 编辑器类似，大体上分成以下几个部分。

- 主菜单：用于执行各种操作。
- 元件库编辑浏览器：用户可以通过它对元件库的编辑进行方便有效的管理。
- 主工具栏：一般在主菜单的下方，为用户提供了快捷的图标操作方式。
- PCB 元件库放置工具栏：提供各种绘制 PCB 元件所必须的命令。
- 状态栏和命令行：在屏幕的最下方，用于提供各种状态信息。

8.3.1 元件库编辑浏览器

图 8-8 元件库编辑浏览器

在程序的窗口的左侧有一个长方形的窗口，这就是元件库编辑浏览器，如图 8-8 所示。通过它，用户可以更加方便地来管理元件库。

元件库中各个按钮的功能实现一般均可以由以下菜单命令来实现。

- 【Rename...】按钮用来重新命名当前的元件，对应的菜单命令【Tools】/【Rename Component】。
- 【Remove】按钮用来删除当前的元件，对应的菜单命令是【Tools】/【Remove Component】。
- 【Place】按钮是将当前的元件放置到 PCB 图中去。
- 【Add】按钮用来增加一个新的元件，对应的菜单命令是【Tools】/【New Component】。
- 【UpdatePCB】按钮用来更新当前的元件。
- < | << | >> | > 按钮是用来查找元件的。

8.3.2 PCB 元件库放置工具

在自己制作元件时，一般用【Place】菜单下的命令来完成，而与之对应的是如图 8-9 所示的放置工具栏。

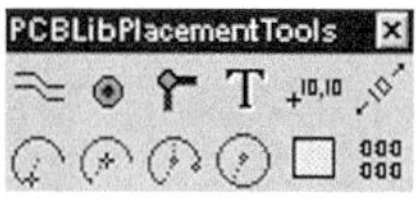

图 8-9 PCB 元件库放置工具栏

放置工具栏中的各个按钮功能和相应的菜单命令如下。

- ：绘制边框线等。对应的菜单命令是【Place】/【Track】。
- ：放置焊盘。对应的菜单命令是【Place】/【Pad】。
- ：放置过孔。对应的菜单命令是【Place】/【Via】。
- T：放置字符串。对应的菜单命令是【Place】/【String】。
- +10,10：放置位置坐标。没有对应的菜单命令。
- ：防止尺寸标注。没有对应的菜单命令。
- ：边缘法绘制圆弧。对应的菜单命令是【Place】/【Arc（Edge）】。
- ：中心法绘制圆弧。对应的菜单命令是【Place】/【Arc（Center）】。
- ：边缘法绘制任意的圆弧。对应的菜单命令是【Place】/【Arc（Any Angle）】。
- ：绘制整圆。对应的菜单命令是【Place】/【Full Circle】。
- ：放置矩形填充。对应的菜单命令是【Place】/【Fill】。
- ：定义一个双排的文件夹内容放置器。

这一系列的工具在第 6 章的内容中已经有了较详细的说明，这里就不再一一详细说明了。

8.4 创建一个 PCB 元件

下面就要举一个例子来介绍创建一个元件的整个过程。前面制作原理图元件的时候，介绍了数码管的制作，这里介绍如何制作数码管的封装形式。执行完启动 PCB 编辑器后，可以看到 PCB 编辑浏览器中显示着唯一的 PCB 元件的名字“PCBComponent_1”，处于激活状态，这正是将要制作的元件，给它重新命名。单击 PCB 编辑浏览器中的【Rename...】按钮，弹出如图 8-10 所示的对话框。

在其中键入新的元件名 LED0.5，然后单击【OK】按钮确认即可。单击工作区下面的【Top Overlay】标签，如图 8-11 所示。

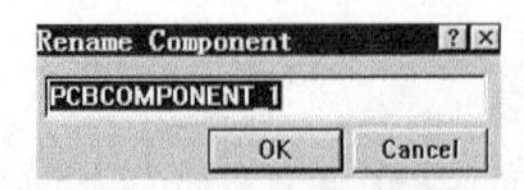

图 8-10　重新命名元件名

TopLayer / BottomLayer / TopOverlay / KeepOutLayer / MultiLayer

图 8-11　图层选择标签

首先画它的外形，同时绘制出它内部的“8”字形状的外框，主要用到画线和画圆弧的工具，如图 8-12 所示。

在绘制的过程中要严格按照尺寸的要求，其他的绘制细节跟原理图元件的绘制类似，这里就不再详细说明了。

接下来就是放置焊盘了。要注意各个焊盘之间的间距和焊盘的设置。焊盘间距要根据实际元件的引脚距离来设置，焊盘内孔的大小要根据元件引脚的粗细来设置，否则就会导致元件无法安装的情况出现。另外，还需正确设置焊盘的号码，使它与原理图元件引脚号码一致，以保持电气特性的正确。放置完毕的元件如图 8-13 所示。最后要注意保存。执行菜单命令【File】/【Save】或单击主工具栏上的按钮即可。

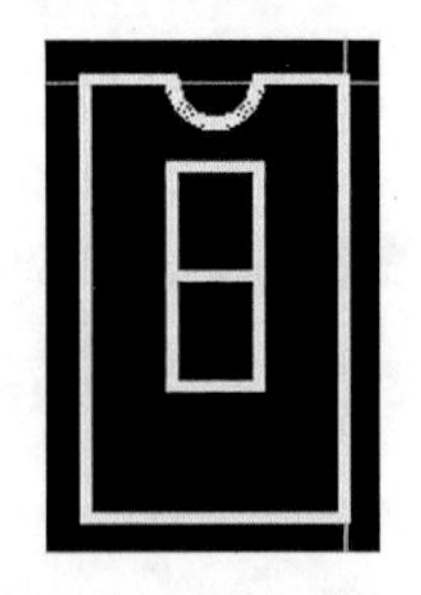

图 8-12　LED 外形图

图 8-13　完成后的 LED 元件

8.5　利用向导创建 PCB 新元件

前面提到的创建新元件的方法是纯手工的方法，它适用于新元件相当特殊的场合。实际上，用户碰到更多的情况是所要创建的新元件在很多方面符合某些通用的标准，在这种情况下，Protel 99 SE 提供的 PCB 元件向导（PCB Component Wizard）就显示出它的优越性了。PCB 元件向导允许用户预先定义设计规则，在这些设计规则设定完成后，PCB 元件编辑器会自动生成新元件。

具体的实现方法可以执行菜单命令【Tools】/【New Component】或单击元件编辑浏览器上的【Add】按钮，弹出如图 8-14 所示的对话框。

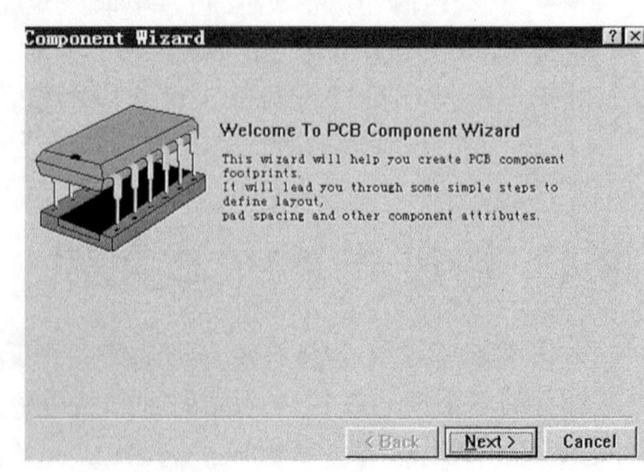

图 8-14　元件创建向导一

如果单击【Cancel】按钮，程序将自动放弃 PCB 元件向导，但新元件仍旧创建出来了，也就是说，这个新元件将完全靠用户手工设计。单击【Next】按钮，将正式进入 PCB 元件向导。这时，程序将弹出如图 8-15 所示的对话框。

在这里可以设定元件的外形形式。在对话框上部的列表框中罗列了 12 种标准的外形形式，用鼠标左键拖动后面的滚动条即可进行浏览。这些形式除了名称外都附带简单的示意图，显得非常直观。单击【Dual in-line Package [DIP]】，如图 8-15 所示。对话框下部的下拉式列表框用于选择设计元件时使用的长度单位，使用默认值。单击【Next】按钮进入下一步，这时弹出如图8–16所示的对话框。

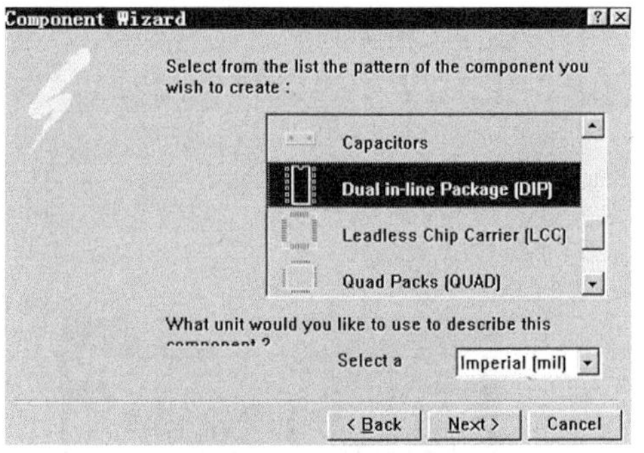

图8–15　元件创建向导二

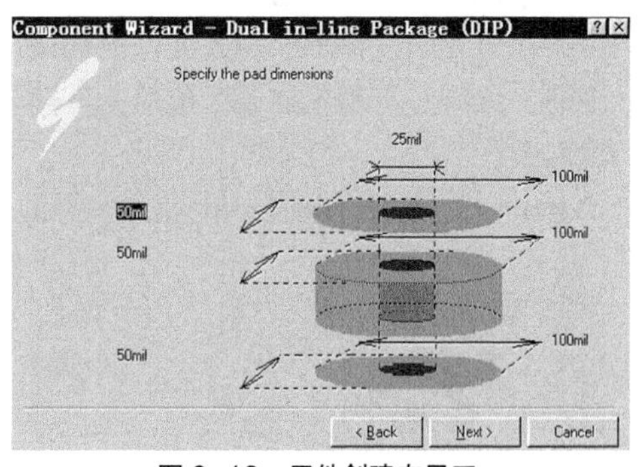

图8–16　元件创建向导三

可以在这里设定焊盘尺寸。采用系统的默认值，单击【Next】按钮进入下一步，这时弹出如图8–17所示的对话框。

它用于设定新元件引脚的相对位置与间距。可以对其中的数据加以修改。这里选用默认值。单击【Next】按钮继续进行，程序将弹出设定新元件线宽的对话框，如图8–18所示。

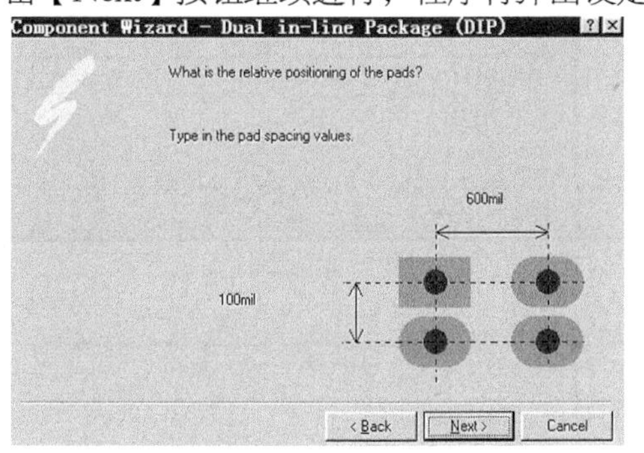

图8–17　元件创建向导四

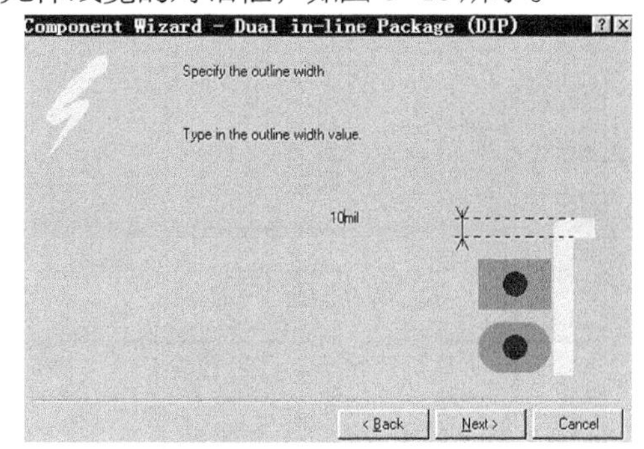

图8–18　元件创建向导五

在这里将线宽设定为“12mil”，设定完毕后，单击【Next】按钮，这时弹出如图8–19所示的对话框。

在这个对话框中可以单击文本框右边的按钮来改变引脚的数目。这里选用默认值。单击【Next】按钮，这时弹出如图8–20所示的对话框。

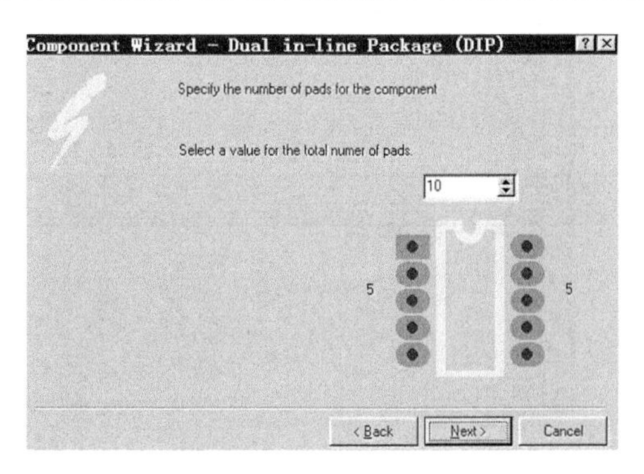

图8–19　元件创建向导六

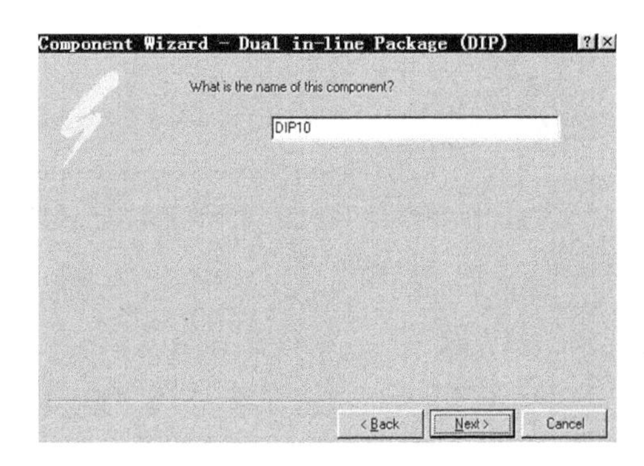

图8–20　元件创建向导七

这是该元件名称的对话框，由于没有改变元件的引脚数目，所以这里选用默认值。单击【Next】

按钮，这时所有的设定工作已经完成，程序进入最后一个对话框，如图 8-21 所示。

单击【Finish】按钮确认所有的设置，这时程序将自动产生如图 8-22 所示的 PCB 元件。

如果在设置的过程中，想改变以前的设定可以单击【Back】按钮回到以前的步骤。

当然，如果对于利用向导生成的元件还不满意的话，还可以在新建元件的基础上进行手动调整或修改。

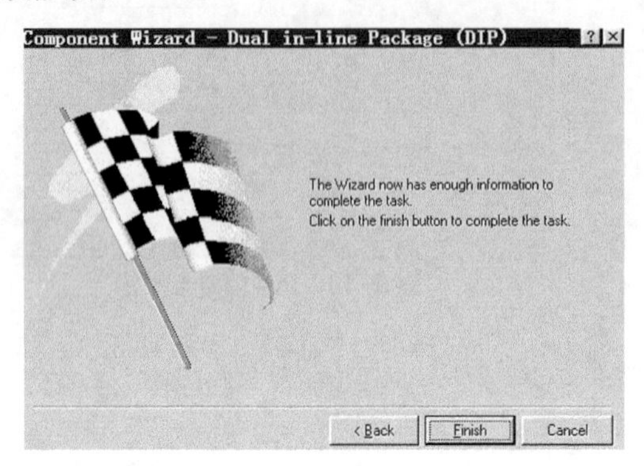

图 8-21　元件创建向导八

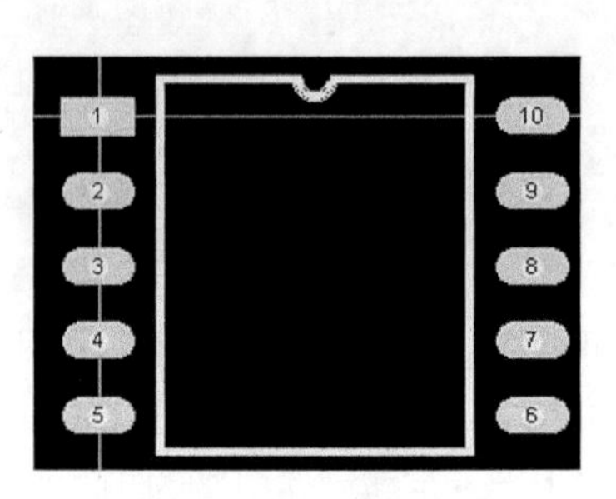

图 8-22　新建元件

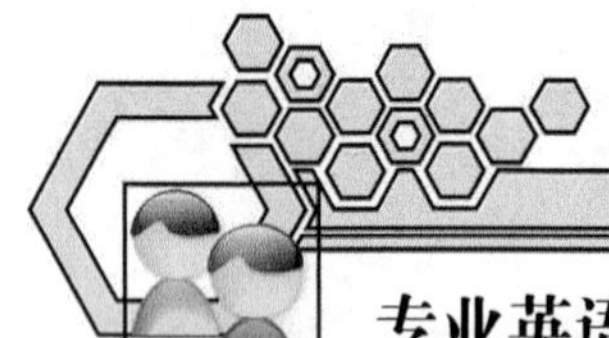

专业英语词汇

专业英语词汇	行 业 术 语
DIP（Dual in-line Package）	双列直插封装
Wizard	向导
SMD	表面贴装
Markers	标记
Tools	工具
Update	更新

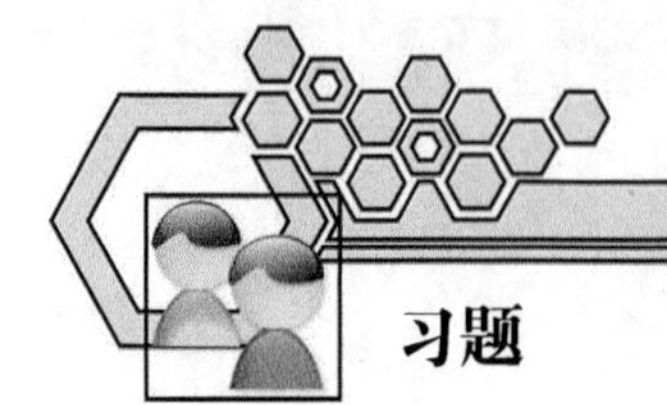

习题

一、填空题

Protel 99 SE 中，元件的选项属性有________、封装形式、__________。元件封装形式是印制板编辑过程中布局的操作依据，对于集成电路来说，常见的封装形式有________、________、________、________、________、LCCC、PGA、BGA 等。电阻器常用的封装形式是________，普通二极管封装形式为________，小容量电解电容的封装形式一般采用______________。

二、简答题

1. 电路原理图元件和印制板元件的区别在什么地方？
2. 哪些元件属于针脚式元件？
3. 表面贴装元件有何优缺点？
4. 如何根据元件的名称来区别元件？
5. 元件库浏览器中的按钮主要功能分别是什么？有没有对应的菜单命令？如果有，对应的菜单命令分别是什么？
6. 在设计的过程中，如何新增加一个新的元件？

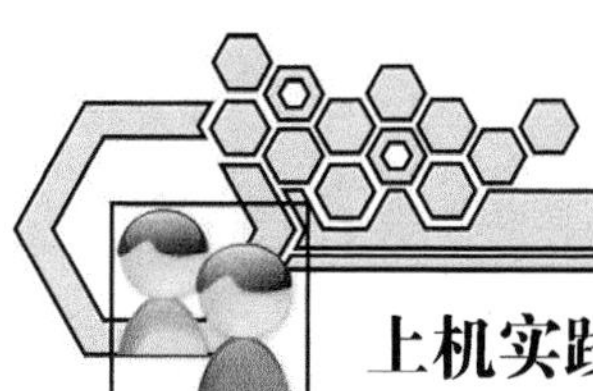

上机实践

1. 试画出如图 8-23 所示的继电器封装图，各焊盘间距如图 8-23 所示。
2. 试画出如图 8-24 所示的按钮封装图，各焊盘间距如图 8-24 所示。
3. 试画出如图 8-25 所示的继电器封装图，各焊盘间距如图 8-25 所示。

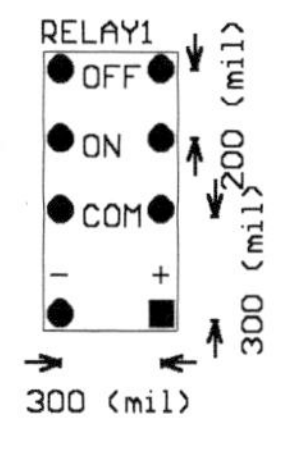

图 8-23 继电器的封装图

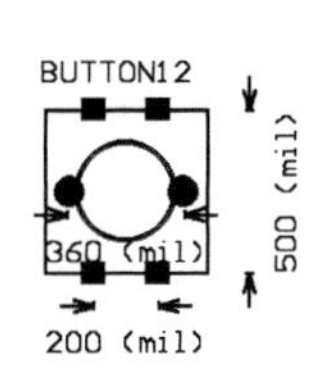

图 8-24 按钮封装图

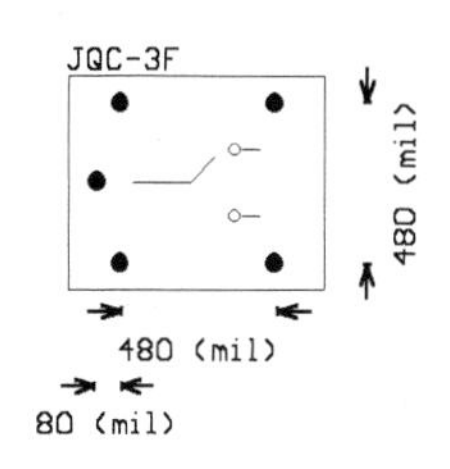

图 8-25 继电器的封装图

4. 试画出如图 8-26 所示的插头封装图，各焊盘间距如图 8-26 所示。
5. 试画出如图 8-27 所示新元件的封装图，并说明创建的步骤。

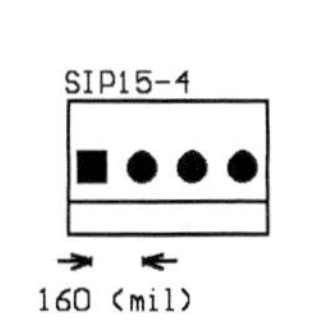

图 8-26 插头封装图

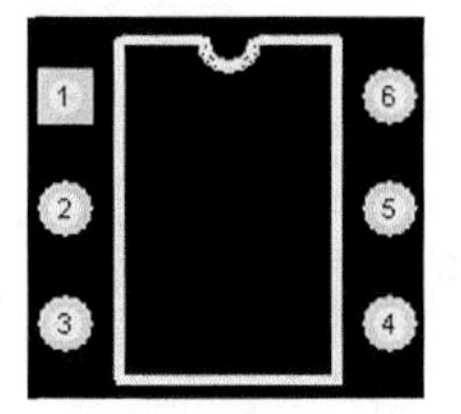

图 8-27 新元件封装图

第 9 章 电路板的设计规则

9.1 设计规则

Protel 99 SE 提供了功能强大的自动布线器。它能产生高质量的布线效果，大大提高了设计效率。但是，一般来讲电路板上不同的电路部分其电气要求有各自的特殊性，如电源线与地线或其他有较大电流经过的导线要求导线要宽，而一般逻辑电路的导线可以细一些。又如，在某些高频电路中要求网络线等长，保证信号从不同的通路经过时有相同的延时时间、相同的阻抗，而其他电路可能不需要网络线等长。这就要求设计者根据自己的设计要求来进行设计规则的设置，这些设计规则不仅对自动布线有用，对于手工布线也是相当有用的。

电路板设计规则的设置相当重要，其合理与否将直接关系到布线的质量与布通率。

9.1.1 设计规则概述

在 PCB 窗口中执行菜单命令【Design】/【Rules】，将出现如图 9-1 所示的设计规则（Design Rules）设置对话框。在该对话框中有 6 个选项卡对应 6 大类设计规则，分别说明如下。

- 【Routing】选项卡：有关电路板布线方面的设计规则。
- 【Manufacturing】选项卡：有关电路板制造方面的设计规则。
- 【High Speed】选项卡：有关高频电路方面的设计规则。
- 【Placement】选项卡：有关元件布局方面的设计规则。
- 【Signal Integrity】选项卡：有关信号完整性分析方面的设计规则。
- 【Other】选项卡：其他相关设计规则。

在设计规则设置对话框中，Rule Classes（规则分类）选项列表框中为规则分类，当选中一个设计规则后，右边会出现该规则的解释和图例。在 Rule Classes 下面的列表框中给出了已经定义的规则，单击下面的【Add...】按钮，可进入规则设计对话框添加新的设计规则。如果选中某一个已定义的规则，单击【Delete】按钮，可删除该规则。单击【Properties...】按钮，可进入规则设计对话框对规则进行编辑。

每一设计规则都有适用范围（Rule Scope），这些范围可以在 Rule Scope 区域中的 Filter Kind 下拉列表框中选择，这些范围如下。

①【Whole Board】：整个电路板。选择此项后，规则适用于整个电路板，如图 9-2 所示。

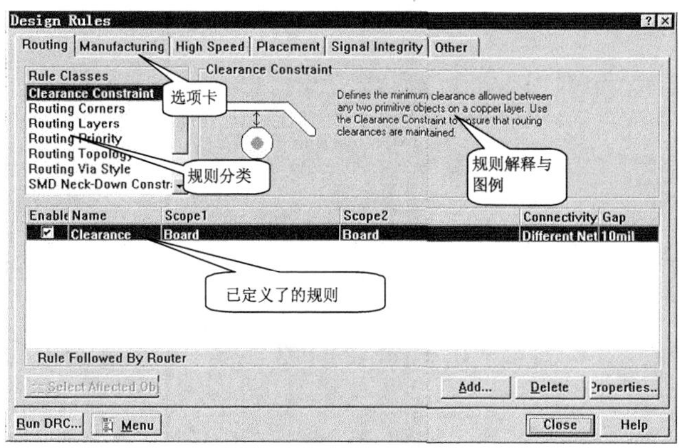

图 9-1 设计规则设置对话框

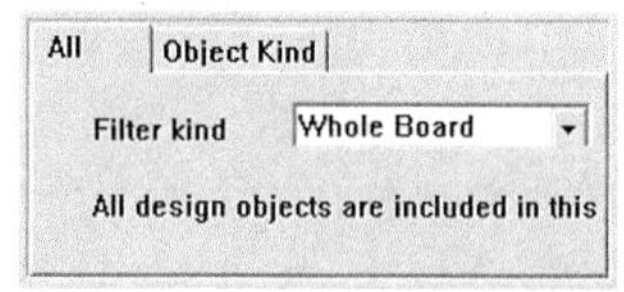

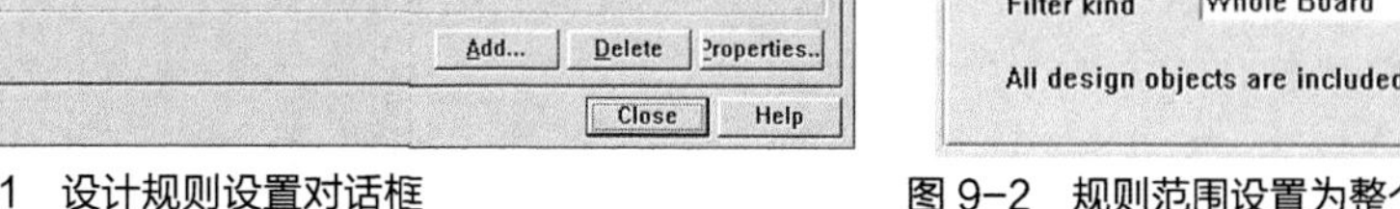

图 9-2 规则范围设置为整个电路板

②【Layer】：指定层面。选择此项后，规则适用于指定的层面，如图 9-3（a）所示。该指定的层面可以和其他对象（或网络、网络类、元件、元件类等）执行“与”命令，即规则同样适用于其他对象。单击【And】按钮，可以添加其他对象，扩展规则选用范围，如图 9-3（b）所示。

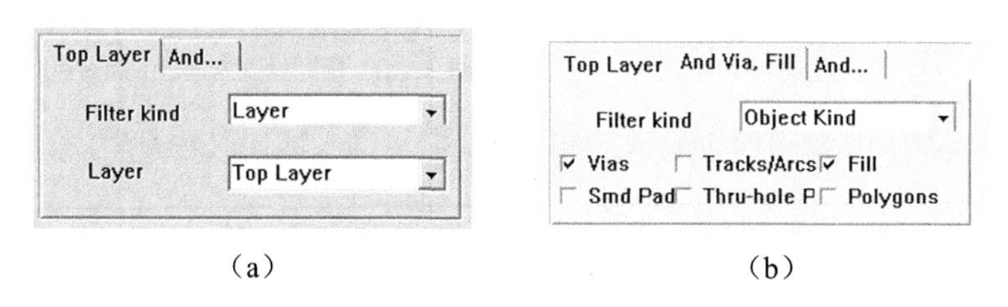

（a）　　　　（b）

图 9-3 规则范围设置为指定层面

③【Object Kind】：指定对象。选择此项后，规则适用于指定的对象，此时系统要求设置对象类型，如图 9-4 所示。可在下面的复选框中打钩选择适用的对象。对象的类型有 Vias（过孔）、Tracks/Arcs（线段/圆弧）、Fill（填充）及 Polygons（敷铜）等。

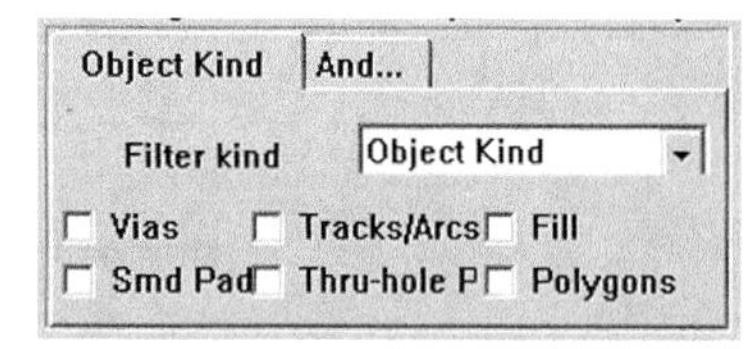

图 9-4 规则范围设置为指定对象

④【Footprint】：指定封装。选择此项后，规则适用于指定的封装，可在 Footprint 下拉列表框中选择封装的名称，如图 9-5 所示。

⑤【Component Class】：指定元件类。选择此项后，规则适用于指定的一类元件。可在【Component Class】下拉列表框中选择元件类型，如图 9-6 所示。

图 9-5 规则范围设置为指定封装

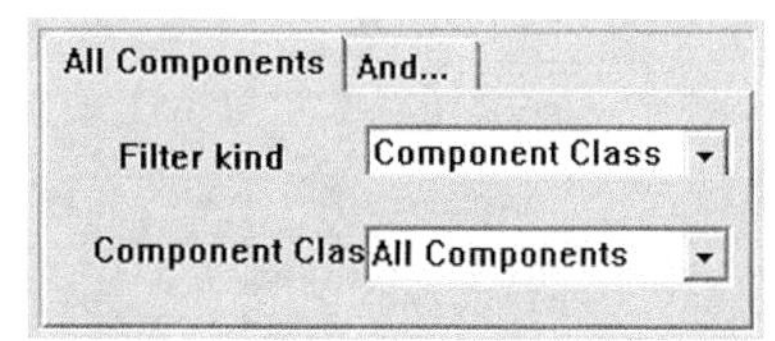

图 9-6 规则范围设置为指定元件类

⑥【Component】：指定元件。选择此项后，规则适用于指定的元件。可在【Component】下拉列表框中选择元件名称，如图 9-7 所示。

⑦【Net Class】：指定网络类。选择此项后，规则适用于指定的网络类。可在【Net Class】下

拉列表框中选择网络类名称，如图 9-8 所示。

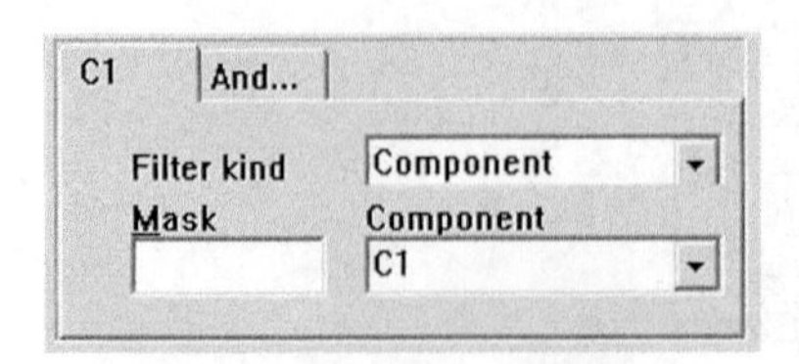

图 9-7　规则设置为指定元件

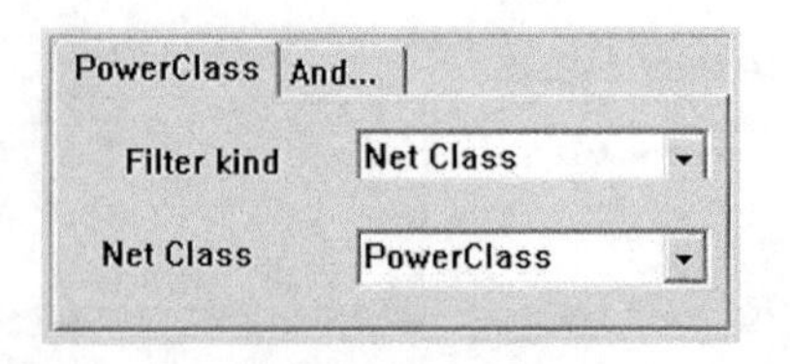

图 9-8　规则设置为指定网络类

⑧【Net】：指定网络。选择此项后，规则适用于指定的网络。可在【Net】下拉列表框中选择网络名称，如图 9-9 所示。

⑨【From-To Class】：指定点对点网络类。选择此项后，规则适用于指定的点对点网络类。可在【From-To Class】下拉列表框中选择点对点网络类，如图 9-10 所示。

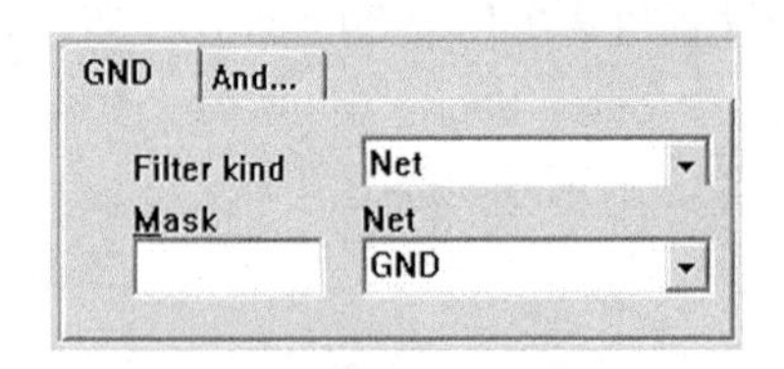

图 9-9　规则设置为指定网络

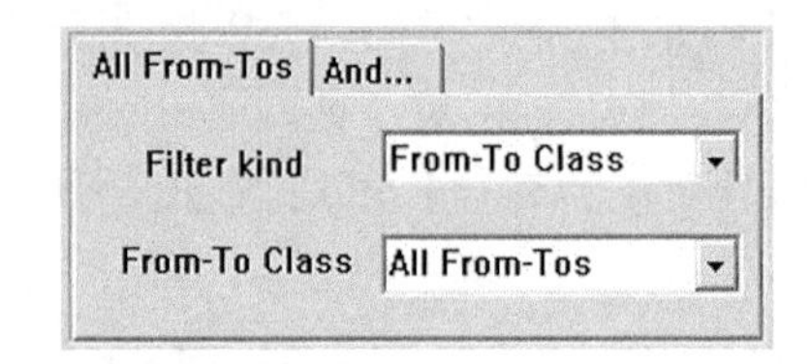

图 9-10　规则设置为指定的点对点网络类

⑩【From-To】：指定点对点网络。选择此项后，规则适用于指定的点对点网络。可在【From-To】下拉列表框中选择点对点网络，如图 9-11 所示。

⑪【Region】：指定区域。选择此项后，规则适用于指定的区域，系统要求输入区域的两个对角的坐标，如图 9-12 所示。或者单击【Define…】按钮，系统自动切换到 PCB 工作窗口，光标变为十字形，此时用户可用光标选定规则的适用范围。

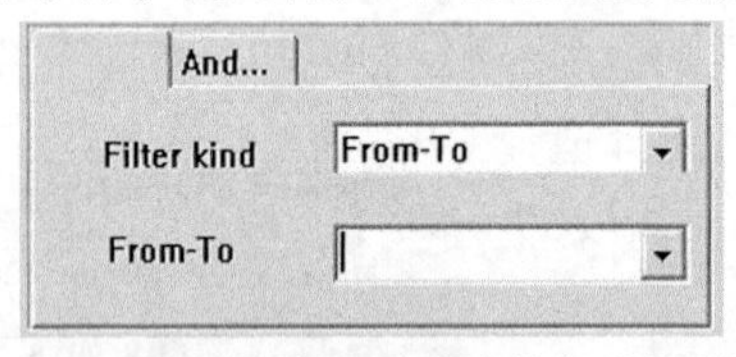

图 9-11　规则设置为指定的点对点网络

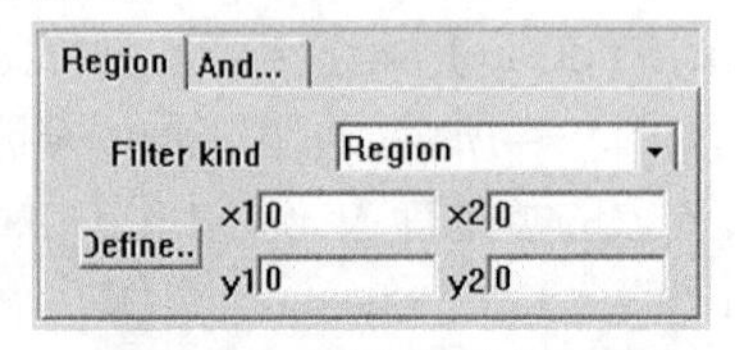

图 9-12　规则设置为指定区域

⑫【Pad Class】：指定焊盘类。选择此项后，规则适用于指定的焊盘类。可在 Pad Class 下拉列表框中选择焊盘类，如图 9-13 所示。

⑬【Pad】：指定焊盘。选择此项后，规则适用于指定的焊盘。可在 Pad 下拉列表框中选择焊盘，如图 9-14 所示。

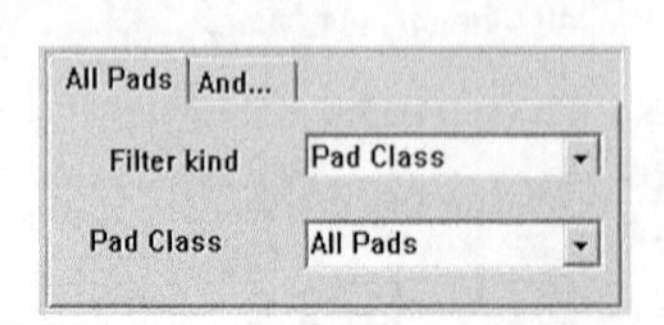

图 9-13　规则设置为指定的焊盘类

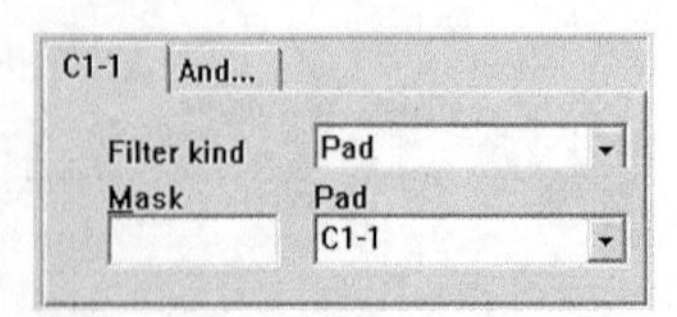

图 9-14　规则设置为指定的焊盘

⑭【Pad Specification】：指定规格的焊盘。选择此项后，规则适用于指定规格的焊盘，如图 9-15（a）所示。单击【Specification…】按钮，弹出如图 9-15（b）所示的焊盘规格设置对话框，可在此设置焊盘的规格，如孔径（Hole Size）、所属网络（Net）、所属层面（Layer）、*x*

方向尺寸（X-Size）、y方向尺寸（Y-Size）及形状（Shape）等参数。

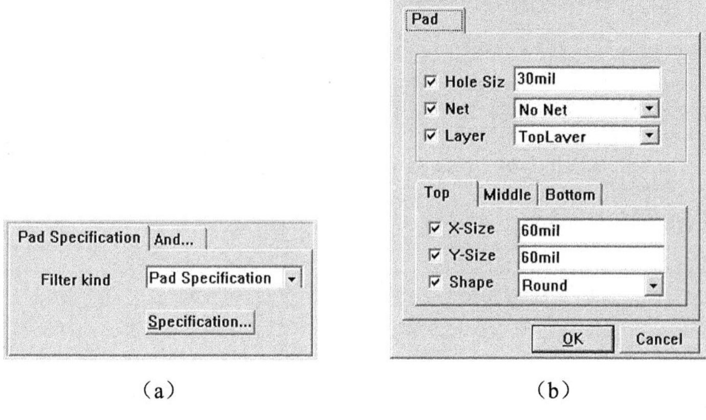

（a）　　（b）

图 9-15　规则设置为指定规格的焊盘

⑮【Footprint-Pad】：指定封装的焊盘。选择此项后，规则适用于指定封装的某一焊盘。此时系统要求输入封装名称及该封装的焊盘名称，如图 9-16 所示。

⑯【Via Specification】：指定规格的过孔。选择此项后，规则适用于指定规格的过孔，如图 9-17（a）所示。单击【Specification…】按钮，弹出如图 9-17（b）所示的过孔规格设置对话框，可在此设置过孔的规格，如直径（Diamete）、孔径（Hole Size）、起始层面（From Layer）、终止层面（To Layer）及所属网络（Net）等参数。

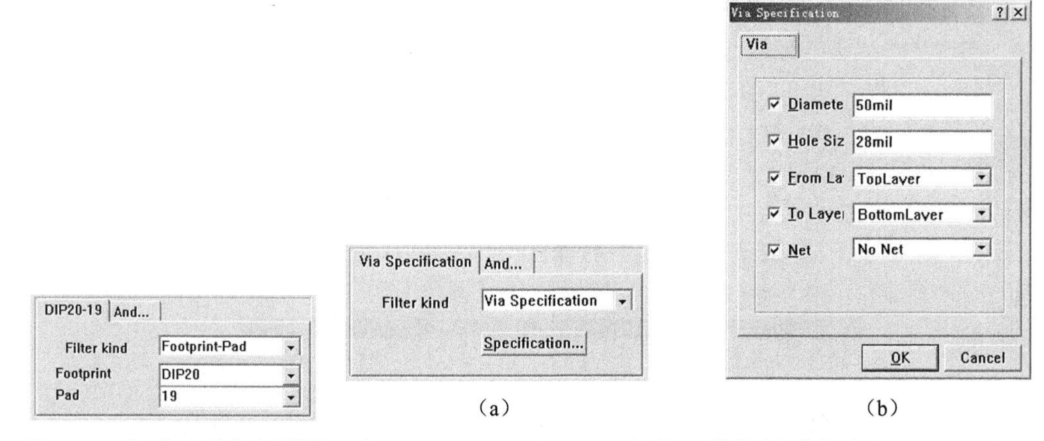

（a）　　（b）

图 9-16　规则设置为指定封装的焊盘　　图 9-17　规则设置为指定规格的过孔

下面介绍各种设计规则时，就不再介绍这些范围了。

9.1.2　布线设计规则设置

在设计规则设置对话框（见图 9-1）中选中【Routing】选项卡，进入布线设计规则设置窗口。在规则分类（Rule Classes）选项区域中列出了 10 类规则。下面介绍各种规则的含义和设置。

1.【Clearance Constraint】选项

设置安全间距。该规则主要用于定义同一个工作层面上的两个图元之间的最小间距，如焊盘和走线之间的间距。

如果用户想要对当前系统默认的安全间距参数进行修改，只要单击【Properties…】按钮，即可进入安全间距参数设置对话框，如图 9-18 所示。

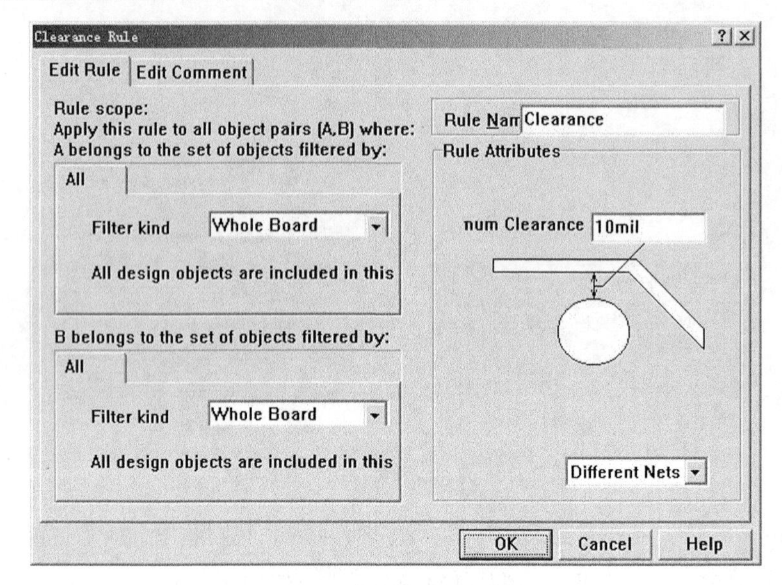

图 9-18 安全间距设置对话框

其中各个选项的含义如下。

- 【Rule Name】：规则名称。
- 【Rule scope】：适用范围。
- 【Rule Attributes】：规则属性。这里有两栏，一栏是安全间距值（Minimum Clearance）；另一栏是所适用的网络（Connective），包括 Different Nets Only（不同网络）、Same Net Only（同一网络）、Any Net（任何网络）。

2.【Routing Corners】选项

设置拐角模式。该项主要用于设置布线时拐角的形状和最大、最小的允许尺寸。拐角模式设置对话框如图 9-19 所示。

其中，【Style】下拉列表框中有 3 种拐角模式可选：90 Degrees（90°）、45 Degrees（45°）和 Rounded（圆角），如图 9-20 所示。若选用 45° 或圆角，则还要求定义缩进值（Setback）。

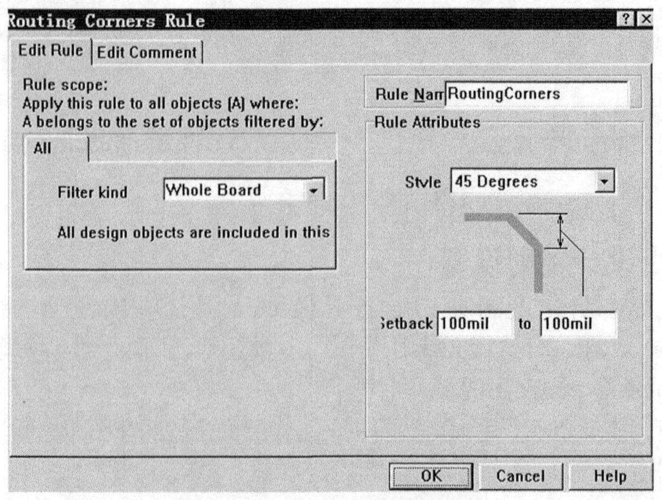

图 9-19 拐角模式设置对话框

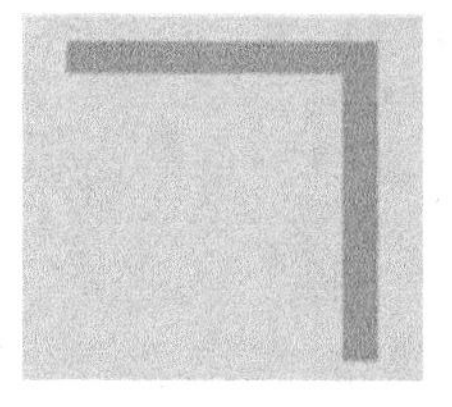

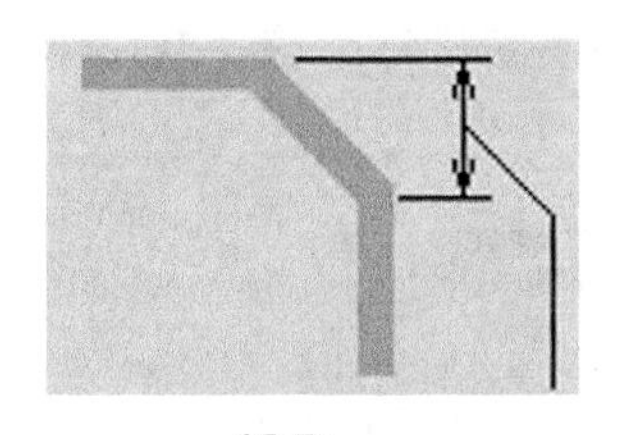

45 Degrees

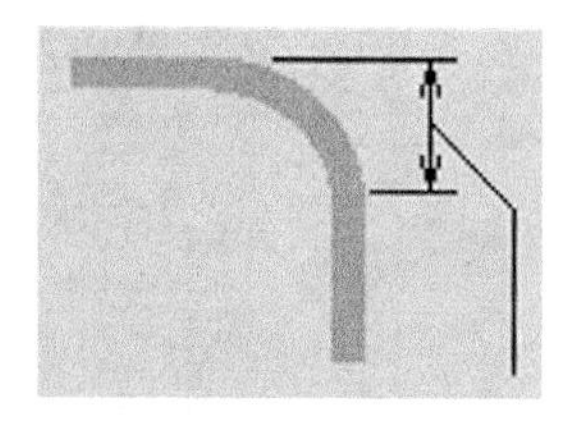

Rounded

图 9-20 拐角模式

3.【Routing Layers】选项

设置布线工作层面。该项用于设置布线的工作层面及各个布线层面上的走线方向。布线工作层面设置对话框如图 9-21 所示。在【Rule Attributes】栏中列出了所有的信号层，其中打开的信号层用黑色显示，可以设置规则属性；而没有打开的信号层用灰色显示，不能设置规则属性。在各层面所对应的下拉列表框中列出了布线的方向，有以下选择：不使用（Not Used）、水平方向（Horizontal）、垂直方向（Vertical）、任意方向（Any）、1 点钟方向（1 O'Clock）、2 点钟方向（2 O'Clock）、3 点钟方向（3 O'Clock）、4 点钟方向（4 O'Clock）、5 点钟方向（5 O'Clock）、向上 45° 方向（45 Up）、向下 45° 方向（45 Down）和散开方式（Fan Out）。

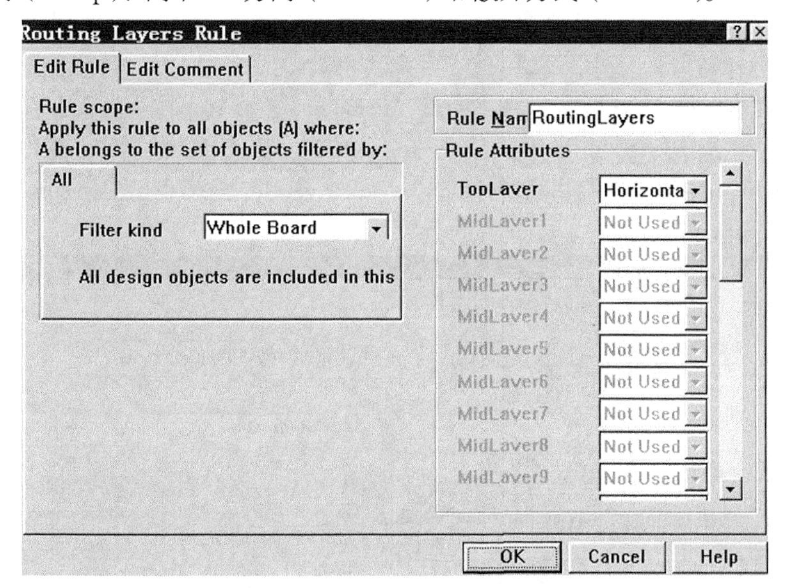

图 9-21 布线工作层面设置对话框

4.【Routing Priority】选项

设置布线优先级别。布线优先级别是指程序允许用户设定各个网络布线的顺序。优先级高的网络布线早，优先级低的网络布线晚。Protel 99 SE 提供了 101 个优先级（0～100）选择，数字 0 代表的优先级最低，100 代表的优先级最高。布线优先级设置对话框如图 9-22 所示。在【Rule Attributes】栏中的【Routing Priority】下拉列表框处设置优先级。

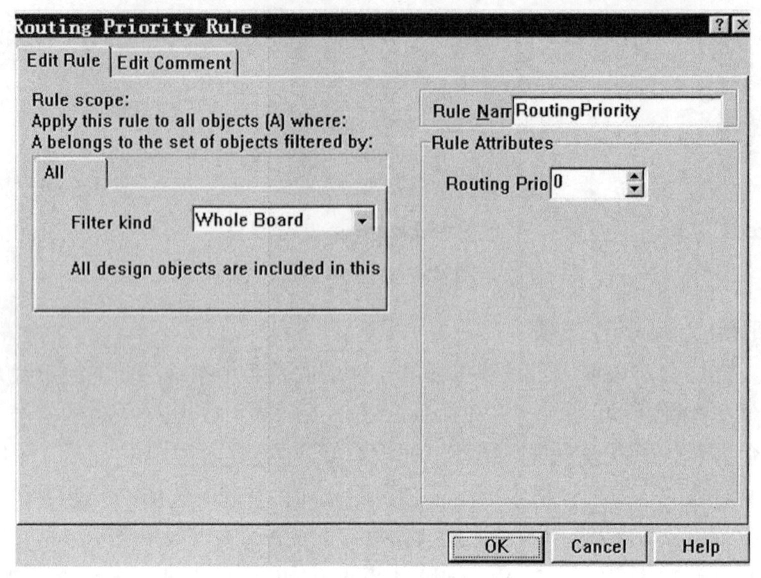

图 9-22　布线优先级别设置

5.【Routing Topology】选项

设置布线拓扑结构。该项主要用于定义引脚到引脚（Pin to Pin）之间布线的规则。布线拓扑结构设置对话框如图 9-23 所示。在【Rule Attributes】栏中的下拉列表框中有 7 种拓扑结构可选：最短连线（Shortest）、水平连线（Horizontal）、垂直连线（Vertical）、简单菊花形（Daisy-Simple）、由中间向外的菊花形（Daisy-MidDriven）、平衡菊花形（Daisy-Balanced）和放射星形（Starburst）。

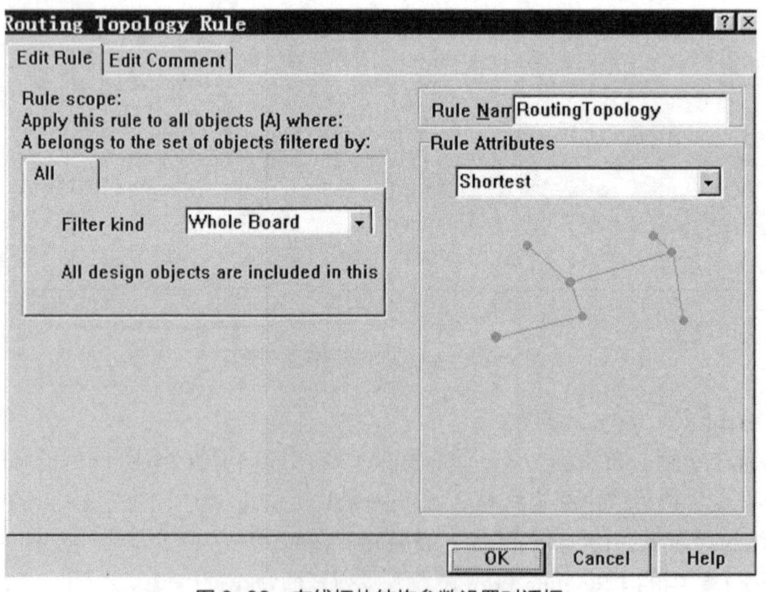

图 9-23　布线拓扑结构参数设置对话框

6.【Routing Via Style】

设置过孔类型。该项用于定义各层之间过孔有关尺寸。过孔类型设置对话框如图 9-24 所示。在【Rule Attributes】栏里可以设置过孔外径和内径的最小值、最大值及首选值。

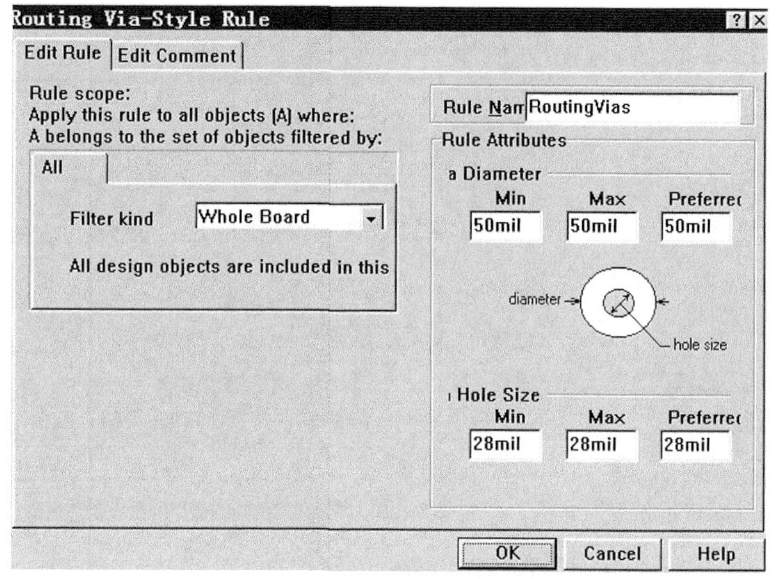

图 9-24　过孔尺寸设置对话框

7.【SMD To Neck-Down Constraint】选项

设置表面贴装（SMD）焊盘的瓶颈限制。该项用于设置布线宽度与表面贴装元件的焊盘底座宽度的最大比值限制。焊盘及导线的各部分参数含义如图 9-25 所示，该参数是以百分比形式表示的。【SMD To Neck-Down Constraint】设置对话框如图 9-26 所示，在【Rule Attributes】栏的【Neck-Down】处，以百分比形式输入布线宽度与焊盘底座宽度的最大比值。

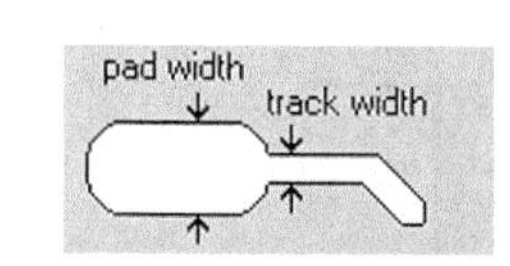

图 9-25　布线宽度与焊盘底座宽度

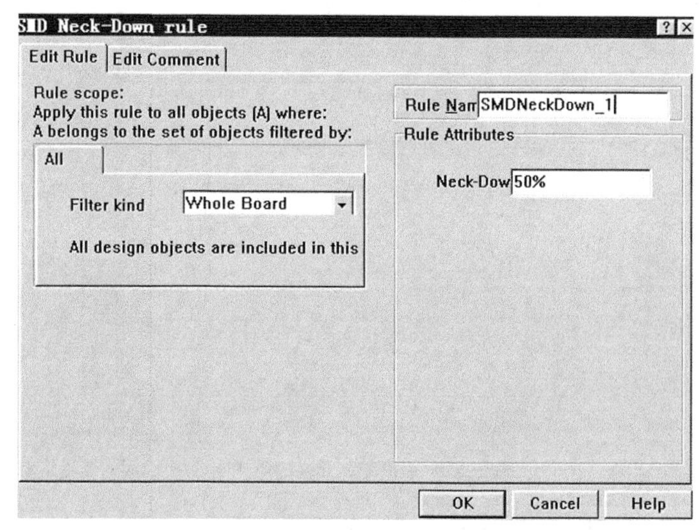

图 9-26　布线宽度与焊盘底座宽度比例设置对话框

8.【SMD To Corner Constraint】选项

设置焊盘与拐角处最小间距。该项用于设置表面贴装元件焊盘与拐角处最小间距限制，如图 9-27 所示。

【SMD To Corner Constraint】参数设置对话框如图 9-28 所示。在【Rule Attributes】栏的【Distance】处输入设置值。

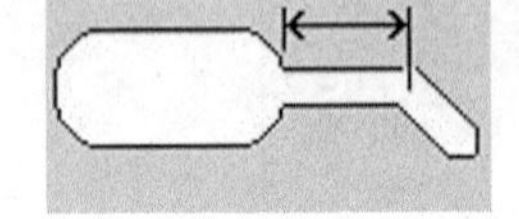

图 9-27　焊盘与拐角处的间距

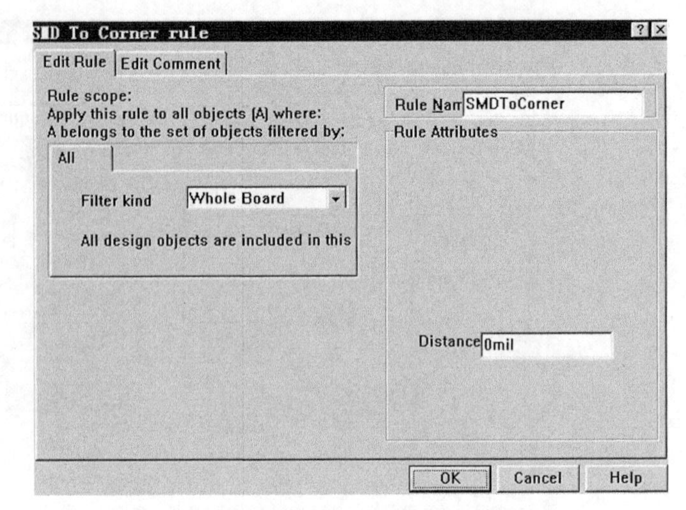

图 9-28　焊盘与拐角处的最小间距设置对话框

9.【SMD To Plane Constraint】选项

设置 SMD 到电源/接地层的距离。该选项用于设置表面贴装元件焊盘到电源/接地层的最短距离限制。【SMD To Plane Constraint】参数设置对话框如图 9-29 所示。在【Rule Attributes】栏的【Distance】处输入设置值。

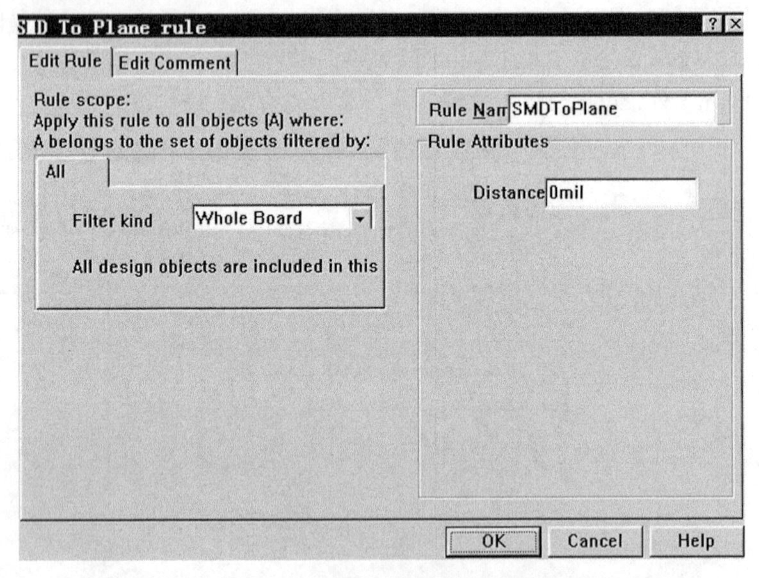

图 9-29　表面贴装元件焊盘到电源/接地层的最短距离设置对话框

10.【Width Constraint】选项

设置布线宽度。该项用于定义布线时导线宽度的最大和最小允许值，如图 9-30 所示。

布线宽度参数设置对话框如图 9-31 所示。在【Rule Attributes】栏中，可分别输入最小值（Minimum Width）、最大值（Maximum Width）及首选值（Preferred Width）。最小值和最大值用于在线电气测试（DRC）过程，而首选值用于手工和自动布线的过程。

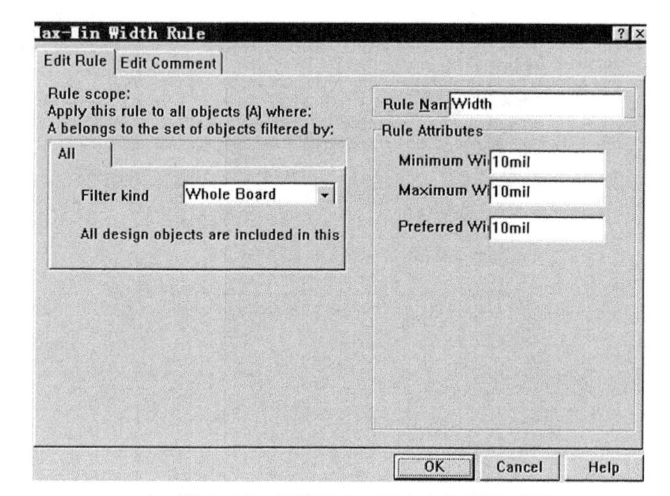

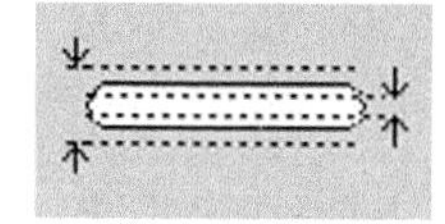

图 9-30 导线的最大、最小宽度

图 9-31 导线最大、最小宽度设置对话框

9.1.3 制造设计规则设置

在设计规则中选择【Manufacturing】选项卡，系统显示如图 9-32 所示的窗口。

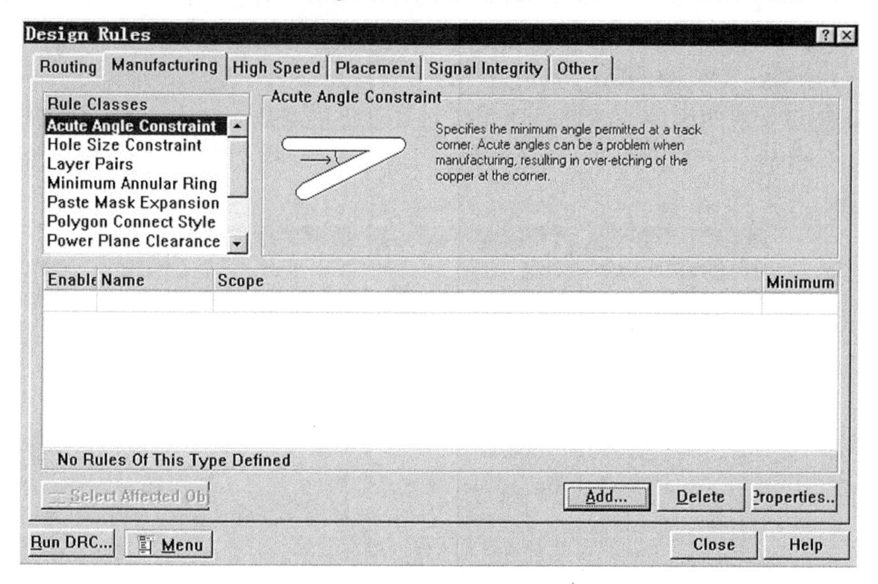

图 9-32 制造设计规则设置对话框

【Manufacturing】选项卡用于设置与电路板实际制作有关的规则。左上方【Rule Classes】栏列出了 11 类有关实际制作电路板的规则，右上方显示相应规则的说明信息，下部是已定义的设计规则。各类规则的编辑和应用范围的设置方法与上述所介绍的一样。

下面介绍【Rule Classes】栏列出的有关实际制作电路板的规则。

1.【Acute Angle Constraint】选项

设置锐角限制规则。该规则用于设定导线夹角的最小值。导线都是用铜箔刻出来的，如果夹角过小，就会导致拐角尖端被蚀刻掉的情况发生，不利于电路板的制作，因此需要限制导线夹角的最小值。锐角限制规则设置对话框如图 9-33 所示。在【Rule Attributes】栏的【Minimum Angle】处输入夹角的最小值。

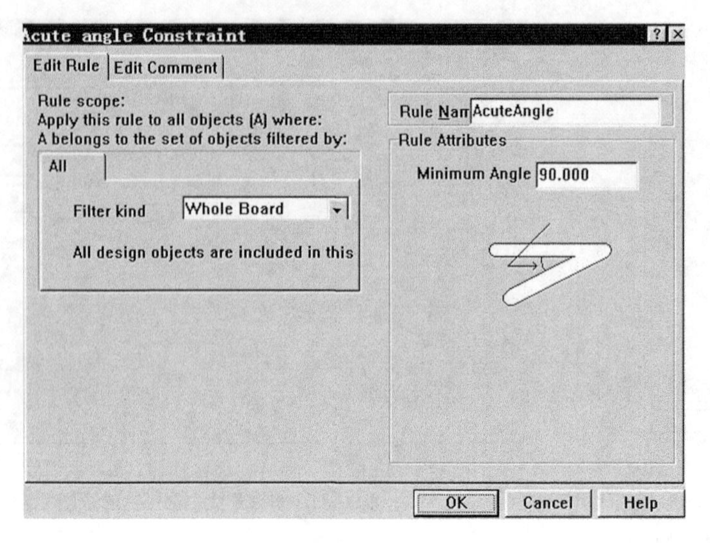

图 9-33 锐角限制规则设置对话框

值得注意的是，在实际过程中，有时可能设置多个锐角限制规则，这些规则的适用范围可能相互重叠，因而造成重叠部分同时需要满足多个同类规则，在这种情况下，重叠部分将使用最大夹角作为设计规则。

2.【Hole Size Constraint】选项

设置孔径尺寸限制规则。该项设置用于定义孔径的最大值和最小值。可以用绝对值（Absolute）来表示，也可以用百分比（Percent）来表示。孔径尺寸限制规则设置对话框如图 9-34 所示。

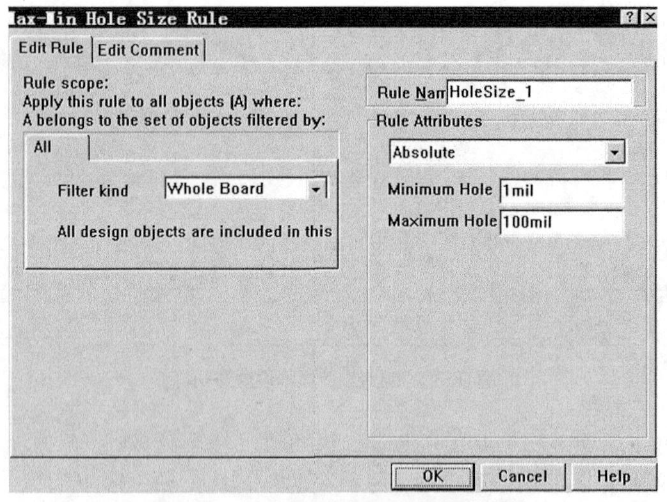

图 9-34 孔径尺寸限制规则设置对话框

3.【Layer Pairs】选项

设置层面对匹配规则。该项用来检测当前的工作层面对是否与钻孔层面对相匹配。电路板上的每个过孔和焊盘从起始面到终止面为一工作层面对。钻孔层面对在工作层面管理对话框中被设置。层面对匹配规则设置对话框如图 9-35 所示。

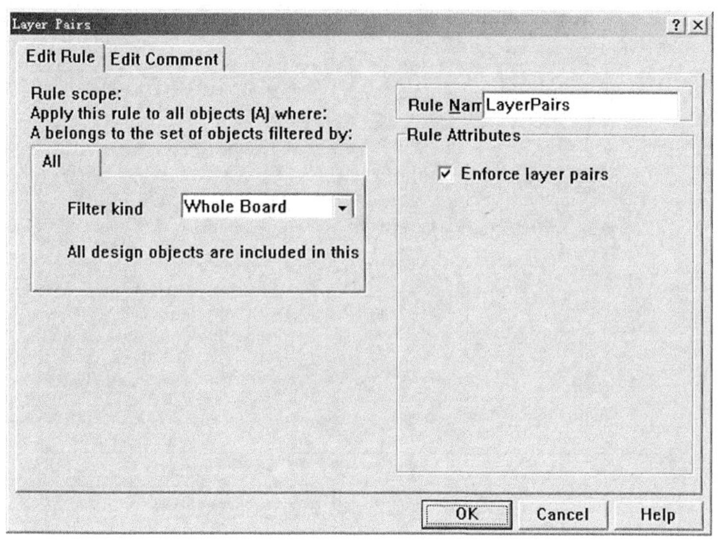

图 9-35　层面对匹配规则设置对话框

4.【Minimum Annular Ring】选项

设置最小环径限制规则。该项用于设定焊盘和过孔的环形铜膜的最小宽度。焊盘和过孔环形铜膜的有关尺寸如图 9-36 所示，此宽度是焊盘或过孔的半径与其钻孔的半径差。该规则的主要目的是为了防止焊盘和过孔的铜膜因为过窄而受到损坏。

最小环径限制规则设置对话框如图 9-37 所示。在【Rule Attributes】栏中的【Minimum Annular Ring】处输入焊盘和过孔的环形铜膜的最小宽度值。

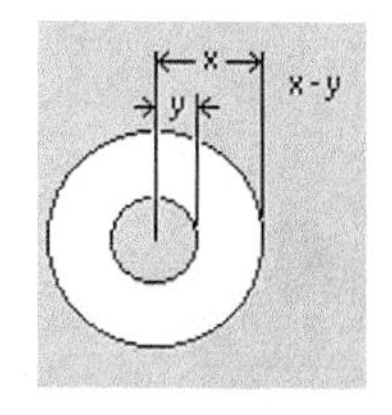

图 9-36　焊盘和过孔环形铜膜的有关尺寸

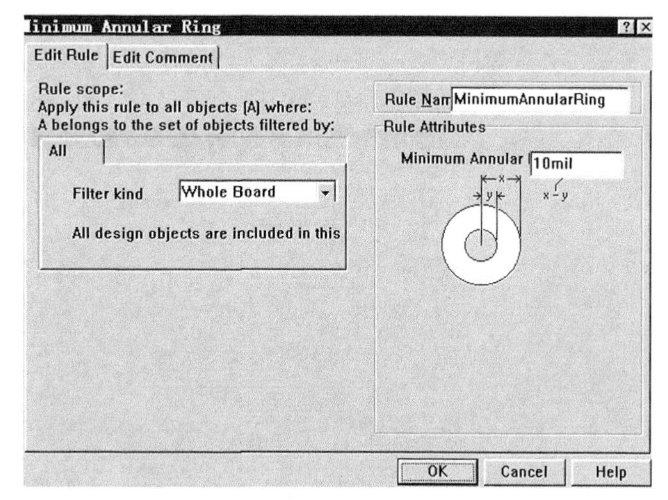

图 9-37　焊盘和过孔最小环径设置对话框

5.【Paste Mask Expansion】选项

设置锡膏层延伸限制规则。该项用于设定 SMD 焊盘与钢模板（锡膏层）焊盘孔之间的距离。锡膏层延伸限制规则设置对话框如图 9-38 所示。在【Rule Attributes】栏中的【Expansion】处输入【Paste Mask】焊盘相对于 SMD 焊盘最大的伸展量。

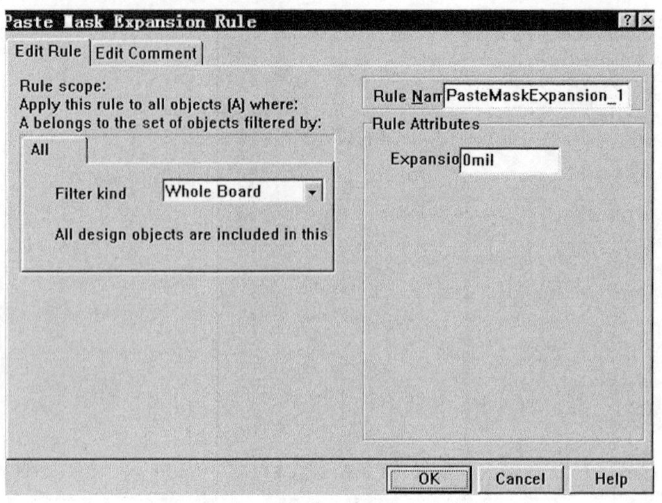

图 9-38　延伸限制规则设置对话框

注：表面贴装元件是直接粘贴在电路板表面上的，在电路板的实际制作过程中，通常利用钢模将锡膏涂在电路板上，然后将表面贴装元件放在上面，由于钢模焊盘要略小于表面贴装元件焊盘，使得两者之间存在差异，而该规则就是用于设定这个差异的最大值。

6.【Polygon Connect Style】选项

设置焊盘与敷铜连接类型的规则。该项用于设定元件焊盘通过哪种方式连接到敷铜。焊盘与敷铜连接类型设置对话框如图 9-39 所示。在【Rule Attributes】栏中，有 3 种连接方式可供选择。第一种是 Relief connect（辐射状连接），也就是从元件焊盘反射状伸出几根线连接到敷铜上，采用这种方式一般有利于元件散热。选择这种连接方式还需设置连线宽度（Conductor Width）、连线数目（Conductors）和连线角度。第二种是直接连接（Direct connect），这种连接方式直接用敷铜覆盖元件焊盘。第三种是不连接（No connect）。

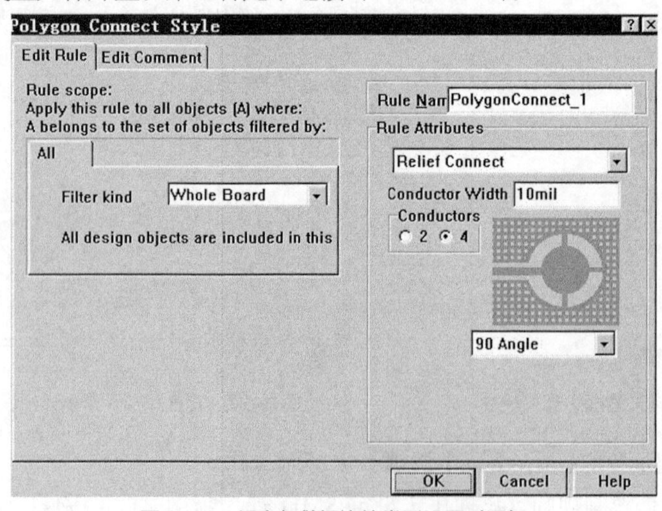

图 9-39　焊盘与敷铜连接类型设置对话框

7.【Power Plane Clearance】选项

设置电源/接地层安全间距限制规则。当电路板中采用了电源/接地层后，所有穿透式焊盘和过孔都要穿过电源/接地层，而电源/接地层具有整块敷铜，因此在焊盘和过孔所处的位置，电源/接地层都应该留出相应的一块区域不进行敷铜，焊盘和过孔的铜膜与电源/接地层铜膜之间应该留有一定的间距，以免发生短路，该规则就是用于设定焊盘以及过孔铜膜与电源/接地层铜膜之间最小间距的。该规则设置对话框如图 9-40 所示。在【Rule Attributes】栏的【Clearances】处输入设置值。

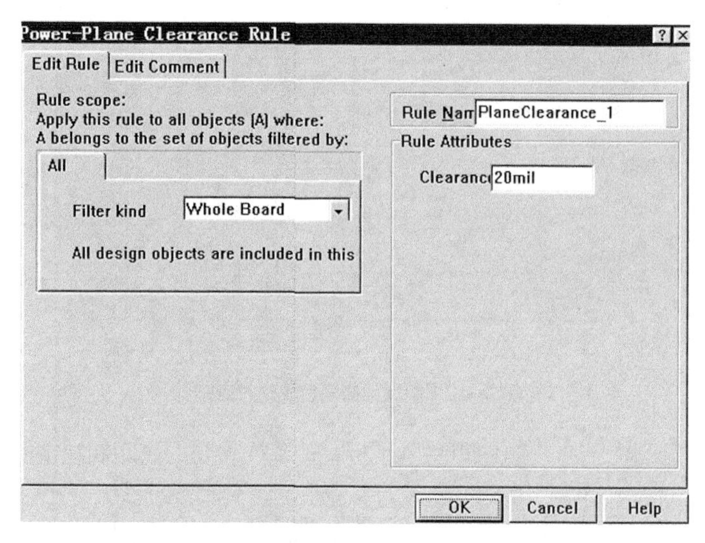

图 9-40　电源/接地层安全间距限制规则设置对话框

8.【Power Plane Connect Style】选项

设置电源 / 接地层连接类型规则。该项用于设定元件引脚连接到电源/接地层采用何种焊盘类型的规则，该规则设置对话框如图 9-41 所示。从图中可以看出，该规则和焊盘与敷铜连接类型规则设置非常相似，在这里就不再重复有关相同参数的含义了。右下角的【Expansion】栏用于设置焊盘和铜膜间隙的宽度。

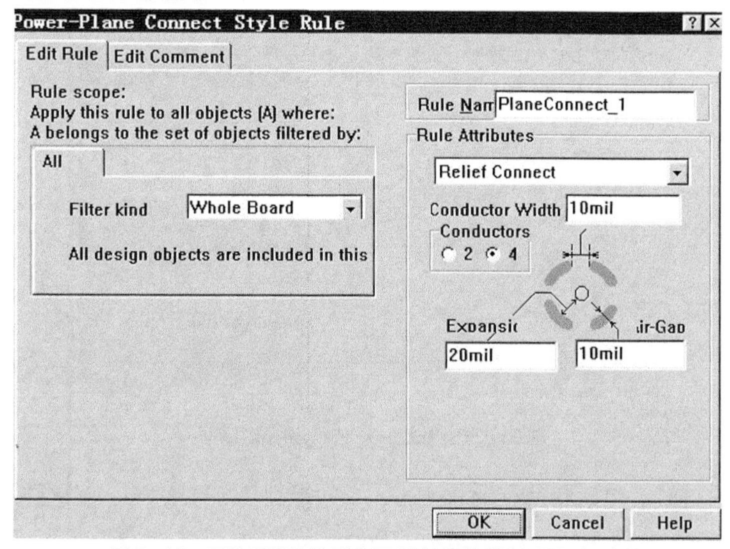

图 9-41　元件引脚连接到电源/接地层的类型设置对话框

9.【Solder Mask Expansion】选项

设置阻焊层伸展量规则。该项用于设置阻焊层留出的区域相对于焊盘的伸展量的规则。该规则设置对话框如图 9-42 所示。在【Rule Attributes】栏的【Expansion】处输入设置值。

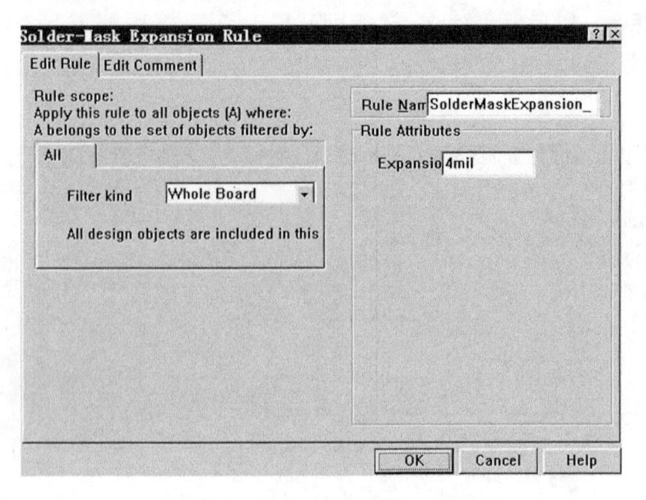

图 9-42　阻焊层伸展量规则对话框

设定该规则的原因在于：在制作印制电路板时，首先将阻焊层印制在电路板上，然后将元件插上，接着向电路板上喷锡，将元件快速焊接上，由于阻焊层上留出的焊盘一般来说要比实际焊盘略大一些，因而两者之间就存在间隙，本规则就是设定这个间隙用的。

10.【Testpoint Style】选项

设置测试点样式规则。该项用于设置可作为测试点的焊盘和过孔的物理参数。这一设置适用于确定测试点、自动布线和在线 DRC 检查等。测试点样式规则设置对话框如图 9-43 所示。所需设置的参数如下。

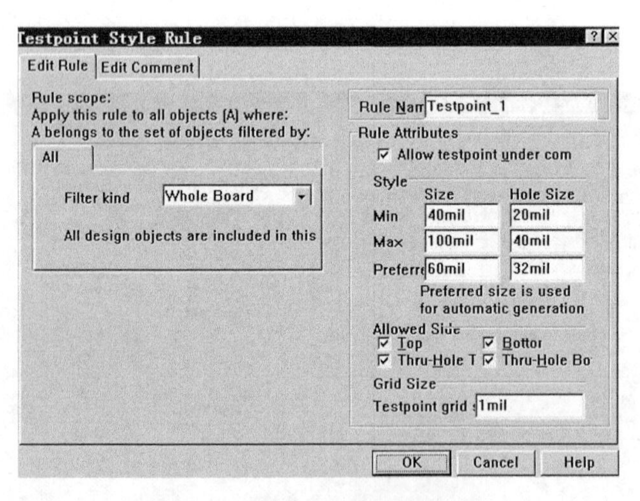

图 9-43　测试点样式规则设置对话框

- 【Style】：样式。包括测试点尺寸（Size）、孔径尺寸（Hole Size）。这些尺寸需设置最小值（Min）、最大值（Max）、首选值（Preferred）。
- 【Allowed Side】：适用层面。
- 【Grid Size】：栅格尺寸。

11.【Testpoint Usage】选项

设置测试点的用法。该项设置主要是用于设置哪些网络需要测试点。这一规则适用于定位测试点、自动布线和在线 DRC 检查等。电气测试报表可以给出不符合这项规则的网络。CAM

中的测试点的报表可以在图中标出有效测试点的位置。该规则设置对话框如图 9-44 所示，其中的【Testpoint】栏用于设定测试点的使用方法。

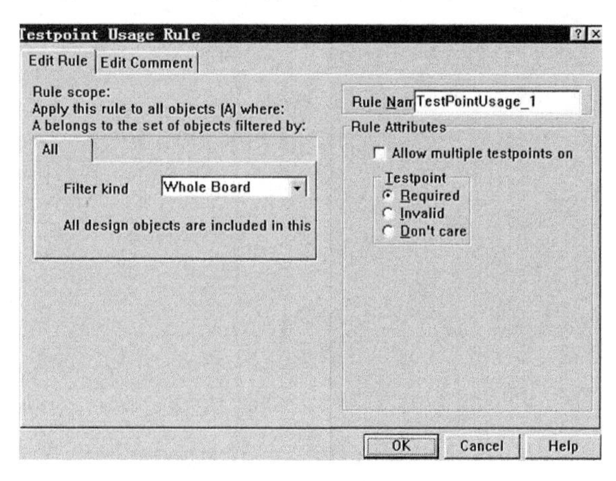

图 9-44 测试点用法设置对话框

9.1.4 高频电路设计规则设置

在设计规则中选择【High Speed】选项卡则出现如图 9-45 所示的窗口。

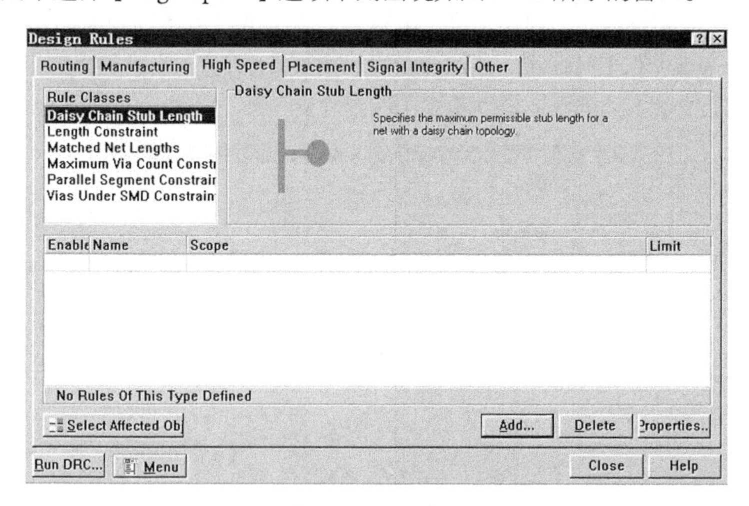

图 9-45 【High Speed】选项卡对话框

该选项卡用于设置与高频电路有关的设计规则，以解决高频电路内部相互干扰、自激振荡等问题。

在上面的对话框中，【Rule Classes】栏中列出了有关高频电路的 6 类设计规则，右上方区域和下方分别是【Rule Classes】栏中处于选中状态设计规则的说明信息和包含的具体内容。

下面介绍【Rule Classes】栏中的各项设计规则。

1.【Daisy Chain Stub Length】选项

设置菊花状布线分支长度限制规则。该规则用于设定菊花状布线分支的最大长度，以避免因为分支过长而对高频电路产生不好的影响。该规则的设置对话框如图 9-46 所示。在【Rule Attributes】栏的【Maximum Stub Length】编辑框内输入用于设定菊花状布线分支的最大长度值。

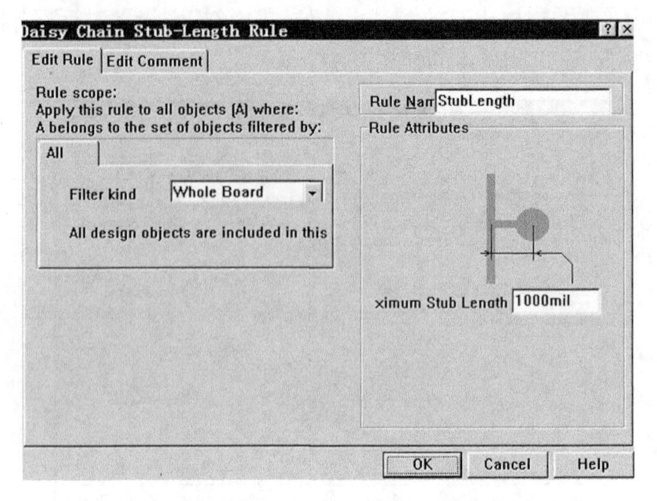

图 9-46　菊花状布线分支长度限制规则设置对话框

值得注意的是，如果一个范围中有多个【Daisy Chain Stub Length】规则，则以分支长度最小的规则为准。

2.【Length Constraint】选项

设置网络长度限制规则。该项用于设定电路板中网络的长度范围规则。如图 9-47 所示，在【Minimum Length】和【Maximum Length】编辑框内分别输入网络长度的最小值和最大值。如果一个范围内有多个该类规则，则以长度范围最小的规则为基准。

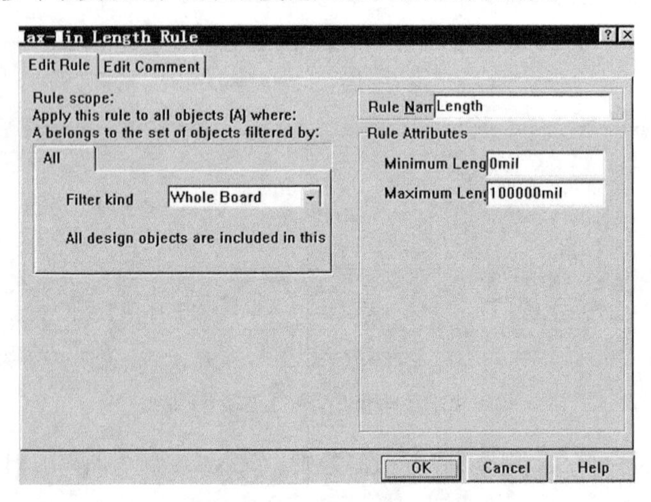

图 9-47　网络长度限制规则设置对话框

3.【Matched Net Lengths】选项

设置网络长度匹配规则。该选项用于设定在某个范围内使网络长度调整到大致相同，以减少各个网络之间的相互耦合，降低互相干扰的程度。如果在自动布线时使用网络长度匹配规则，则 PCB 程序会在布线时将规则适用范围内的所有网络与范围内的最长网络进行比较，并作出相应的调整。

设定该规则后，用这个规则检测电路时，系统如果发现在规则适用范围内最大的长度差超出规定的误差容限时，系统将给出错误信息。该规则的设置对话框如图 9-48 所示。

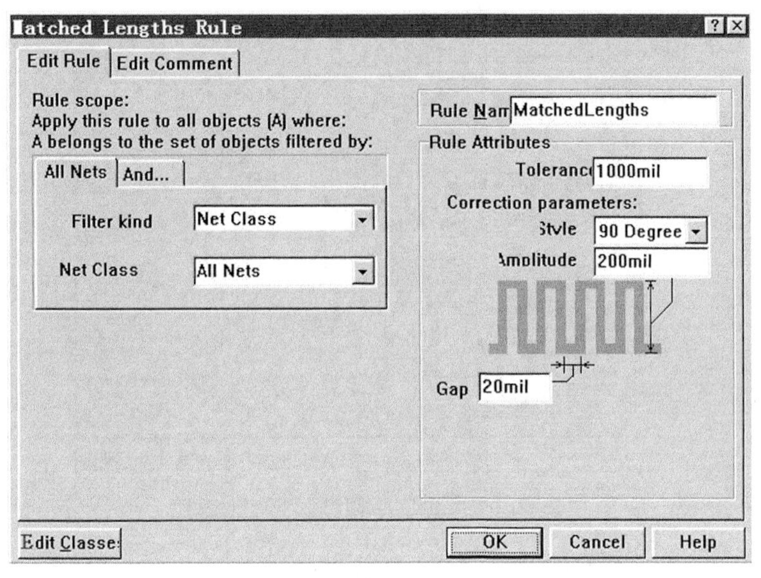

图 9-48 网络长度匹配规则设置对话框

在该规则设置对话框的【Tolerance】编辑框中，用于设定网络允许相差的最大值，也就是最大误差。【Correction parameters】栏用于发现某些网络长度短于范围内的最长网络时，将采用什么方式进行处理，一般在网络中加入折叠线以增长过短的网络。【Style】下拉列框中共有 3 种折叠线方式，如图 9-49 所示。

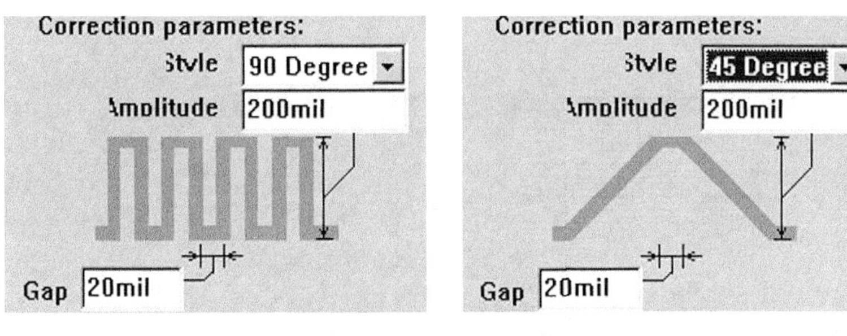

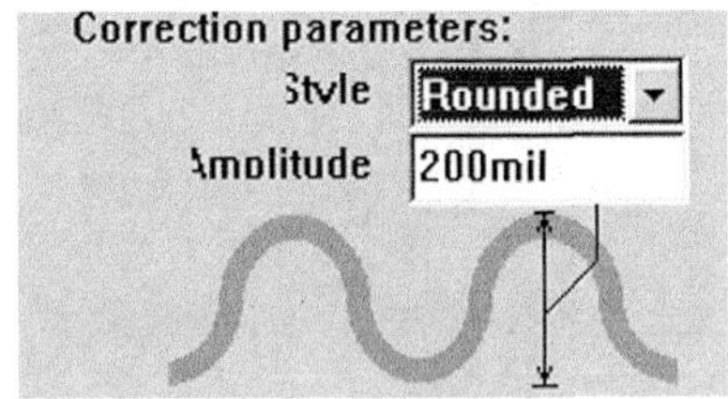

图 9-49 3 种折叠线方式

从图中可以看出，当采用 90 Degree 和 45 Degree 两种方式时，需要分别在【Amplitude】(振幅)和【Gap】(间隙)编辑框中指定折叠线的最大幅度和加入的折叠线的位置的最小间隙距离。

4.【Maximum Via Count Constraint】选项

设置最大过孔数目限制规则。该选项用于设定电路板中采用过孔数目的最大值。在高频电路板中，过孔数目过多会对电路产生不良影响，因而需要设定该项规则。该规则的设置对话框如图 9-50 所示，在【Maximum Via Count】编辑框中设定过孔数目的最大值。

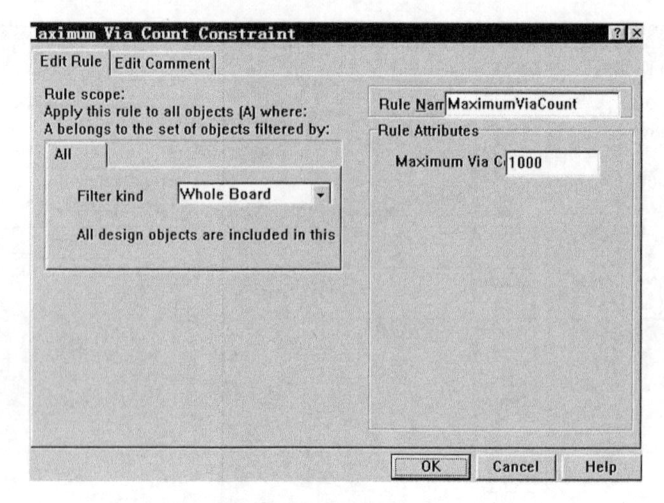

图 9-50　最大过孔数目限制规则设置对话框

5.【Parallel Segment Constraint】选项

设置平行导线段间距限制规则。该选项用于设定平行放置导线段之间的最小间距。该规则的设置对话框如图 9-51 所示。由于该规则用于约束导线段间距，因此需要设定两个范围，这就是图中左边区域中的 A 对象和 B 对象。在【Rule Attributes】栏内有 3 个参数要设置，其中【For a parallel gap of】编辑框用于设定允许平行线最小间距；【The parallel limit is】编辑框用于设定允许的平行导线段的最大长度；【Layer Checking】下拉列框用于设置该规则是适用于同一板层的导线段之间，还是适用于相连板层上的导线段之间。值得注意的是，该规则不允许同类规则范围的重叠。

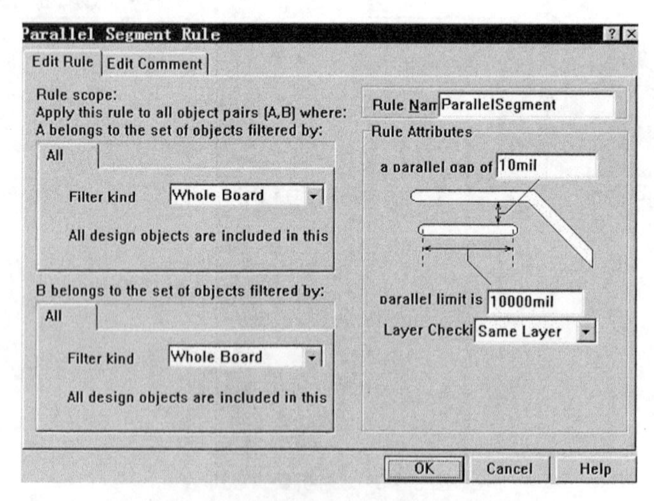

图 9-51　平行导线段间距限制规则设置对话框

6.【Vias Under SMD Constraint】选项

设置 SMD 焊盘下过孔限制规则。该选项用于设置自动布线时是否允许 SMD 焊盘下放置过孔。该项规则是为了避免 SMD 和它下面的过孔因为距离过近而相互干扰。该规则的设置对话框如图 9-52 所示。当多个不同的适用范围重叠时，重叠范围将不允许在 SMD 焊盘下放置过孔。

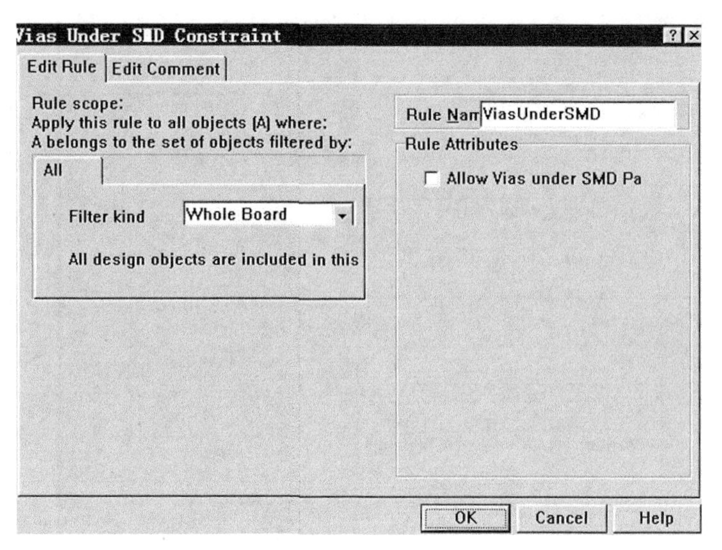

图 9-52 SMD 焊盘下过孔限制规则设置对话框

9.1.5 元件布局规则设置

在设计规则对话框中选择【Placement】选项卡，出现如图 9-53 所示的窗口。

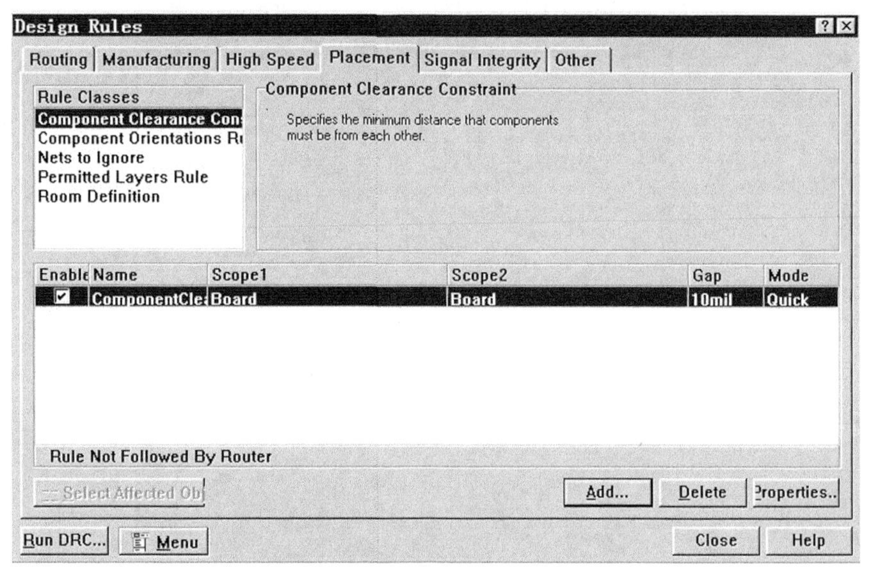

图 9-53 【Placement】选项卡对话框

【Placement】选项卡用于设定与元件自动布局时相关的一些设计规则，在【Rule Classes】区域里将有关的设计规则分为 5 类。

1.【Component Clearance Constraint】选项

设置元件间距限制规则。该规则设定元件之间的最小间距。该规则的设置对话框如图 9-54 所示。在【Gap】编辑框中，用于设定最小间距值；在【Check Mode】下拉列表框用于设定检测时采用的模式，共包含 Quick Check（快速检查）、Multi Layer Check（多层检查模式）和 Full Check（完全检查）3 种模式，而且随着所选模式的不同，【Check Mode】下拉列表框下方会给出不同的说明信息。

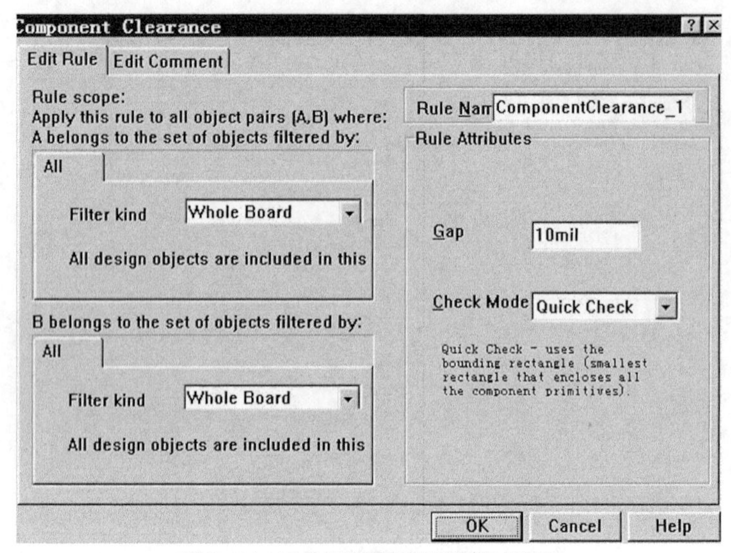

图 9-54　元件间距限制规则设置对话框

2.【Component Orientations Rule】选项

设置元件布置方向规则。该选项用于设定元件放置方向的规则。该规则的设置对话框如图 9-55 所示。在【Allowed Orientations】选项中可以设定元件放置的方向。

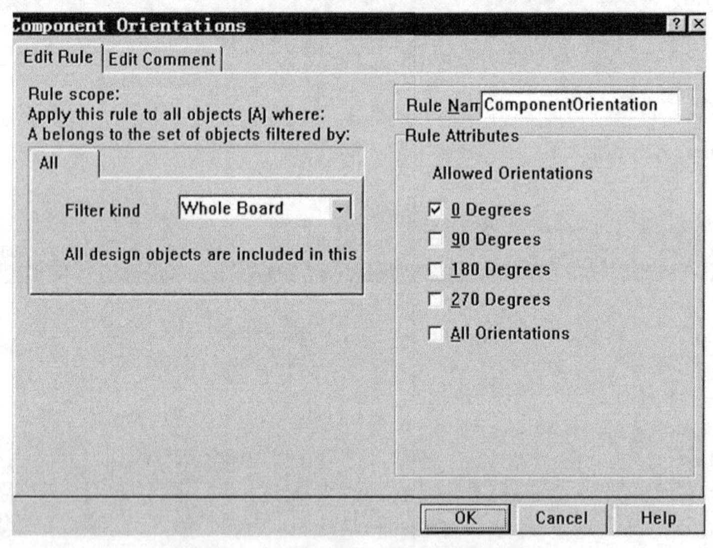

图 9-55　元件布置方向规则设置对话框

3.【Net To Ignore】选项

设置网络忽略规则。该选项用于设定在利用【Cluster Placer】进行自动放弃时，应该忽略哪些网络，这样可以为元件放置带来许多方便。图 9-56 所示为网络忽略规则设置对话框。从【Filter Kind】下拉列表框中可以有两种选择：一种是网络类（Net Class），相应地在该列表框下面会出现【Net Class】列表框，从中可以选择所需要的网络类；另一种是网络（Net），选择该项后，相应地下面会出现【Net】列表框，从中可以选择所需要的网络，如图 9-57 所示。

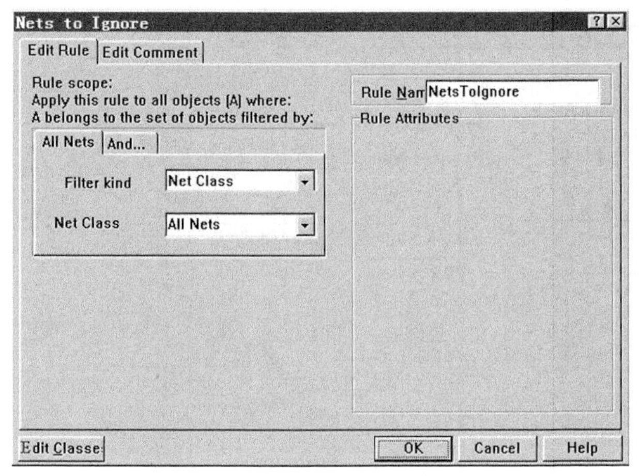

图 9-56 网络忽略规则设置对话框

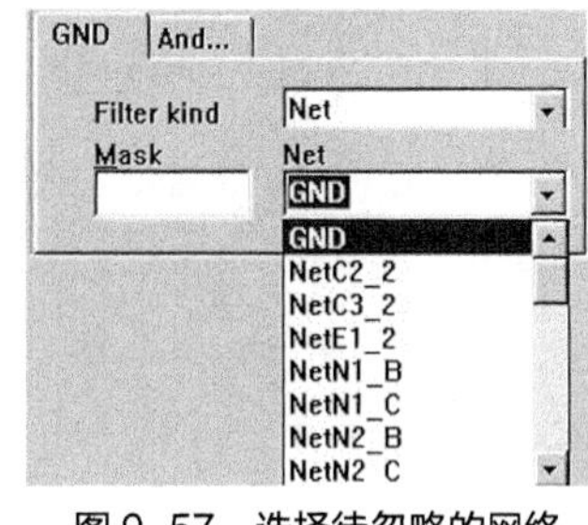

图 9-57 选择待忽略的网络

4.【Permitted Layers Rule】选项

设置允许元件放置层规则。该选项用于设定允许放置元件的电路板层的设计规则，规则设置对话框如图 9-58 所示。其中的【Top Layer】和【Bottom Layer】复选框用于设置是否允许在顶层和底层上放置元件。

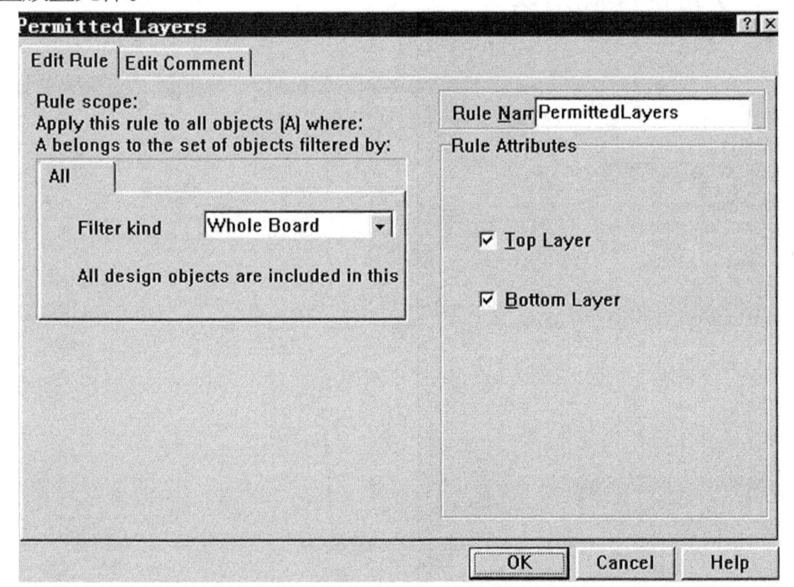

图 9-58 允许元件放置层规则设置对话框

5.【Room Definition】选项

设置区域定义规则。该选项用于定义一个区域，该区域是不受任何限制的。该规则的设置对话框如图 9-59 所示。其中的【Room Locke】就是来定义特地区域的，用户可以根据自己的需要，分别定义矩形区域的两个对角的坐标值，还可以确定区域所在的工作层面。

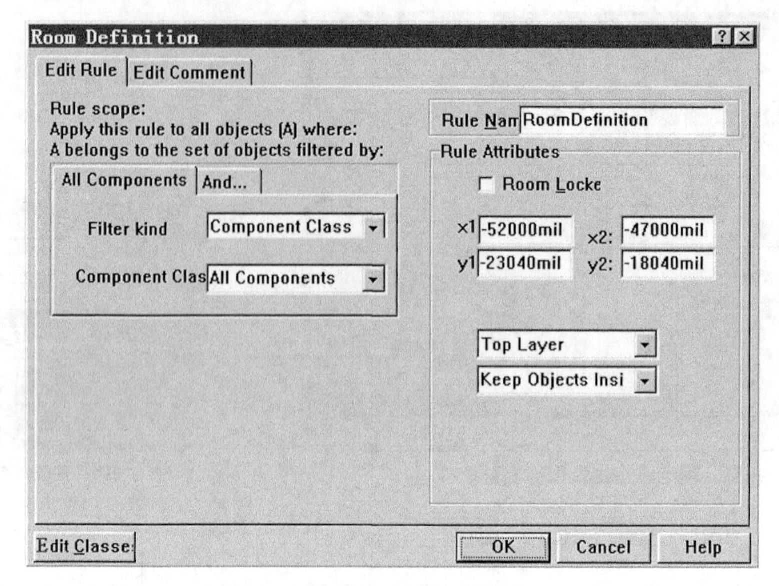

图 9-59　区域定义设置对话框

9.1.6　信号完整性规则设置

在设计规则对话框中选择【Signal Integrity】选项卡，就会出现如图 9-60 所示的窗口。

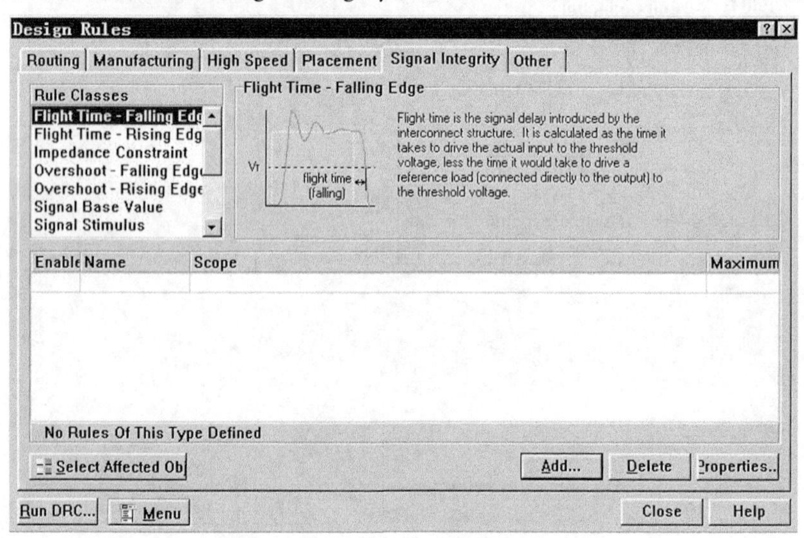

图 9-60　【Signal Integrity】选项卡对话框

该选项卡包含电路板中信号完整性方面的设计规则，在【Rule Classes】区域中列出了 14 类信号完整性设计规则。

1.【Flight Time-Falling Edge】选项

设置信号下降沿延迟时间规则。该规则设定阈值电压时，输入波形下降沿对应的时刻和输出波形下降沿对应的时刻之间的差值大小，如图 9-61 所示。

信号下降沿延迟时间规则设置对话框如图 9-62 所示。在【Maximum（Second）】编辑框中设定两个时刻之间的最大差值。

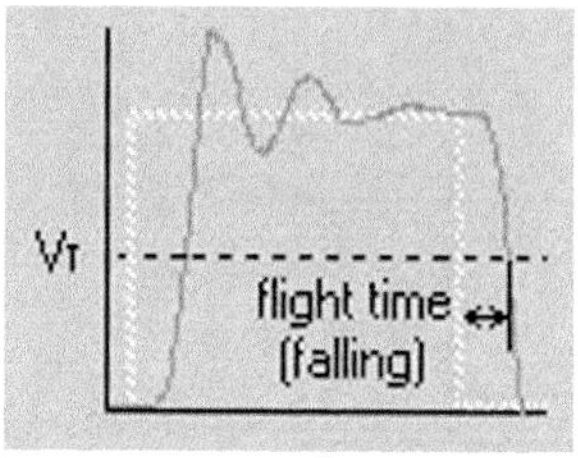

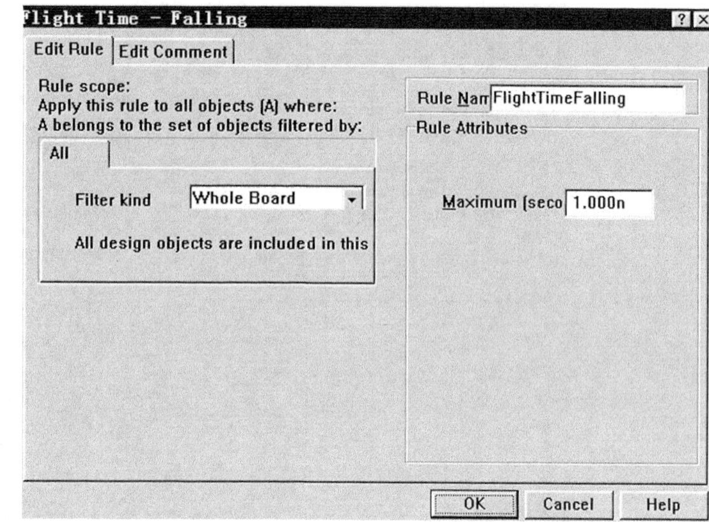

图 9-61 Flight Time-Falling Edge 规则示意图

图 9-62 Flight Time-Falling Edge 规则设置对话框

2.【Flight Time-Rising Edge】选项

设置信号上升沿延迟时间规则。该规则用于设定输入波形上升沿在阈值电压条件下对应的时间间隔，如图 9-63 所示。

信号上升沿延迟时间规则设置对话框如图 9-64 所示。其参数设置方法与信号下降沿延迟时间规则设置相同，这里就不介绍了。

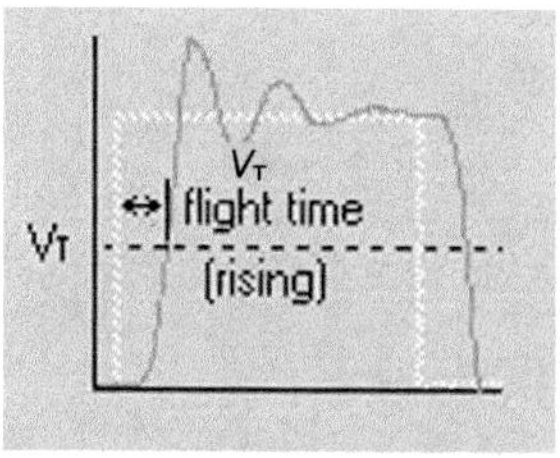

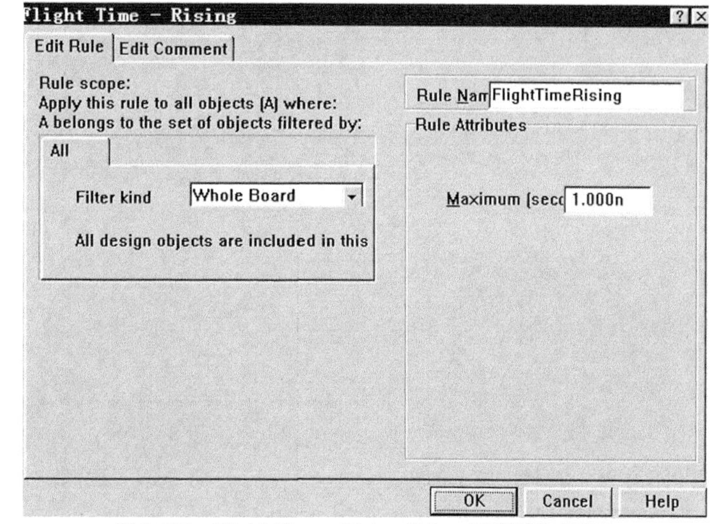

图 9-63 Flight Time-Rising Edge 规则示意图

图 9-64 Flight Time-Rising Edge 规则设置对话框

3.【Impedance Constraint】选项

设置阻抗限制规则。该选项用于设定电路板中允许阻抗的最大值和最小值。该规则的设置对话框如图 9-65 所示。【Minimum（Ohm）】和【Maximum（Ohm）】编辑框分别设定电路板中允许的最小阻抗值和最大阻抗值。

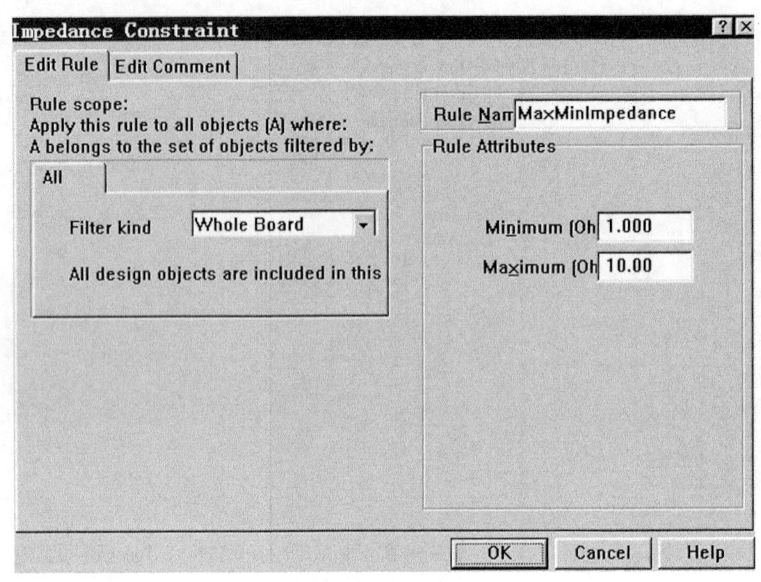

图 9-65　阻抗限制规则设置对话框

4.【Overshoot-Failing Edge】选项

设置最大负过冲规则。该选项用于设定允许最大信号负过冲值，如图 9-66 所示。

最大负过冲规则设置对话框如图 9-67 所示。在【Maximum（Volt）】栏中输入设定值。

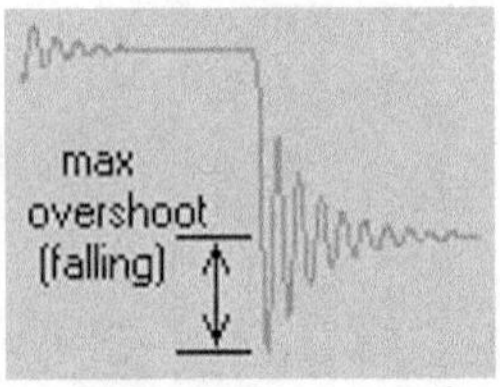

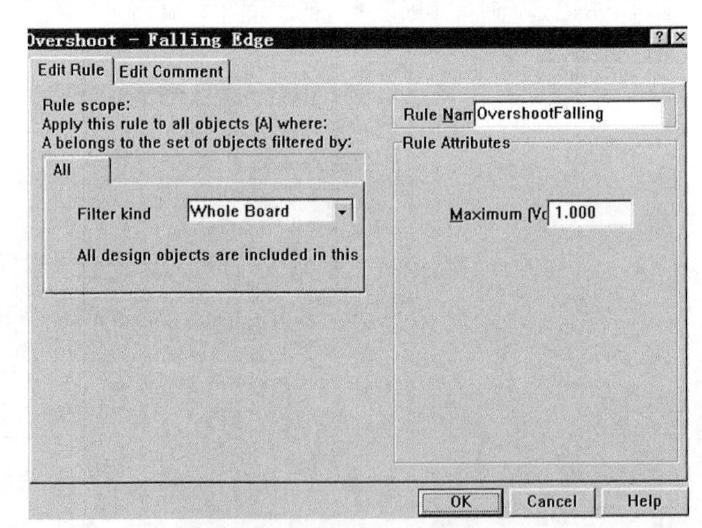

图 9-66　最大信号负过冲示意图

图 9-67　最大负过冲规则设置对话框

5.【Overshoot-Rising Edge】选项

设置最大正过冲规则。该规则与最大负过冲规则相对应，用于设定允许的最大信号正过冲值，如图 9-68 所示。

图 9-69 所示为最大正过冲值规则设置对话框。参数设置的含义和方法与最大负过冲规则相同。

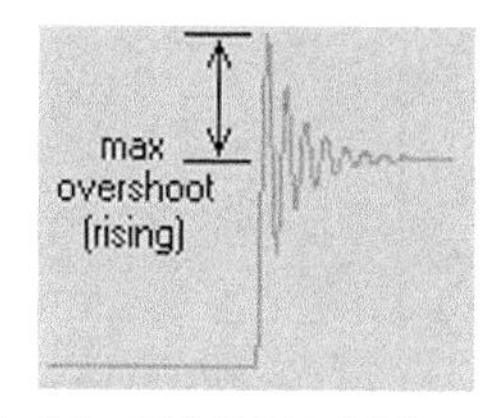

图 9-68 最大信号正过冲示意图

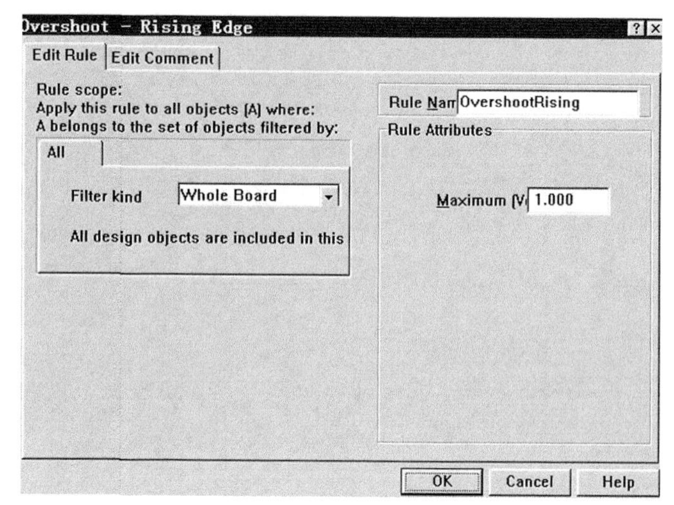

图 9-69 最大正过冲规则设置对话框

6.【Signal Base Value】选项

设置低电平信号规则。该选项用于设定低电平信号对应的最大值，即小于该基准值的信号都是按照逻辑 0 处理，如图 9-70 所示。

低电平信号规则设置对话框如图 9-71 所示。【Maximum（Volt）】编辑框用于设定信号基准线对应的最大电压值。

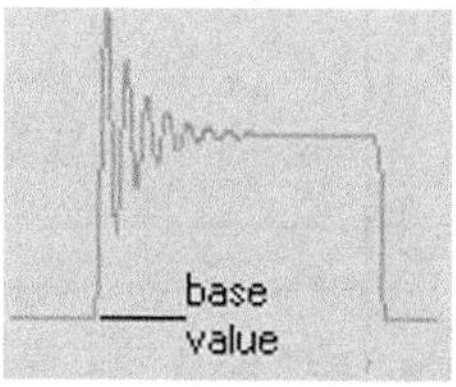

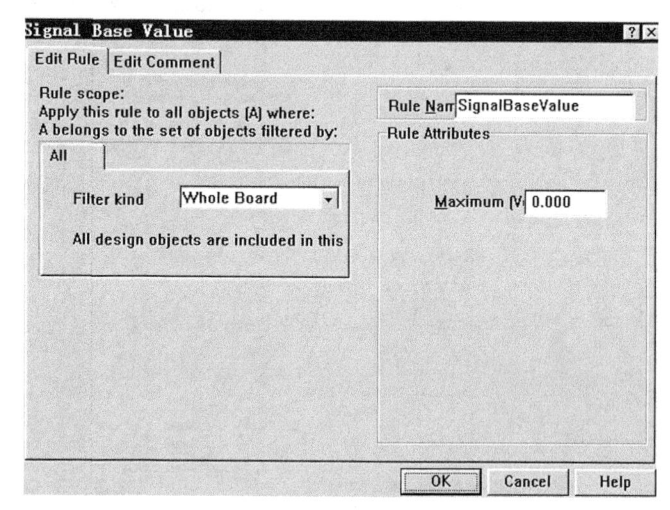

图 9-70 低电平信号基准值示意图

图 9-71 低电平信号规则设置对话框

7.【Signal Stimulus】选项

设置激励信号规则。该选项用于设置激励信号的各种参数，如图 9-72 所示。该规则的设置对话框如图 9-73 所示。其中，【Stimulus Kind】下拉列表框用于设置激励信号类型；【Start Level】下拉列表框用于设置激励信号的起始电平；【Start Time】和【Stop Time】编辑框分别用于设定激励信号的起始时间和终止时间；【Period Time】编辑框用于设置激励信号的周期。

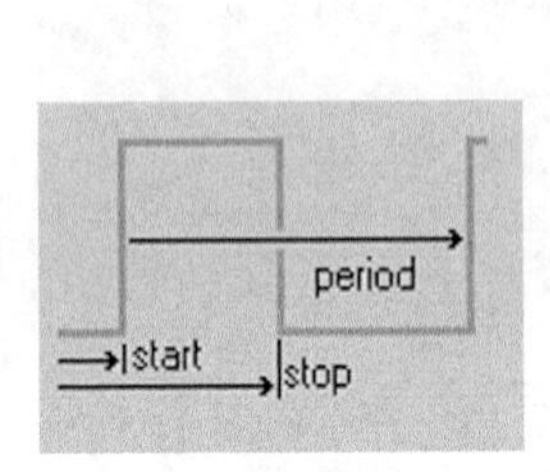

图 9-72 激励信号示意图

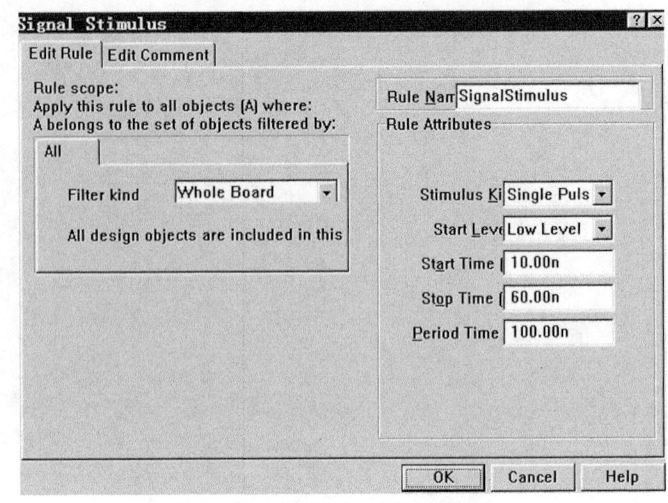

图 9-73 激励信号规则设置对话框

8.【Signal Top Value】选项

设置高电平信号规则。该选项用于设置逻辑高电平信号对应的电压值，即高于该规则中设定的电压值时，都按照逻辑高电平处理，如图 9-74 所示。

该规则的设置对话框如图 9-75 所示。在【Minimum（Volt）】栏中输入逻辑高电平对应的电压值。

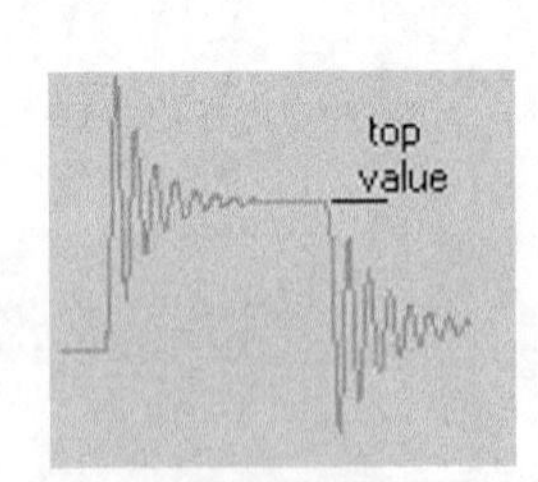

图 9-74 逻辑高电平信号对应值示意图

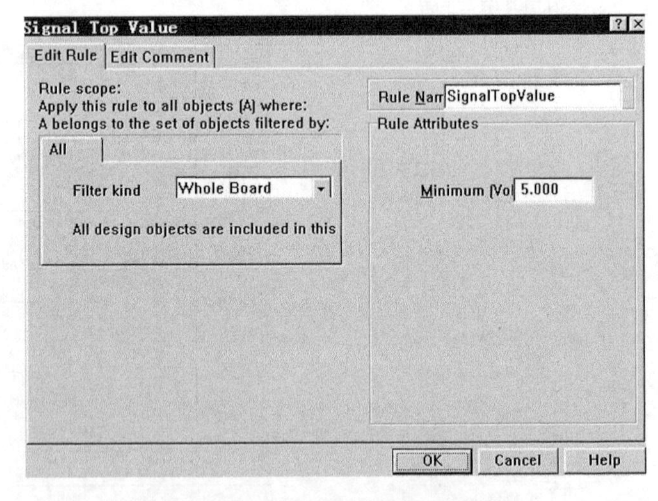

图 9-75 高电平信号规则设置对话框

9.【Slope-Falling Edge】选项

设置下降沿斜率规则。该选项用于设置信号从下降沿阈值电压下降到低电平电压的最大延时时间，该项的含义如图 9-76 所示。

图 9-77 所示为下降沿斜率规则设置对话框。在【Maximum（second）】编辑框里可以设置允许的最大时间差值。

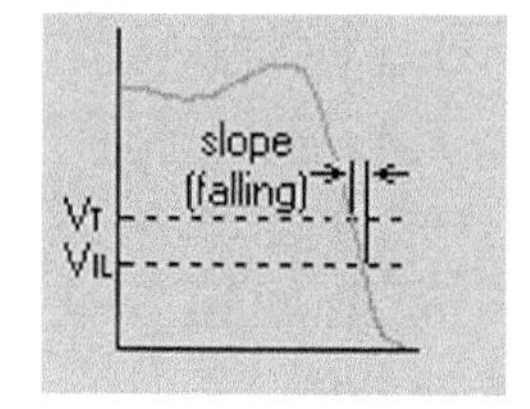

图 9-76 Slope-Falling Edge 示意图

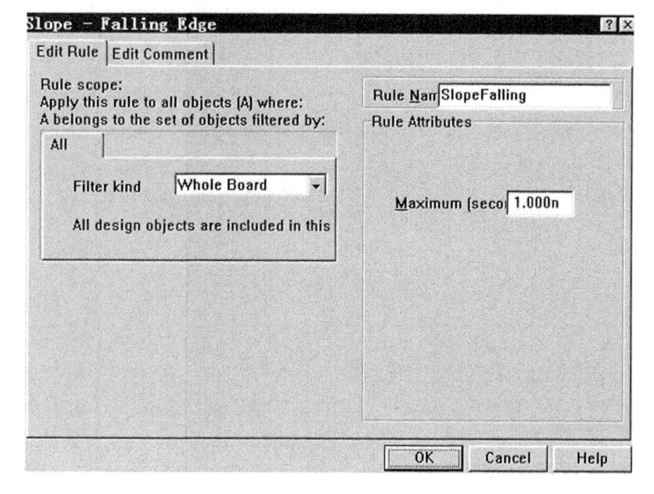

图 9-77 下降沿斜率规则设置对话框

10.【Slope-Rising Edge】选项

设置上升沿斜率规则。该规则用于设定信号从阈值电压上升到逻辑高电平的最大延时时间，该选项的含义如图 9-78 所示。

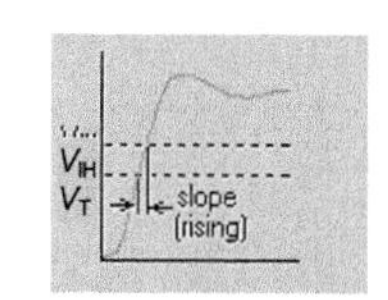

图 9-78 信号从阈电压上升到逻辑高电平的最大延时时间示意图

有关参数的设置与 Slope-Falling Edge 规则类似。

11.【Supply Nets】选项

设置电源网络电压规则。该选项用于设定电路板的指定网络的电压值。图 9-79 所示为该规则的设置对话框，在【Voltage】编辑框中输入指定网络的电压值。

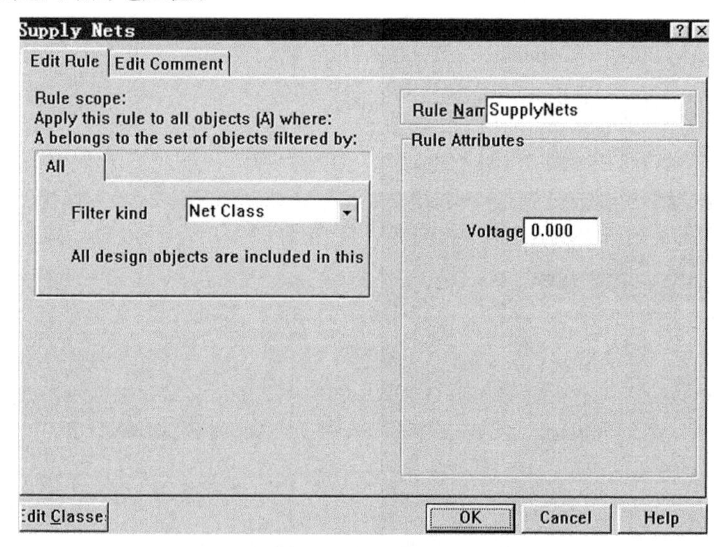

图 9-79 电路板指定网络的电压值设置对话框

12.【Undershoot-Falling Edge】选项

设置信号下降沿欠调规则。该选项用于设定信号波形下降沿允许的最大负冲信号，如图 9-80 所示。

图 9-81 所示为该规则的设置对话框。在【Maximun（Volt）】栏里输入设置值。

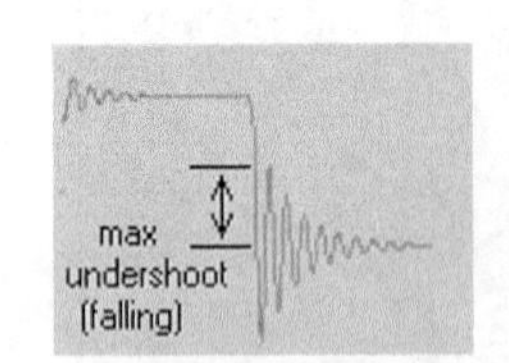

图 9-80　信号波形下降沿允许的最大负冲信号示意图

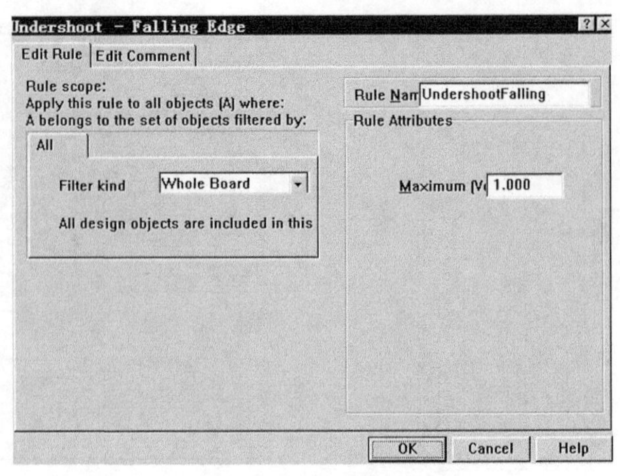

图 9-81　信号波形下降沿允许的最大负冲信号规则设置对话框

13.【Undershoot-Rising Edge】选项

设置信号上升沿欠调规则。该选项用于设定上升沿允许的最大负冲电压值，如图 9-82 所示。

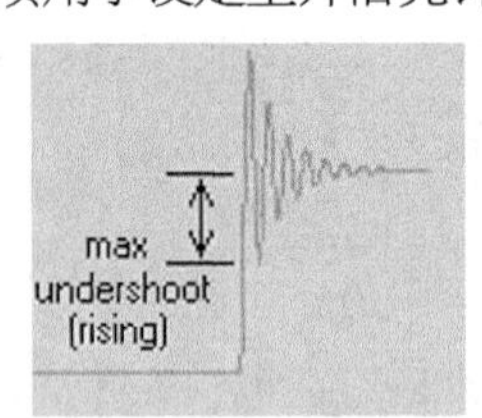

图 9-82　上升沿允许的最大负冲电压值示意图

该规则的含义与内容和 Undershoot-Falling Edge 规则类似，这里不再讨论。

9.1.7　其他相关规则设置

【Other】选项卡的窗口如图 9-83 所示。

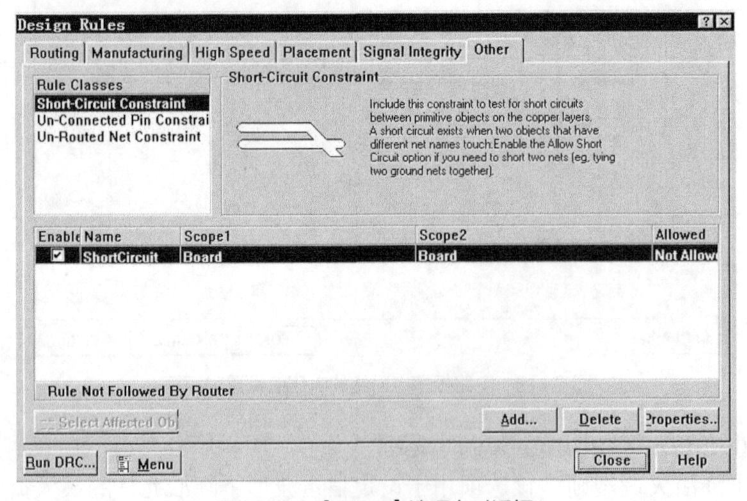

图 9-83　【other】选项卡对话框

该选项卡包含 3 类设计规则：短路限制规则（Short-Circuit Constraint）、未连接引脚限制规则（Un-Connected Pin Constraint）和未布通网络限制规则（Un-Routed Net Constraint）。下

面分别介绍这 3 种规则。

1.【Short-Circuit Constraint】选项

设置短路限制规则。该规则用于设定是否允许两个图件短路。在实际电路板的设计过程中，一般要避免两个图件短路情况的发生，但有时需要将不同的网络短接在一起。

图 9-84 所示为短路限制规则设置对话框。【Allow Short Circuit】复选框用于设置是否允许短路。

值得注意的是，如果一个范围有多个该类规则，则不允许短路存在。

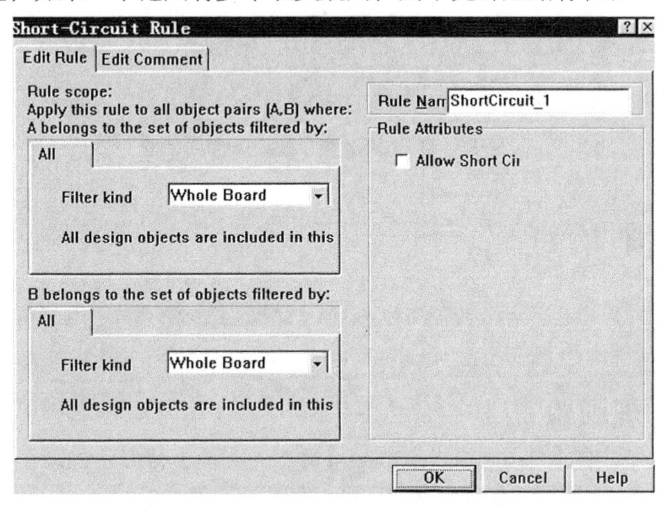

图 9-84　短路限制规则设置对话框

2.【Un-Connected Pin Constraint】选项

设置未连接引脚限制规则。该规则用于设置检查电路图中未连接的引脚的范围。该规则的设置对话框如图 9-85 所示。该规则的设置非常简单，最主要的就是要设置适用的范围。

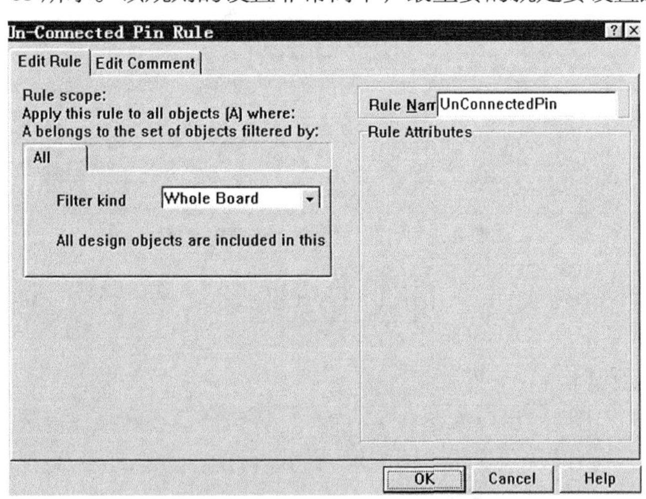

图 9-85　未连接引脚限制规则设置对话框

3.【Un-Routed Net Constraint】选项

设置未布通网络限制规则。该规则用于设定检查网络布线是否完整的范围。设定该规则后，设计者可根据它检查设定的范围内的网络是否布线完整。该规则的设置对话框如图 9-86 所示，在此对话框中，可以设定该规则的适用范围。

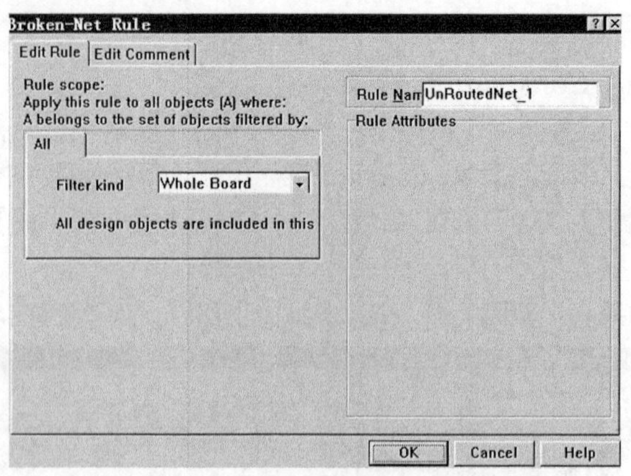

图 9-86　未布通网络限制规则设置对话框

9.2　设计规则检查

对于一个已经制作完成的电路板，可以利用设计规则检查来确定电路板是否存在设计上的错误。下面介绍设计规则检查的用法。

9.2.1　设计规则检查

启动【Tool】菜单中的【Design Rule Check】命令，屏幕上会弹出如图 9-87 所示的对话框。

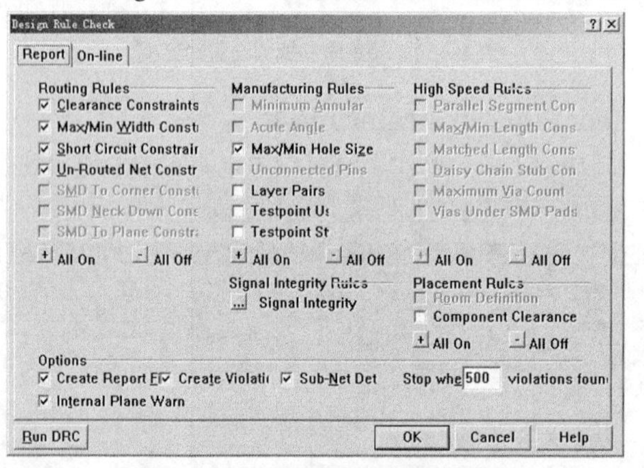

图 9-87　设计规则检查设置对话框

在此对话框中有两个选项卡：一个是【Report】(批次)，另一个是【On-line】(在线)。下面分别介绍这两个选项卡的主要规则的含义。

1.【Report】选项卡

选择该选项卡后，出现的窗口如图 9-87 所示。从该窗口看到某些复选框以正常颜色显示，可以操作；而有些复选框以灰色显示，不能对它们进行操作。这是因为这些规则没有在设计规则里对它们进行相应的设置。要让这些设计规则在设计规则检查里能起作用，必须要在设计规则里设置相应的规则。

该选项卡分为以下 6 个区域。

(1)【Routing Rules】区域

本区的功能是采用下面哪些布线规则检查电路。

- 【Clearance Constraints】：安全间距限制规则。
- 【Max/Min Width Constraint】：最大/最小线宽限制规则。
- 【Short Circuit Constraints】：短路限制规则。
- 【Un-Routed Net Constraints】：未布通网络限制规则。
- 【SMD To Corner Constraints】：SMD 焊盘与导线拐角之间的距离限制规则。
- 【SMD Neck Down Constraints】：SMD 焊盘瓶颈限制规则。
- 【SMD To Plane Constraints】：SMD 与内部电源层之间的限制规则。

以上规则可以单独选择，也可以单击【All On】按钮全部选中，或者单击【All Off】按钮全部取消。

（2）【Manufacturing Rules】区域

本区的功能是采用下面哪些电路板制造规则检查电路。

- 【Minimum Annular Ring】：最小环圆宽度限制规则。
- 【Acute Angle】：锐角限制规则。
- 【Max/Min Hole Size】：最大/最小孔径尺寸限制规则。
- 【Unconnected Pins】：未连接引脚限制规则。
- 【Layer Pairs】：层面对匹配限制规则。
- 【Testpoint Usage】：测试点用法限制规则。
- 【Testpoint Style】：测试点类型限制规则。

以上规则可以单独选择，也可以单击【All On】按钮全部选中，或者单击【All Off】按钮全部取消。

（3）【High Speed Rules】区域

本区的功能是设置采用下列哪种高频电路设计规则检查电路。

- 【Parallel Segment Constraint】：并行线段间距限制规则。
- 【Max/Min Length Constraint】：最大/最小导线长度限制规则。
- 【Matched Length Constraint】：长度匹配限制规则。
- 【Daisy Chain Stub Constraint】：菊花链分支长度限制规则。
- 【Maximum Via Count】：最大过孔数目限制规则。
- 【Vias Under SMD Pads】：SMD 焊盘下放置过孔限制规则。

以上规则可以单独选择，也可以单击【All On】按钮全部选中，或者单击【All Off】按钮全部取消。

（4）【Placement Rules】区域

本区的功能是设置采用下列哪种放置元件的设计规则检查电路。

- 【Room Definition】：区域定义限制规则。
- 【Component Clearance】：元件间安全间距限制规则。

以上规则可以单独选择，也可以单击【All On】按钮全部选中，或者单击【All Off】按钮全部取消。

（5）【Signal Integrity Rules】区域

本区的功能是设置采用下列哪种信号完整性设计规则检查电路。要选择这些检查规则需单击图 9-87 中的【Signal Integrity】按钮，打开如图 9-88 所示的对话框进行选择。

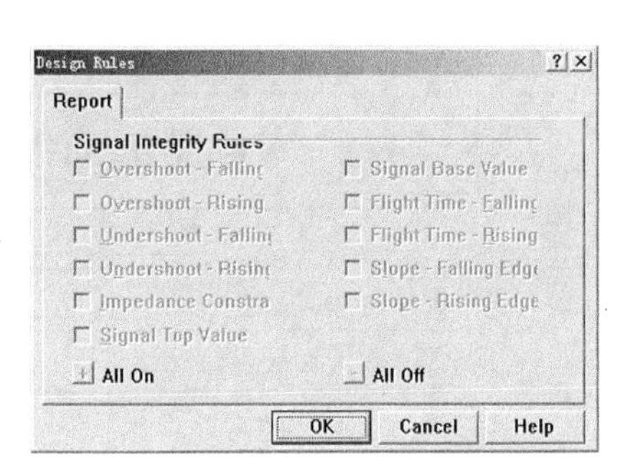

图 9-88　信号完整性规则检查对话框

- 【Overshoot-Falling Edge】：信号下降沿超调规则。

- 【Overshoot-Rising Edge】：信号上升沿超调规则。
- 【Undershoot-Falling Edge】：信号下降沿欠调规则。
- 【Undershoot-Rising Edge】：信号上升沿欠调规则。
- 【Impedance Constraint】：阻抗限制规则。
- 【Signal Top Value】：高电平信号最小电压限制规则。
- 【Signal Base Value】：信号电压基值限制规则。
- 【Flight Time-Falling Edge】：信号下降沿延迟时间限制规则。
- 【Flight Time-Rising Edge】：信号上升沿延迟时间限制规则。
- 【Slope-Falling Edge】：下降沿斜率限制规则。
- 【Slope-Rising Edge】：上升沿斜率限制规则。

（6）【Options】区域

本区的功能是为规则检查设置参数。本区包括 4 个选项和一个栏，分别说明如下。

- 【Create Report File】：产生报告文件。
- 【Create Violations】：用高亮绿色显示违反设计规则的对象。
- 【Sub-Net Details】：连同子网络一起检查。
- 【Internal Plane Warnings】：内部电源层警告。
- 【Stop When xxx Violations fount】：当发现×××个违规时停止检查。

2．【On-line】选项卡

【On-line】选项卡的功能是在绘制电路板图的过程中随时都进行规则检查，设置的方法与【Report】选项卡一样，这里就不再介绍。

3．执行电路板检查功能

在设计规则检查对话框中，选择完所需检查规则以后，单击【Run DRC】按钮，系统将自动根据所设置的检查规则检查电路板，然后将产生检查报告。用户可通过检查报告了解电路板的设计情况，同时也可根据电路板的颜色来判断是否有错误发生，有错误的地方系统会用绿色显示。

9.2.2 清除错误标记

当系统运行了设计规则检查后，若电路板上有与设计规则相违背的地方，则这些地方将以高亮度显示。要清除这种错误标记，可执行菜单命令【TOOL】/【Reset Error Markers】，该命令能将违规位置高亮绿色错误标记清除掉。

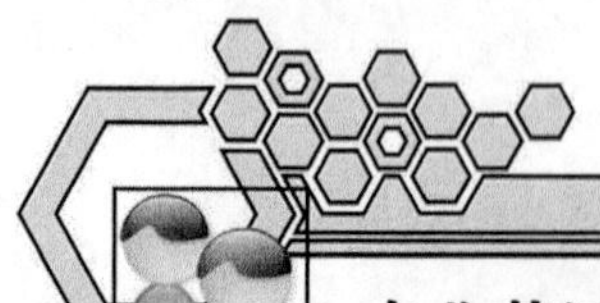

专业英语词汇

专业英语词汇	行 业 术 语
Footprint	封装
DRC（Design Rule Check）	设计规则检查
Keepout Layer	禁止布线层

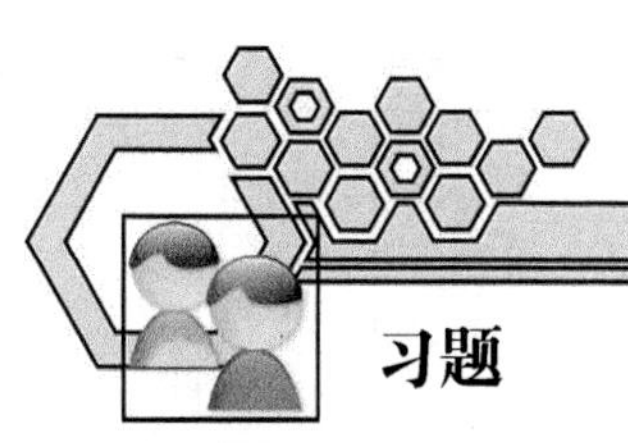

习题

一、填空题

1. 在 PCB 上，通过________方式将元件外型、序号及其他说明印刷在元件面或焊接面上，该层也称为________层。

2. 在 PCB 上，测量单位可以选择公制或英制，选择公制时，尺寸以________为单位，选择英制时，尺寸以________为单位。1 英寸 = ________mm = ________ mil。

3. 在画 PCB 图时，Keepout Layer 是________层，一般在该层内绘出________，以确定自动布局布线的范围。

二、简答题

1. 什么是网络拓扑结构？画出 Protel 99 SE 所提供的几种拓扑结构图。
2. 简述电路板的布线设计规则。
3. 试用不同的方法在 PCB 图中放置敷铜，看最多能组合出多少种不同形式的敷铜。
4. 可用什么方法简单有效地判断出 PCB 图布线是否已经完成?

上机实践

图 9-89 所示为一单片机最小系统原理图，试根据这张电路原理图，设计其电路板图。

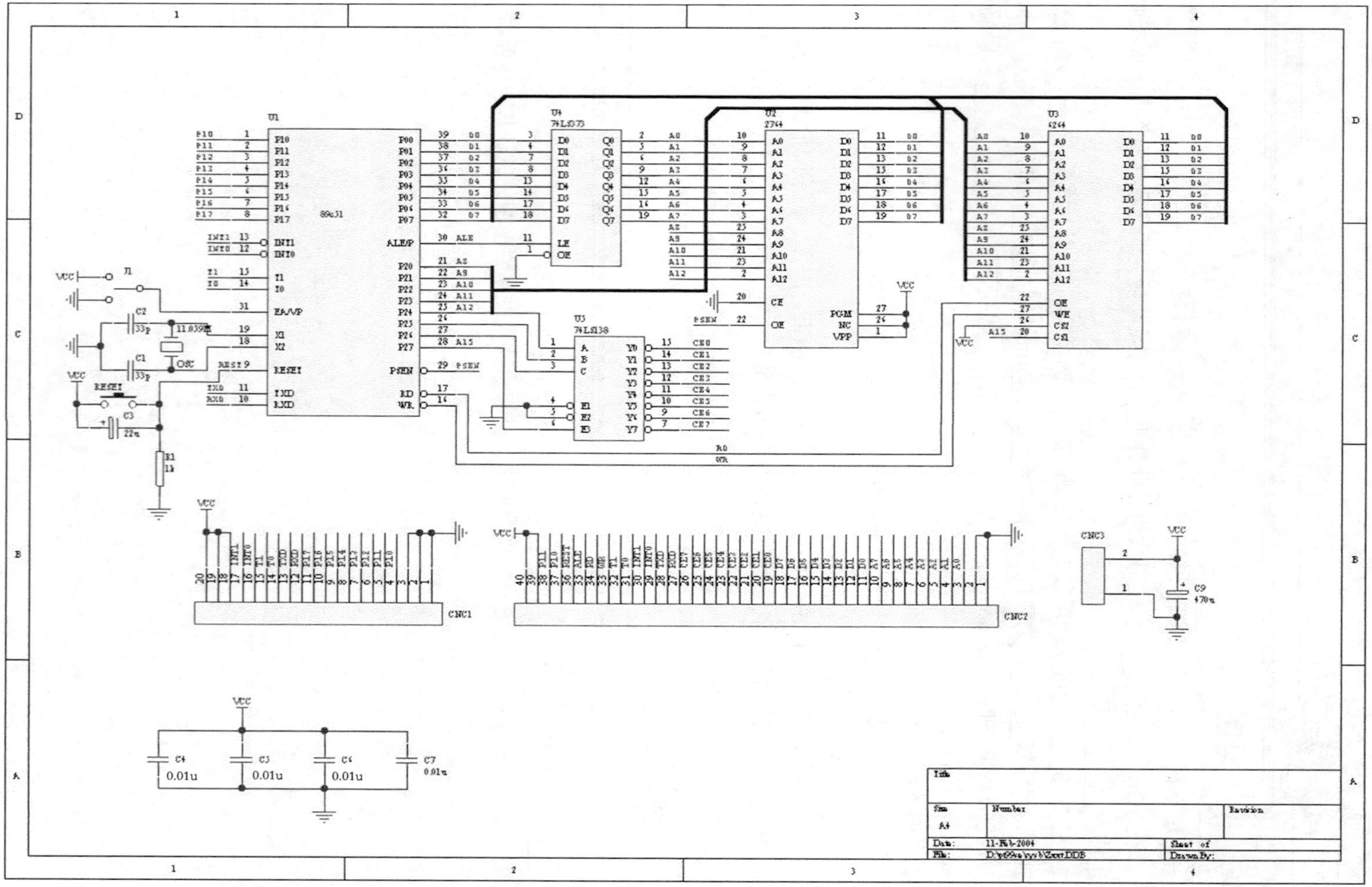

图 9-89 单片机最小系统

PART 10

第 10 章 Protel DXP 及 Protues 的诞生

随着计算机技术的飞速发展，集成电路被广泛应用，电路越来越复杂，集成度也越来越高，加之新型元件层出不穷，使得越来越多的工作要借助于 Protel 99 软件来完成全方位的电子线路印制板设计系统。2000 年以来，Protel 99 软件经过众多电子工程师的多年应用实践，依然保持着较高的使用率，在业内堪称“经典之作”。

与此同时，Protel 公司（后改为 Altium 公司）引进了德国 INCASES 公司的先进技术，在原来 Protel99 经典版本的基础上，开发了 Protel DXP 系列软件。新产品不仅沿袭了 Protel 以前版本中方便易学的特点，还新增了一些功能模块，以全新的管理方式，即项目数据库的管理，为用户提供更为便捷高效的系统设计体验。

Protues 仿真平台是一款为 Protel 系列产品量身定做的软件，它能轻松地把在 Protel 软件上设计好的电路与应用系统结合起来进行验证。

10.1 Protel DXP 系列新产品

10.1.1 Protel 的华丽变迁

Altium 公司作为 EDA 领域里的一个领先公司，在原来 Protel 99 SE 的基础上，应用最先进的软件设计方法，率先推出了一款基于 Windows 2000 和 Windows XP 操作系统的 EDA 设计软件 Protel DXP。Protel DXP 在前版本的基础上增加了许多新的功能。新的可定制设计环境功能包括双显示器支持，可固定、浮动以及弹出面板，强大的过滤和对象定位功能及增强的用户界面等。Protel DXP 是第一个将所有设计工具集于一身的板级设计系统，电子设计者从最初的项目模块规划到最终形成生产数据都可以按照自己的设计方式实现。Protel DXP 运行在优化的设计浏览器平台上，并且具备当今所有先进的设计特点，能够处理各种复杂的 PCB 设计过程。通过设计输入仿真、PCB 绘制编辑、拓扑自动布线、信号完整性分析和设计输出等技术融合，Protel DXP 提供了全面的设计解决方案。

Protel DXP 2004 是 Altium 公司于 2004 年推出的最新版本的电路设计软件，该软件能实现从概念设计，顶层设计直到输出生产数据以及这之间的所有分析验证和设计数据的管理。当前比较流行的 Protel 98、Protel 99 SE，就是它的前期版本。

Protel DXP 2004 已不是单纯的 PCB（印制电路板）设计工具，而是由多个模块组成的系统工具，分别是 SCH（原理图）设计、SCH（原理图）仿真、PCB（印制电路板）设计、Auto Router（自动布线器）和 FPGA 设计等，覆盖了以 PCB 为核心的整个物理设计。该软件将项目管理方式、原理图和 PCB 图的双向同步技术、多通道设计、拓朴自动布线以及电路仿真等技术结合在一起，为电路设计提供了强大的支持。

10.1.2 从 Protel 99 SE 到 Protel DXP 2004 SP2 平稳过渡

目前，应用软件更新很快，不断地升级换代。就电路设计软件来说，Protel 是众多电路绘图软件中使用得较多的电路绘图软件，国内几乎所有的生产印制板专业厂家都使用到 Protel，有关 Protel 电路绘图的书实在是太多了，从早期的 DOS 版本到目前的 Protel 最新版本——Protel DXP，现在又推出 Protel DXP 2004 SP2 新一代完整的板级设计工具。许多人为了跟上潮流， 放弃易学的低版本软件 Protel 99 SE，去与复杂的高版本软件"碰头"，结果事倍功半，花这么大力气去追求最新版本，到不如把低版本学精学实，然后再平稳过渡到 Protel DXP 2004 SP2 感悟其强劲的绘图功能。

Protel DXP 2004 SP2 是 Protel 99 SE 的改进版本，也是目前 Protel 电路绘图软件的最新版本。Protel DXP 2004 SP2 继承了 Protel 99 SE 的所有优点，新增的功能使整个电路设计更加快捷、方便。

10.1.3 Protel 99 SE 与 Protel DXP 2004 SP2 的比较

有人问到，究竟我学 Protel 99 SE 好，还是学 Protel DXP 2004 SP2 好？对待这个问题要用一分为二的观点来看待：首先要承认 Protel DXP 2004 SP2 确实必须比 Protel 99 SE 功能强大了，但是也必须承认 Protel 99 SE 在一般的电路绘图里还是有一席之地，并不是所有的电路都需要用 Protel DXP 2004 SP2 绘制。对于元件数量不多的电路，用 Protel 99 SE 绘制就可以胜任了。任何学习电子技术的初学者，不可能一开始就绘制电脑主板、集成电路设计、高频电路等专业性很强的电子线路。Protel 99 SE 的学习和操作比较简单易学，学习资源（参考书、开发工具等）比较丰富、成熟。

纵观 Protel 电路绘图软件的发展，Protel for Windows 1.0，使 Protel 从 DOS 版本过渡到 Windows 版本，简化了许多操作，Protel 98 的网络布线具有自动删除原来的布线功能，加快了手工布线的速度，Protel 99 增加了同步器，大大简化了网络布线的操作，Protel 99 SE 改进了 Protel 99 的一些错误，Protel DXP 则以 Win XP 界面为主，又增强了许多功能，而 Protel DXP 2004 不仅在外观上显得更加豪华、人性化，而且极大地强化了电路设计的同步化，同时整合了 VHDL 和 FPGA 设计系统以及仿真测试等，其功能大大加强了。

10.1.4 Protel DXP 2004 新特点

1. 整合式的元件与元件库

在 Protel DXP 2004 中采用整合式的元件,在一个元件里连结了元件符号(Symbol)、元件包装（Footprint）、SPICE 元件模型（电路仿真所使用的）、SI 元件模型（电路板信号分析所使用的）。

2. 版本控制

可直接由 Protel 设计管理器转换到其他设计系统，这样设计者可方便地将 Protel DXP 2004 中的设计与其他软件共享。如可以输入和输出 DXP、DWG 格式文件，实现和 Auto CAD 等软件的数据交换，也可以输出格式为 Hyperlynx 的文件，用于板级信号仿真。

3. 多重组态的设计

Protel DXP 2004 支持单一设计多重组态。对于同一个设计文件可指定要使用其中的某些元件或不使用其中的某些元件，然后产生网络表等文件。

4. 重复式设计

Protel DXP 2004 提供重复式设计，类似重复层次式电路设计，只要设计其中一部分电路图，即可以多次使用该电路图，就象有很多相同电路图一样。这项功能也支持电路板设计，包括由电路板反标注到电路图。

5. 新的文件管理模式

Protel DXP 2004 提供三种文件管理模式。可将各文件存入入单一数据库文件，即 Protel 99 SE 的 ddb，也可以存为 Windows 文件，即一般的分离文件，而不需要数据库管理系统（ODBC），就可以存取该文件，此外新增了一个混合模式，也就是在数据库外存为独立的 Windows 文件。

6. 多屏幕显示模式

对于同一个文件，设计者可打开多个窗口在不同的屏幕上显示。

7. 设计整合

Protel DXP 2004 强化了 Schematic 和 PCB 板的双向同步设计功能。

8. 超强的比较功能

Protel DXP 2004 新增了超强的比较功能，能对两个相同格式的文件进行比较，以得到其版本的差异性，也可以对不同格式的文件进行比较，例如电路板文件与网络报表文件等。

9. 强化的变更设计功能

在 Protel DXP 2004 中，进行比较后，所产生的报表文件可作为变更设计的依据，让设计完全同步。

10. 可定义电路板设计规则

在原理图设计时，定义电路板设计规则是非常实际的。虽在先前版本的 Schematic 中就已提供定义电路板的功能，可是都没有实际的作用。而在 Protel DXP 中落实了这项功能，让用户能在画电路图时就定义设计规则。

11. 强化设计验证

在 Protel DXP 2004 中强化了设计验证的功能，让电路图与电路板之间的转换更准确，同时对交互参考的操作也更容易。

12. 设计者可定义元件与参数

Protel DXP 2004 提供了无限制的设计者定义元件及元件引脚参数，所定义的参数能存入元件及原理图里。

13. 尺寸线工具

Protel DXP 2004 提供了一组超强的画尺寸线工具，在移动时会自动修正尺寸，这对于 PCB 中一些层的定义有很大的帮助。

14. 改善加强板层分割功能

Protel DXP 2004 提供了加强的板层分割功能，对于板层的分割自动以不同颜色来表示，让设计者更容易辨别与管理。

15. 加强焊点堆栈的定义

Protel DXP 2004 板增强了焊点堆栈的定义与管理，设计者可以存储所定义的焊点堆栈以供日后再使用。

16. 改良焊点连接线

Protel DXP 2004 提供自动修剪焊点连接线的功能，使自动布线后焊点连接更恰当。

17. 波形资料的输出与输入

在 Protel DXP 2004 中可将仿真波形上各种资料输出为电子表格格式，以供其他程序的使用，也可以输入其他程序所产生的波形资料。

18. 加强绘图功能

Protel DXP 2004 增强了波形窗口的绘图功能，例如放置标题栏、标记画线等，同时 Windows 的编辑功能在此也可以应用。

19. 不同波形的重叠

设计者可以将不同的波形放置在一起，也可以同时使用多个不同的 Y 轴坐标。

20. 直接在电路板里分析

设计者可以直接在 PCB 编辑器里进行信号分析，这样信号分析更加方便。

21. 强化模型整合

在 Protel DXP 2004 中提供了高速整合的元件，元件包括信号分析的模型（SI Model），设计者不必再为元件问题而烦恼了。

10.1.5 Protel DXP 2004 的运行环境

1. 运行 Protel DXP 2004 SP2 的推荐配置

CPU：≥Pentium II 400 及以上 PC 机。

内存：≥64M。

显卡：支持 800×600×16 位色以上显示。

光驱：≥24 倍速。

2. 运行环境

Windows NT/95/98/XP/2007 及以上版本操作系统。

由于系统在运行过程中要进行大量的运算和存储，所以对机器的性能要求也比较高，配置越高越能充分发挥它的优点。

10.1.6 Protel DXP 2004 的优化界面

启动 Protel DXP 2004 SP2 的方法非常简单，只要直接运行 Protel DXP 2004 SP2 的执行程序，进入启动界面，如图 10-1 所示。

图 10-1 Protel DXP 2004 SP2 启动界面

接下来便进入图 10-2 所示的 Protel DXP 2004 SP2 主窗口。

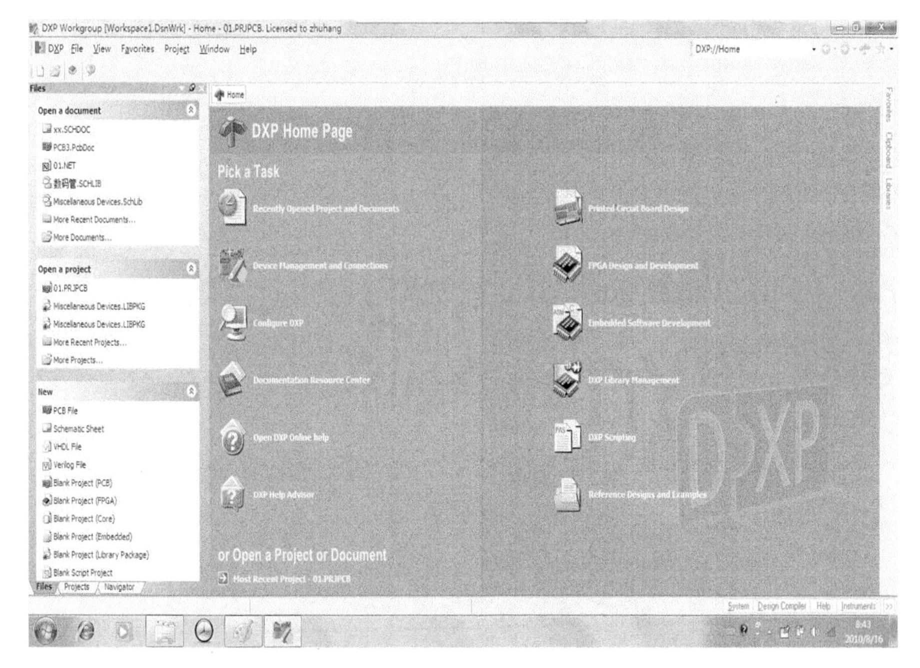

图 10-2　Protel DXP 2004 SP2 主窗口

设计管理器中分成如下几个选项。

① Pick a task 选项区域。

Pick a task 选项区域选项设置及功能如下。

- Create a new Board Level Design Project ：新建一项设计项目。

Protel DXP 2004 SP2 中以设计项目为中心，一个设计项目中可以包含各种设计文件，如原理图 SCH 文件，电路图 PCB 文件及各种报表，多个设计项目可以构成一个 Project Group（设计项目组）。因此，项目是 Protel DXP 2004 SP2 工作的核心，所有设计工作均是以项目来展开的。介绍一下使用项目的好处。

- Create a new FPGA Design Project ：新建一项 FPGA 项目设计。
- Create a new integrated Library Package ：新建一个集成库。
- Display System Information ：显示系统的信息。显示当前所安装的各项软件服务器，若安装了某项服务器，则能提供该项软件功能，如 SCH 服务器，用于原理图的编辑、设计、修改和生成零件封装等。
- Customize Resources ：自定义资源。包括定义各种菜单的图标、文字提示、更改快捷键，以及新建命令操作等功能。这可以使用户完全根据自己的爱好定义软件的使用接口。
- Configure License ：配置使用许可证。可以看到当前使用许可的配置，用户也可以更改当前的配置，输入新的使用许可证。

② Or open a project or document 选项区域。

Or open a project or document 选项区域中的选项设置及功能如下。

- Open a project or document ：打开一项设计项目或者设计档。
- Most recent project ：列出最近使用过的项目名称。单击该选项，可以直接调出该项目进行编辑。

- Most recent document ：列出最近使用过的设计文件名称。

③ Or get help 选项区域。

Or get help 选项区域用于获得以下各种帮助。

- DXP Online help ：在线帮助。
- DXP Learning Guides ：学习向导。
- DXP Help Advisor ： DXP 帮助指南。
- DXP Knowledge Base ：知识库。

10.1.7 Protel DXP 2004 SP2 绘制电子钟设计实践

为了让读者能够更直观地了解 Protel DXP 2004 的强大功能，本节以一个电子钟设计实践来让大家简单的接触一下 Protel DXP 2004 软件的绘制过程。

启动 Protel DXP 2004 SP2，如图 10-3 所示。

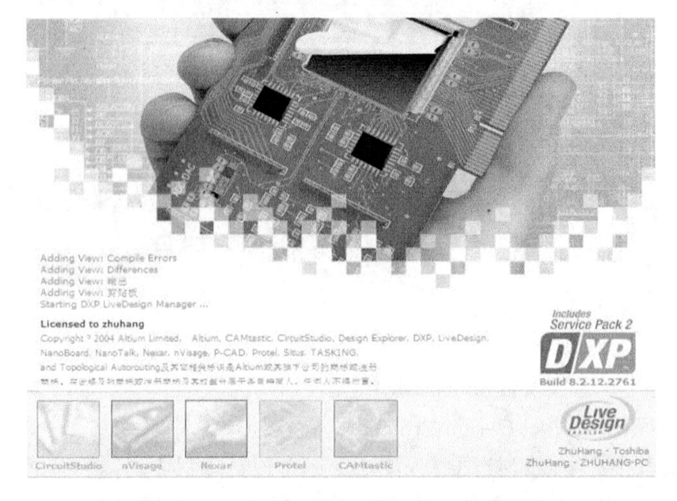

图 10-3 Protel DXP 2004 SP2 启动界面

执行菜单【文件】/【创建】/【项目】/【PCB 项目】选项，如图 10-4 所示，单击鼠标或按回车键即可。

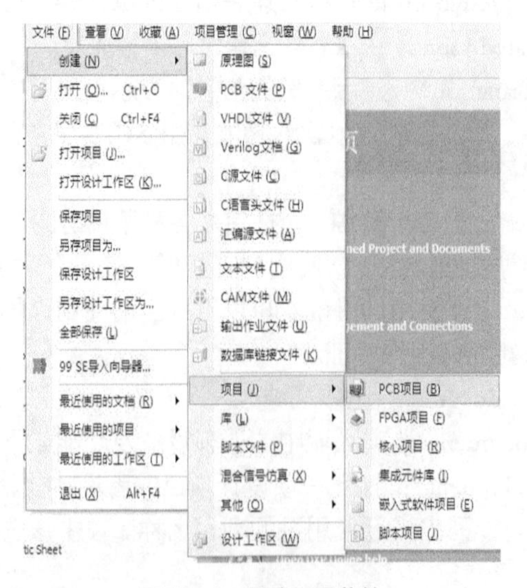

图 10-4 新建项目菜单

创建后的原理图显示如图 10-5 所示。我们也要将创建好的原理图及时保存，“电子钟”右边的 图标是红色的，请右击【保存项目】。这样可将原理图保存在项目文件中。

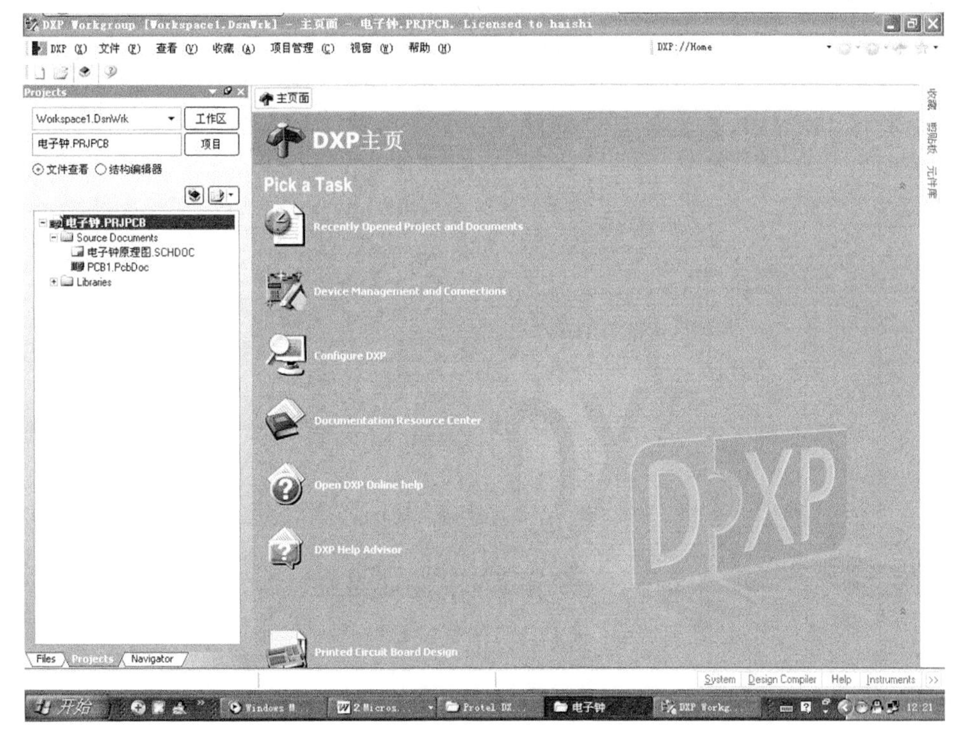

图 10-5　另存为后显示

1. 在原理图界面的最右端单击【元件库】，出现原理图元件库工作面板，如图 10-6 所示。
2. 单击命令状态栏【System】/【元件库】按钮，如图 10-7 所示。

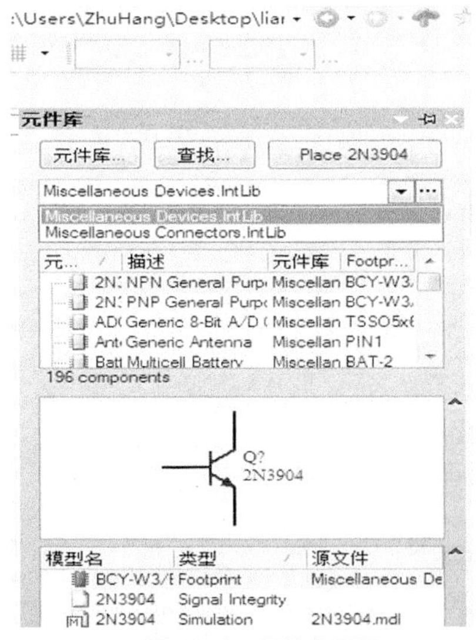

图 10-6　元件库显示

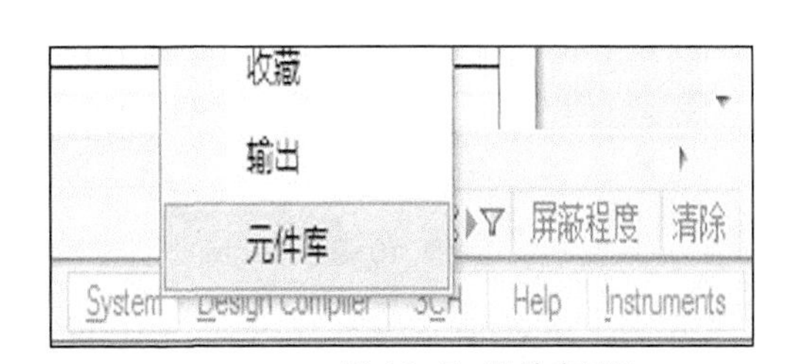

图 10-7　元件库显示

在 Protel DXP 2004 SP2 安装目录中的 Library\Sch 下可以找到所需的元件库。一般“Miscellaneous Connectors.IntLib、Miscellaneous Devices.IntLib”两个文件库是常用的，所以都要添加。电子钟的元件也在这两个库中。

单击【元件库】按钮，跳出可用元件库对话框，选择【项目】/按下【加元件库】如图 10-8 所示。在 Protel DXP 2004 SP2 的安装目录下的 Library 中搜索这两个元件库，如图 10-9 所示。

回到原理图元件库工作面板，可以发现元件管理器中出现了这两个元件库和相应的元件。

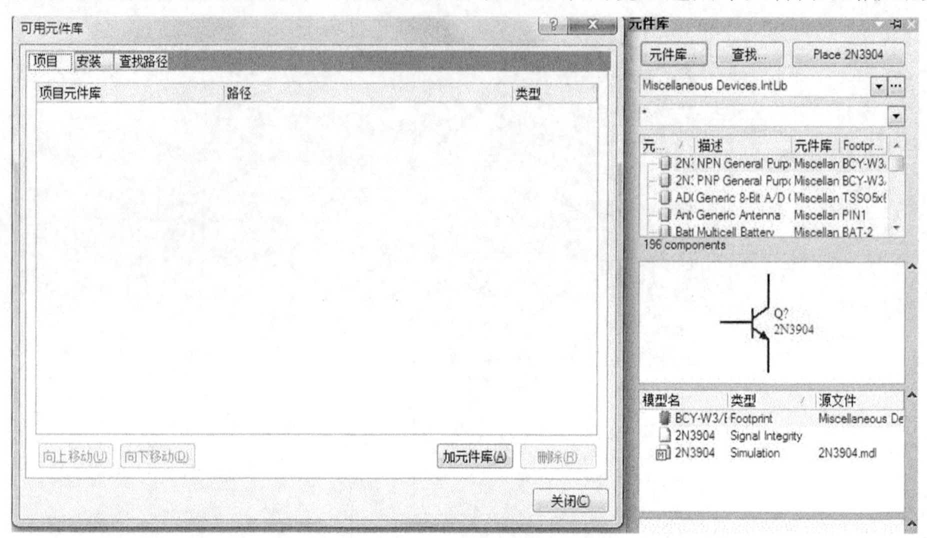

图 10-8　安装元件库

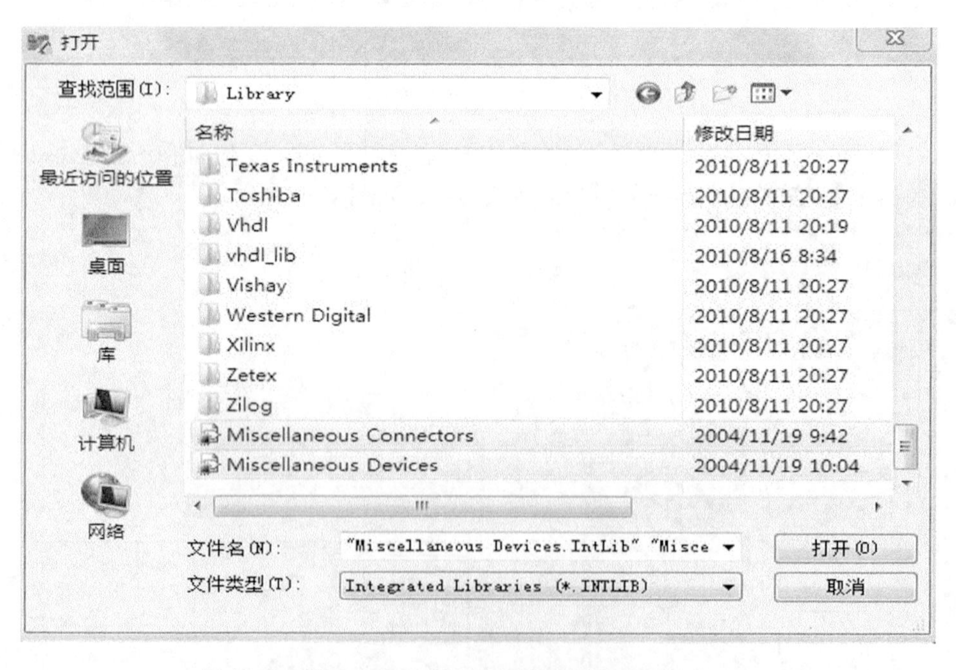

图 10-9　Protel DXP 2004 SP2 的安装目录下的 Library

按要求把“电子钟”的元件放置在原理图中，按照电路图的格式和位置进行移动。

将元件放置到绘图页之前，元件符号可随鼠标移动，如果按下【Tab】键就可以打开属性对话框，但是，对于已经放置好的元件，可以直接双击元件，就会弹出属性对话框，如图 10-10 所示。

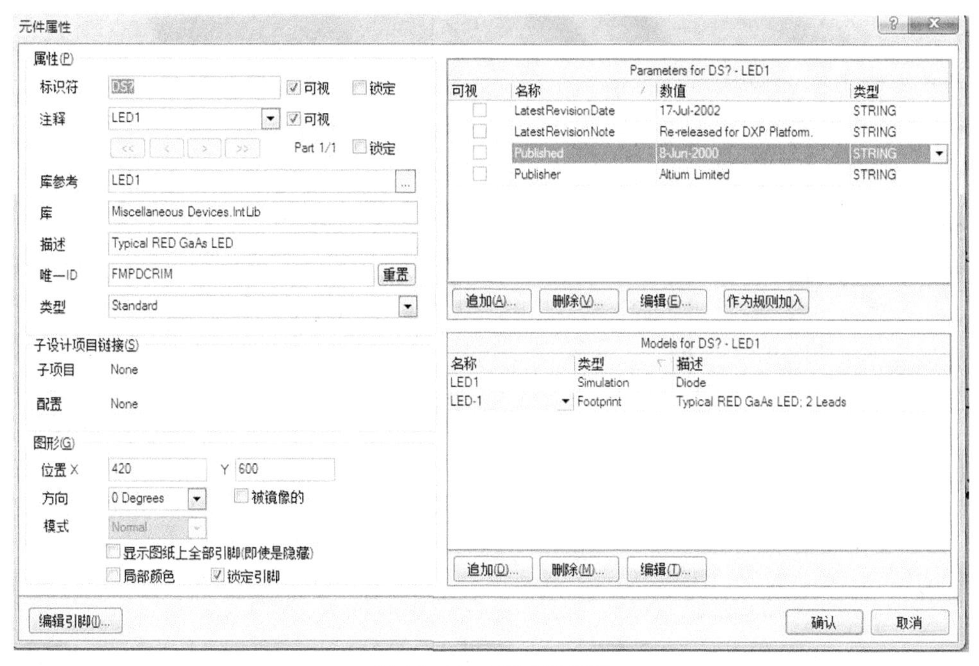

图 10-10　元件属性设置

设置结束后，单击【确认】按钮即可。对元件型号的设置方法与此相同。

执行菜单命令【文件】/【创建】/【库】/【原理图库】即可创建一个新的元件库文件。默认的文件名为“Schlib1.lib”，即可进入图 10-11 所示的原理图元件库编辑器。

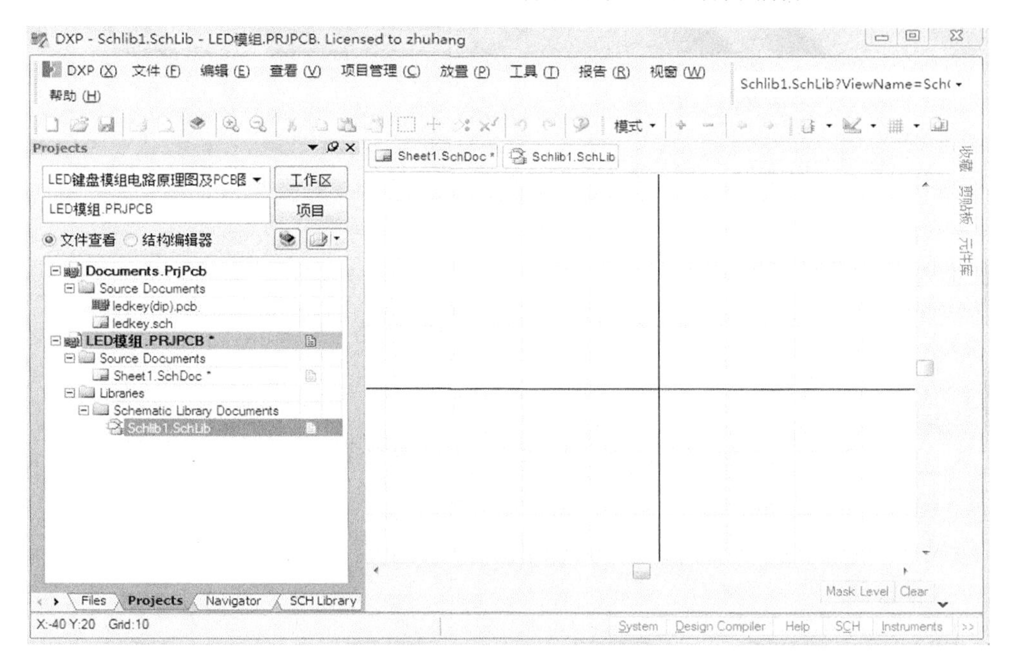

图 10-11　原理图元件库编辑器

在“电子钟”的项目中，有两个元件是需要自制的，分别是“数码管元件”和“89C2051 控制芯片元件”，绘制好后如图 10-12 所示。

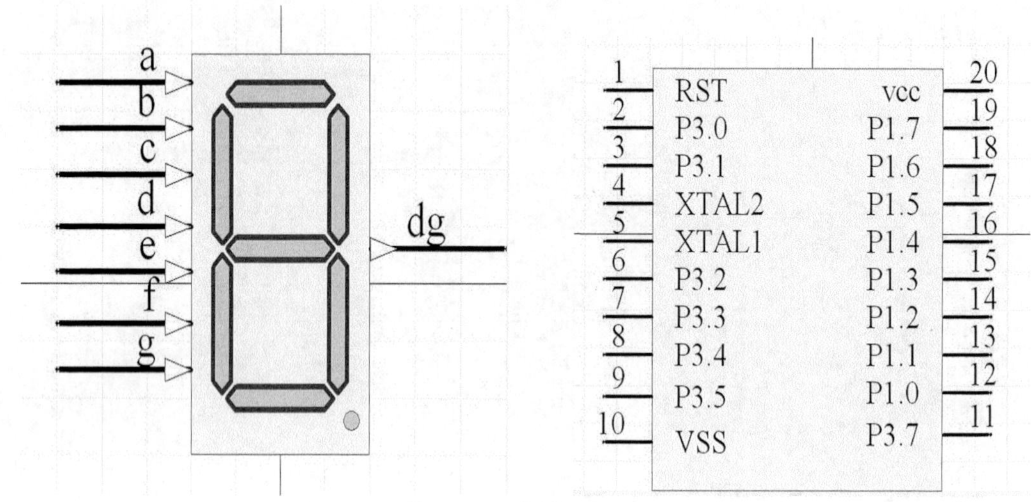

图 10-12　自制元件显示

绘制好的电路原理图如图 10-13 所示。

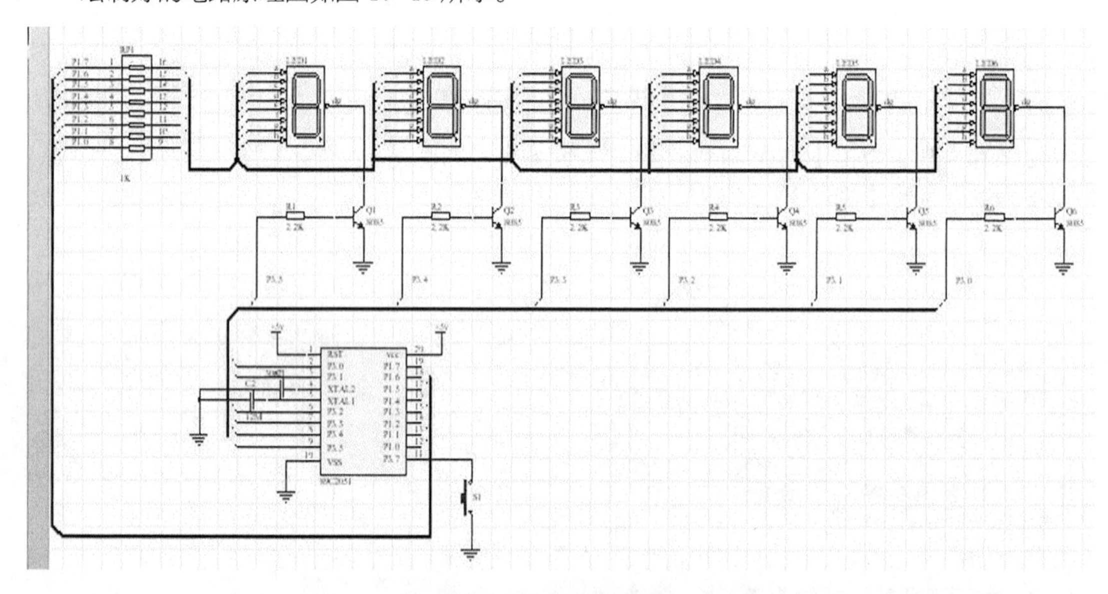

图 10-13　电子钟原理图

原理图绘制完毕后，将原理图转换成 PCB 文件。

打开 Files 工作面板，选择【根据模板新建】栏的“PCB Board Wizard…”，如图 10-14 所示。系统将启动 PCB 板设计向导，如图 10-15 所示。

图 10-14　Files 面板中的 PCB Board Wizard 选项

图 10-15　进入 PCB 板向导

单击【下一步】按钮，弹出“选择电路板单位”对话框，如图 10-16 所示。

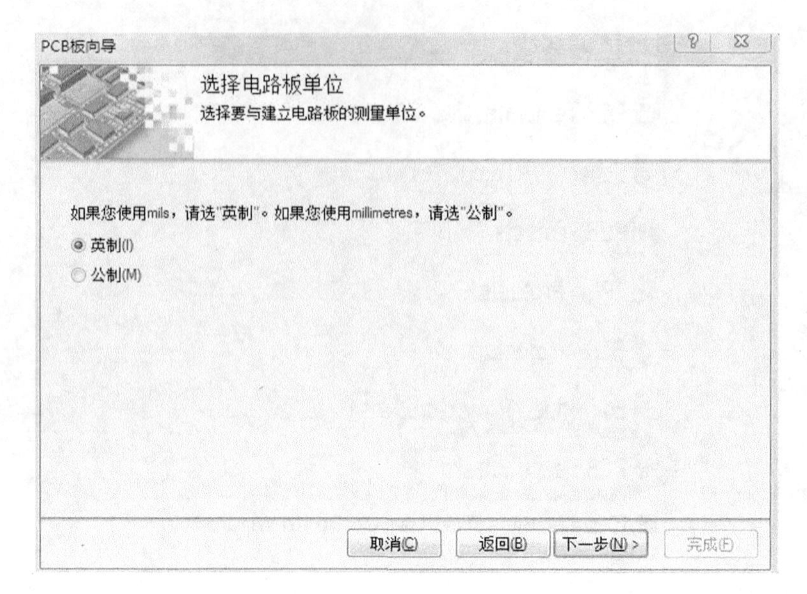

图 10-16　选择电路板单位

电路板的单位有英制和公制两种，英制的单位为米尔（mil）或英寸（inch），公制单位为毫米（mm），它们的换算关系是 1 inch=1000 mil ≈ 25.4mm。

单击【下一步】按钮，进入“选择电路板配置文件”对话框，如图 10-17 所示。

图 10-17　选择电路板配置文件

按图 10-17 设置后单击【下一步】按钮，进入“选择电路板层”对话框，如图 10-18 所示。该对话框用于设置电路板中信号层和内电层的数目，这里设置为双面板，不打开内电层。

图 10-18　选择电路板层

按图 10-18 所示设置后单击【下一步】按钮，进入“选择过孔风格”对话框，如图 10-19 所示。这里有两种类型的过孔可选择：只显示通孔(Thruhole Vias)和只显示盲孔或埋过孔(Blind and Buried Vias)。在这里以三端稳压电源为例，选择“只显示通孔”单选按钮。

图 10-19　选择过孔风格

单击【下一步】按钮，进入“选择元件和布线逻辑”对话框，如图 10-20 所示。元件类型有表面贴装元件（Surface-mount components，简称表贴元件）和通孔元件（Through-hole components，即直插式元件）。

图 10-20　选择元件和布线逻辑

选择通孔元件，单击【下一步】按钮。选择“一根导线”，如图 10-21 所示。

图 10-21　选择邻近焊盘间的导线数

单击【下一步】按钮，将弹出“选择默认导线和过孔尺寸”对话框，如图 10-22 所示。该对话框可设置最小导线尺寸、最小过孔宽（直径）、最小过孔孔径和最小间隔这 4 项。

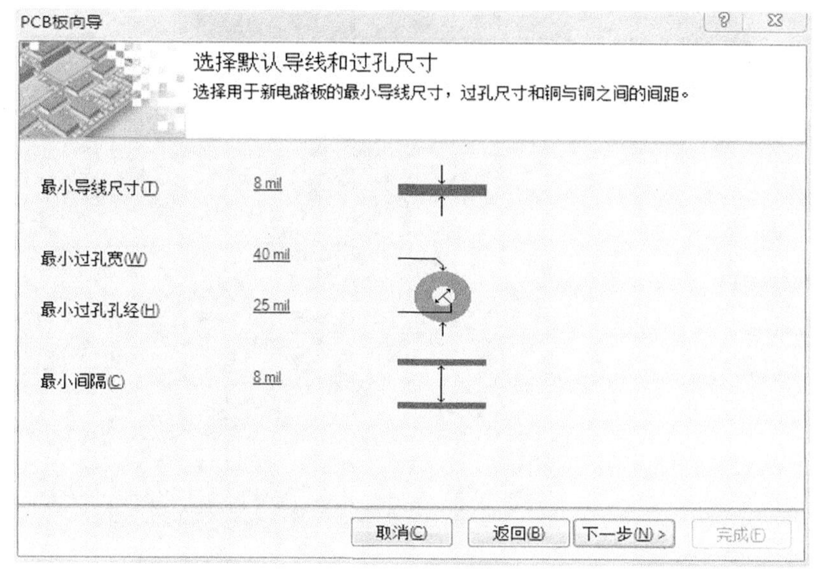

图 10-22　选择默认导线和过孔尺寸

按图 10-22 所示设置后单击【下一步】按钮，弹出“电路板向导完成”对话框，如图 10-23 所示。单击【完成】按钮，完成 PCB 文件的创建，并将新建的文件名默认为 PCB1 . PCBDOC 的 PCB 文件打开，如图 10-24 所示。

图 10-23　电路板向导完成页面

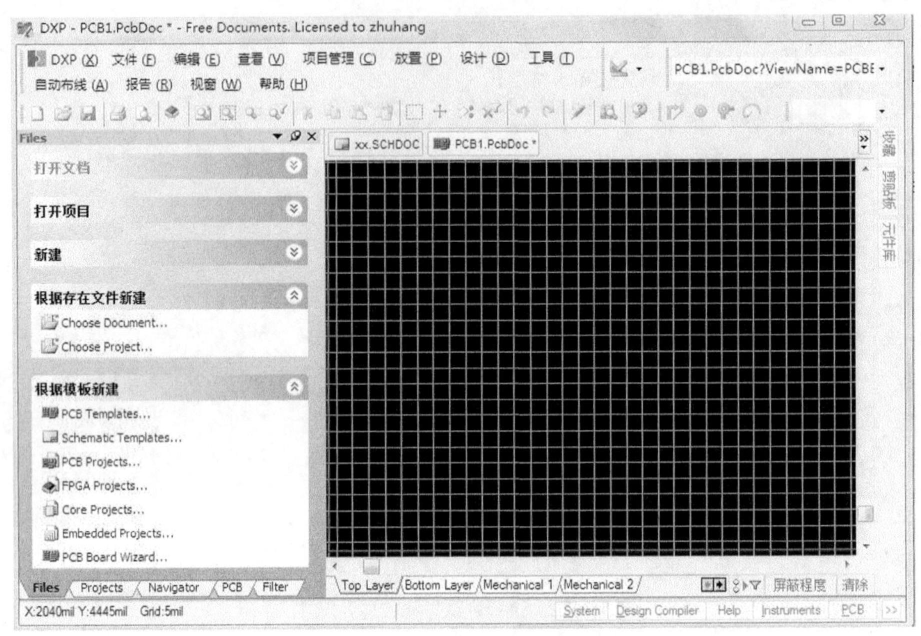

图 10-24 利用向导生成的 PCB 文件

执行【工具】/【新元件】命令，启动向导工具，如图 10-25 所示。

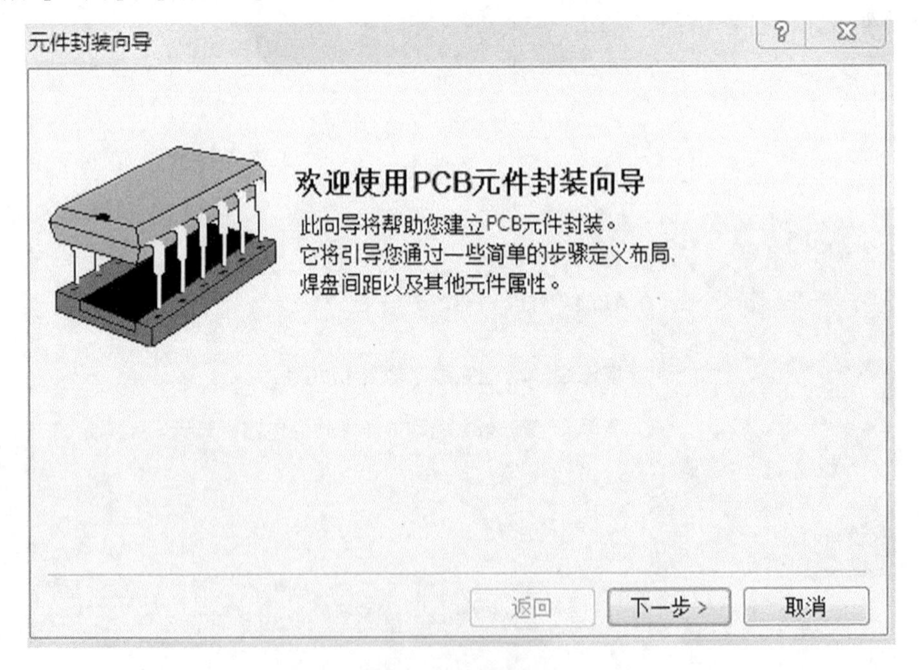

图 10-25 向导工具

单击【下一步】按钮，弹出选择元件模型与尺寸单位对话框，如图 10-26 所示。由于数码管形状类似 DIP，因此选择“Dual in-line Package”(DIP)；元件尺寸单位选择英制单位。

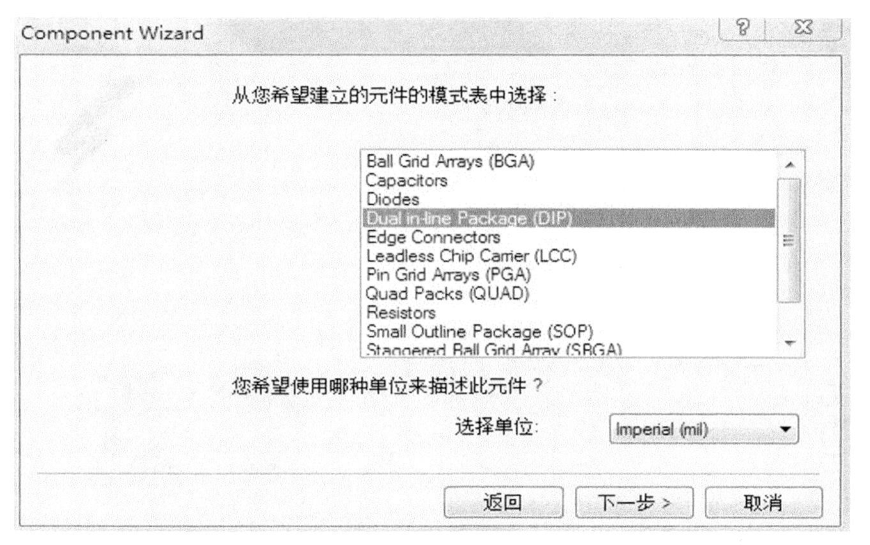

图 10-26　选择元件模型与尺寸单位对话框

单击【下一步】按钮，弹出设置过孔与焊盘直径对话框，如图 10-27 所示。这里将过孔直径设置为 25mil，焊盘直径设置为 50mil。

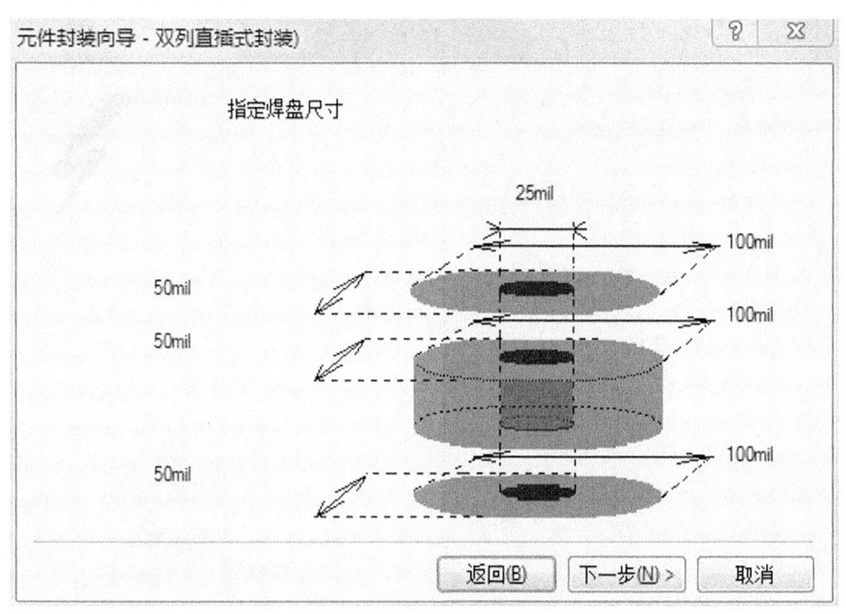

图 10-27　设置过孔、焊盘直径

单击【下一步】按钮，将会弹出设置焊盘间距对话框，如图 10-28 所示。根据要求，这里同一列焊盘之间的距离设置为 100mil，两列焊盘之间的距离设置为 600mil。

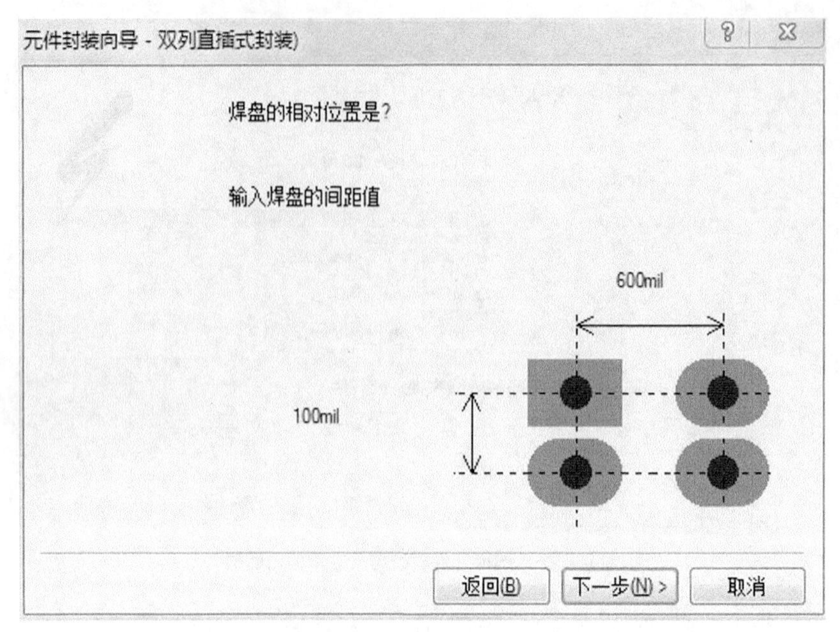

图 10-28　设置焊盘间距离

单击【下一步】按钮，将会弹出设置元件轮廓线宽对话框，如图 10-29 所示，这里使用默认值。

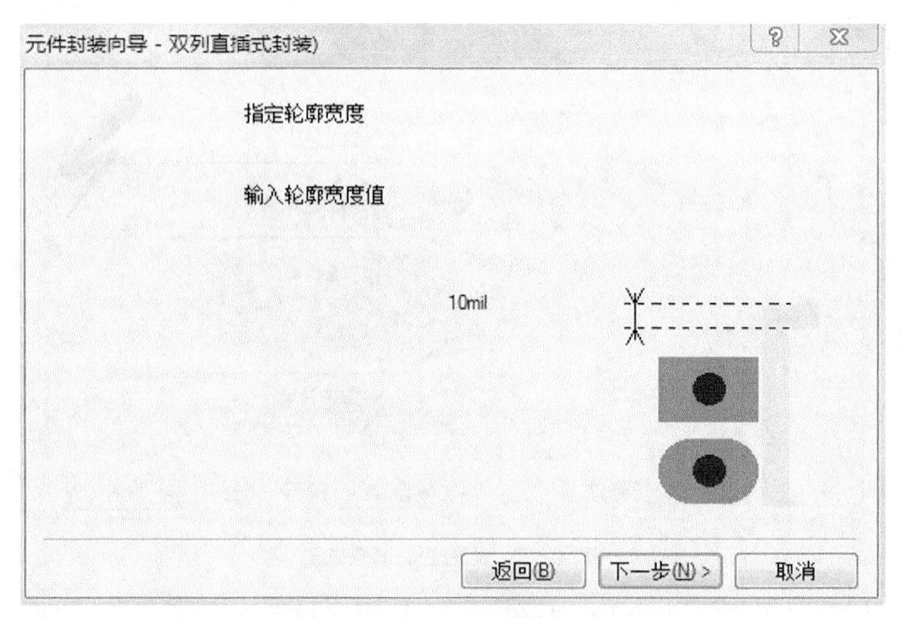

图 10-29　设置元件轮廓线宽

单击【下一步】按钮，将会弹出选择元件中焊盘数目对话框，如图 10-30 所示。数码管共有 10 只引脚，因此选择 10。

元件封装向导 - 双列直插式封装)
给元件指定焊盘数
选择总计焊盘数的值
10
5
5
返回(B)
下一步(N) >
取消

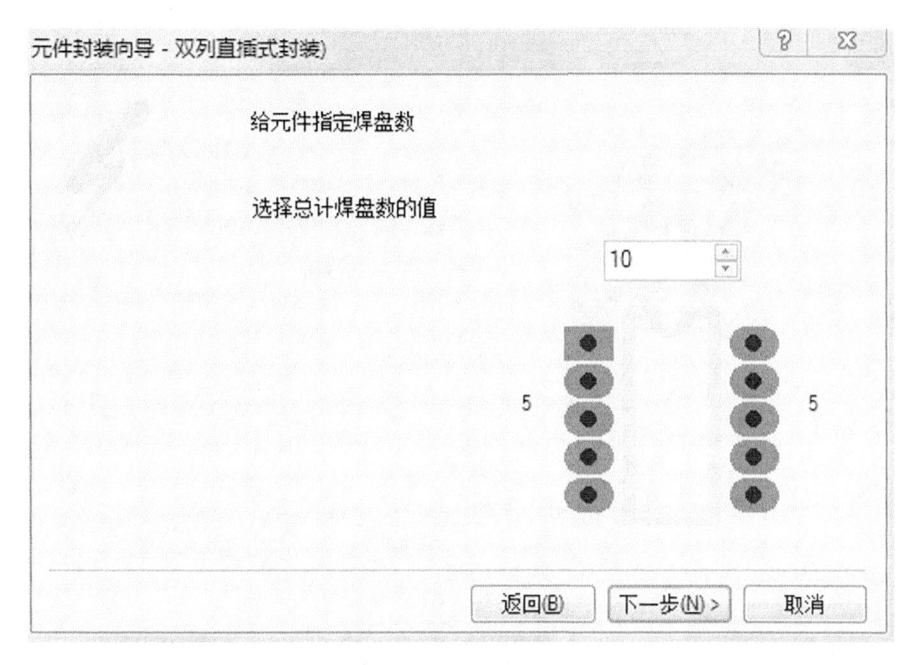

图 10-30　选择焊盘数目

单击【下一步】按钮，将会弹出设定 PCB 元件库名称对话框，如图 10-31 所示。根据要求在名称栏输入 LED10。

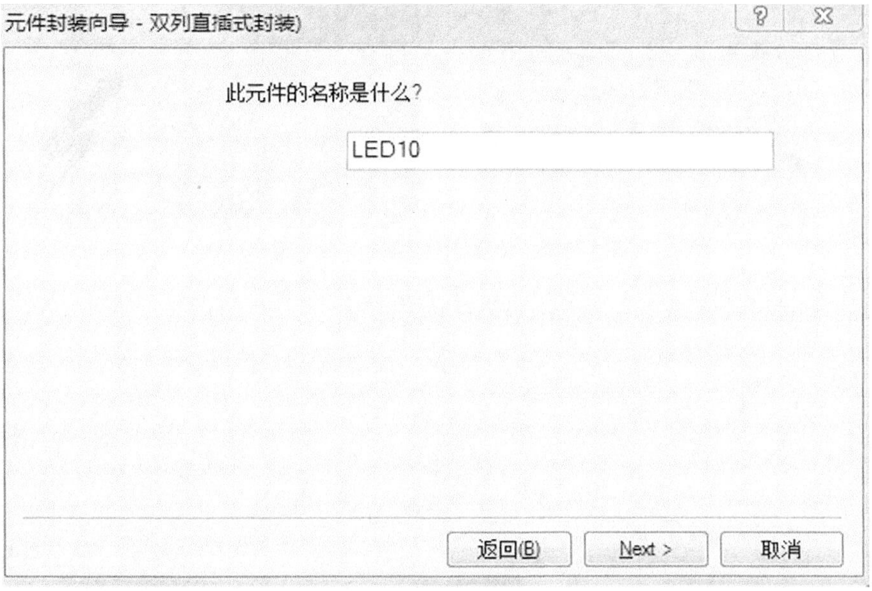

元件封装向导 - 双列直插式封装)
此元件的名称是什么?
LED10
返回(B)
Next >
取消

图 10-31　设定元件库名称

单击【下一步】按钮，将会弹出完成操作对话框，如图 10-32 所示。单击【Finish】按钮，确认完成所有操作，完成后的 PCB 元件库模型如图 10-33 所示。

图 10-32　确认完成

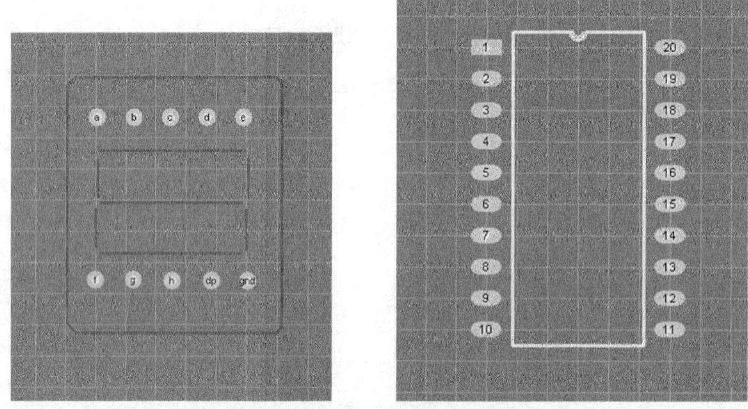

图 10-33　使用向导创建的 PCB 元件库

在原理图中找到数码管元件，双击数码管元件进入元件属性对话框，如图 10-34 所示。

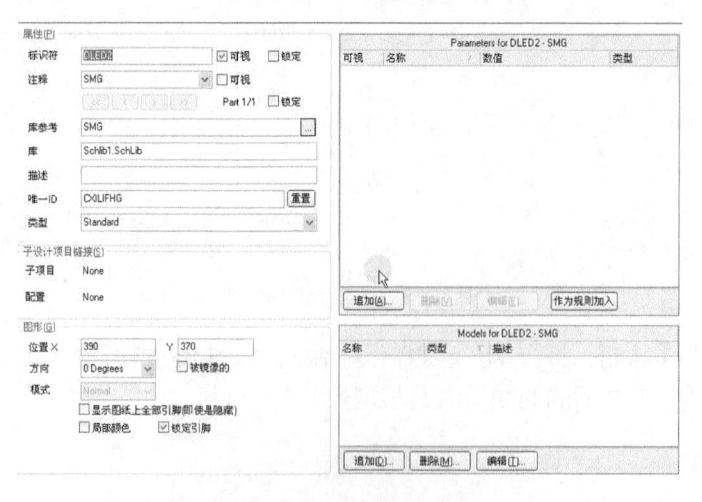

图 10-34　元件属性对话框

单击【追加】/【确认】，进入 PCB 模型对话框，如图 10-35 所示。单击【浏览】按钮进入库浏览对话框，选择数码管对应的元件封装，完成应用，如图 10-36 和图 10-37 所示。

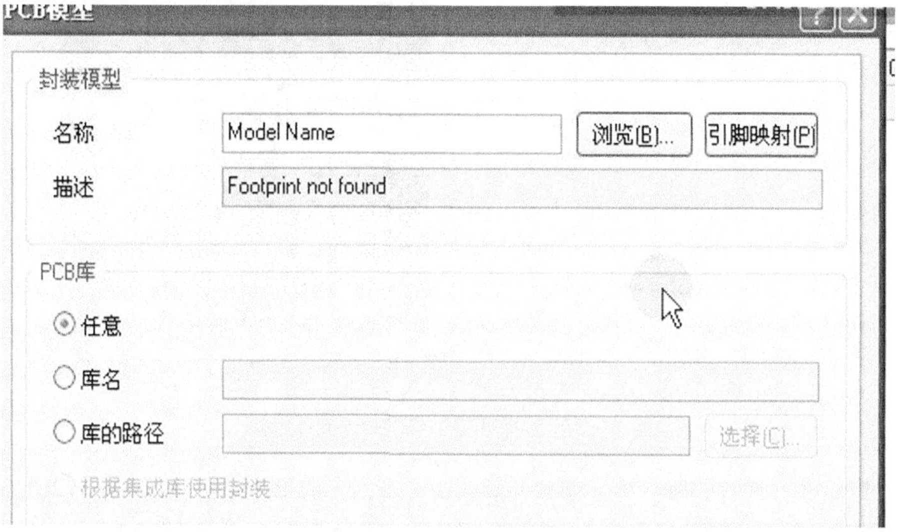

图 10-35　PCB 模型对话框

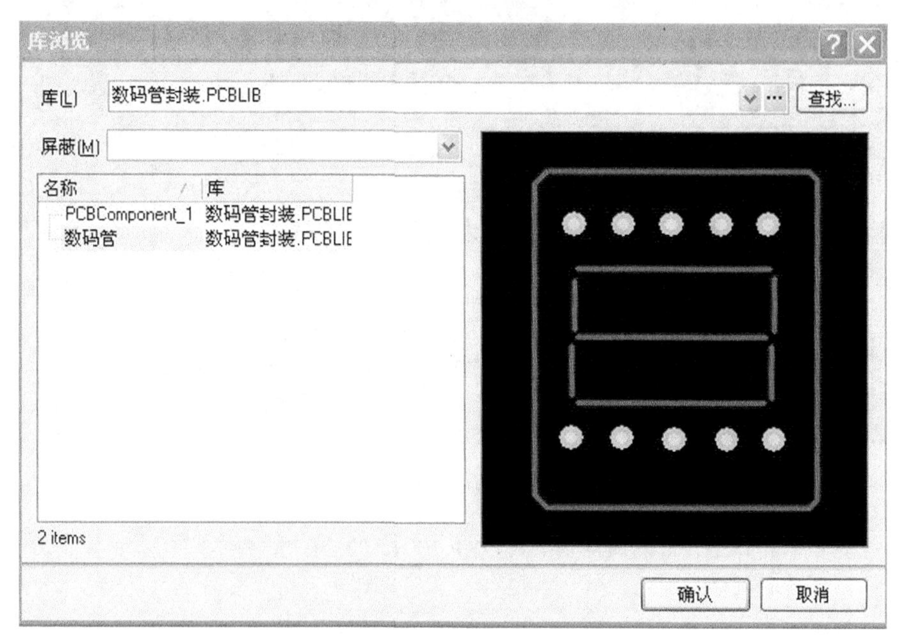

图 10-36　选择对应的数码管元件封装

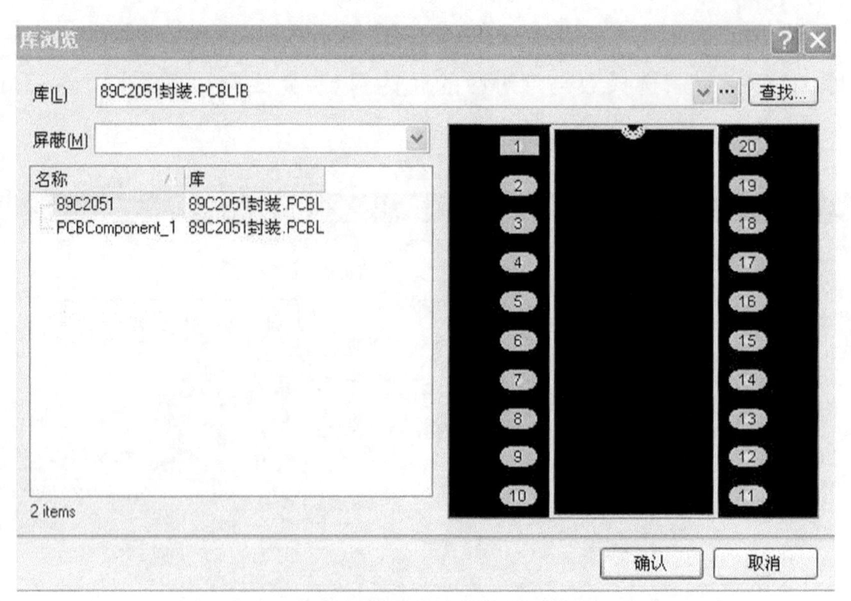

图 10-37　选择对应的 89C2051 元件封装

在以上的 PCB 元件的制作后，便会得到图 10-38 所示的 PCB 板。

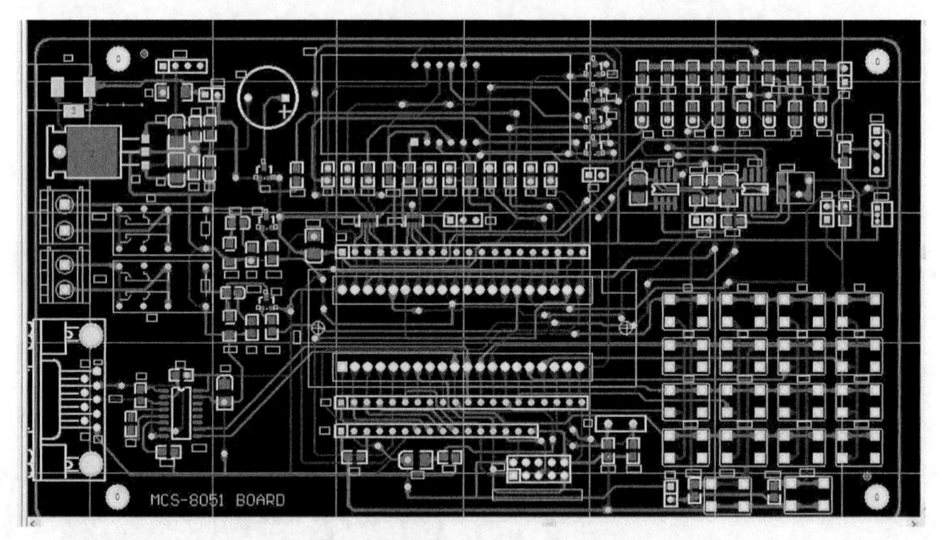

图 10-38　电子钟模组 PCB 板

通过这些简单的介绍，读者应对 Protel DXP 2004 SP2 的功能有了些初步了解，希望对读者在绘图设计方面有所帮助。

10.2　从 Protel 经典电子线路设计软件转型为 Protues 电子线路设计应用仿真平台

10.2.1　Protues 的概述

Protues 软件是英国 Labcenter electronics 公司出版的 EDA 工具软件（该软件中国总代理

为广州风标电子技术有限公司）。它不仅具有其他 EDA 工具软件的仿真功能，还能仿真单片机及外围器件，它是目前最好的仿真单片机及外围器件的工具。虽然目前该软件在国内的推广刚起步，但已受到单片机爱好者、从事单片机教学的教师以及致力于单片机开发应用的科技工作者们的青睐。Proteus 是世界上著名的 EDA 工具(仿真软件)，从原理图布图、代码调试到单片机与外围电路协同仿真，一键切换到 PCB 设计，真正实现了从概念到产品的完整设计。是目前世界上唯一将电路仿真软件、PCB 设计软件和虚拟模型仿真软件三合一的设计平台，其处理器模型支持 8051、HC11、PIC10/12/16/18/24/30/DsPIC33、AVR、ARM、8086、MSP430 等，2010 年增加了 Cortex 和 DSP 系列处理器，并持续增加其他系列处理器模型。在编译方面，它也支持 IAR、Keil、MPLAB 等多种编译器。图 10-39 所示为 Protues 软件进程图。

图 10-39 Protues 软件进程图

10.2.2 Protues 的功能特点

Protues 软件具有其他 EDA 工具软件（如：multisim）的功能，这些功能如下所示。

（1）原理布图。

（2）PCB 自动或人工布线。

（3）SPICE 电路仿真。

其革命性的特点有以下两点。

（1）互动的电路仿真。

（2）仿真处理器及其外围电路。

可以仿真 51 系列、AVR、PIC、ARM 等常用主流单片机。还可以直接在基于原理图的虚拟原型上编程，再配合显示及输出，可以看到运行后输入输出的效果。配合系统配置的虚拟逻辑分析仪、示波器等，Protues 建立了完备的电子设计开发环境。

图 10-40 所示为 Protues 功能特点结构图。

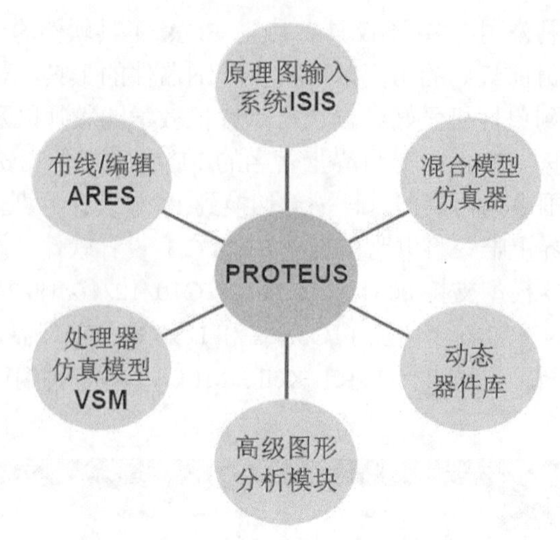

图 10-40 Protues 功能特点结构图

10.2.3 Protues 提供的资源

（1）Protues 有 30 多个元件库，其中可提供的仿真元器件资源有仿真数字和模拟、交流和直流等数千种元器件。

（2）Protues 可提供的仿真仪表资源有示波器、逻辑分析仪、虚拟终端、SPI 调试器、I2C 调试器、信号发生器、模式发生器、交直流电压表、交直流电流表。理论上同一种仪器可以在一个电路中随意调用。

（3）除了现实存在的仪器外，Protues 还提供了一个图形显示功能，可以将线路上变化的信号，以图形的方式实时地显示出来，其作用与示波器相似，但功能更多。这些虚拟仪器仪表具有理想的参数指标，例如极高的输入阻抗、极低的输出阻抗。这些都在很大程度上减少了仪器对测量结果的影响。

（4）Protues 提供了比较丰富的测试信号用于电路的测试，这些测试信号包括模拟信号和数字信号。

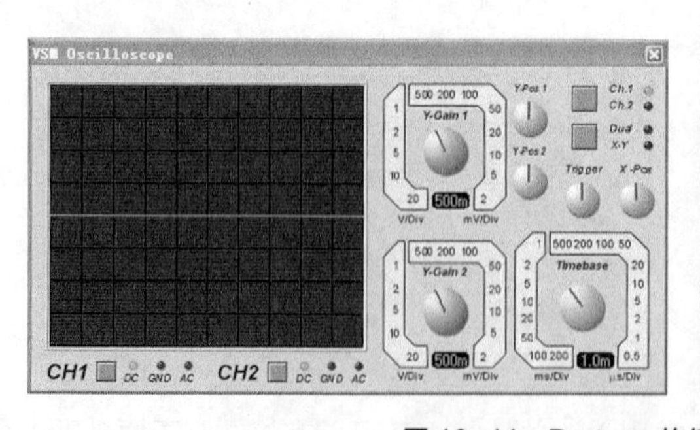

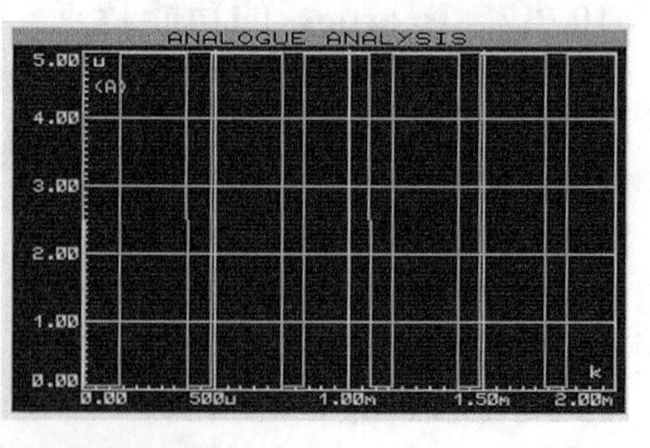

图 10-41 Protues 软件系统仿真示波器图

10.2.4 Protues 软件仿真

Protues 软件支持当前的主流单片机，如 51 系列、AVR 系列、PIC12 系列、PIC16 系列、PIC18 系列、Z80 系列、HC11 系列、68000 系列等，它具有以下特点。

（1）提供软件调试功能。

（2）提供丰富的外围接口器件及其仿真。

（3） 提供丰富的虚拟仪器。

利用虚拟仪器在仿真过程中可以测量外围电路的特性，培养学生实际硬件的调试能力。

（4） 具有强大的原理图绘制功能。

10.2.5 Protues 电路功能仿真

在 PROTUES 中制好原理图后，调入已编译好的目标代码文件*.HEX，即可在 PROTUES 原理图中看到模拟的实物运行状态和过程。

PROTUES 是单片机课堂教学的有利助手。

PROTUES 不仅可将许多单片机实例功能形象化，也可将许多单片机实例运行过程形象化。前者可在很大程度上呈现实物演示实验的效果，后者表现出的则是实物演示实验难以达到的效果。

它的元器件、连接线路等却和传统的单片机实验硬件高度对应。这在很大程度上替代了传统单片机实验教学的功能，如元器件选择、电路连接、电路检测、电路修改、软件调试、运行结果等。

由于 PROTUES 提供了实验室中所缺乏的大量的元器件库，提供了修改电路设计的灵活性，提供了实验室在数量和质量上难以与之相比的虚拟仪器、仪表，因而也提供了培养学生实践精神和创造精神的平台。图 10-42 和图 10-43 所示为 Protues 仿真实例。

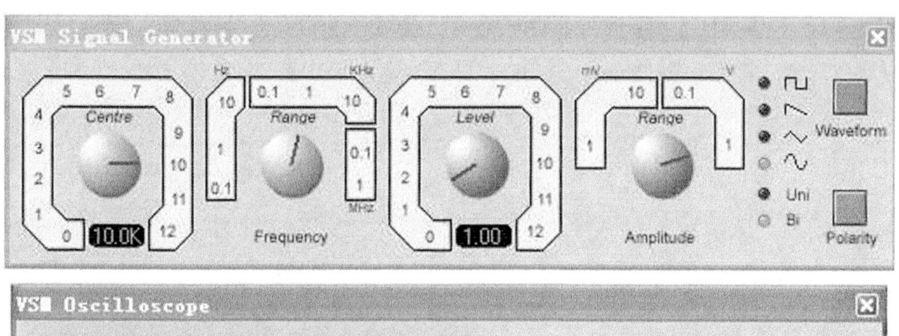

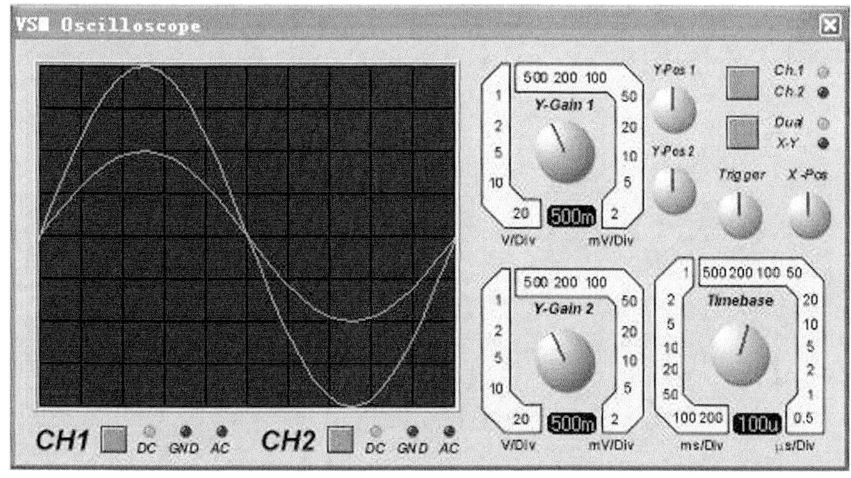

图 10-42 Protues 仿真实例（1）

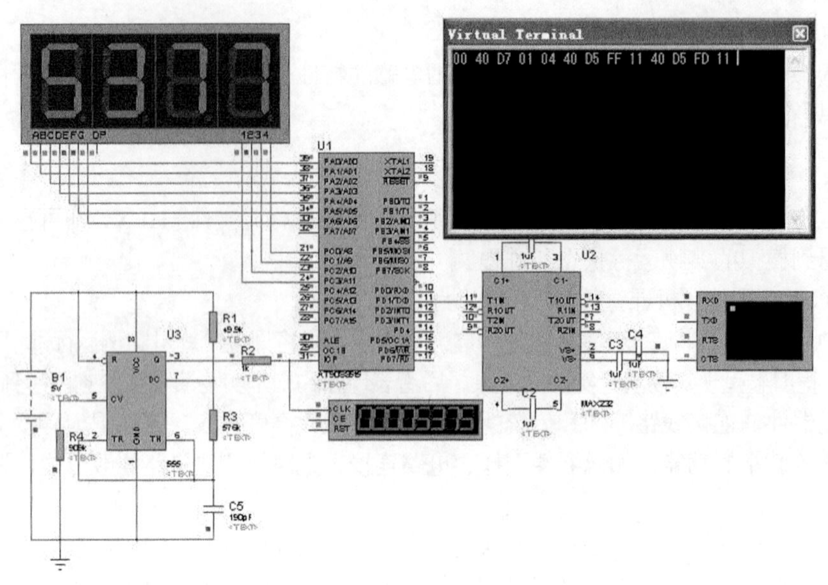

图 10-43 Protues 仿真实例（2）

随着科技的发展，“计算机仿真技术”已成为许多设计部门中重要的前期设计手段。它具有设计灵活，结果、过程统一的特点。可使设计时间大为缩短、耗资大为减少，也可降低工程制造的风险。相信在单片机开发应用中，PROTUES 可以获得越来越广泛的应用。

附录 1 常用快捷操作

【X】,【A】	撤销对所有处于选中状态图件的选择
【V】,【D】	将视图进行缩放以显示整个电路图文档
【V】,【F】	将视图进行缩放以刚好显示所有放置的对象
【PgUp】	放大视图
【PgDn】	缩小视图
【Home】	以光标为中心重画画面
【End】	刷新画面
【Tab】	用于图件呈悬浮状态时调出图件属性对话框
【Spacebar】	放置图件时将待放置的图件旋转 90°
【X】	用于图件呈悬浮状态时将图件水平方向上折叠
【Y】	用于图件呈悬浮状态时将图件垂直方向上折叠
【Delete】	放置导线、多边形时删除最后一个顶点
【Spacebar】	绘制导线时切换导线的走线模式
【Esc】	退出正在执行的操作，返回空闲状态
【Ctrl+Tab】	在多个打开的文档间来回切换
【Alt+Tab】	在窗口中多个应用程序间来回切换
【F1】	获得帮助信息
菜单快捷键	
【A】	弹出 Edit/Align 子菜单
【B】	弹出 View/Toolbars 子菜单
【E】	弹出 Edit 菜单
【F】	弹出 File 菜单
【H】	弹出 Help 菜单
【J】	弹出 Edit/Jump 子菜单
【L】	弹出 Edit/Set Location Marks 子菜单
【M】	弹出 Edit/Move 子菜单
【O】	弹出 Options 菜单
【P】	弹出 Place 菜单
【R】	弹出 Reports 菜单
【S】	弹出 Edit/Select 子菜单
【T】	弹出 Tools 菜单

【V】 弹出 View 菜单
【W】 弹出 Windows 菜单
【X】 弹出 Edit/Deselect 子菜单
【Z】 弹出 View/Zoom 子菜单

命令快捷键

【Ctrl+Backspace】 恢复上一次撤销的操作
【Alt+Backspace】 撤销上一次的操作
【PgUp】 放大视图
【Ctrl+ PgDn】 尽可能地放大显示所有图件
【PgDn】 缩小视图
【End】 刷新视图
【Ctrl+Home】 将光标跳到坐标原点
【Home】 以光标所处的位置为中心重画画面
【Shift+Insert】 将剪切板中的图件复制到电路图上
【Ctrl+ Insert】 将选取的图件复制到剪切板中
【Shift+ Delete】 将选取的图件剪切到剪切板中
【Ctrl+ Delete】 删除选取的图件
【←】 光标左移一个电气栅格
【Shift+←】 光标左移 10 个电气栅格
【Shift+↑】 光标上移 10 个电气栅格
【↑】 光标上移一个电气栅格
【→】 光标右移一个电气栅格
【Shift+→】 光标右移 10 个电气栅格
【↓】 光标下移一个电气栅格
【Shift+↓】 光标下移 10 个电气栅格
按住鼠标左键拖动 移动图件
【Ctrl】+按住鼠标左键拖动 拖动图件
鼠标左键双击 对选取图件的属性进行编辑
鼠标左键 选中单个图件
【Ctrl】+鼠标左键 拖动单个图件
【Shift】+鼠标左键 选取单个图件
【Shift】+【Ctrl】+鼠标左键 移动单个图件
【Shift+F5】 将打开的文件层叠显示
【Shift+F4】 将打开的文件平铺显示
【F3】 查找下一个匹配的文件
【F1】 启动联机帮助画面
【Ctrl+ Shift+V】 将选取的图件在上下边缘之间，垂直方向上均匀排列
【Ctrl+R】 将选取的图件以右边缘为基准，靠右对齐
【Ctrl+L】 将选取的图件以左边缘为基准，靠左对齐
【Ctrl+H】 将选取的图件以左右边缘之间的中线为基准，水平方向上居中对齐
【Ctrl+ Shift+H】 将选取的图件在左右边缘之间，水平方向上均匀排列

【Ctrl+T】	将选取的图件以上边缘为基准顶部对齐
【Ctrl+B】	将选取的图件以下边缘为基准底部对齐
【Ctrl+V】	将选取的图件以上下边缘之间的中线为基准，垂直方向上居中对齐
【Ctrl+G】	查找并替换文本
【Ctrl+1】	以元件原尺寸的大小显示图纸
【Ctrl+2】	以元件原尺寸 200%的大小显示图纸
【Ctrl+4】	以元件原尺寸 400%的大小显示图纸
【Ctrl+5】	以元件原尺寸 500%的大小显示图纸
【Ctrl+F】	查找文本
【Delete】	删除选中的图件

附录 2 原理图元件清单及图形样本

在本附录中，给出部分原理图元件库及图形样本，它们主要来源于 DEVICE.LIB 元件库。

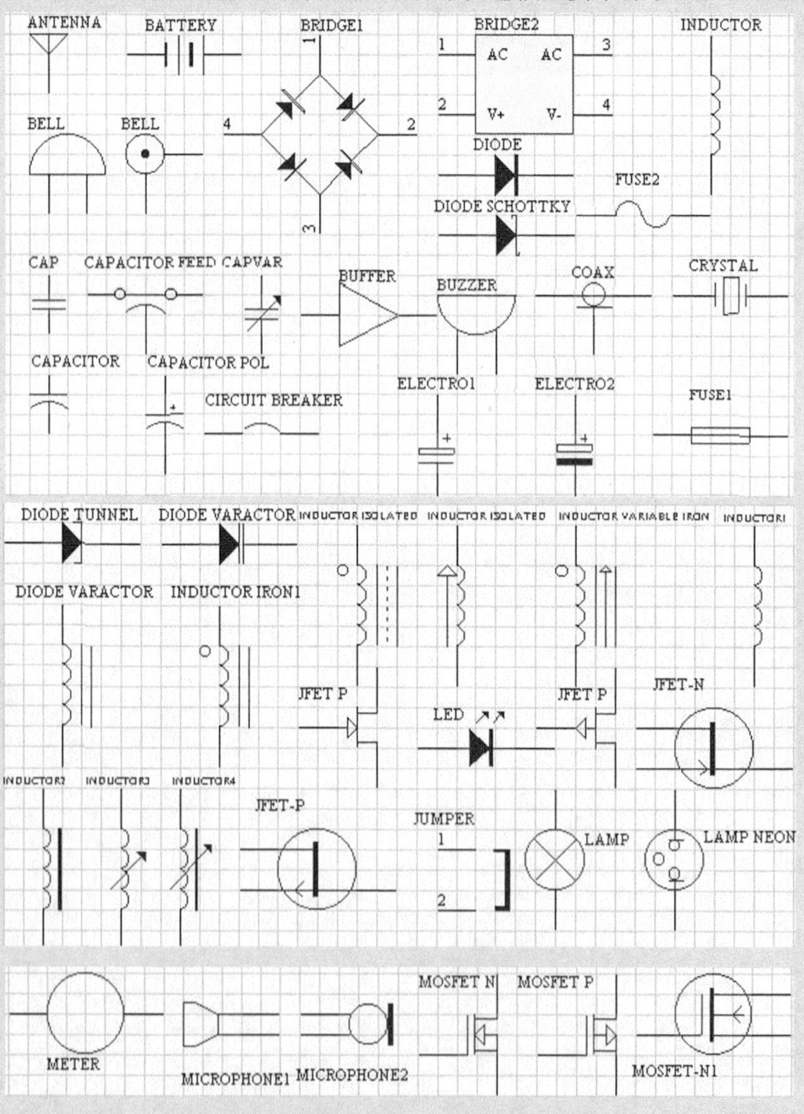

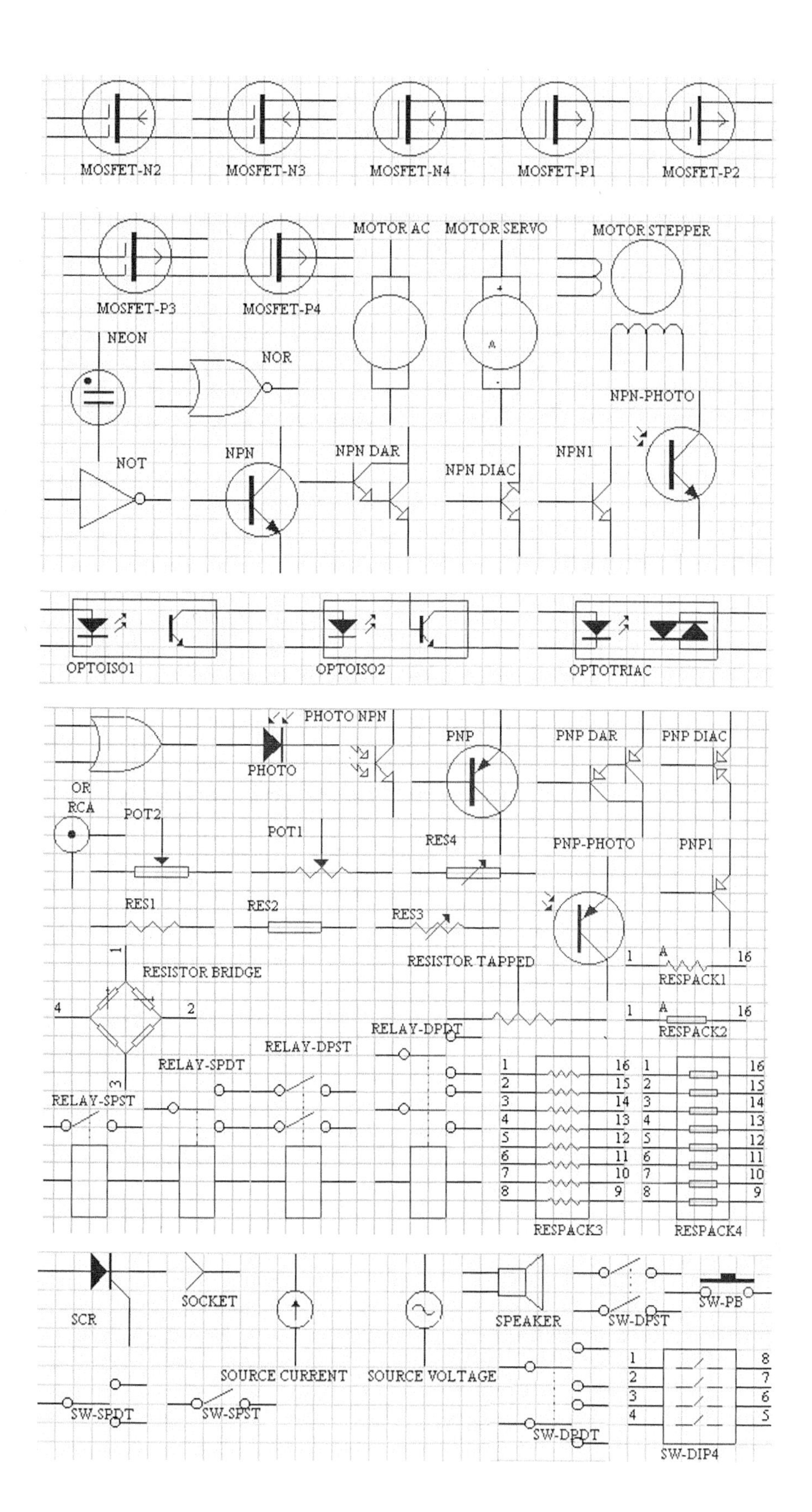
MOSFET-N2
MOSFET-N3
MOSFET-N4
MOSFET-P1
MOSFET-P2
MOSFET-P3
MOSFET-P4
MOTOR AC
MOTOR SERVO
MOTOR STEPPER
NEON
NOR
NPN-PHOTO
NOT
NPN
NPN DAR
NPN DIAC
NPN1
OPTOISO1
OPTOISO2
OPTOTRIAC
PHOTO NPN
PHOTO
PNP
PNP DAR
PNP DIAC
OR
RCA
POT2
POT1
RES4
PNP-PHOTO
PNP1
RES1
RES2
RES3
RESISTOR BRIDGE
RESISTOR TAPPED
RESPACK1
RESPACK2
RELAY-DPDT
RELAY-DPST
RELAY-SPDT
RELAY-SPST
RESPACK3
RESPACK4
SCR
SOCKET
SPEAKER
SW-DPST
SW-PB
SOURCE CURRENT
SOURCE VOLTAGE
SW-SPDT
SW-SPST
SW-DPDT
SW-DIP4

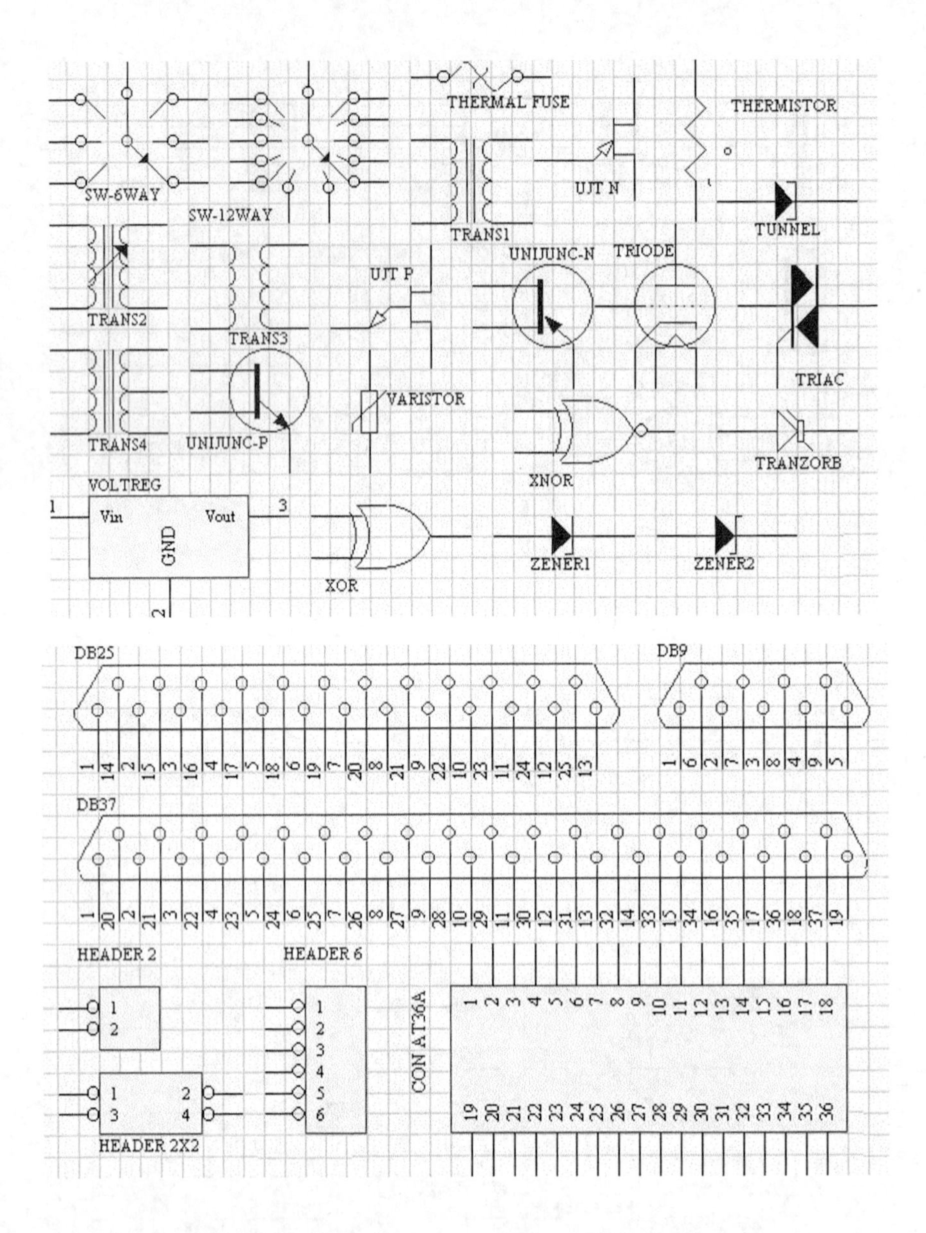
THERMAL FUSE
THERMISTOR
SW-6WAY
SW-12WAY
TRANS1
UJT N
TUNNEL
TRANS2
TRANS3
UJT P
UNIJUNC-N
TRIODE
TRIAC
TRANS4
UNIJUNC-P
VARISTOR
XNOR
TRANZORB
VOLTREG
Vin
Vout
GND
XOR
ZENER1
ZENER2
DB25
DB9
DB37
HEADER 2
HEADER 6
CON AT36A
HEADER 2X2

附录 3
常用的 PCB 库元件

1. “\Library\Pcb\Connectors” 目录下的元件数据库所含的元件库中含有绝大部分的插件元件的 PCB 封装。

● D Type Connectors.ddb（含有并口、串口类接口元件的封装）

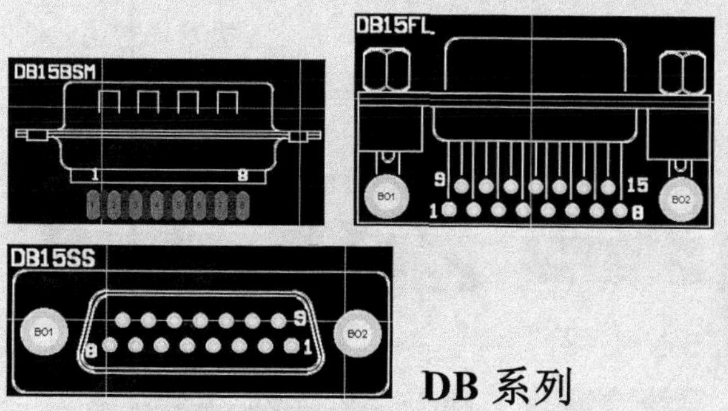

DB 系列

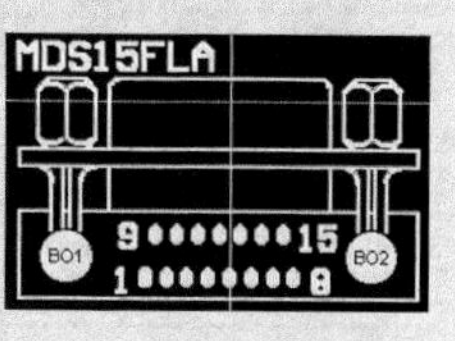

MDS 系列

● Headers.ddb（含有各种插头元件的封装）

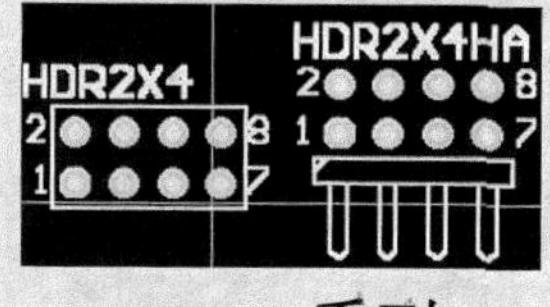

HDR 系列

MHDR1X10 MHDR2X10

MHDR 系列

2. “\Library\Pcb\Generic Footprints” 目录下的元件数据库所含的元件库中含有绝大部分的普通元件的 PCB 封装。

● General IC.ddb（除如下图所示系列外，还有表面贴装电阻、电容等元件的封装）

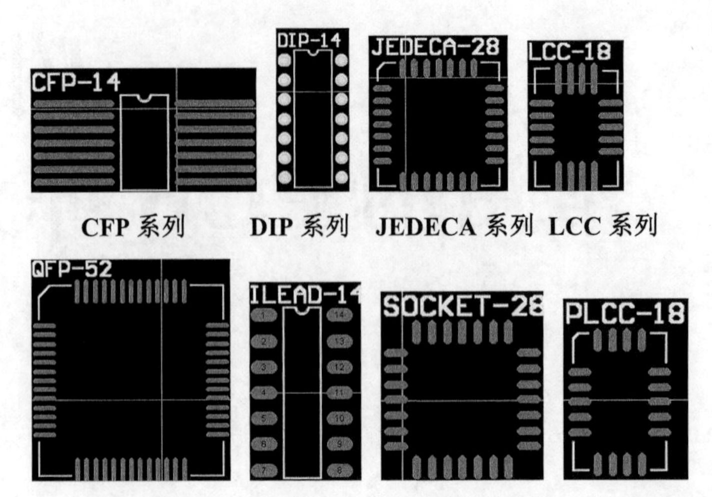

CFP 系列　DIP 系列　JEDECA 系列　LCC 系列

DFP 系列　ILEAD 系列　SOCKET 系列　PLCC 系列

- International Rectifiers.ddb（库中含有 IR 公司的整流桥、二极管等常用元件的封装）

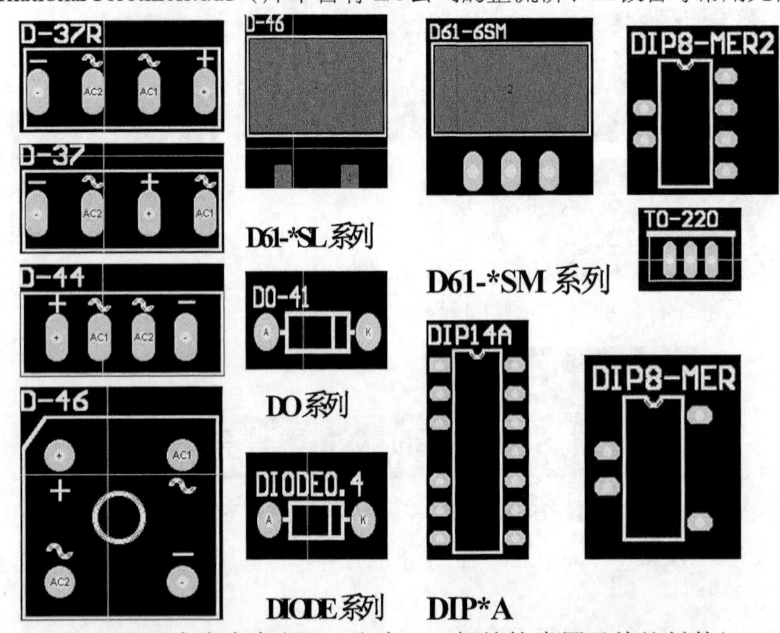

D61-*SL 系列　D61-*SM 系列　DO 系列　DIODE 系列　DIP*A

- Miscellaneous.ddb（库中含有电阻、电容、二极管等常用元件的封装）

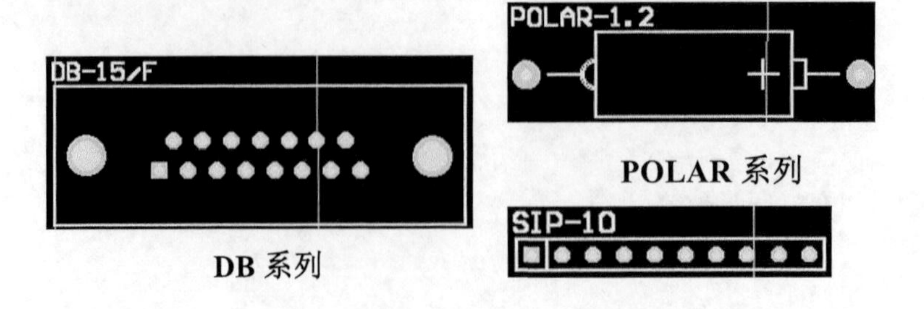

POLAR 系列

DB 系列

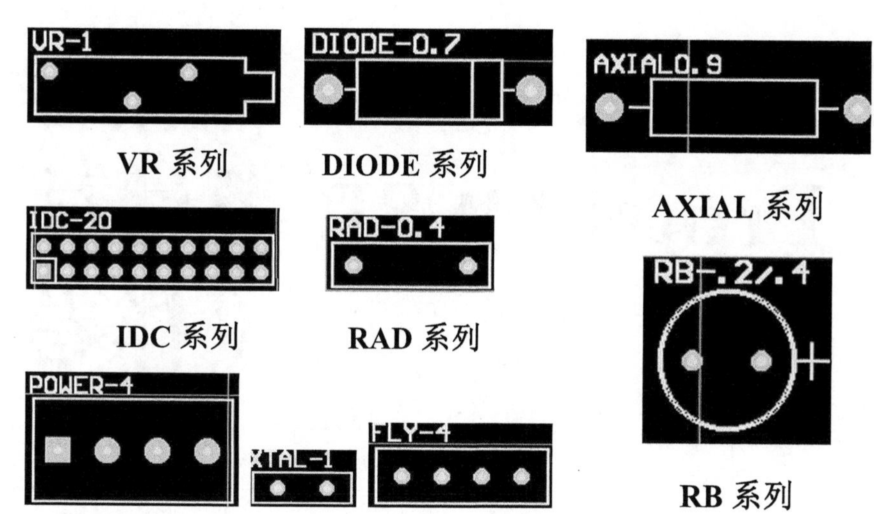

VR 系列 **DIODE 系列** **AXIAL 系列**

IDC 系列 **RAD 系列**

RB 系列

- PGA.ddb（库中含有 PGA 封装）
- Transformers.ddb（库中含有变压器元件的封装）
- Transistors.ddb（库中含有晶体管元件的封装）

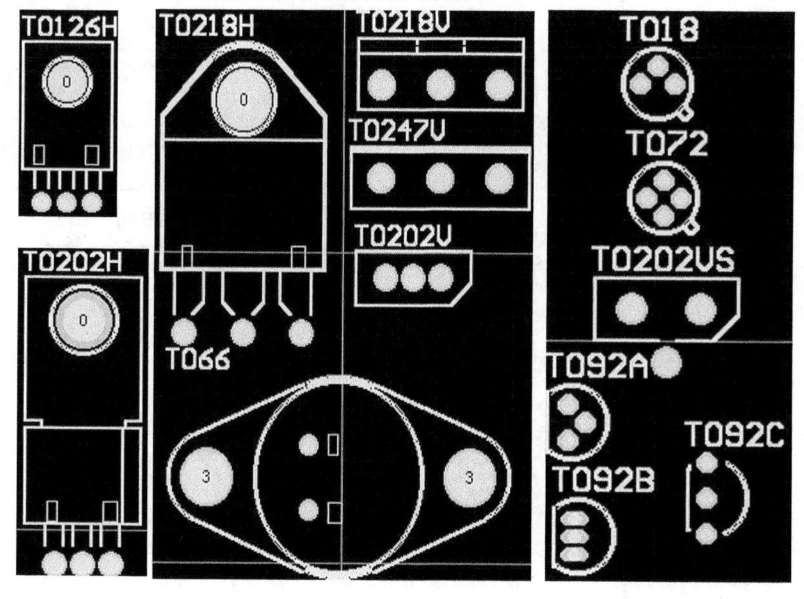

3. “\Library\Pcb\IPC Footprints”目录下的元件数据库所含的元件库中含有绝大部分的表面贴装的 PCB 封装。

附录 4 Protel 99 SE 考试试卷（样卷）

题号	一	二	三	四	五	六	七	总分
得分								

1. 上机实际操作，用 Protel 99 SE 软件设计电路，将考试结果存放于硬盘 D 盘根目录下，以班级学号姓名为名建立文件夹。

例如，自动化 1 班—01—诸杭。将考试所得到的文件存入该文件夹。

2. 一人一机，独立操作。可查阅图库、命令等资料。

3. 限 90 分钟，时间到立即停止绘图，并存盘。若存盘操作失误，使设计电路的图形文件丢失，后果自负。最后确认提交教师机。

建议用时	20 分钟

模块一（共 20 分）

请绘制出数码管的 SCH 元件（图 1），对应的元件封装如图 2 所示。两个焊盘的 X-Size 为 100mil，Y-Size 为 50mil，Hole Size 为 24mil，1 号焊盘为方形，其余的焊盘为圆形，编号、外形轮廓如图，其中半圆形半径为 25mil，并绘出 9-9 连线。

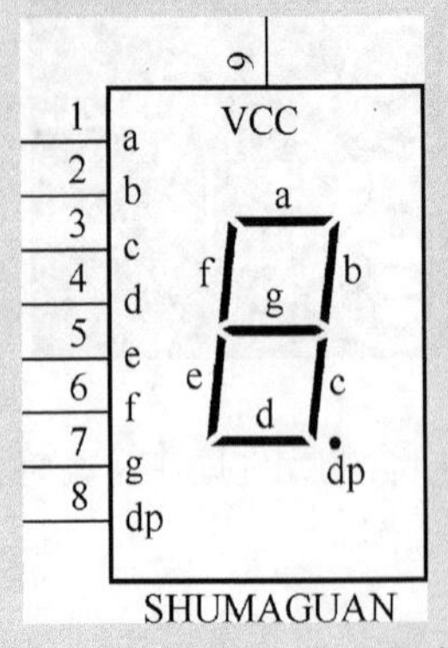

图 1 数码管的 SCH 元件（10 分）

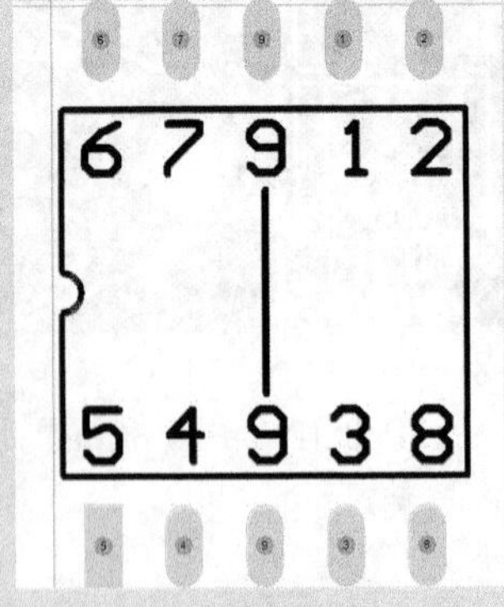

图 2 数码管的 PCB 元件（10 分）

建议用时	60 分钟

模块二（共 70 分）

画电路原理图，绘出印制电路板图并显示 3D 图。

试画出图 3 所示的波形发生电路，要求如下。

（1）使用双面板，板框尺寸见电路板参考图（共 2 分）。

（2）设置第一显示栅格为 10mil，第二显示栅格为 500mil；设置捕捉栅格 *X* 方向为 5mil、*Y*

方向为 5mil；设置电气栅格的范围为 4mil（共 8 分）。

（3）要求图纸尺寸为 A4，去掉标题栏（共 3 分）。

（4）采用插针式元件（共 2 分）。

（5）镀铜过孔（共 2 分）。焊盘之间允许走一根铜膜线（共 3 分）。

（6）最小铜膜线走线宽度 10mil，电源地线的铜膜线宽度为 20mil（共 5 分）。

（7）要求画出原理图（共 30 分），建立网络表（共 2 分），人工布置元件（共 5 分），自动布线（共 3 分）。

（8）画出 3D 效果图（共 5 分）。

图 3 所示电路的元件表见表 1。PCB 参考电路如图 4 所示。3D 参考图如图 5 所示。

- 每一个原理图元件都应该正确的设置封装（FootPrint）。
- 原理图应该进行 ERC 检查，然后再形成元件表和形成网表。
- 在 Design/Rules 菜单中设置整板、电源和地线的线宽。

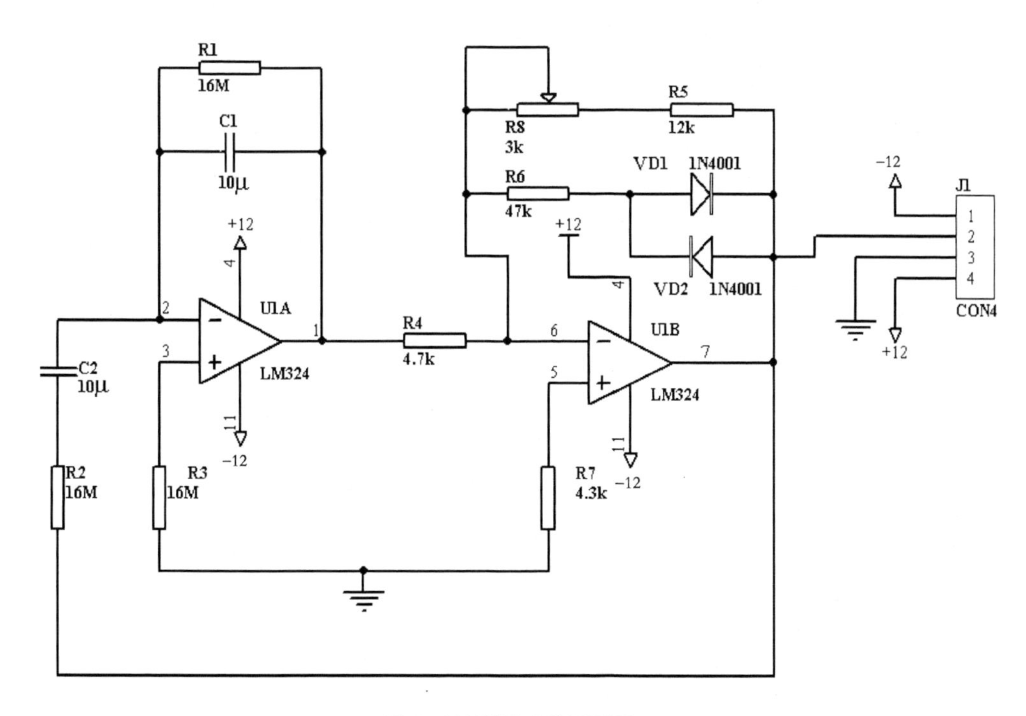

图 3　波形发生电路原理图

表 1　　　　　　　　　　　　　　　元件表

	A	B	C	D
1	Part Type	Designator	Footprint	Description
2	1N4001	VD1	DIODE−0.4	Diode
3	1N4001	VD2	DIODE−0.4	Diode
4	3k	R8	VR2	Potentiometer
5	4.3k	R7	AXIAL0.3	
6	4.7k	R4	AXIAL0.3	
7	10μ	C1	RB−.2/.4	Capacitor
8	10μ	C2	RB−.2/.4	Capacitor
9	12k	R5	AXIAL0.3	
10	16M	R1	AXIAL0.3	
11	16M	R3	AXIAL0.3	
12	16M	R2	AXIAL0.3	
13	47k	R6	AXIAL0.3	
14	CON4	J1	SIP−4	Connector
15	LM324	U1	DIP14	Low Power Quad Operational Amplifier

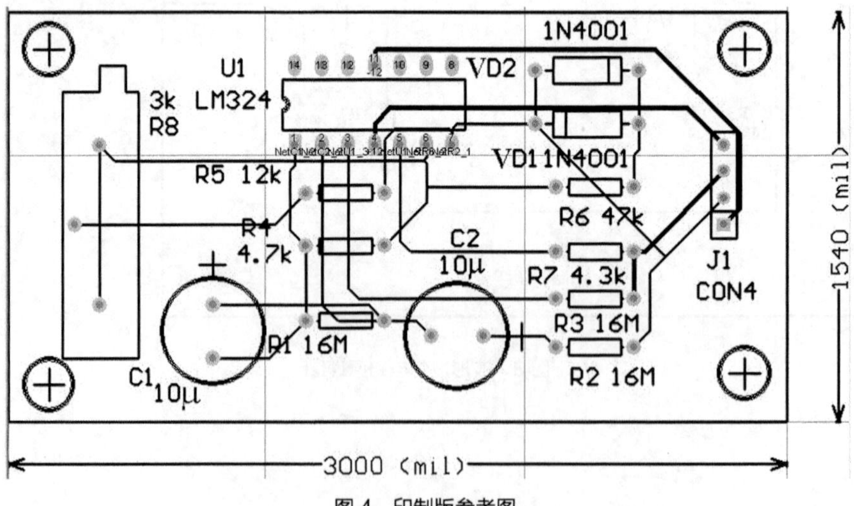

图 4　印制版参考图

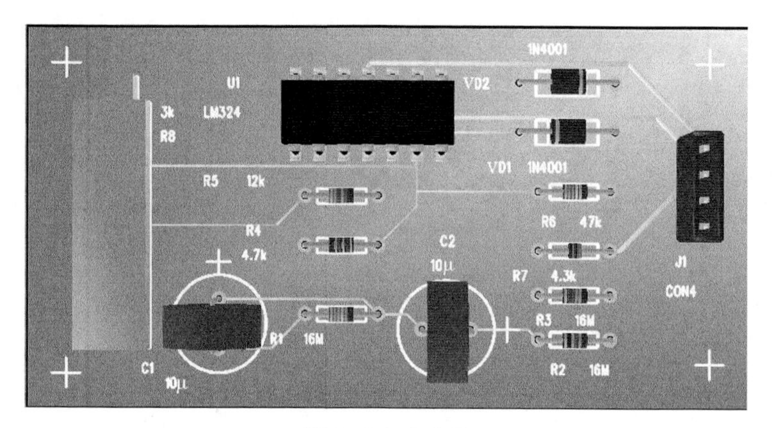

图5 3D参考图

模块三（共10分）

建议用时	5分钟

建立一个新的库文件，按照图6创建PGA元件封装。

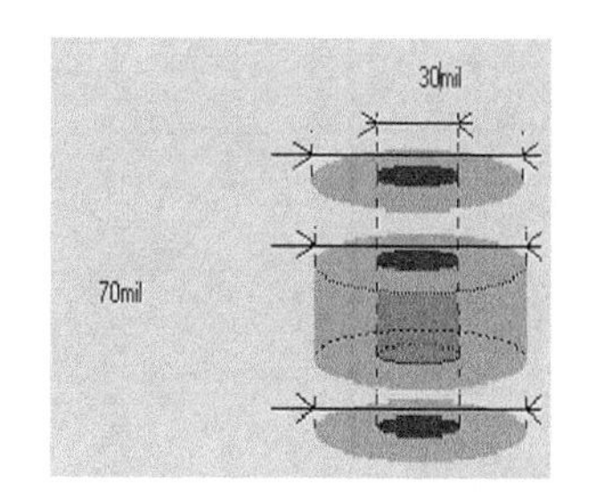

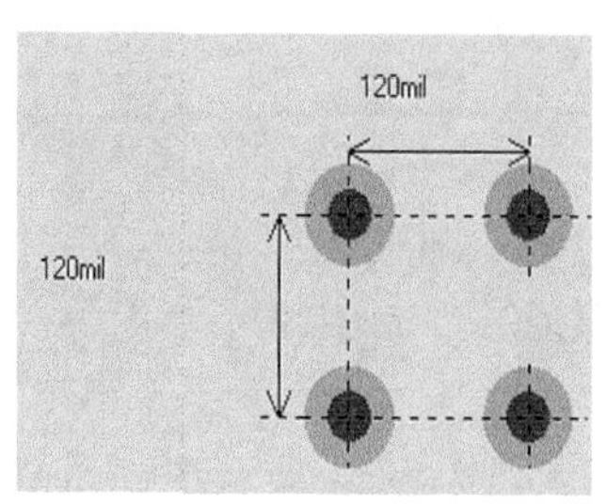

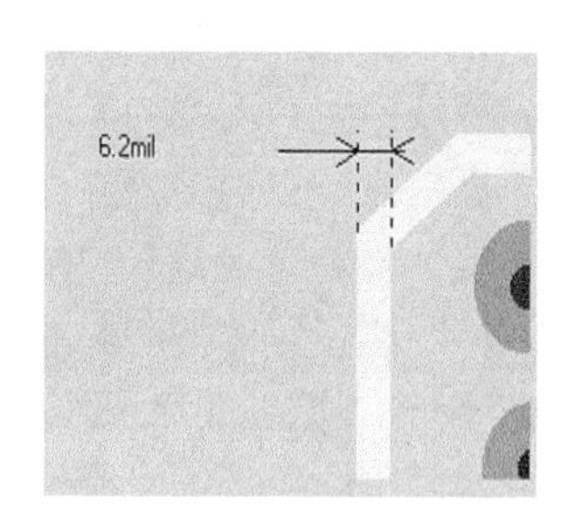

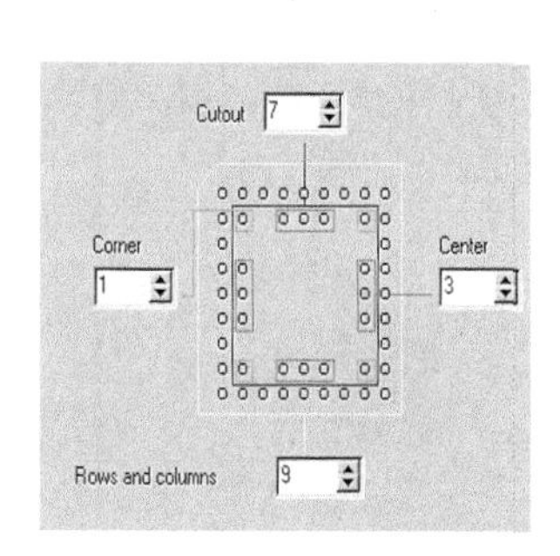

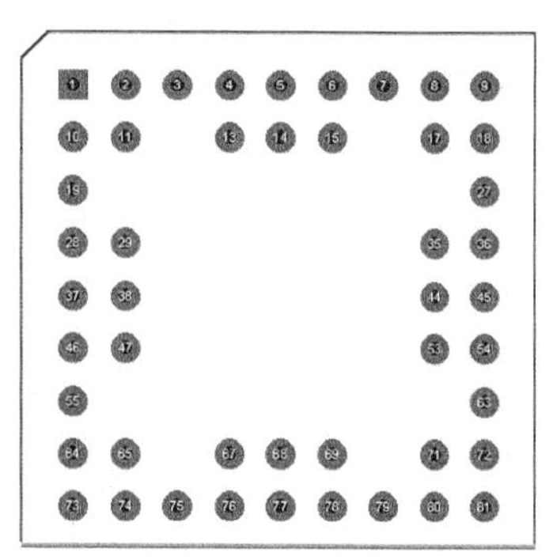

图6 PGA元件封装

附录 5
绘图员考试大纲

全国计算机信息高新技术考试
计算机辅助设计（Protel 平台）绘图员级考试
考 试 大 纲

第一单元　原理图环境设置　8 分

1. 图纸设置：图纸的大小、颜色、放置方式。
2. 栅格设置：捕捉栅格和可视栅格的显示及尺寸设置。
3. 字体设置：字体、字号、字型等的设置。
4. 标题栏设置：标题栏的类型设置、用特殊字符串设置标题栏上的内容。

第二单元　原理图库操作　10 分

1. 原理图文件中的库操作：调入库文件，添加元件，给元件命名。
2. 库文件中的库操作：绘制新的库元件，创建新库。

第三单元　原理图设计　15 分

1. 绘制原理图：利用画电路工具和画图工具以及现有的文件，按照要求绘制原理图。
2. 编辑原理图：按照要求对给定的原理图进行编辑、修改。

第四单元　检查原理图及生成网络表　8 分

1. 检查原理图：进行电气规则检查和检查报告分析。
2. 生成网络表：生成元件名、封装、参数及元件之间的连接表。

第五单元　印制电路板（PCB）环境设置　10 分

1. 选项设置：选择设置各种选项。
2. 功能设置：设置各种功能有效或无效。
3. 数值设置：设置各种具体的数值。
4. 显示设置：设置各种显示内容的显示方式。
5. 默认值设置：设置具体的默认值。

第六单元　PCB 库操作　12 分

1. PCB 文件中的库操作：调入或关闭库文件，添加库元件。
2. PCB 库文件中的库操作：绘制新的库元件，创建新库。

第七单元　PCB 布局　17 分

1. 元件位置的调整：按照设计要求合理摆放元件。
2. 元件编辑及元件属性修改：编辑元件，修改名称、型号、编号等。

3. 放置安装孔。

第八单元　PCB 布线及设计规则检查　20 分

1. 布线设计：按照要求设置线宽、板层数、过孔大小、焊盘大小，利用 Protel 的自动布线及手动布线功能进行布线。

2. 板的整理及设计规则检查：布线完毕，对地线及重要的信号线进行适当调整，并进行设计规则检查。

附录 6 计算机辅助设计绘图员（电子类）中级试卷（样卷）

考生姓名＿＿＿＿＿＿＿＿准考证号（后八位）＿＿＿＿＿＿机位号＿＿＿＿＿＿

初评考评员签字＿＿＿＿＿复评考评员签字＿＿＿＿＿＿＿＿总分＿＿＿＿＿＿

一、建立工程设计文件（5 分）

在本考场指定的盘符下，新建一个以准考证号码后八位取名的考生文件夹。

在上述所建的文件夹中建立一个以考生姓名的拼音首位字母命名的工程设计文件（数据库）。如“张大伟”，命名为“ZDW.ddb”。

二、建立原理图文件（8 分）

在第一题中所建立的工程设计文件（×××.ddb）的 Documents 下新建一个原理图文件，取名为“FDQ.sch”。

文件设置：图纸大小为 A4，标准格式，捕捉栅格为 5mil，可视栅格为 10mil；系统字体为楷体，字号为 8，带下划线；用“特殊字符串”设置标题为“放大器电原理图”；用“特殊字符串”设置制图者为考生姓名（汉字）。

三、原理图库操作（10 分）

1. 在第一题中建立的工程设计文件（×××.ddb）的 Documents 下新建一个原理图库文件，命名为“X2-09B.lib”。

2. 在“X2-09B.lib”中建立下图所示的新元件，命名为 X2-09。

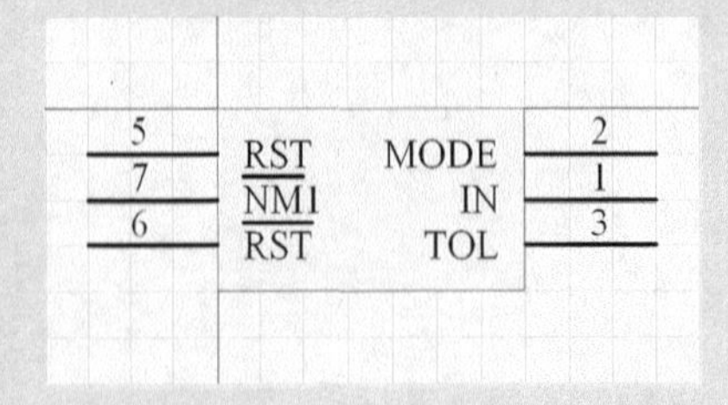

四、原理图绘制（15 分）

在第一题中建立的工程设计文件（×××.ddb）的 Documents 下导入考试素材库中 Unit3\Y3-02.sch 文件，并改名为“X3-02.sch”。

要求：按（附图：X3-02）图样绘制原理图并保存；

所有元件名称的字体为方正姚体，大小为 11；

所有元件类型的字体为方正姚体，大小为 10；

输入文本“电路图 302”字体为方正姚体，大小为 16。

五、检查原理图（8 分）

在第一题中建立的工程设计文件（×××.ddb）的 Documents 下导入考试素材库中

Unit4\Y4-06.sch 文件，并改名为“X4-06.sch”，对该图进行电气规则检查。

1. 针对检查报告中的错误修改原理图，直到无错误为止。

2. 将最终的电气规则检查文件保存到（×××.ddb）的 Documents 中，命名为 X4-06.erc。

六、PCB 图库操作（12 分）

1. 在第一题中建立的工程设计文件（×××.ddb）的 Documents 下新建一个 PCB 库文件，命名为“X6-03.lib”。

2. 在“X6-03.lib”中按下图所示自制元器件封装，命名为“X6-03”。

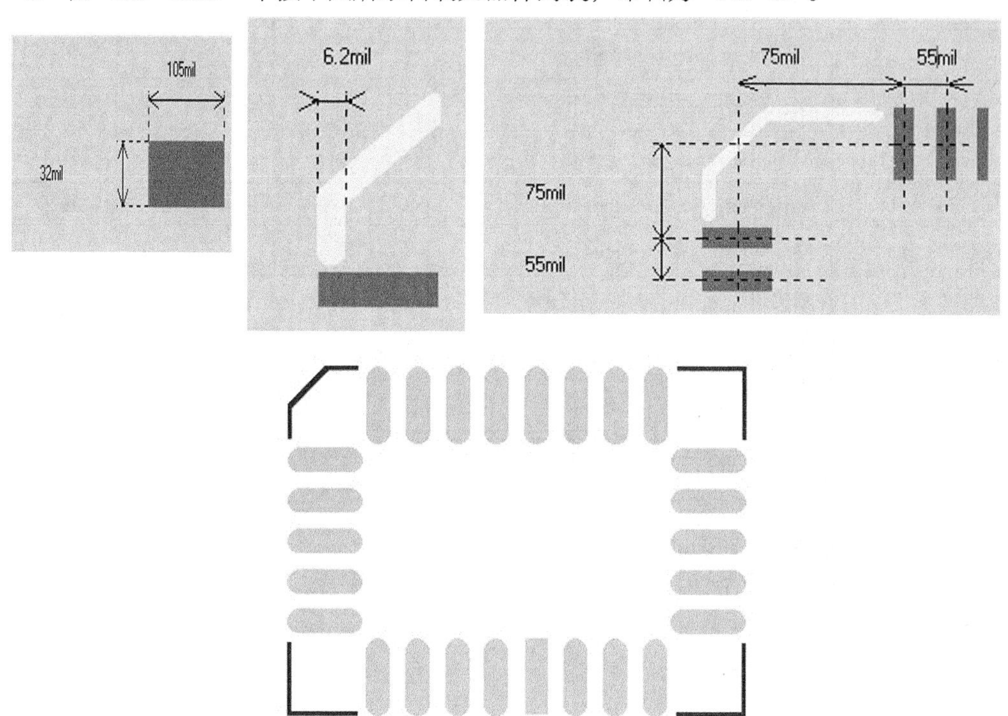

七、PCB 布局（12 分）

在第一题中建立的工程设计文件（×××.ddb）的 Documents 下导入考试素材库中 Unit7\Y7-07.pcb 文件，并改名为“X7-07.pcb”，然后按下图所示调整和编辑元件。

要求：所有元件序号的字体高度为 87mil，宽度为 4mil；

所有元件型号的字体高度为 90mil，宽度为 5mil。

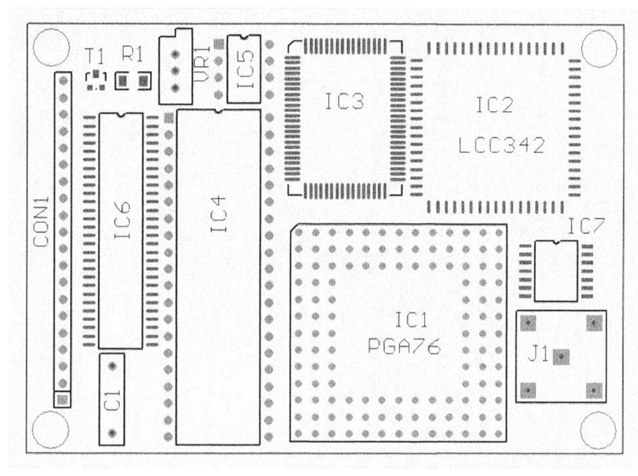

八、综合题（30 分）

1. 绘制电原理图（15 分）

在上面第二题建立的 FDQ.sch 文件中，按照下面的样图、元器件列表，绘制《放大器电原理图》，检查无错误后保存，并生成（Protel）网络表（FDQ.net）。

元器件列表

样本名	所在元件库	序号	标示值	封装
2N1893	BIT.lib	VT1	9014	TO−92A
CON2	Miscellaneous Devices.lib	J2	CON2	SIP2
CON4	Miscellaneous Devices.lib	J1	CON4	SIP4
ELECTRO1	Miscellaneous Devices.lib	C3	22μF	RB.2/.4
ELECTRO1	Miscellaneous Devices.lib	C2	10μF	RB.2/.4
ELECTRO1	Miscellaneous Devices.lib	C1	10μF	RB.2/.4
RES2	Miscellaneous Devices.lib	R4	1k	AXIAL0.3
RES2	Miscellaneous Devices.lib	R3	1k	AXIAL0.3
RES2	Miscellaneous Devices.lib	R2	20k	AXIAL0.3
RES2	Miscellaneous Devices.lib	R1	100k	AXIAL0.3

（元件封装库为　PCB Footprints.lib）

2. 绘制印制板图（15 分）

- 在第一题中建立的工程设计文件（×××.ddb）的 Documents 下新建一个 PCB 图文件，命名为 FDQ.pcb 文档。

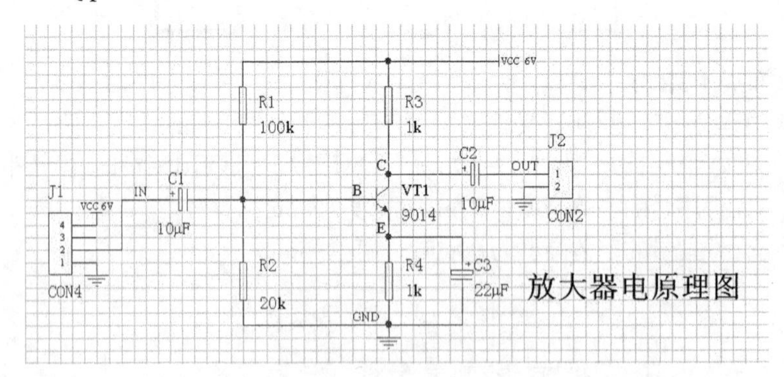

- 使用单面铜箔板，按下图尺寸进行绘图，加载网络表(FDQ.net)，按图中元件封装布局。
- 在机械层（Mechanical Layer 1）内画出 4 个定位孔（如图位置），定位孔半径为 80mil。
- 电源 VCC 和地线的线宽为 40mil，其他线宽为 20mil。
- 进行自动布线，并进行手工调整，最后保存 PCB 文件。
- 将完成的 PCB 文件 FDQ.pcb 导出到考生文件夹内。

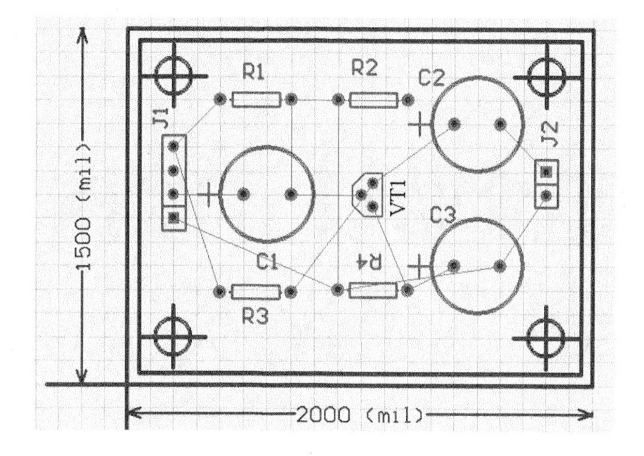
R1
R2
C2
J1
J2
VT1
C3
C1
R4
R3
1500 (mil)
2000 (mil)

附图：X3-02

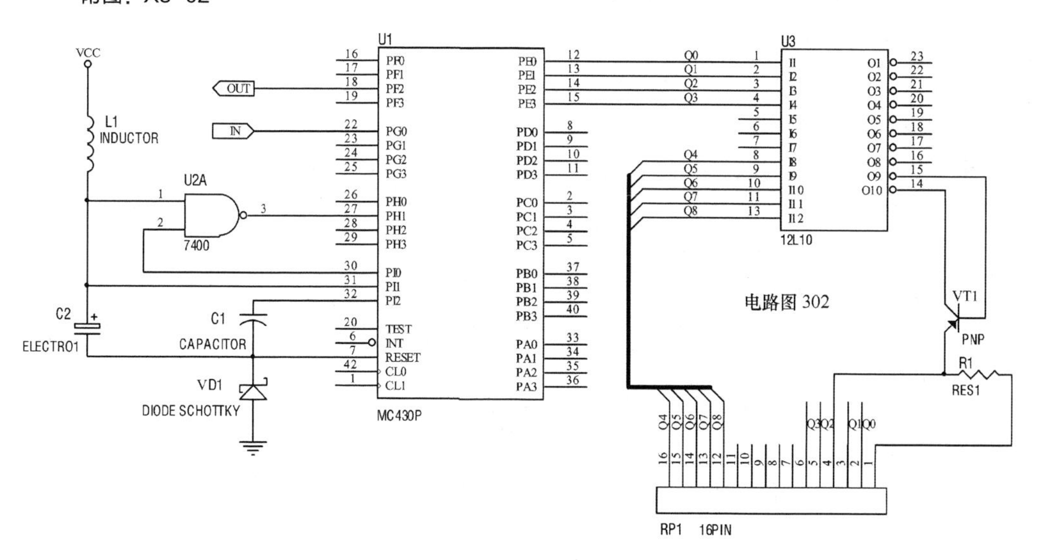
VCC
L1
INDUCTOR
U2A
7400
OUT
IN
C2
ELECTRO1
C1
CAPACITOR
VD1
DIODE SCHOTTKY
U1
MC430P
PF0
PF1
PF2
PF3
PG0
PG1
PG2
PG3
PH0
PH1
PH2
PH3
PI0
PI1
PI2
TEST
INT
RESET
CL0
CL1
PE0
PE1
PE2
PE3
PD0
PD1
PD2
PD3
PC0
PC1
PC2
PC3
PB0
PB1
PB2
PB3
PA0
PA1
PA2
PA3
U3
12L10
Q0
Q1
Q2
Q3
Q4
Q5
Q6
Q7
Q8
电路图 302
VT1
PNP
R1
RES1
RP1 16PIN

附录 7 计算机辅助设计绘图员技能鉴定试题（电路类）（样卷）

说明：

试题共三题，考试时间为 3 小时。

上交考试结果方式：

用软盘保存考试结果的考生，需将考试所得到的文件存入软盘的根目录下，再在软盘的根目录下建立名为 BAK 的文件夹（子目录），并将考试结果文件的备份存入 BAK 文件夹内。

将考试结果存放于磁盘，并由老师统一用光盘保存并上交考试结果的考生，先在硬盘 C 盘根目录下或在网络用户盘根目录下，以准考证号为名建立文件夹，再将考试所得到的文件存入该文件夹内。

一、抄画电路原理图（34 分）

1. 在指定目录底下新建一个以自己名字拼音命名的设计文件。例如：考生陈大勇的文件名为：CDY.ddb。

2. 在考生的设计文件下新建一个原理图子文件，文件名为 sheet1.sch。

3. 按图 1 所示尺寸及格式画出标题栏，填写标题栏内文字（注：考生单位一栏填写考生所在单位名称，无单位者填写“街道办事处”，尺寸单位为：mil）。

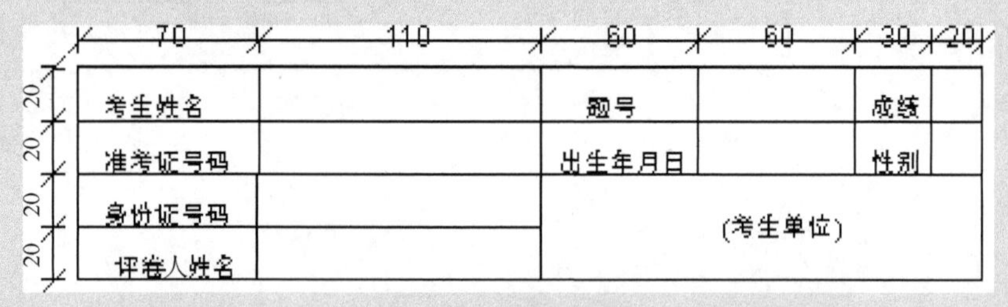

图 1　标题栏格式要求

4. 按照图 2 内容画图（要求对 FOOTPRINT 进行选择标注）。

5. 将原理图生成网络表。

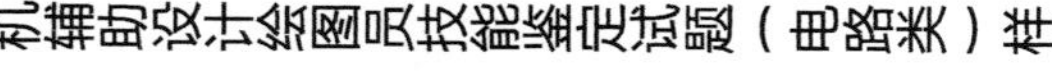

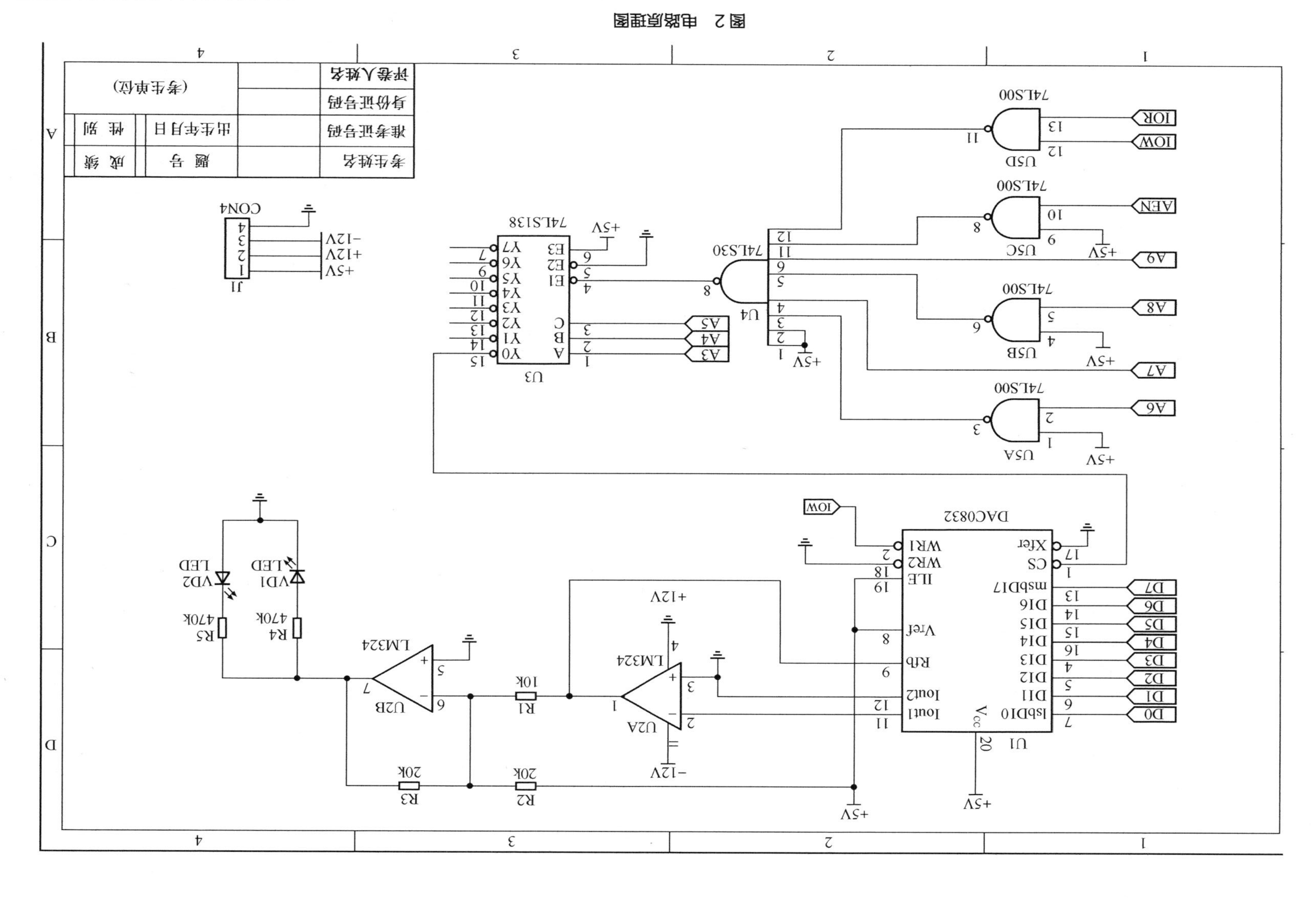
U1
DAC0832
lsbDI0
DI1
DI2
DI3
DI4
DI5
DI6
msbDI7
CS
Xfer
Iout1
Iout2
Rfb
Vref
ILE
WR2
WR1
IOW
D0
D1
D2
D3
D4
D5
D6
D7
U2A
LM324
U2B
LM324
+12V
−12V
+5V
R1
10k
R2
20k
R3
20k
R4
470k
R5
470k
VD1
LED
VD2
LED
J1
CON4
U3
74LS138
Y0
Y1
Y2
Y3
Y4
Y5
Y6
Y7
E1
E2
E3
A3
A4
A5
U4
74LS30
U5A
U5B
U5C
U5D
74LS00
A6
A7
A8
A9
AEN
IOR
考生姓名
准考证号码
身份证号码
评卷人姓名
题 号
成 绩
出生年月日
性 别
(考生单位)

图2 电路原理图

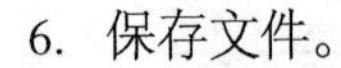

6. 保存文件。

二、生成电路板（50 分）

1. 在考生设计文件中新建一个 PCB 子文件，文件名为 PCB1.PCB。

2. 利用上题生成的网络表，将原理图生成合适的长方形双面电路板，规格为 $X:Y=4:3$。

3. 将接地线和电源线加宽至 20mil。

4. 保存 PCB 文件。

三、制作电路原理图元件及元件封装（16 分）

1. 在考生的设计文件中新建一个原理图零件库子文件，文件名为 schlib1.lib。

2. 抄画图 3 的原理图元件，要求尺寸和原图保持一致，并按图示标称对元件进行命名，图中每小格长度为 10mil。

3. 在考生设计文件中新建一个元件封装子文件，文件名为 PCBlib1.lib。

4. 抄画如图 4 所示的元件封装，要求按图示标称对元件进行命名（尺寸标注的单位为 mil，不要将尺寸标注画在图中）。

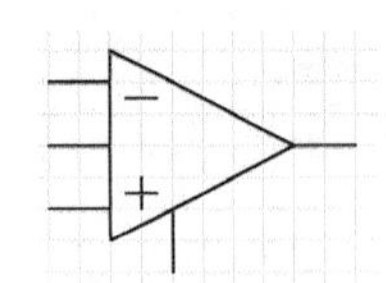

图 3　原理图元件 OPAMP

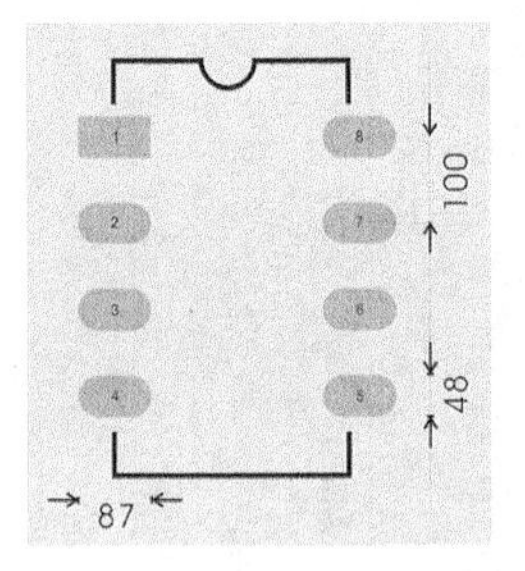

图 4　元件封装 DIP8（S）

5. 保存两个文件。

6. 退出绘图系统，结束操作。

附录 8 全国电子仪器仪表装调工技能鉴定（Protel 平台）

Protel 99SE 试题汇编

（电子仪器仪表装调工中级、高级工）（精编版）

第一单元　　原理图环境设置

第 1 题

【操作要求】

1. **图纸设置**：在考生文件夹中创建新文件夹，命名为 X1-01.sch。设置图纸大小为 A4，水平放置，工作区颜色为 233 号色，边框颜色为 63 号色。

2. **栅格设置**：设置捕捉栅格为 5mil，可视栅格为 8mil。

3. **字体设置**：设置系统字体为 Tahoma、字号为 8、带下画线。

4. **标题栏设置**：用“特殊字符串”设置制图者为 Motorola、标题为“我的设计”，字体为华文彩云，颜色为 221 号色，如样图 1-01 所示。

保存操作结果。

【样图 1-01】

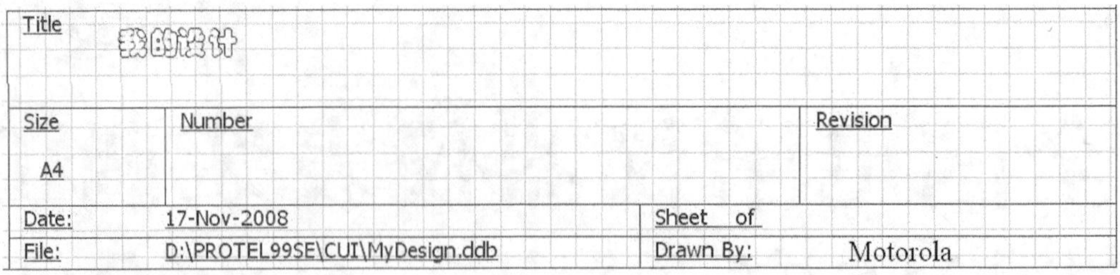

Title 我的设计			
Size A4	Number		Revision
Date:	17-Nov-2008	Sheet of	
File:	D:\PROTEL99SE\CUI\MyDesign.ddb	Drawn By:	Motorola

第 2 题

【操作要求】

1. **图纸设置**：在考生文件夹中创建新文件夹，命名为 X1-02.sch。自定义图纸大小，设置宽度为 900、高度为 650，水平放置，工作区颜色为 199 号色。

2. **栅格设置**：设置捕捉栅格为 6mil，可视栅格为 9mil。

3. **字体设置**：设置系统字体为仿宋、字号为 8、字形为斜体。

4. **标题栏设置**：用“特殊字符串”设置文档编号为“1-10”、标题为“新的设计”，字体为华文行楷，颜色为 238 号色，不显示图纸的参考边框，如样图 1-02 所示。

保存操作结果。

【样图 1-02】

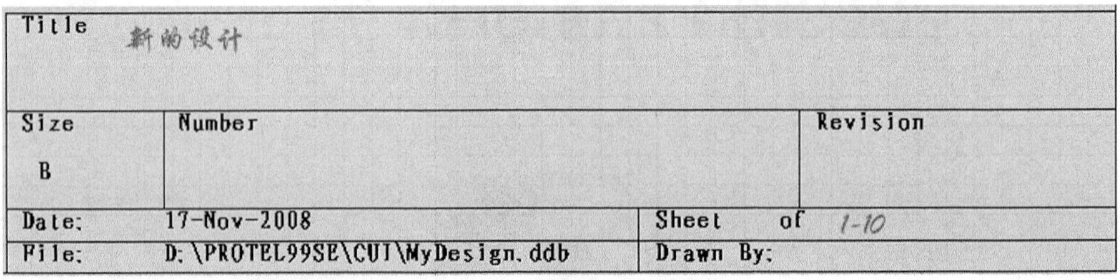

Title 新的设计			
Size B	Number		Revision
Date:	17-Nov-2008	Sheet of 1-10	
File:	D:\PROTEL99SE\CUI\MyDesign.ddb	Drawn By:	

第二单元　原理图库操作

第 1 题

【操作要求】

1. 原理图文件夹中的库操作。

- 在考生文件夹中新建原理图文件，命名为 X2-01A.sch。
- 在 X2-01A.sch 文件中打开 AMD Analog、Altera Memory 和 Analog Devices 三个库文件。
- 向原理图中添加元件 AM2942/B3A(28)、EPC1PC8(8)和 AD8072JN (8),依次命名为 IC1、IC2 和 IC3A，如样图 2-01A 所示。
- 保存操作结果。

2. 库文件中的库操作。

- 在考生文件夹中新建库文件，命名为 X2-01B.lib。
- 在 X2-01B.lib 库文件中建立样图 2-01B 所示的新元件。
- 保存操作结果，元件封装命名为 X2-01。

【样图 2-01A】

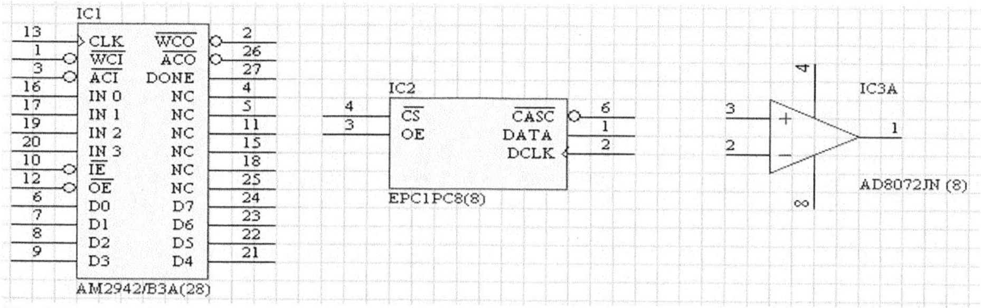

【样图 2-01B】

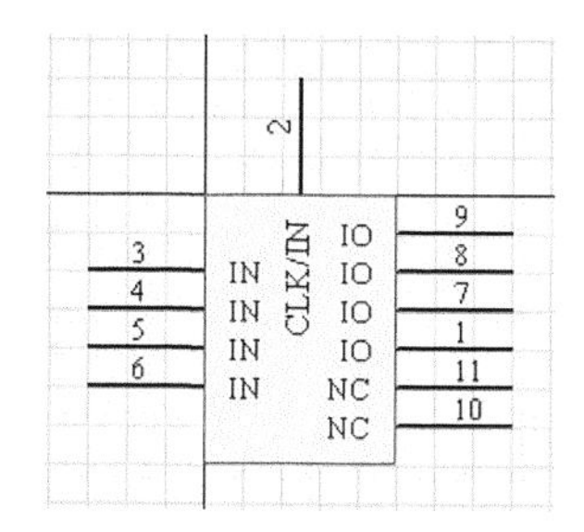

第 2 题

【操作要求】

1. 原理图文件夹中的库操作。

- 在考生文件夹中新建原理图文件，命名为 X2−02A.sch。
- 在 X2−02A.sch 文件中打开 AMD Memory、Altera Peripheral 和 Analog Devices 三个库文件。
- 向原理图中添加元件 AM27C64−45DIB(28)、SSM2165−2S(8)和 EPB2002ALC(28),依次命名为 IC1、IC2 和 IC3，如样图 2−02A 所示。
- 保存操作结果。

2. 库文件中的库操作。

- 在考生文件夹中新建库文件，命名为 X2−02B.lib。
- 在 X2−02B.lib 库文件中建立样图 2−02B 所示的新元件。
- 保存操作结果，元件封装命名为 X2−02。

【样图 2−02A】

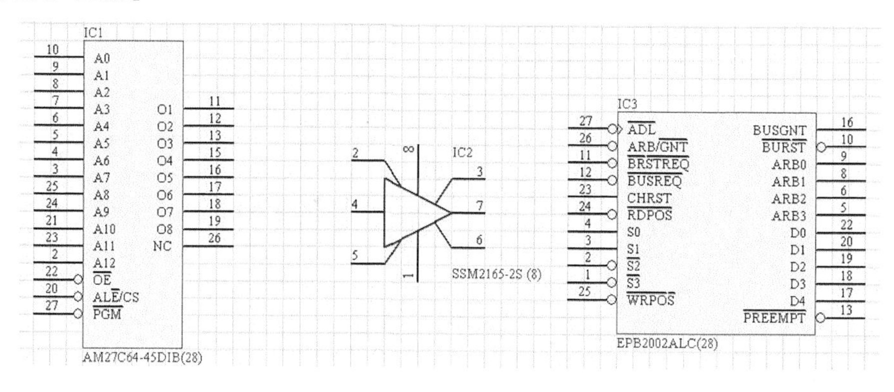

【样图 2-02B】

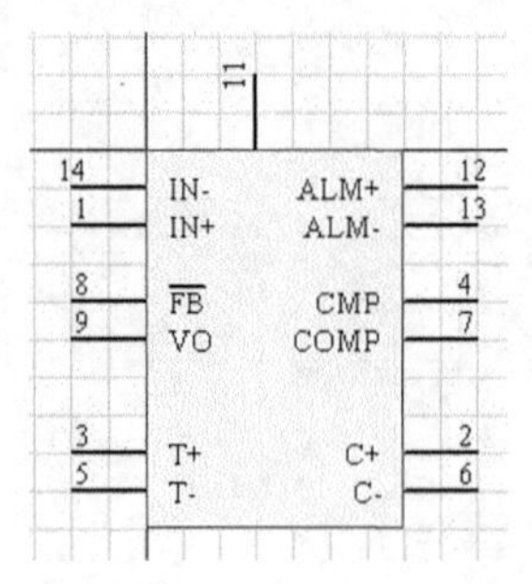

第 3 题

【操作要求】

1. 原理图文件夹中的库操作。
- 在考生文件夹中新建原理图文件，命名为 X2−03A.sch。
- 在 X2−03A.sch 文件中打开 Spice、SGS Analog 和 Burr Brower Converter 三个库文件。
- 向原理图中添加元件 DIODE−ZENER、HCC4046BF(16)和 XTR110BG−BI(16)，依次命名为 IC1、IC2 和 IC3，如样图 2−03A 所示。
- 保存操作结果。

2. 库文件中的库操作。
- 在考生文件夹中新建库文件，命名为 X2−03B.lib。
- 在 X2−03B.lib 库文件中建立样图 2−03B 所示的新元件。
- 保存操作结果，元件封装命名为 X2−03。

【样图 2-03A】

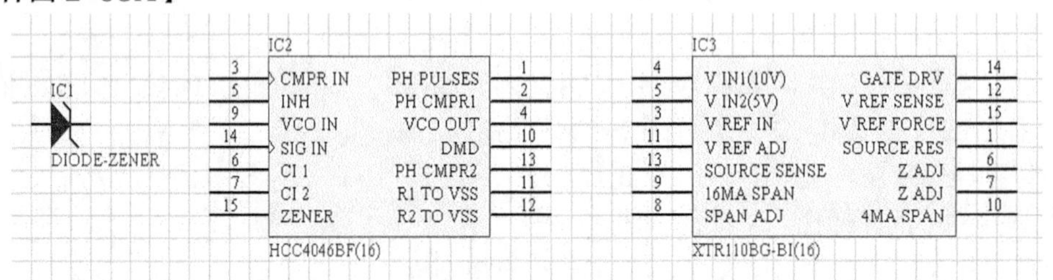

【样图 2-03B】

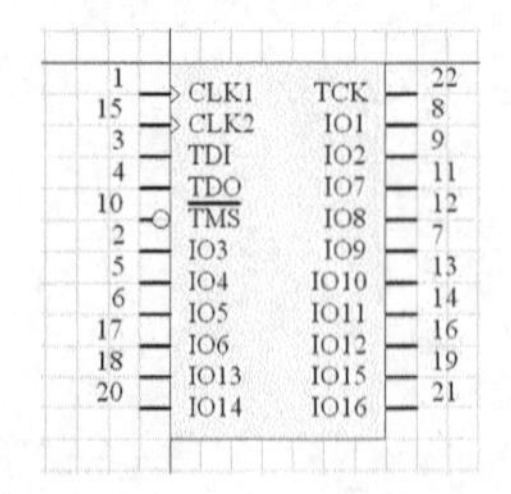

第三单元　　原理图设计

第 1 题

【操作要求】

1.绘制原理图：打开 C:\2003Protel\Unit3\Y3−01.sch 文件，按照样图 3−01 绘制原理图。

2. 编辑原理图。

● 按照样图 3-01 编辑元件、连线、端口、网络等。
● 重新设置所有元件名称，字体为方正舒体，大小为 10。
● 重新设置所有元件类型，字体为方正舒体，大小为 9。
● 在原理图中插入文本框，输入文本“原理图 301”，字体为方正舒体，大小为 15。
● 将操作结果保存到考生文件夹中，命名为 X3-01.sch。

【样图 3-01】

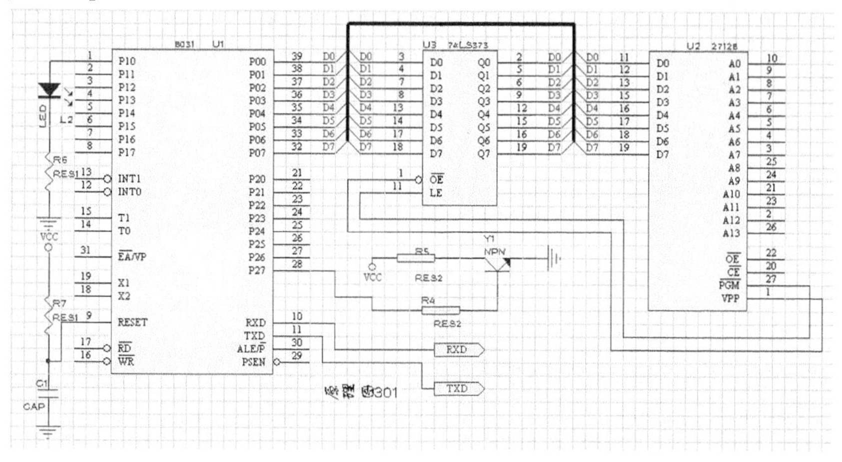

第 2 题

【操作要求】

1. 绘制原理图：打开 C:\2003Protel\Unit3\Y3-02.sch 文件，按照样图 3-02 绘制原理图。
2. 编辑原理图。

● 按照样图 3-02 编辑元件、连线、端口、网络等。
● 重新设置所有元件名称，字体为方正姚体，大小为 11。
● 重新设置所有元件类型，字体为方正姚体，大小为 10。
● 在原理图中插入文本框，输入文本“原理图 301”，字体为方正姚体，大小为 16。
● 将操作结果保存到考生文件夹中，命名为 X3-02.sch。

【样图 3-02】

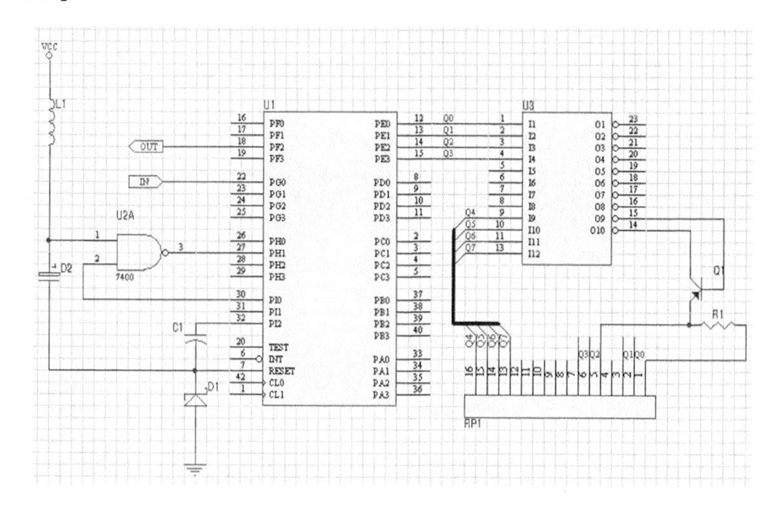

第 3 题

【操作要求】

1. 绘制原理图：打开 C:\2003Protel\Unit3\Y3-03.sch 文件，按照样图 3-03 绘制原理图。
2. 编辑原理图。

- 按照样图 3-03 编辑元件、连线、端口、网络等。
- 重新设置所有元件名称，字体为仿宋_GB2312，大小为 8。
- 重新设置所有元件类型，字体为仿宋_GB2312，大小为 7。
- 在原理图中插入文本框，输入文本“原理图 303”，字体为仿宋_GB2312，大小为 14。
- 将操作结果保存到考生文件夹中，命名为 X3-03.sch。

【样图 3-03】

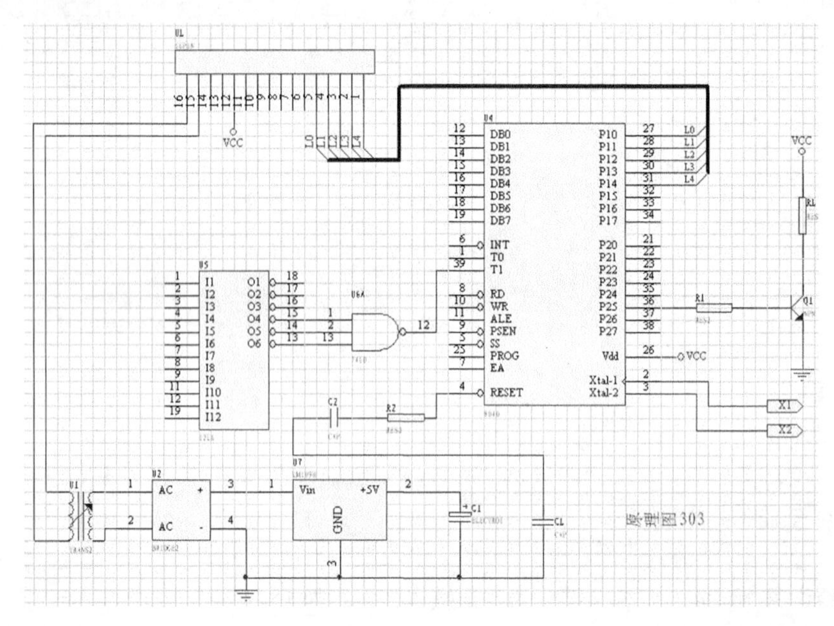

第 4 题

【操作要求】

1. 绘制原理图：打开 C:\2003Protel\Unit3\Y3-04.sch 文件，按照样图 3-04 绘制原理图。
2. 编辑原理图。

- 按照样图 3-04 编辑元件、连线、端口、网络等。
- 重新设置所有元件名称，字体为黑体，大小为 12。
- 重新设置所有元件类型，字体为黑体，大小为 10。
- 在原理图中插入文本框，输入文本“原理图 304”，字体为黑体，大小为 15。
- 将操作结果保存到考生文件夹中，命名为 X3-04.sch。

【样图 3-04】

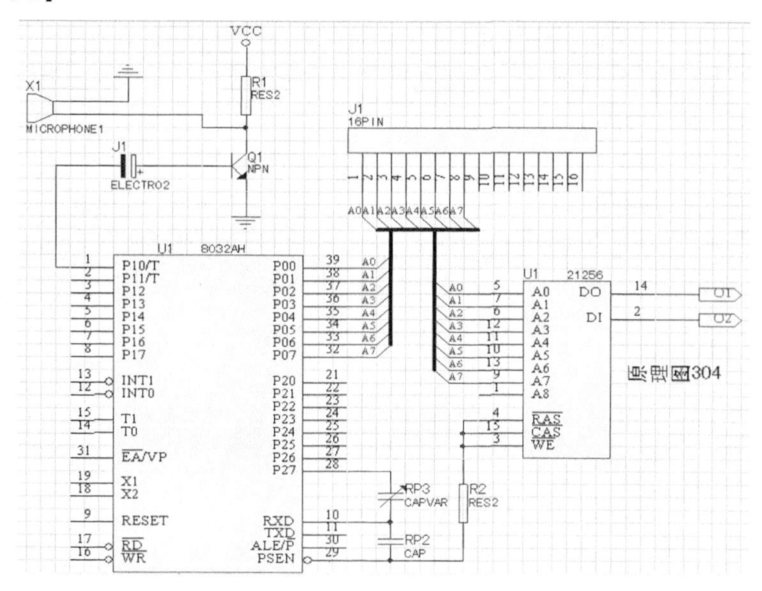

第 5 题

【操作要求】

1. 绘制原理图：打开 C:\2003Protel\Unit3\Y3−05.sch 文件，按照样图 3−05 绘制原理图。
2. 编辑原理图。

- 按照样图 3−05 编辑元件、连线、端口、网络等。
- 重新设置所有元件名称，字体为华文细黑，大小为 10。
- 重新设置所有元件类型，字体为华文细黑，大小为 12。
- 在原理图中插入文本框，输入文本“原理图 305”，字体为华文细黑，大小为 14。
- 将操作结果保存到考生文件夹中，命名为 X3−05.sch。

【样图 3-05】

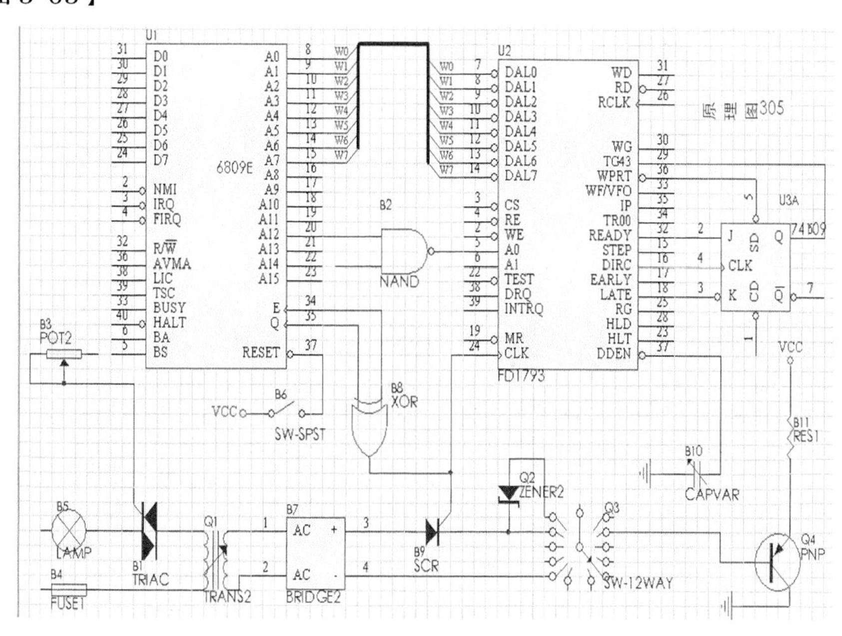

第四单元　　PCB 库操作

第 1 题

【操作要求】

1. PCB 文件中的库操作。

- 新建一个 PCB 文件，装载 Single Row Connectors、DC to DC 和 PQFP IPC 三个库文件。
- 向 PCB 图中添加元件 SILFKV4S、UM407 和 PQFP164(N)，依次命名为 IC1、IC2 和 IC3。
- 将操作结构保存在考生文件夹中，命名为 X6-01.pcb。

2. PCB 库文件中的库操作。

- 建立一个新的库文件，按照样图 6-01 创建 QUAD PCB 元件封装。
- 将操作结果保存在考生文件夹中，库文件命名为 X6-01.lib，元件封装命名为 X6-01。

【样图 4-01】

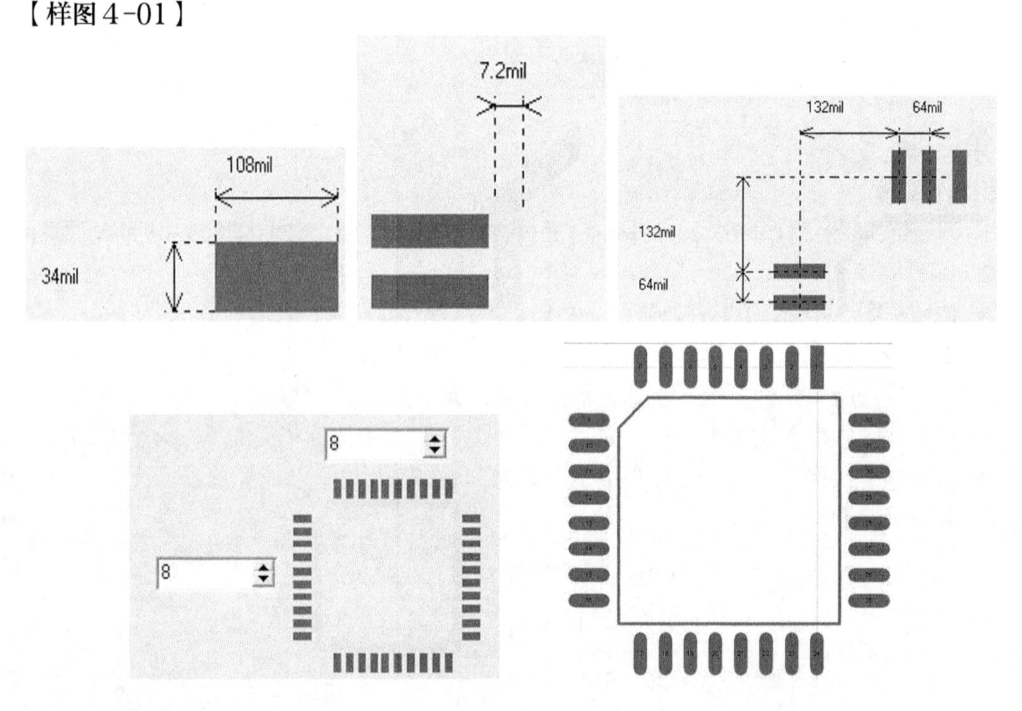

第 2 题

【操作要求】

1. PCB 文件中的库操作。

- 新建一个 PCB 文件，装载 0.635mm staggered Connector.lib、1394 serial Bus.lib 和 General IC.lib 三个库文件。
- 向 PCB 图中添加元件 G88D10HR、QFP48-9.2S50 和 1005(2)，依次命名为 CON1、IC1 和 IC2。
- 将操作结构保存在考生文件夹中，命名为 X6-02.pcb。

2. PCB 库文件中的库操作。

- 建立一个新的库文件，按照样图 6-02 创建 SOP PCB 元件封装。
- 将操作结果保存在考生文件夹中，库文件命名为 X6-02.lib，元件封装命名为 X6-02。

【样图4-02】

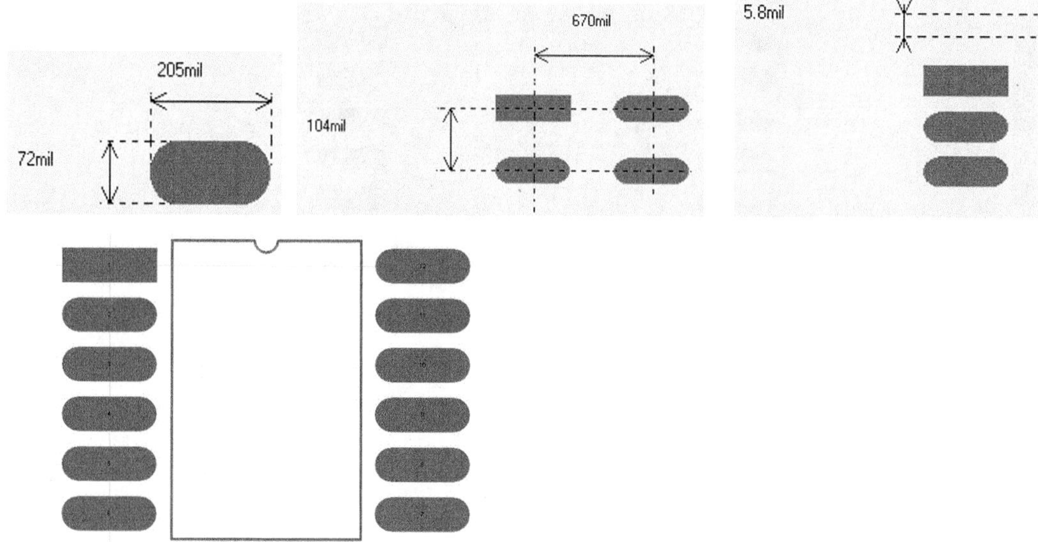

第3题

【操作要求】

1. PCB文件中的库操作。
- 新建一个PCB文件，装载Transformers.lib、SQFP&QFP square21pc.lib和SOJIPC.lib三个库文件。
- 向PCB图中添加元件TRAF_FL2_8、QFP28x28-120(T)和SOJ14/450，依次命名为TRAN1、IC1和IC2。
- 将操作结构保存在考生文件夹中，命名为X6-03.pcb。
2. PCB库文件中的库操作。
- 建立一个新的库文件，按照样图6-03创建LCC PCB元件封装。
- 将操作结果保存在考生文件夹中，库文件命名为X6-03.lib，元件封装命名为X6-03。

【样图4-03】

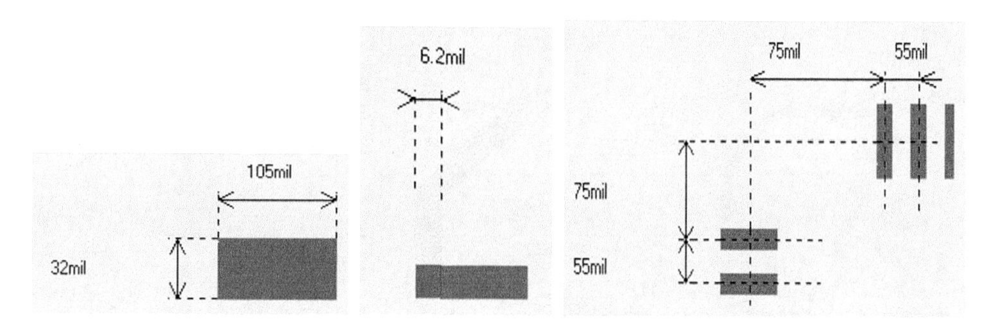

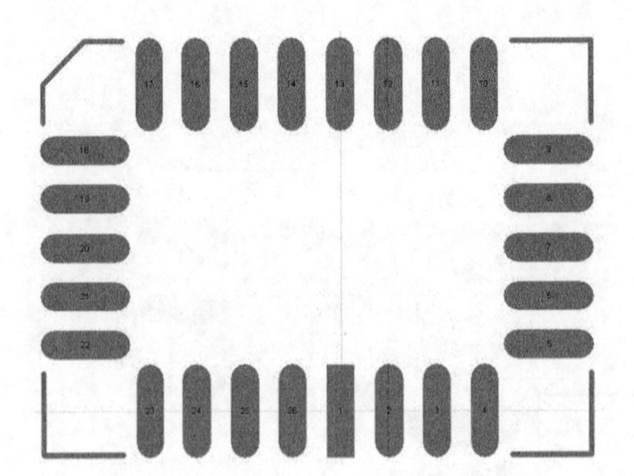

第 4 题

【操作要求】

1. PCB 文件中的库操作。

- 新建一个 PCB 文件，装载 D Type Connectors.lib、Discrete IPC.lib 和 512−576 lead SQFP square IPC.lib 三个库文件。
- 向 PCB 图中添加元件 DB9BSM、2825PREC 和 SQFP44x44−568(T)，依次命名为 CON1、C2 和 U3。
- 将操作结构保存在考生文件夹中，命名为 X6−04.pcb。

2. PCB 库文件中的库操作。

- 建立一个新的库文件，按照样图 6−04 创建 DIP PCB 元件封装。
- 将操作结果保存在考生文件夹中，库文件命名为 X6−04.lib，元件封装命名为 X6−04。

【样图 4-04】

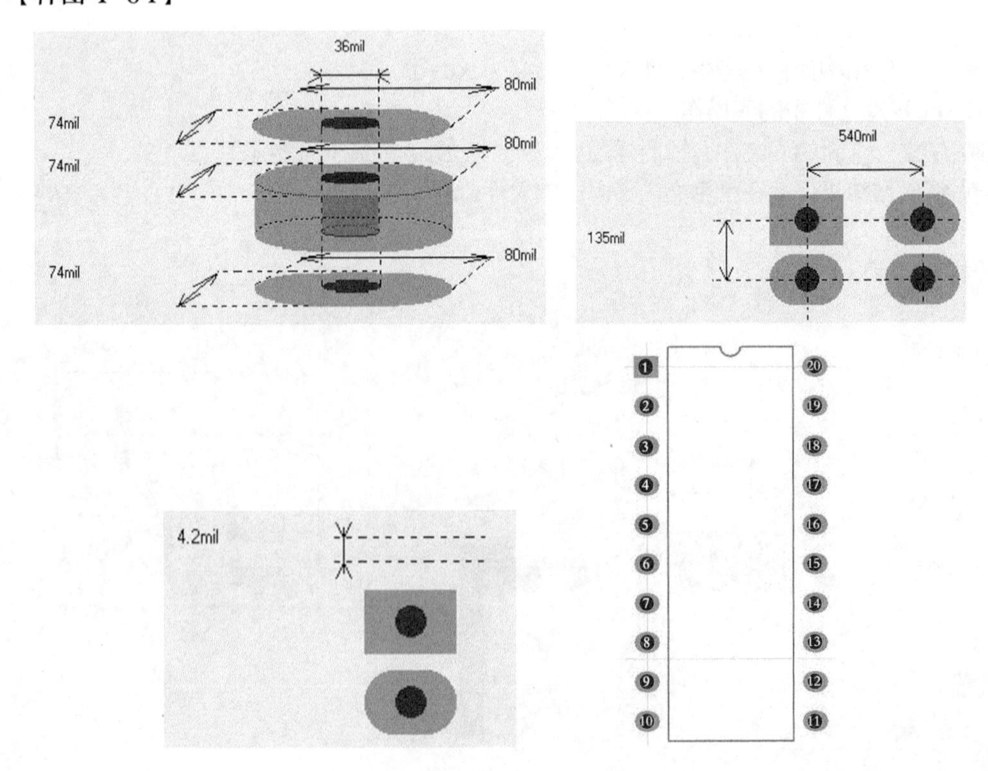

第 5 题

【操作要求】

1. PCB 文件中的库操作。

● 新建一个 PCB 文件，装载 400-464 lead SQFP Square IPC.lib、6mm Connectors.lib 和 Miscellaneous.lib 三个库文件。

● 向 PCB 图中添加元件 SQFP36x36-464(N)、VLBCON3R6V 和 AXIAL-1.0，依次命名为 U1、CON2 和 R3。

● 将操作结构保存在考生文件夹中，命名为 X6-05.pcb。

2. PCB 库文件中的库操作。

● 建立一个新的库文件，按照样图 6-05 创建 DIP PCB 元件封装。

● 将操作结果保存在考生文件夹中，库文件命名为 X6-05.lib，元件封装命名为 X6-05。

【样图 4-05】

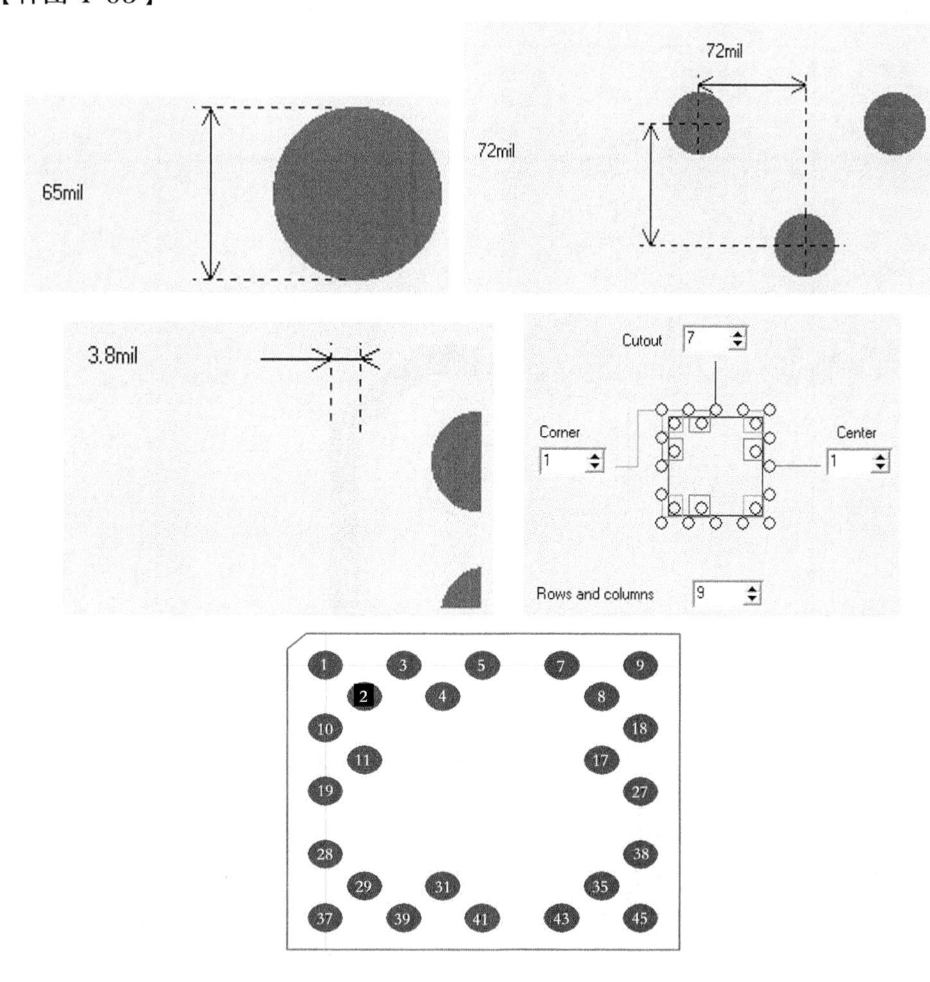

第五单元　PCB 布局

第 1 题

【操作要求】

1. 调整元件位置：打开 C:\2003Protel\Unit7\Y7-01.sch 文件，按照样图 7-01 放置元件。
2. 编辑元件：按照样图 7-01 编辑元件，修改元件的序号和型号等。
- 更改所有元件序号，字体高度为 90mil，宽度为 5mil。
- 更改所有元件型号，字体高度为 80mil，宽度为 4mil。
3. 放置安装孔：按照样图 7-01 在机械层放置安装空（Arc），半径为 110mil，线宽为 2mil。
- 将上述操作结果保存到考生文件夹中，命名为 X7-01.pcb。

【样图 5-01】

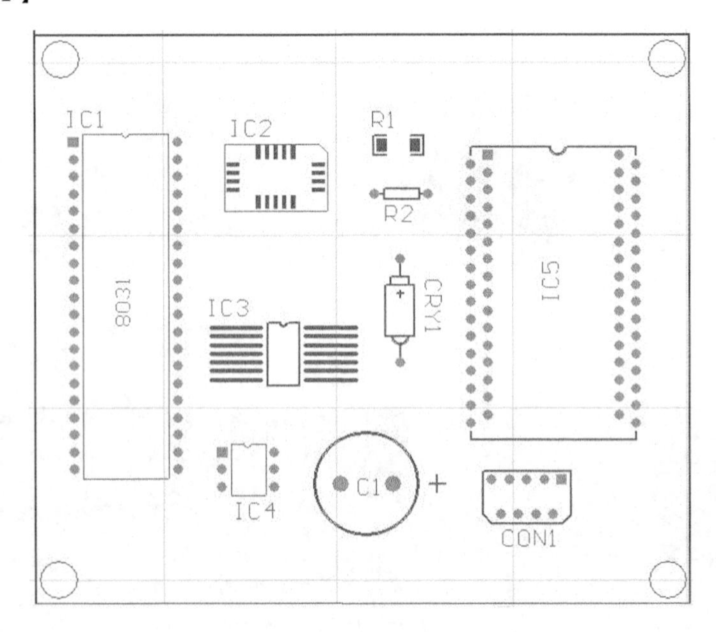

第 2 题

【操作要求】

1. 调整元件位置：打开 C:\2003Protel\Unit7\Y7-02.sch 文件，按照样图 7-02 放置元件。
2. 编辑元件：按照样图 7-02 编辑元件，修改元件的序号和型号等。
- 更改所有元件序号，字体高度为 78mil，宽度为 3mil。
- 更改所有元件型号，字体高度为 82mil，宽度为 5mil。
3. 放置安装孔：按照样图 7-02 在机械层放置安装空（Arc），半径为 112mil，线宽为 3mil。
- 将上述操作结果保存到考生文件夹中，命名为 X7-02.pcb。

【样图 5-02】

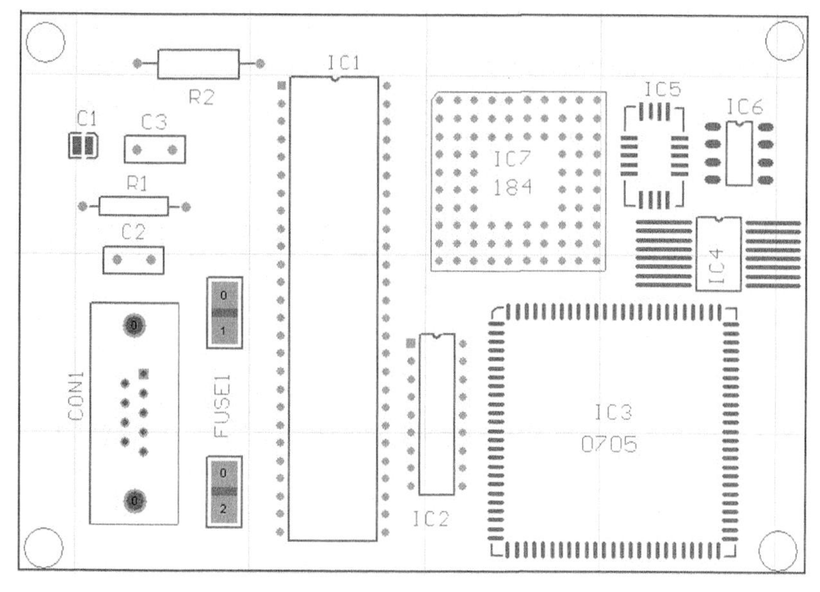

第 3 题

【操作要求】

1. 调整元件位置：打开 C:\2003Protel\Unit7\Y7-03.sch 文件，按照样图 7-03 放置元件。
2. 编辑元件：按照样图 7-03 编辑元件，修改元件的序号和型号等。
- 更改所有元件序号，字体高度为 86mil，宽度为 4mil。
- 更改所有元件型号，字体高度为 82mil，宽度为 3mil。
3. 放置安装孔：按照样图 7-03 在机械层放置安装空（Arc），半径为 109mil，线宽为 3mil。
- 将上述操作结果保存到考生文件夹中，命名为 X7-03.pcb。

【样图 5-03】

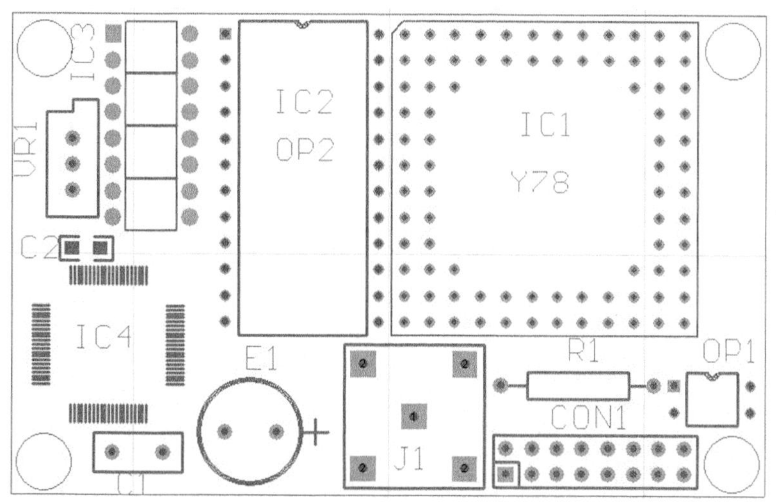

第 4 题

【操作要求】

1. 调整元件位置：打开 C:\2003Protel\Unit7\Y7-04.sch 文件，按照样图 7-04 放置元件。

2. 编辑元件：按照样图 7-04 编辑元件，修改元件的序号和型号等。

● 更改所有元件序号，字体高度为 96mil，宽度为 6mil。

● 更改所有元件型号，字体高度为 85mil，宽度为 4mil。

3. 放置安装孔：按照样图 7-04 在机械层放置安装空（Arc），半径为 108mil，线宽为 5mil。

● 将上述操作结果保存到考生文件夹中，命名为 X7-04.pcb。

【样图 5-04】

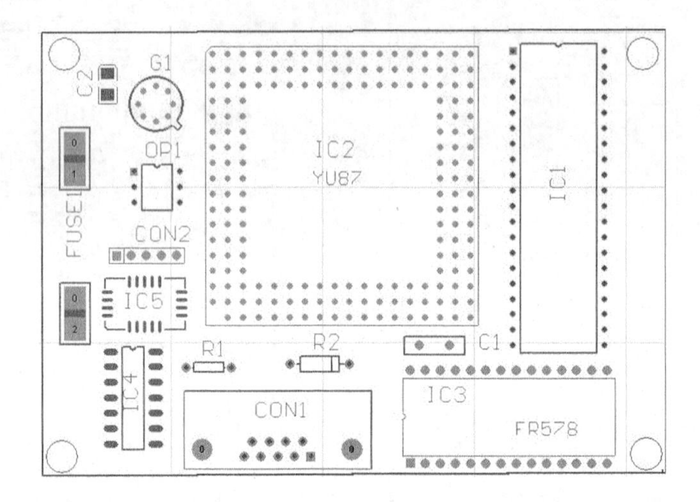

第 5 题

【操作要求】

1. 调整元件位置：打开 C:\2003Protel\Unit7\Y7-05.sch 文件，按照样图 5-05 放置元件。

2. 编辑元件：按照样图 5-05 编辑元件，修改元件的序号和型号等。

● 更改所有元件序号，字体高度为 88mil，宽度为 5mil。

● 更改所有元件型号，字体高度为 86mil，宽度为 3mil。

3. 放置安装孔：按照样图 5-05 在机械层放置安装空（Arc），半径为 82mil，线宽为 6mil。

● 将上述操作结果保存到考生文件夹中，命名为 X7-05.pcb。

【样图 5-05】

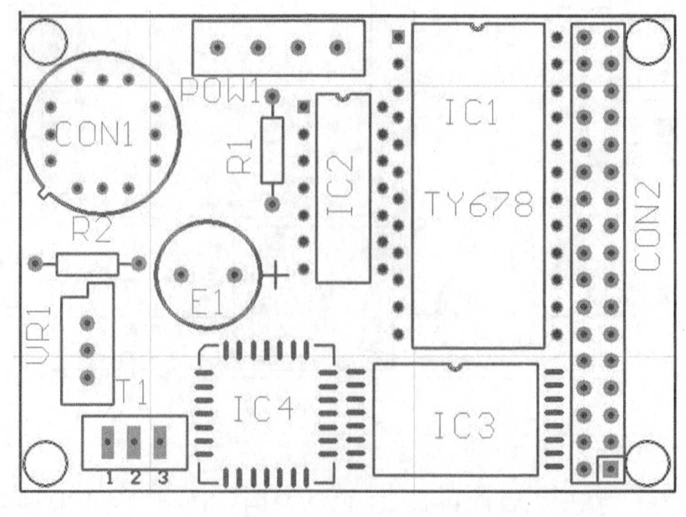

附录 9 全国大学生电子设计竞赛历年赛题（Protel 电路分析）

Protel 99SE 赛题汇编

（2007—2013 年全国大学生电子设计竞赛模块）（精编版）

全国大学生电子设计竞赛模块训练

电源模块

在电子大赛硬件设计中，电源模块是十分重要的部分，若没有电源模块，整个电路就无法正常运作。下图中就有两种类型的电源模块原理图供大家学习绘制。

电源输入模块原理图：由电池盒提供的 4.5V 直流电压经过 SPY0029 后产生 3.3V 给整个系统供电。SPY0029 是设计电压调整 IC，采用 CMOS 工艺，具有静态电流低、驱动能力强、线性调整出色等特点。

USB 电源输入模块原理图：在 USB 系统中，不同种类的 USB 设备使用相同的接口，用户在设备连接时，不需要考虑连接接口的类型。USB 总线带有+5V 的电源线和地线，USB 设备可以从系统总线上获得+5V、小于等于 500mA 总线供电。

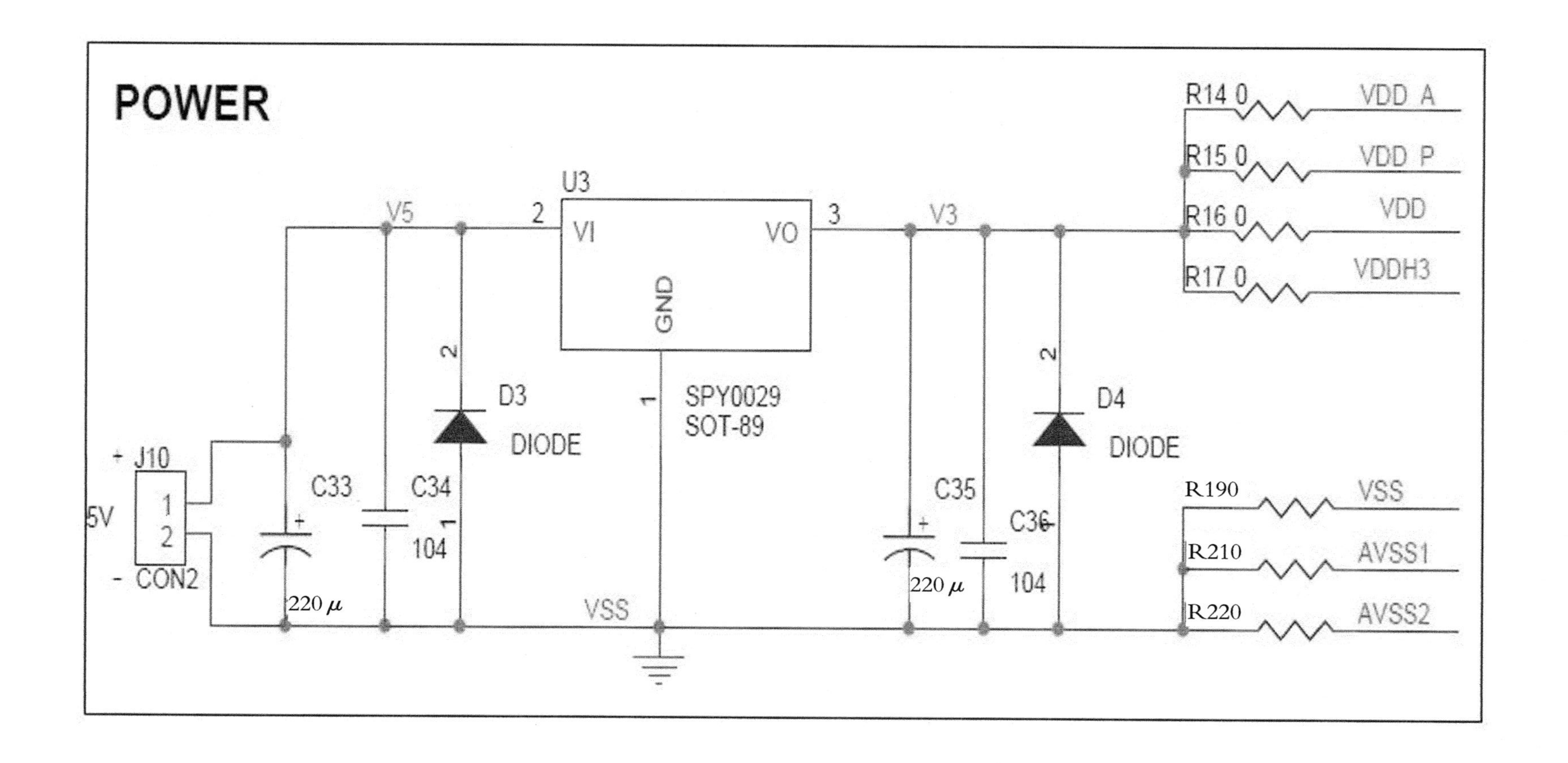
POWER
U3
V5
2
VI
VO
3
V3
GND
R14 0
VDD A
R15 0
VDD P
R16 0
VDD
R17 0
VDDH3
2
D3
DIODE
1
SPY0029
SOT-89
2
D4
DIODE
+ J10
5V
1
2
- CON2
C33
C34
1
104
220μ
VSS
C35
C36
220μ
104
R190
VSS
R210
AVSS1
R220
AVSS2

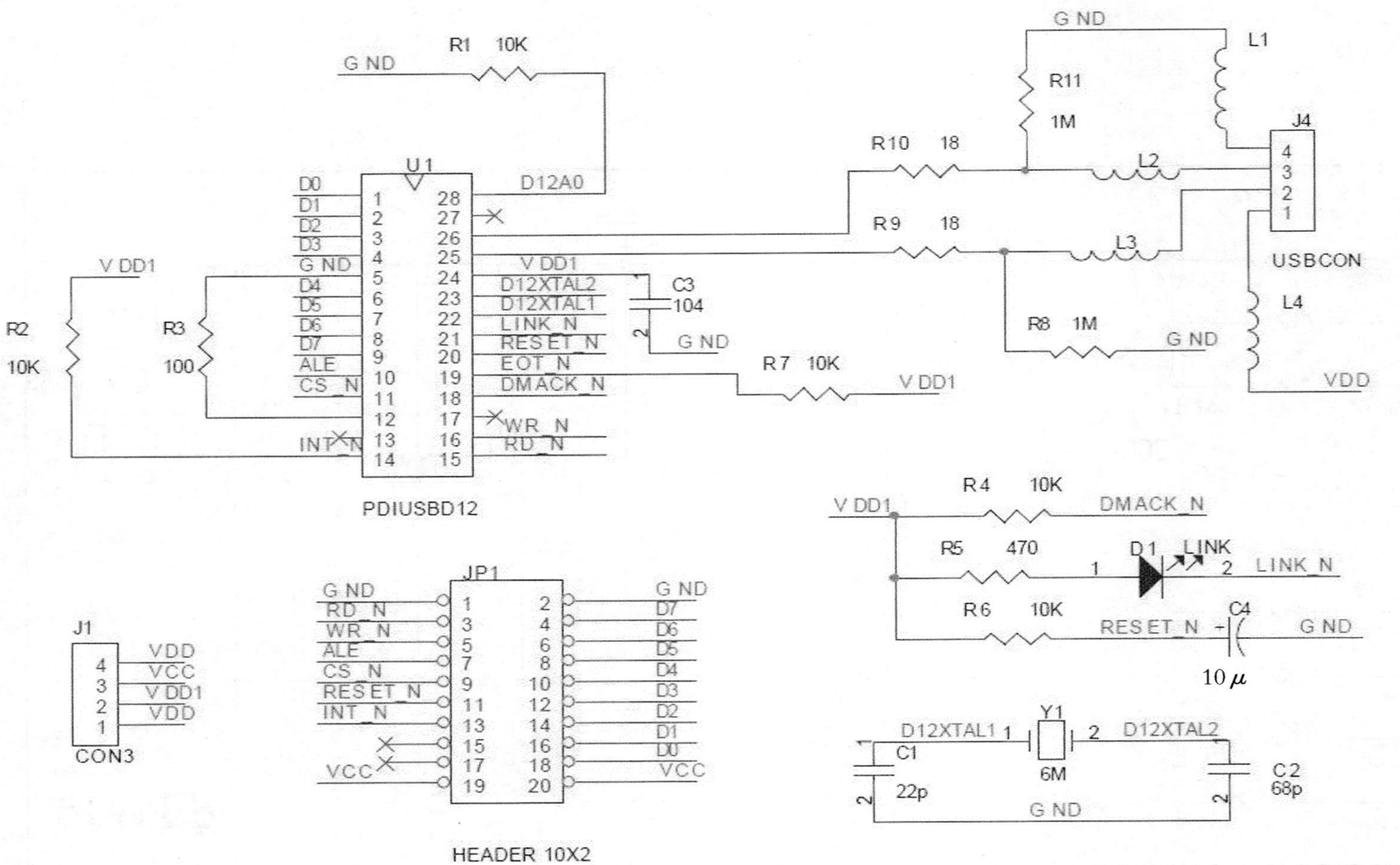

R1 10K
GND
D12A0
U1
PDIUSBD12
D0
D1
D2
D3
GND
D4
D5
D6
D7
ALE
CS_N
INT_N
VDD1
D12XTAL2
D12XTAL1
LINK_N
RESET_N
EOT_N
DMACK_N
WR_N
RD_N
R2 10K
VDD1
R3 100
C3 104
GND
R7 10K
VDD1
R10 18
R9 18
R11 1M
R8 1M
GND
L1
L2
L3
L4
J4
USBCON
VDD
R4 10K
DMACK_N
R5 470
D1 LINK
LINK_N
R6 10K
RESET_N
C4
10 μ
Y1
6M
D12XTAL1
D12XTAL2
C1 22p
C2 68p
J1
CON3
VDD
VCC
VDD1
VDD
JP1
HEADER 10X2
GND
RD_N
WR_N
ALE
CS_N
RESET_N
INT_N
VCC
GND
D7
D6
D5
D4
D3
D2
D1
D0
VCC

显 示 模 块

在电子大赛硬件设计中，显示模块是整个系统的输出部分，设计系统中的某些参数和信息通过显示的方式进行输出。请绘制电路图，图中数码管为自创元件。

四位数码管循环显示模块：显示电路由四位 8 段数码管组成，采用动态显示方式驱动。

倒计时 LED 数码管：系统共有 4 个两位的 LED 数码管，分别放置在模拟交通灯控制板上的四个路口完成倒计时显示功能。这里采用动态显示。

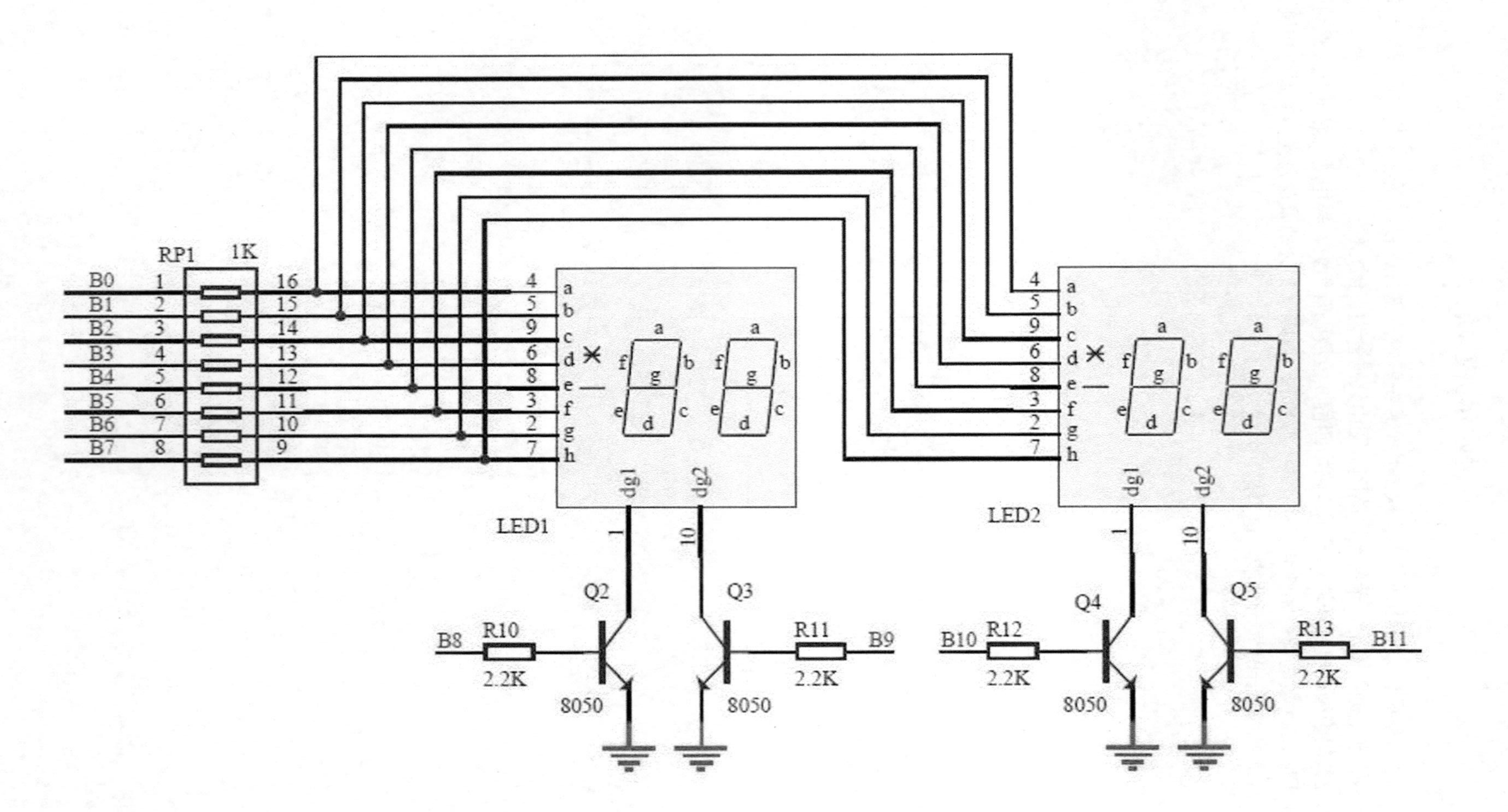

RP1
1K
B0
B1
B2
B3
B4
B5
B6
B7
LED1
LED2
a b c d e f g h
dg1
dg2
Q2
Q3
Q4
Q5
8050
R10
R11
R12
R13
2.2K
B8
B9
B10
B11

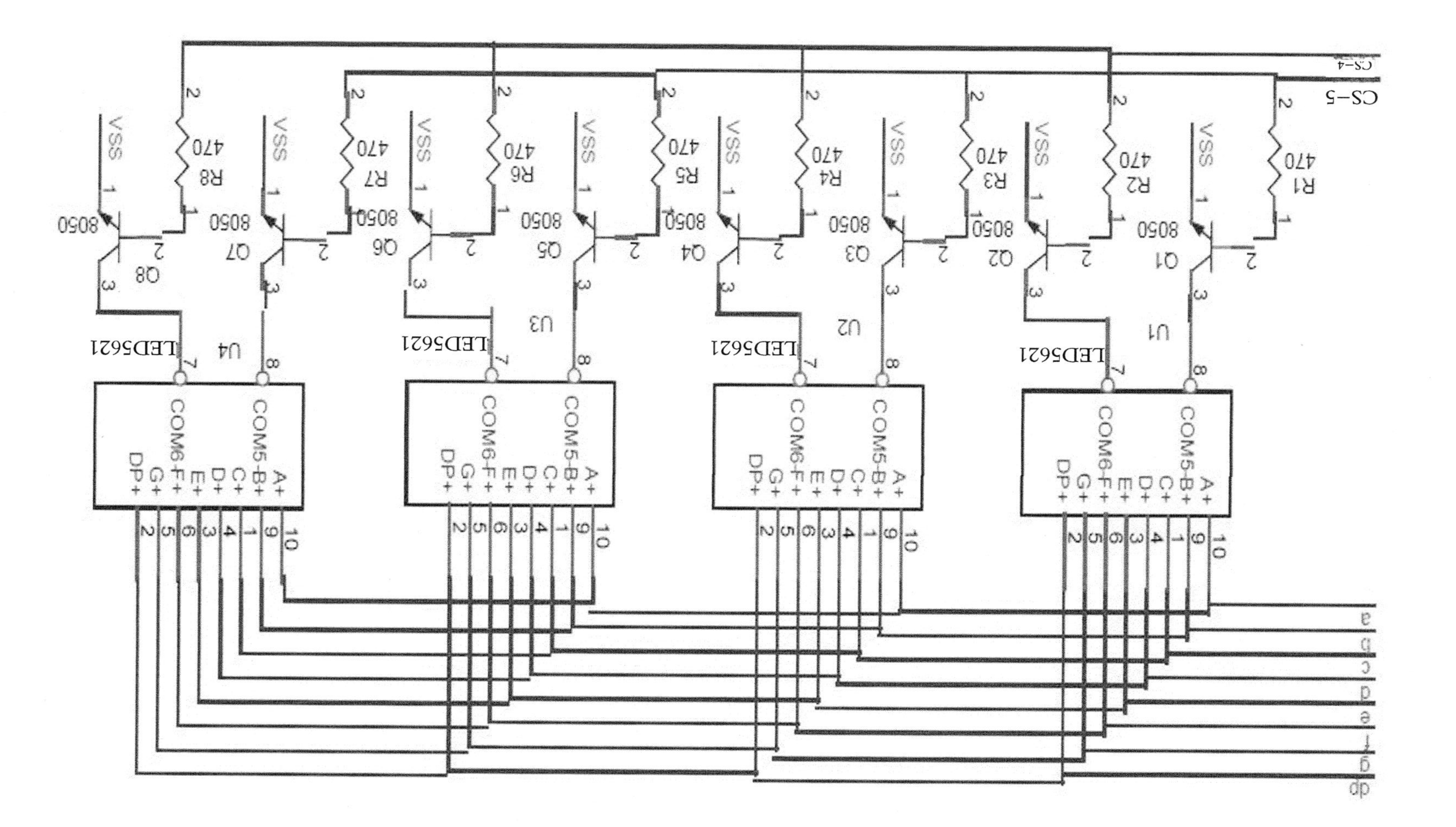
U1
U2
U3
U4
LED5621
COM5-B+
COM6-F+
A+
C+
D+
E+
G+
DP+
Q1
Q2
Q3
Q4
Q5
Q6
Q7
Q8
8050
VSS
R1
R2
R3
R4
R5
R6
R7
R8
470
CS−5
CS−4
a
b
c
d
e
f
g
dp

音频模块

在电子大赛硬件设计中，音频模块同样也是输出模块中的重要部分。通常把参数和信息通过语音播报的方式进行工作，有时对于系统中的检查和警告工作也会通过音频模块及时告知设计者。除了输出功能外，音频模块同样有输入的功能。以下两张电路图分别是音频输入和输出，请大家认真绘制。

音频输入模块：通过麦克采集来的语音信号经 AGC（自动增益控制放大）后进入 MIC-IN 通道进行 A/D 转换。音频录入主要分为 Microphone、AGC 电路、ADC 电路等部分。语音信号经 Microphone 转换成电信号，由隔直电容隔掉直流成分，然后输入放大器。自动增益控制电路 AGC 能随时跟踪、监视前置放大器输出的音频信号电平，当输入信号增大时，AGC 电路自动减小放大器的增益；当输入信号减小时，AGC 电路自动增大放大器的增益，以便使进入 A/D 的信号保持在最佳电平，又可使削波减至最小。

音频输出模块：使用 SPY0030 功放。与 LM386 相比，SPY0030 具有工作电压范围宽和输出功率大等优点。（SPY0030 工作电压 2.4V，LM386 工作电压 4V；SPY0030 输出功率 700mW，LM386 输出功率 100mW。）

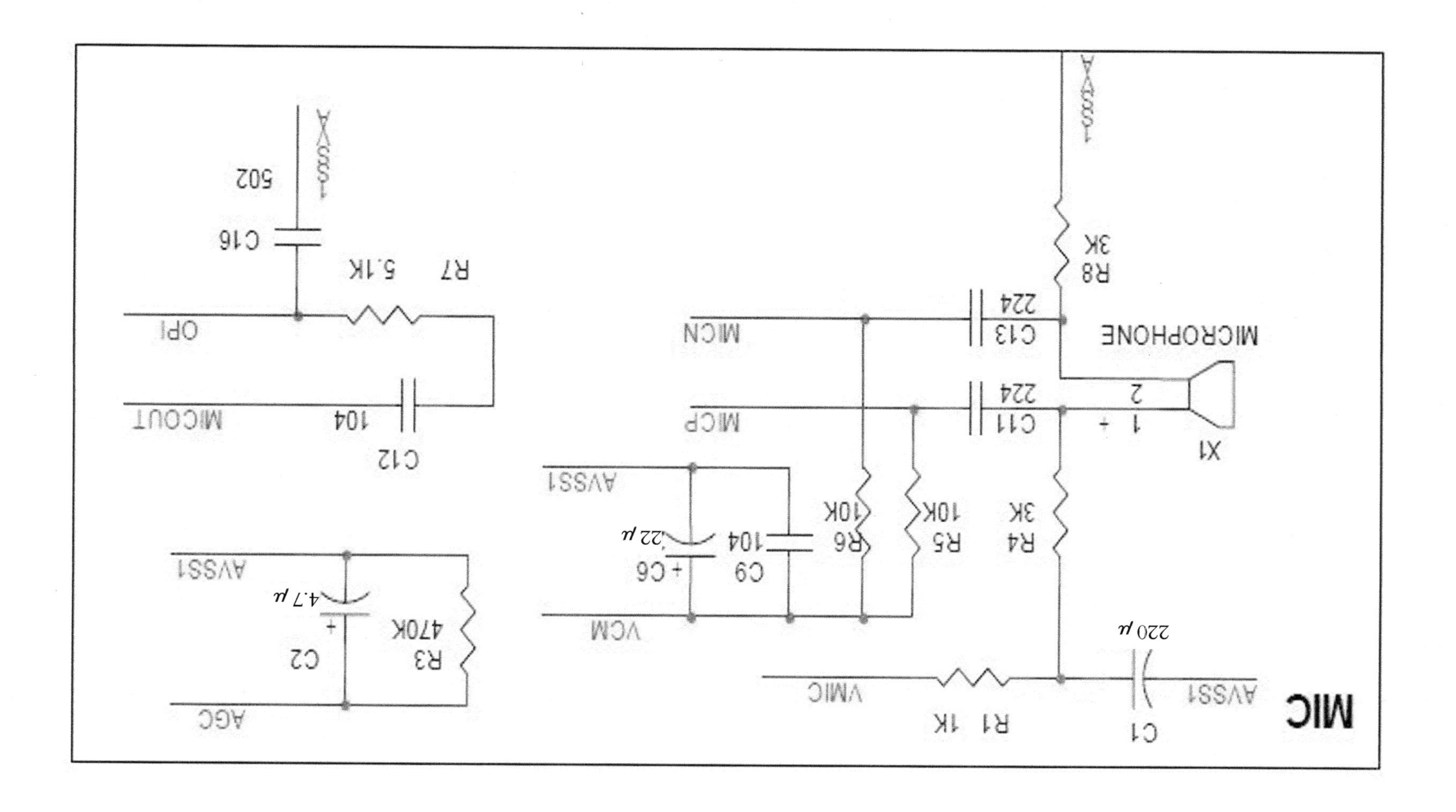
MIC
AVSS1
C1
220μ
R1 1K
VMIC
R4
3K
R5
10K
R6
10K
C9
104
+C6
22μ
VCM
AVSS1
X1
1 +
2
MICROPHONE
C11
224
C13
224
R8
3K
MICP
MICN
AGC
R3
470K
C2
+
4.7μ
AVSS1
C12
104
MICOUT
R7
5.1K
OPI
C16
502

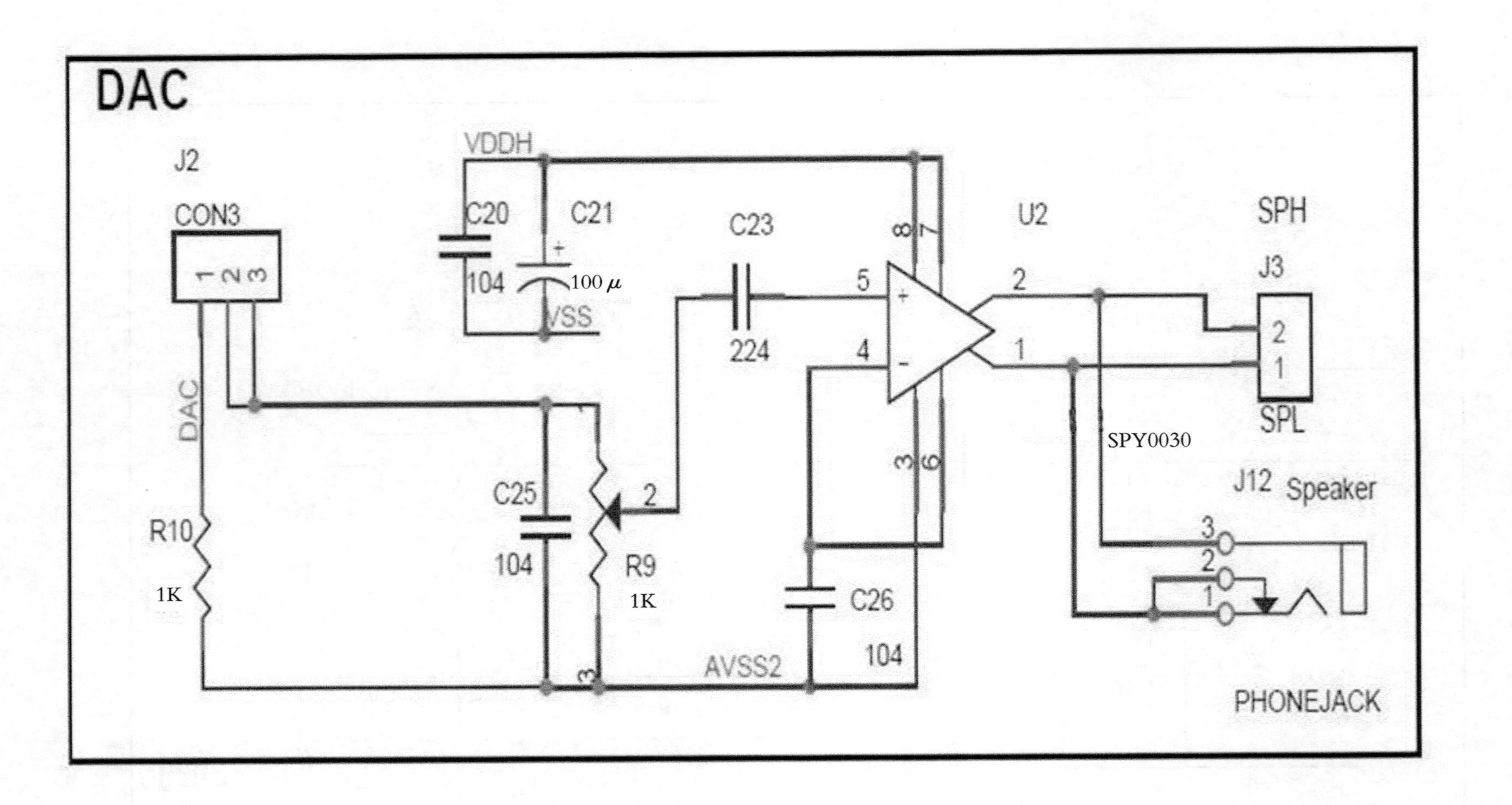

DAC
J2
CON3
1 2 3
DAC
R10
1K
VDDH
C20
104
C21
+
100μ
VSS
C25
104
R9
1K
2
3
C23
224
5
4
+
-
8
7
3
6
U2
2
1
C26
104
AVSS2
SPH
J3
2
1
SPL
SPY0030
J12 Speaker
3
2
1
PHONEJACK

传感器——超声波测距模块

在电子大赛硬件设计中，各种传感器在整个电路或系统设计中是必不可少的组成部分，各种形式不同的传感器模块所起到的作用和功能也是不同的。请绘制原理图后生成 PCB 文件，并对 PCB 文件，进行自动布局和手动布线的操作。

超声波测距传感器：声波在其传播介质中被定义为纵波。当声波受到尺寸大于其波长的目标物体阻挡时就会发生反射，反射波称为回声。假如声波在介质中传播的速度是已知的，而且声波从声源到达目标然后返回声源的时间可以测量，那么就可以计算出从声波到目标的距离。这就是本系统的测量原理。这里声波的传播介质为空气，采用不可见的超声波。

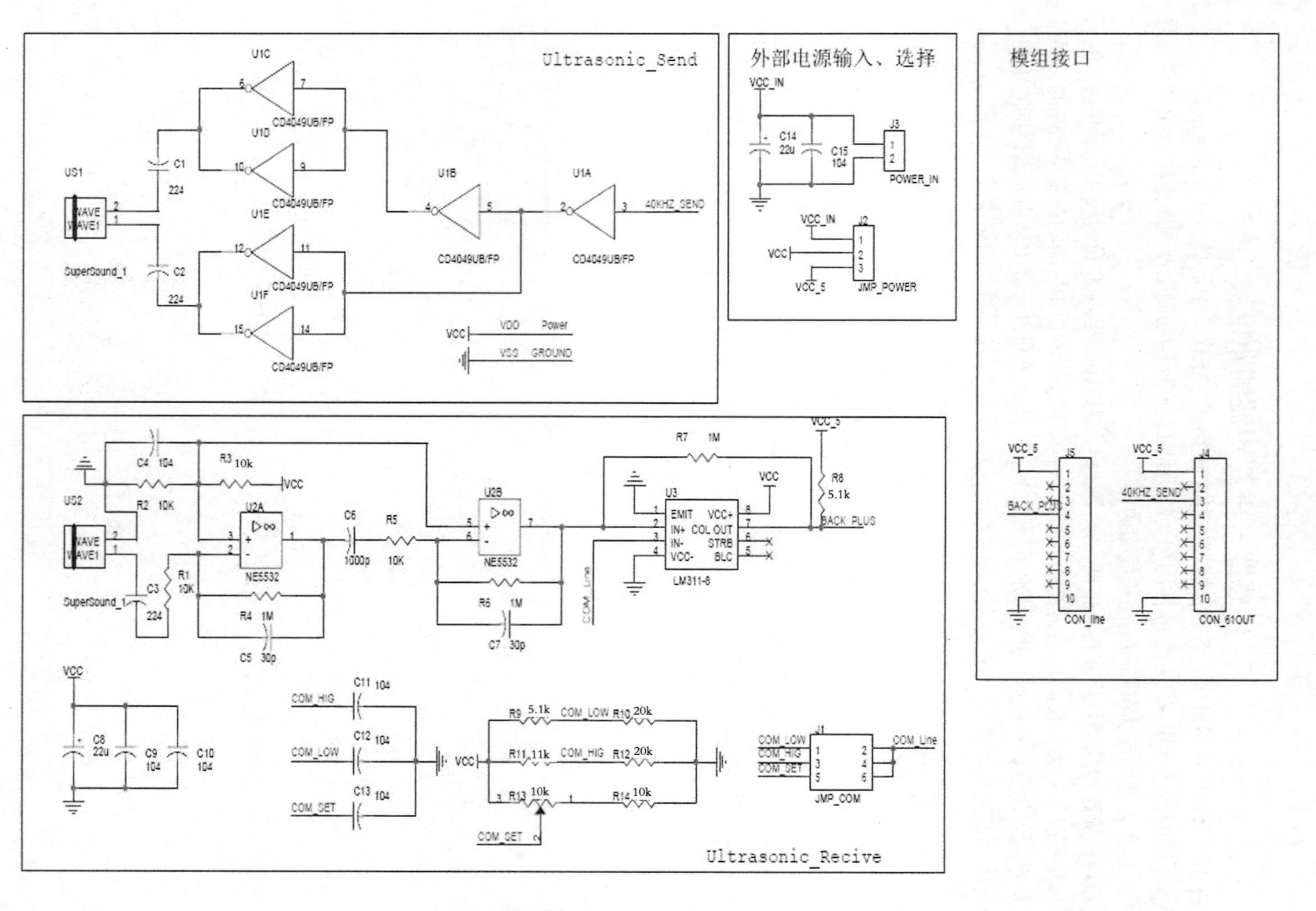
Ultrasonic_Send
外部电源输入、选择
模组接口
US1
WAVE
WAVE1
SuperSound_1
C1
224
C2
224
U1C
U1D
U1E
U1F
U1B
U1A
CD4049UB/FP
40KHZ_SEND
VCC
VDD
Power
VSS
GROUND
VCC_IN
C14
22u
C15
104
J3
POWER_IN
J2
VCC_5
JMP_POWER
J5
BACK_PLUS
CON_line
J4
CON_61OUT
US2
C4
104
R3
10k
R2
10K
U2A
NE5532
R1
10K
C3
R4
1M
C5
30p
C6
1000p
R5
U2B
R6
C7
R7
R8
5.1k
U3
EMIT
IN+
IN-
VCC-
VCC+
COL OUT
STRB
BLC
LM311-8
COM_Line
C8
C9
C10
COM_HIG
COM_LOW
COM_SET
C11
C12
C13
R9
R10
20k
R11
11k
R12
R13
R14
J1
JMP_COM
Ultrasonic_Recive

超声波测距模组 V2.0